# 时尚：理论与实践

史亚娟 著

 中国纺织出版社有限公司

# 内 容 提 要

本书是一部时尚理论与实践研究方面的专著，分为上、下两篇。上篇为理论篇，集中讨论了凡勃仑、西美尔、罗兰·巴特、布鲁默、鲍德里亚、吉尔·利波维茨基、苏珊·凯瑟等人的时尚学说及其彼此之间的复杂关联，努力厘清这一领域的历史演变和当代问题；同时也以中国传统的"道、象、器"理论为基础，对时尚之道、时尚之象、时尚之器等基本问题进行了学理阐释。下篇为实践篇，主要包括作者对各种时尚文化现象的理论分析和批判性考察。时尚理论不是时尚和理论的简单叠加，而是对时尚的属性、本质及其规律的系统分析与认知，是社会学、心理学、美学、设计学、艺术学、传播学、语言学、文化研究等不同学科从各自的理论视角出发，观照时尚现象、探寻时尚发展规律、参与时尚演进的过程，时尚理论的繁荣和发展有赖于各学科思想的交织、碰撞与融合。

## 图书在版编目（CIP）数据

时尚：理论与实践 / 史亚娟著. -- 北京：中国纺织出版社有限公司，2020.9

ISBN 978-7-5180-7631-4

Ⅰ.①时… Ⅱ.①史… Ⅲ.①时装—服饰文化—世界 Ⅳ.①TS941.7

中国版本图书馆 CIP 数据核字（2020）第 123128 号

策划编辑：宗 静　　责任编辑：李淑敏　华长印
特约编辑：朱静波　　责任校对：王蕙莹　　责任印制：何 建

中国纺织出版社有限公司出版发行
地址：北京市朝阳区百子湾东里 A407 号楼　邮政编码：100124
销售电话：010—67004422　传真：010—87155801
http://www.c-textilep.com
中国纺织出版社天猫旗舰店
官方微博 http://weibo.com/2119887771
北京华联印刷有限公司印刷　各地新华书店经销
2020 年 9 月第 1 版第 1 次印刷
开本：710×1000　1/16　印张：21.75
字数：338 千字　定价：98.00 元

# 前言
PREFACE

对于时尚爱好者来说，无论时尚还是时尚理论，听上去似乎都是十分诱人的话题，但每一个时尚研究者都知道，迄今为止，学术界对时尚的定义仍然莫衷一是，对于时尚理论也同样存在争议。不过，也正是时尚的这种模糊性和不确定性吸引着越来越多的研究者关注和思考时尚问题，意识到时尚理论的重要性，使其成为一个值得深入研究下去的学术课题。

本书由上、下两篇组成。上篇是理论篇，共九章。前八章分别对19世纪末以来的西方学者，如凡勃伦、西美尔、罗兰·巴特、布鲁默、鲍德里亚、吉尔·利波维茨基、苏珊·凯瑟等人的时尚研究成果进行了梳理和评述。篇幅所限，肯定不足以全面反映这个时期整个西方时尚理论研究的全貌，只能是拾粹撷英，遗漏之处还请谅解。在第九章中，笔者尝试以中国传统的"道象器"理论为基础，结合本人对时尚的观察和理解，对时尚之道、时尚之象、时尚之器进行分析考察，思考和追问当代社会中时尚对于社会、人生及世界的意义与价值、启示与警示。

下篇是实践篇，共六章。以主题单元的形式呈现，分别为时尚与个体、时尚与艺术、时尚与现代性、时尚与文化、时尚与政治、"中国风"时尚专题研究。每个主题单元中包括二至四篇相关论文。其中有些文章曾发表在《文化研究》、《北京大学学报》（社科版）、《艺术设计研究》、《艺术评论》、《艺术探索》、《山西师大学报》等学术期刊上，不过并未原文收录，笔者重新查阅资料，更新了文献和数据，尽可能与时俱进，贴近和反映当下时尚潮流及热点问题。

时尚理论不是时尚和理论的简单叠加，而是对时尚的属性、本质及其规律的系统分析与认知，是社会学、心理学、美学、设计学、艺术学、传播学、语言学、文化研究等不同学科从各自的理论视角出发观照时尚现象、探寻时尚发展规律、参与时尚演进的过程，时尚理论的繁荣和发展有赖于各学科思想的交叉、碰撞与融合。不得不说，考虑到时尚自身的短暂性、易变性以及当下时尚理论研究已有的深度与广度，本书所做出的任何关于时尚的定义、属性、本质及其运作规律的努力都只能是管中窥豹，无法穷尽甚或接近其根本与真谛，且有待时间的检验。当然，也衷心希望本书能够切实推动国内学术界在时尚理论方面的研究，并借此拓宽艺术学理论这一新兴学科的研究范畴。

本书得到了北京服装学院高水平教师队伍建设项目"时尚理论与实践研究"（BIFT201801）的资助，也是该项目的结题成果之一。

史亚娟

2020 年 2 月

# 目 录
## CONTENTS

# 绪　论

## 一、何为时尚，时尚何为?

日常生活中，时尚的影子无处不在。如果说"一千个人心中真有一千种哈姆雷特"的话，那么来自不同时代、民族、国度、性别、年龄、职业、阶级及文化背景的人们心中肯定会有一千种以上对于时尚的理解。除了T台和街头光鲜亮丽的服饰及妆容之外，还可以罗列出一大堆最近社会上大家趋之若鹜的事物来，各种家居用品、食品、音乐、健身、郊游、马拉松、自拍、汽车、手机、抢购联名款T恤、甚至吃小龙虾都可以短时间内在社会上流行开来，成为一种时尚。百度百科中指出，时尚是人们对社会某项事物一时的崇尚，英文维基百科中将时尚定义为在服装、鞋类、配饰、化妆、身体或者家居设计领域内流行的风格或实践活动，尤指服装及与之相关的研究，而这也是目前"时尚"一词接受范围最广、受众最多的一种理解方式。不过，在英语语境中并不是所有短时间的流行都被视为时尚，英语中还有一个词"fads"，该词指代社会上一时流行的事物或者短暂的流行，这种短暂的流行是一时的，来得快，去得也快，没有所谓的流行周期，也不会以复古的形式卷土重来。"时尚"（Fashion）一词则不同，流行过的事物会以复古的形式再次流行。一个服装流行周期的结束并不意味着这种时尚风格就此销声匿迹，而是会在随后某个恰当时机以复古的形式，或者其他形式改头换面再次流行。因此，时尚是一种能够周期性循环出现的流行现象。时尚周期的存在表明了时尚具有逆向性发展的特征，具有朝相反方向发展的动力。

为了更好地理解时尚的含义，可以比较一下时尚与习俗两个概念之间的差异。百度百科中将"习俗"定义为"习惯，风俗""个人或集体的传统、传承的风尚、礼节、习性"。维基百科中将"习俗"（Custom）定义为"一套得到达成共识的、人为规定的或者被普遍接受的规则、规范、标准等"。从这两个定义可以看出，习俗具有相对固定性、传承性、规则性、不易改变性等特点。时尚则不同，它的根本特征是易变性，某种新时尚的出现也意味着它将不可避免地走向消亡，但是每一次消亡也意味着新时尚的诞生，易变性是时尚永恒不变的本质特征。所以，作为习俗的对立面，时尚永远是一股不容忽视的、旨在打破和革新的强大力量。

随着时尚含义的不确定性而来的是各种关于时尚的悖论和矛盾说法，很多人把时尚视为装饰、风格、服装的同义词，不过设计师可能将其视为一种设计艺术，艺术家则可能视其为一种服饰风格或产品设计；文化学者的眼中，时尚可能是一种生活方式，社会学家则将其看作一种区分社会等级的符号。19世纪英国小说家H·G·威尔斯认为"时尚是庸俗海洋中的泡沫"，散文家威廉·黑兹利特认为时尚是"愚蠢和虚荣心的标志"。夏奈尔充满诗意地认为时尚并不只是一件衣服那么简单，时尚存在于空气中，诞生于风里。一个人可以凭直觉感知它，它就在你头顶的天空中，它就在你每天行进的道路上。

在学术界，学者们也从各自的研究领域出发来定义时尚。例如，德国经济学家桑巴特从时尚与资本主义之间的关系出发考虑时尚，把时尚看作资本主义的产物。在《经济与时尚》（1902年）一书中提出"时尚是资本主义最宠爱的孩子"，认为生产者形成时尚，而消费者实际上几乎不起任何作用，仅仅是接受生产者所提供的。乔安妮·恩特维斯特尔：《时髦的身体：时尚、衣着和现代社会理论》一书中探讨了时尚与身体、身份之间的关系，强调时尚是对身体的表达，提供关于身体的话语，认为"时尚是在特定的社会环境中出现的特定的衣着系统。"[1]法国社会学家吉尔·利波维茨基把时尚界定为"短暂变化的永恒戏剧。"[2]罗兰·巴特从符号学的角度来考察时尚现象，认为时尚是从不固定意义，但却保持意义的某种机制，是意义的落空；没有意义就是没有内容，于是呈现为一种景象。[3]南京大学周宪教授从视觉文化的角度认为时尚不仅是一种形式大于内容的表意实践活动，也是一种重要的视觉符号。[4]国内还有学者在对众多时尚定义进行总结后认为，"时尚是特定时期内，人们对

---

[1] [英]乔安妮·恩特维斯特尔. 时髦的身体[M]. 郜元宝，等译. 桂林：广西师范大学出版社，2005：50.

[2] *Encyclopedia of Aesthetics*[M], vol.2.Oxford: Oxford University Press, 1998：154.

[3] Mark Poster. *The Mode of Information: Poststructuralism and Social Context*[M]. Chicago: University of Chicago Press, 1990: 59.

[4] 周宪. 视觉文化的转向[M]. 北京：北京大学出版社，2008：206.

某种观念、生活方式和物品的推崇与认同，由少数人引领，而大多数人开始模仿，在不同的发展阶段为参与其中的人带来情感上的愉悦和精神上的满足，且具有审美价值判断和审美导向功能，具有调和个体或群体与阶层之间差异性的一种文化现象。"❶

目前，在时尚界还有一种比较常见的定义时尚的方式——狭义、广义和引申义。首先是狭义的时尚，主要指与身体密切相关的服装服饰、配饰、美容、美发、美体等方面的内容；其次是广义的时尚，以时尚的生活方式、生存环境及其所涉及的时尚之物，如建筑、家居、休闲、娱乐、旅游等为主要内容；第三是引申意义上的时尚，指所有遵从时尚的逻辑和运作规律的社会文化现象，如文学、艺术、文化以及科研学术、甚至哲学中的时尚现象。

那么到底"何为时尚，时尚何为"呢？面对这个众多纷纭、很难找到准确答案的问题，本书着力从不同视角出发，将其重点归结为如下几个方面：

1. 时尚是短暂性与持久性的统一、同一性与超越性的统一、持续开放性与无限可能性的统一

首先，时尚是短暂性与持久性的统一。这种统一其实也是时尚的相对性，即易变与不变之间的相对性存在。短暂性指时尚易变，总是处于持续的变化之中；持久性则指这种变化的永恒性。换言之，也是持久的变化性与变化的永恒性之间的统一。对此，西美尔是这样论述的："时尚总是存在，因而，尽管个别意义上的时尚是多变的，但作为一个普遍概念，作为事实的时尚本身，它确实是永远不会改变的。在这种情况下，改变本身不会改变，这是每个对象都具有的事实，它受到心理上隐约的不变性所影响。"❷这种短暂性与持久性的统一主要体现在时尚的周期性循环存在模式。时尚兴于流行也毁于流行，时尚的高潮就是其死亡的开始，终结时尚的正是时尚本身。然而，这种周期性循环往复也恰恰表明了时尚的持久性及其生生不息的生命力。在持续变化和不断丰富自身的过程中，时尚总是处于未完成的状态，具有明显的不确定性，从而保持旺盛的生命力不断演化前行。

其次，时尚是同一性与超越性的统一。西美尔认为时尚内部具有两种力量：一种是同一性的力量，一种是超越性的力量，两股力量合在一起形成了

---

❶ 袁愈宗. 都市时尚审美文化研究 [C]. 北京：人们日报出版社，2014(6): 9.

❷ [德] 齐奥尔格·西美尔. 时尚的哲学 [M]. 费勇，等译. 广州：花城出版社，2017: 120.

时尚。同一性的力量体现在人们对时尚的追逐和模仿，超越性的力量体现在个体渴望与众不同、标新立异。在这两股力量的共同作用下，时尚将上述两种对立的倾向越来越完美地调节为流行和社会文化的一部分。同时，这两股力量的整合也导致了时尚的阶级性。

最后，时尚是一个与时俱进的概念，充满各种可能性，是持续开放性与无限可能性的统一。时尚场域是一个开放的场域，其中充满了矛盾、悖论、宽容、接纳、汲取或变通，时尚具有把所有不可能变为可能的能力。这一点已经为时尚含义的丰富性和不确定性、时尚设计灵感的多样性以及时尚与众多其他领域的交叉性所证明。作为一种综合性的社会实践和表意实践活动，时尚的含义出奇地广阔，充满各种可能性，既有广义的时尚，又有狭义的时尚；既有形而上的时尚，也有具体而微的时尚，还有各种比喻意义上的时尚。从具体到抽象、从引申义到比喻义，从历史到哲学，无论是街头青年，还是小说家、历史学家、艺术家、设计师都可以按照各自的方式理解时尚、阐释时尚、追求时尚，同时也创造着时尚。日常生活中，时尚几乎深入到现代生活的方方面面，文化、艺术、影视、音乐、建筑、服装、化妆品、工业、商业、传媒、广告、饮食、家居、旅游、科技、体育、环保等。尽管这些领域有着不同的行业特征、关注焦点、运作模式与规范，但有一个共同的特点，那就是都向时尚敞开，从不拒绝时尚，时尚在此展现出强大的黏合力，渗透其中，成为一个涉及多个学科的交叉概念，具有广泛的跨学科性，如时尚设计、时尚艺术、时尚文化、时尚心理、时尚传播、时尚消费、时尚经济、时尚政治等。

### 2. 时尚是永远的现代性

鲍德里亚认为消费时代的逻辑是一种时尚的逻辑，因为消费社会的文化逻辑就是现代性，所以现代性也是时尚。对此，笔者认为，作为一个由具有强烈家族相似性的不同面孔组成的大型复合体，现代性具有多重化身和多种内涵，时尚以其鲜明的审美现代性、文化现代性及强大的生命现代性成为这个家族中的重要一员，甚至可以比喻性地称之为现代性的第六副面孔。时尚的生命现代性体现在时尚所具有的持久的变化性与变化的永恒性之间的张力，在这种张力的作用下，时尚用周期性的循环再生完成了自身生命的更迭。在这一过程中，时尚对于不同历史时期和不同民族文化背景中，各种文化元素及其图像的借鉴、继承、拼贴、解构、复古和混搭，为时尚保持旺盛的生命力提供了源源不断的养料和动力，同时这些设计方法的运用也成为时尚周期性循环再生过程中不可或缺的路径和手段。其次，时尚的生命现代性在很大程度上和时尚主体对于当下社会生活的体验和感受有关，与注重身体装饰性、个性表达、身份表征的审美现代性不同，时尚的生命现代性着重于表现和传达时尚主体的情感、体验、感受、态度和可能性。再次，后现代时期时尚的快速发展，在一定程度上克服了后现代解构主义思想泛滥造成的现代性主体的衰落、碎片化、虚无化等现象，时尚生命现代性所具有的勃勃生机使得时尚主客体之间的交互构造成为可能。总之，时尚具有的蓬勃旺盛的生命性力量，有助于人们应对和缓解分裂、短暂与混乱的变化带来的压倒性感受。更多内容详见本书"时尚：现代性的第六副面孔"一文。

### 3. 时尚产生于时尚与主体之间的交互构造

从心理学的角度来看，时尚与主体之间的关系是一种相互蕴含、相互奠基的关系。在强大的科技手段和传播媒介的帮助下，时尚能够从文化和审美两个方面帮助生命主体远离平庸、克服焦虑感，赋予个体充满自信的外在精神气质和积极向上的精神风貌，有助于确立一种令人艳羡、引人注目的个体形象。时尚的个体形象会和普通的个体形象形成强烈反差，使个体从中获得优越感、满足感。为了让这种感觉不断地延续、重复出现，个体就会不断地追逐时尚。与此同时，时尚主体以其内在的生命力创造时尚、滋养时尚、支撑时尚，赋予时尚以生命和存在的意义，使其具有了超越物本身的能力。所以，时尚以及时尚主体的诞生是时尚与主体交互构造的结果，过程性、阶段性、差异性是时尚与主体之间交互构造的基本特征。其动力来自于主体意向性、主体间性及其超越性。更多内容详见本书"论时尚与主体之间的交互构造"一文。

### 4. 时尚的存在方式在于时尚之象的动态显现

从狭义的服饰时尚的视角来看，时尚之象主要包括三个层面的内容，首先是时尚设计过程中设计师大脑中的想象，设计过程中电脑或设计图纸上呈现出来的图像，生产营销、宣传推广阶段呈现的物象、图像及影像；其次是时尚消费者使用过程中呈现和塑造出来的文化图像、视觉图像以及时尚形象；

最后是以元图像为基础模仿、想象、创造和建构而成的生命图像。时尚之象的动态显现类似于气氛式显现和交互式显现的对应。首先，时尚之象的显现是时尚之器与时尚主体交互建构的产物，与身体的具象性、直观性以及主体的精神性存在有关，是前面诸种因素的叠加、交汇和共同作用的结果。在时尚之象动态显现的过程中，时尚之器及时尚主体周围会散发出一种独特的时尚感（或称为气场、氛围、气氛），这种时尚感很类似于中国传统诗词书画中讲求的气韵以及西方古典绘画艺术中追求的灵韵，能够在时尚之器和时尚主体周围形成强大的气场。这种气场不仅为时尚本身及时尚主体增添魅力，而且具有吸引力和传染性，能够被周围的人感知和效仿，会影响到周围人的心情与对待时尚之器及时尚主体的态度。于是时尚之器及时尚主体无形中自带"主角光环"，相比较其他物象或个体形象，会得到更多关注、艳羡或追逐，从而增强其感染力和影响力，极大限度内满足个体虚荣心、增强自信心。所以，时尚感是时尚之象动态显现过程中散发出来的独特气韵，具有强大的魅力、生动性和生命力。随着时间的推移，时尚感会时尚之器材质的褪色、磨损以及主体精神气质的变化逐渐消散，不过不用担心，这时自会有新的时尚之器和时尚之象取而代之，继续履行时尚的使命，与时尚主体结合一起散发时尚感，形成强大的气场和神韵。

时尚之象的显现需要主客体的在场，或者说时尚是一个主客体交互存在的场域，一个需要参与者在场的场域。没有人追逐艳羡的时尚，就如同无人路过的池塘中自开自落的荷花、少女独自对镜贴花黄的落寞，只是时尚之器的外在模样。只有在众人欣赏和追逐的目光中，时尚才显现自身，称之为时尚。总之，时尚之象的显现与时尚的交互主体性有关，依赖于时尚主体的在场，也依赖他人的关注、模仿与追逐，否则只能是时尚之器而非时尚之象。更多内容详见本书"'道象器'视域下的时尚研究"一章。

5. 时尚是一种领导力

在时尚的几个本质性特征中，领导力也是不容忽视的一点。领导力就是引领和改变，不断突破自身、超越当下的能力，带领人们永远朝新的方向迈进。时尚的本质和领导力的本质是不谋而合的。结合国内外学者对领导力的定义，本书将时尚领导力定义为：时尚对社会和人生所具有的激发、引领、改变和超越现状的能力及影响力。具体由如下五个基本要素组成：生命力、感召力（或称魅力）、前瞻力、影响力和凝聚力。时尚领导力的作用首先在于通过引领各种时尚潮流，赋予平淡庸常的社会人生以变化、新奇和前进的动力。其次，时尚用自身的魅力或感召力、新奇的样式和大胆的突破影响人们对世界和自我的认知，勇于突破进取。最后，时尚领导力是一种文化软实力。有助于在国际上改善和提升国家和民族形象，激发其他国家民族的人们对中华民族文化的渴望，加快他们适应、接受中华民族文化的步伐。在当前的多元文化时代，时尚领导力的开发与提升尤其不能忽视对世界各国优秀时尚文化和人文文化的借鉴包容、兼收并蓄，我们要时刻注意保持和提升时尚的生命力、感召力、前瞻力、影响力和凝聚力。更多内容详见本书"时尚领导力研究"一文。

## 二、何为理论，理论何为

英文中"Theory"一词，来自于希腊语"Theoria"，意思是"Looking at（注视）"或者"Vision（视野、目光）"。这和现在该词具有的抽象意义似乎正好相反。那么这种抽象的理论概念与"注视""目光"这些意义明确的概念之间有何关联呢？西方艺术史上有这样一个故事，一个学习艺术的学生、一个士兵和一个种田的农夫一起站在一片开阔的旷野上，他们的任务是观察眼前一片开阔的旷野，然后给出自己的评价。同一个问题，三个人给出了不同的答案。士兵说这个位置太过空阔、不易防守，很容易受到来自空中和地面的进攻。艺术生说他看到了一副美丽的风景画，左侧大片的绿树浓荫与旁边开阔的浅绿色平原相映成趣，地平线尽头一条蜿蜒而过的小河强化了这块平原的中心地位且有深度感。在农夫眼里，这片土地高低不平、很难耕种，不适合种植农作物也不易放牧牛羊，还可能闹洪灾。为什么对同一个问题，艺术生、士兵和农夫会给出不同答案呢？原因很简单——他们依据了不同的理论概念，从不同理论视角出发，同一个问题就会有不同的答案。士兵依据的是军事理论、艺术生依据的是绘画理论，农夫则从农业种植理论出发思考问题。反过来说，如果没有这些理论概念，他们可能什么也看不到，他们能够给出不同的答案在于他们掌握了不同的理论。可以说，这个故事生动演绎了理论何为。

汉语中的"理"字，最初是"加工玉石"的意思，将璞玉原石变为美玉的加工过程，必须研查剖析玉的纹理、质地，于是"理"就有了剖析、推演事物情理的意思。《说文解字》对"论"字的解释是："議也，論以侖會意"，就是因思解意、辨析证明的意思。因此，我们不妨把理论视为一种剖析事物事理、辨析其结构成因、归纳其发展规律、帮助人们观察世界、认识自身的概念和视角。理论为人们理解世界、认识世界提供了不同的概念和认知方式，在此意义上，"理论"也是一种认知的媒介和工具，为人类各种社会实践活动和个体行为提供具有合理性、合法性的依据。有人说，哲学的目的是为了照亮我们生活的世界，理论是否可以理解为从不同角度来照亮我们自身及生活世界的概念、媒介或工具呢？或许受此启发，我们不妨认为时尚理论是从时尚角度出发照亮我们自身及生活世界的一套概念、一种媒介或工具。

## 三、时尚理论概述

在过去一百多年间，学术界对于时尚的讨论从来没有停止过，前文中已经提到，各专业研究领域的学者们对于时尚的认识和理解早已超出了将时尚作为一种物质表象的范畴，凡勃伦、西美尔、布鲁默、罗兰·巴特、布迪厄、鲍德里亚、吉尔·利波维茨基、伊丽莎白·威尔逊、乔安妮·恩特维斯特尔、珍妮·克雷克、苏珊·凯瑟等西方知名社会学家、符号学家、时尚史学家、文化研究学者都在各自生活的时代从各自的研究兴趣出发研究和阐释时尚，为时尚研究理论做出了很大贡献。国内有学者尝试从社会学的角度将西方几种主要的时尚理论归纳总结为阶级分化论、身份认同论、集体选择论和文化生产论。❶其中，阶级分化论视角在宏观阶级分野的背景下讨论时尚，主要包括西美尔等人提出的"涓滴论""同步采纳论"和"向上浮动论"三种竞争性的观点；身份认同论主要包括英美当代时尚研究者，如伊丽莎白·威尔逊、乔安妮·恩特维斯特尔等人对于时尚的论述，把时尚视为个体表达自我、创造自我的一种手段和工具；集体选择论主要涉及布鲁默提出的趣味的集体选择对于时尚流行的影响。文化生产论借鉴的是鲍德里亚的时尚观，强调时尚商品的符号价值是由谁生产并如何生产出来的。

在国内，时尚研究还是近几十年的事，但在短时期内，王宁、周宪等学者都从不同学术视角出发对时尚问题进行了观察和论述。不过，尽管时尚的

---

❶ 孙沛东.时尚与政治：广东民众日常着装时尚(1966-1976)[M].北京：人民出版社，2013：15.

研究成果如此丰富，但时尚理论研究着实不是一门显学，通俗一点说，就是一点儿都不时髦。除了常常被污名化为轻浮的代名词、生活腐化堕落的源泉和标志之外，在很多人文学科的专家学者心目中，时尚还代表了短暂、无常、非理性，有悖于人类千百年来对永恒性的执着追求，也有违社会人文学科找寻社会人生发展的普遍性和本质规律的初衷。当然，不可以定义的，或者很难定义的，不意味着不可以讨论。所有围绕时尚展开的不确定性、争议性和模糊性都不意味着要将时尚问题置于理论研究之外，永远徘徊于形而下的实践领域。事实上，也许正是由于时尚概念及其理论研究方面存在的广义性、不确定性和模糊性，吸引着越来越的研究者关注和思考，同时也使得时尚理论日益成为一门独立的、值得深入研查的学科。

纽约时装技术学院的社会学教授川村由仁夜在《时尚学》一书中主张建立一门单独的时尚学，把时尚研究与服装研究区分开来，将其列入社会科学、人文科学的研究范围内，重点研究时尚系统运作的社会进程。❶换言之，就是从社会学的意义上，对时尚进行调查，将时尚看作是一个可以自行生成概念、现象和行为的完整系统，而不是作为服饰或者装扮进行研究。在她看来，时尚学关注时尚在人们心目中的观念存在形态及其逐渐自为、自足的这一社会化生产过程，而服饰系统必须经过转换才能变成所谓的时尚。笔者认为，时尚现象及其所涉及问题的广泛性、多义性和不确定性等因素时刻都在制约着人们清晰无误地思考和描绘时尚，形成一种精确有效的时尚理论似乎仍然任重而道远；在倡导多元化、去本质主义的后理论时代，为了保持时尚研究的活力，我们不妨尽量保留时尚研究的多样性特征，鼓励学者们从不同的学科立场出发进行时尚研究，这样既有利于全面综合地理解各种时尚现象、处理时尚带来的种种问题，也可以构建一个立体多维的时尚理论研究范式，而这也意味着我们要研究和建构的不是某种独立、单一、大写、有着固定含义的时尚理论，即英文中的"Fashion Theory"，而是一个由诸种时尚理论汇聚而成的理论集合——小写、复数、分散性是其主要特征，即英文中的Fashion Theories。套用学术界一句时髦的话来解释——"实际上没有时尚理论这种东西，只有时尚的诸种理论而已。"

---

❶ [美]川村由仁夜.《时尚学：时尚研究概述》[J]. 窦倩，张恒岩，译. 艺术设计研究，2010(2): 16-23.

上篇

# 理论篇

# 第一章 凡勃伦与时尚"炫耀说"

1899年，美国经济学家凡勃伦出版了《有闲阶级论》一书。这本书重点研究的是经济学意义上的消费现象，并不是时尚问题，但是有闲阶级在服装方面的"显性消费"和"明显浪费"行为给他研究新兴资产阶级的金钱文化和金钱竞赛等问题提供了有力佐证。他在该书中认为时尚的生成、发展和革新与有闲阶级的炫耀性消费心理和行为有关，在一定程度上揭示了资产阶级发展早期时尚的生成问题。于是《有闲阶级论》一书也成为西方早期时尚理论研究方面的一部力作。

## 一、基本概念

### 1. 显性消费还是炫耀性消费

《有闲阶级论》的中文译本中将"Conspicuous Consumption"一词翻译为"明显消费"，"Conspicuous"一词英文意思是"明显的、显而易见的、引人注目的"，译为"明显消费"或"显性消费"都是正确的。在经济学中，两个词都表达了一种中性的、不带情感色彩地对于某种消费行为的客观描述。不过，当这个概念被引入时尚研究领域，其意义发生了转移，更多用来指代"明显消费"或"显性消费"行为背后带有炫耀意味的消费心理，所以在时尚研究中将其翻译为"炫耀性消费"也是没有问题的。

凡勃伦认为，显性消费遵循的消费准则是荣誉准则，即消费的目的是为了增进荣誉。为了增进和保持自身的荣誉感，有闲阶级必须服从和保持他所隶属的那个社会或阶级所公认的消费水准，这是一个礼仪上的问题，不遵守这个水准是要受到轻视和排斥的[1]。所以，显性消费从本质上说是一种荣誉消费和礼仪消费，这也是凡勃伦给予炫耀性消费最客观和最准确的解释。

---

[1] Veblen, Thorstein. *Theory of the Leisure Class*. Kindle 版本：77.

### 2. 代理有闲（Vicarious Leisure）与代理消费（Vicarious Consumption）

凡勃伦在《有闲阶级论》中认为，有闲阶级家人和仆役的"消费和有闲所体现的是他们的主人或保护人的投资，目的是为主人或保护人增进荣誉。"❶ 意思是说，较高的社会等级想要获得尊荣、保有荣光，光靠拥有权势和财产是不够的，还要能够证明自己拥有这些是当之无愧的。因此，他们的家人（如家庭主妇）和仆役就承担了向外界证明主人拥有财富和权势的义务，凡勃伦将执行这些有闲或消费任务的行为称之为代理有闲和代理消费。这些人的有闲或者消费是属于主人的，他们在穿着用度等各方面的表现都是为了增进主人的荣誉。

### 3. 明显有闲（Conspicuous Leisure）与明显浪费（Conspicuous Waste）

"明显有闲"和"明显浪费"是有闲阶级用无所事事的生活方式和明显超出自身需要的消费来证明自己拥有财富的两种方式，其目的是为了获取荣誉感和社会声望；不同的是，前者浪费的是时间和精力，后者浪费的是财物。尽管如此，两者还是习惯性地被认为是相同的，有闲阶级选择用何种方法来证明自己的财富只取决于哪个更方便、更有利。凡勃伦认为，不同的历史发展阶段，时间精力的明显浪费和财物的明显浪费这两者在荣誉竞赛中发挥着不同的效用，起初两者应该是势均力敌的。以有闲作为博取荣誉的手段，其最初的优势源自阶级有贵贱之别的古老划分和工作有贵贱之别的歧视性准则。在准和平阶段的初期，以有闲作为财富的证明仍然有充分效用，其有效程度不亚于消费。然而，随着交通的发达、经济的发展以及个人接触社会范围的扩大，随着明显有闲不再是人们博取荣誉的重要手段，以明显消费作为财富证明的有效程度开始增长，成为人们带来荣耀和尊严的主要方式，并逐渐变为等级优势和尊贵身份的象征。

### 4. 趣味准则（Canons of Taste）与明显浪费准则

在"金钱的趣味准则"一章中，凡勃伦分析了消费品应该从高价和实用性两个方面来投合消费者的心理，这两方面又分别包含实质和荣誉两方面的

---

❶ Veblen, Thorstein. *Theory of the Leisure Class*. Kindle 版本：54.

因素。消费品满足了上面这些条件，就符合了明显浪费准则，同时也与有闲阶级的趣味准则相一致。对此，凡勃伦以机器制品和手工制品之间的区别加以说明。"适应同一目的的机器制品与手工制品之间的主要差别，通常在于从适用的基本目的来说，前者更加适当。因为机器制品比较完善，是有比较完善适应目的的。然而单凭这一点，并不能使它免于受到憎嫌或轻视，因为它经不起荣誉浪费的考验。手工是一个比较浪费的生产方式，因此用这种方式生产的物品，在金钱荣誉的目的上具有较大的适用性，因此手工的标志渐渐成了荣誉的标志，具有这种标志的物品，在等级上高于同类的机制品。"❶就此凡勃伦得出结论，手工制品明显的有欠完善之处可以是荣誉性的，再加上外表的美观和实用性就成了优越的标志，符合明显浪费原则，有利于增加消费者的荣誉感，博得有闲阶级的垂爱；而机器制品因其高度的完善性和可复制性，常常得到下层阶级的赞赏和使用，从讲究礼仪和增进荣誉的角度来看，与手工制品比起来明显处于劣势，不能适应歧视性对比的目的，也就不符合有闲阶级的趣味准则。

对于明显浪费准则与革新创造之间的关系。凡勃伦认为，明显浪费准则是一个制约性而不是开创性的原则，不具有创造性或革新性，其主要作用在于淘汰，这就意味着它不会给任何革新变化提供条件，但是任何革新变化及发展必须符合这个原则，否则就会因为与金钱荣誉准则相抵触而被淘汰。"明显浪费定律并不能据为变化的起源；但是只有这个定律支配之下适于生存的形式才能持久。这个定律的作用是在于保存它所认为适当的事物，而不是在于开创它可以接受的事物。它的任务是对一切事物加以检验，凡是同它的目的相适应的就抓着不放。"❷据此，他认为趣味准则是在明显浪费定律的监视下形成的准则，这个定律对于不符合其要求的任何趣味准则都要有选择性地加以淘汰。

## 二、凡勃伦的时尚观

### 1. 时尚是金钱文化的一种表现

凡勃伦认为明显消费本质上是一种荣誉消费和礼仪消费，为了对这种观

---

❶ Veblen, Thorstein. *Theory of the Leisure Class*. Kindle 版本：110.

❷ Veblen, Thorstein. *Theory of the Leisure Class*. Kindle 版本：115.

点进行深入解读和论证，他找到了时尚，认为时尚是金钱文化的一种表现。这里有必要补充说明一点，《有闲阶级论》一书中所有关于时尚的论述都是围绕服装展开的。简单说，作为博取荣誉的一种手段，时尚不仅是穿着者随时随地可以夸示之物，也是与金钱有关的显在标志。正如凡勃伦所言，"同任何其他消费类型比较，在时尚服饰上为了炫耀而进行的花费，情况总是格外显著，风气也总是格外普遍。"❶

有闲阶级在服装方面的明显消费最为引人注目，因为人们只要看一看对方的穿着，对于彼此的金钱地位也就心中有数了，从而使得服装成为有闲阶级夸富和增进荣誉感的重要表现方式。这一点在资本主义发展初期表现的就非常明显，即便在当下也有着很强的现实意义，如富人们对于奢侈品的追逐和喜爱。

2. 消费者购买时装的动机

在盛行金钱文化的社会中，人们购买、消费时尚的动机是凡勃伦时尚研究的重要内容之一。首先，他认为这是一种精神上的需要。这种需要来源于服装所具有的时新性（Fashionableness）和荣誉性（Reputability），而不是衣服对于人体的机械效用，如御寒、保暖、遮羞。对于服装消费起指导作用的是明显浪费法则，后者在隔一层的情况下通过形成趣味准则和礼仪准则来发挥作用。这意味着服装的穿着者之所以要求服装具有明显浪费成分，其自觉动机在于同已有的穿衣原则相一致、同公认的趣味准则和礼仪准则（Canons of Taste and Decency）相适应。❷在这方面礼俗的指导作用非常突出，不过昂贵和奢侈的消费思想在人们的思想习惯中依然根深蒂固，无论人们的选择是出于趣味爱好，还是因"一分钱一分货"的购买信条使得消费者将低价服装视为劣等品。所以，多数情况下，人们对于事物美观与适用的认识会随着服装价格的高低而发生变化。

其次，人们购买和消费服装的动机与服装的社会价值有关。所谓服装的社会价值，在凡勃伦看来，就是服装所具有的证明支付能力的功能，有闲阶级在服装方面的明显浪费是他们金钱成就和社会价值的直接证明。更重要的是，这样的服装还可以证明穿着者既无需体力劳动，又不是一个依靠固定工

---

❶ Veblen, Thorstein. *Theory of the Leisure Class*. Kindle 版本：116.

❷ Veblen, Thorstein. *Theory of the Leisure Class*. Kindle 版本：116.

资度日的人。所以，服装的社会价值是服装对穿着者经济实力和社会地位的直接反映和证明。

### 3. 女装

凡勃伦认为，女性服装主要证明了穿着者无需从事任何形式的生产劳动，而且也不能从事任何生产劳动。夸张的女帽、高跟鞋等女性服饰的目的是为了提供一种优雅闲适的姿态，从经济理论上说，这些服装可能会减损人体的美，并对女性从事有用的劳动造成阻碍。但是，这种柔弱风度和服装昂贵的价格却可以在荣誉上有所增益。所以，女性服装的得失基本上可以相抵，不过后者更符合那个时代的穿衣法则，尤其是具有社会普遍性的荣誉准则和礼仪准则。

### 4. 服装消费三原则

凡勃伦总结了有闲阶级购买和穿着时尚的三个原则：明显浪费、明显有闲和时新性。❶明显浪费原则是三个原则中最重要且具有支配作用的原则，明显有闲则附属于这一原则，起一种辅助规范的作用。在这两个原则指导下的服装设计就是要尽可能表明穿着者不事生产，实际上也不适合从事生产劳动。第三个原则和前两个原则具有同样严格的约束力，但是对于服装的时新性，即服装风格和式样的不断变换与翻新，却很难找出令人信服的答案。尽管如此，凡勃伦还是在力所能及的范围内对这一问题进行了探讨。

### 5. 服装的时新性

时新性（Newness）指服装时尚的当下性、时代性和新颖性。凡勃伦对于服装时新性的思考，基本上没有离开他提出的明显浪费法则。他认为服装的这一特征符合明显浪费法则，服装的风格式样只有不断更新，才能使得人们在服装方面的浪费性支出不断增加。这个推论简单易懂，但却不能解释流行风格发生变化和人们接受此种变化的动机。对此凡勃伦提出了"装饰动机"，即"要找到一个创造性原则，能够说明服装时尚不断发明创新的动机，就得追溯到衣服创始时原始的、非经济的动机——装饰的动机。"❷服装式样的变

---

❶ Veblen, Thorstein. *Theory of the Leisure Class*. Kindle 版本: 119.
❷ Veblen, Thorstein. *Theory of the Leisure Class*. Kindle 版本: 120.

化、服装的每一次革新都是要在形式、色彩或者效果上使新的表现形式更加符合我们的趣味爱好，同时也要服从明显浪费规范的淘汰作用，变换的式样不仅在美观程度上必须有所提升，也要符合公认的浪费标准。

其次，凡勃伦认为服装无论是保持稳定还是富于变化，都与不同国家、阶级、民族居民生活的富裕程度和稳定性有关。按照凡勃伦的说法，在一些不富裕的国家中，国民比较单纯，安土重迁，阶级比较稳定，这些地区的服装在很长一段时间内也表现得非常稳定，没有发生明显变化。而在居民比较富裕、流动性也比较显著的地区，人们的服装也考究且时尚，不断变换花样。

在凡勃伦看来，一切浪费性支出都因为和人们的趣味爱好相抵触而受到指责，人们为了回避不切实际的支出带来的指责而到新的风格样式中寻求安慰。由于明显浪费原则要求的是不切实际的支出，这使得人们服装上的明显浪费在本质上是丑恶的，于是"服装上的一切革新，在增加的或变更的每一个细节上，是为了避免直接受到指责。"[1]这样，每当服装中不切实际的表现过于露骨而使人们难以忍受的时候，服装就不得不更新换代，到新的风格式样中寻求安慰，当然新的风格式样必须符合荣誉浪费和不切实际的要求。凡勃伦的这个观点是他以显性消费理论为基础进行的推理性结论，其价值在一定程度上指出了时尚的负罪感，以及时尚与伦理道德之间的悖论性关系。不过他认为，服装更新换代是因为不切实际的服装样式过于露骨而让人们难以忍受，似乎有些牵强，令人无法信服。

时新性作为时尚的本质属性之一，凡勃伦之后的一些西方时尚研究者也有诸多论述，并将之称为新颖性（Novelty）。其实，无论是时新性还是新颖性，都是时尚魅力的重要组成部分，对于时尚穿着者来说，符合时尚的吸引力法则，能够满足他们渴望与众不同的心理。西方有学者曾经对时新（Newness）、创新（Innovative）及新颖（Novel，或译为"新奇"）进行过区分，认为"时新"与时间相关，可以指代每月的、每代的或季节性发生变化的新事物。"创新"更多地涉及效率和技术能力，不是纯粹时间意义上的新。"创新"的东西通常指经过改良的、创新的或系列产品中最新的产品。"新颖"一词与前面两个词的意思都不同，是一种经验上的"新"，含有不熟悉的意

---

[1] Veblen, Thorstein. *Theory of the Leisure Class*. Kindle 版本：122.

思。❶在现代消费社会中，时尚的流行与前面三种含义都有关系，能成为时尚和流行的事物一定会包含其中一种、两种或全部三种属性，从而能够满足不同种类的"求新成癖"者的需求。不过，"新"的诸种意义对于时尚来说，绝不只是符合和满足个体对于新奇时尚商品的渴望，还包含对社会惯性的拒绝，对社会中一贯存在的保守思想以及不思进取的传统社会势力的一种巧妙回应和迂回出击。

## 三、凡勃伦对时尚研究的贡献、意义及局限性

炫耀性消费理论为我们解释阶级社会、尤其是早期资本主义的时尚革新和更替提供了一个非常有用的理论范式。凡勃伦提出了以获取荣誉为主要目的"炫耀性消费"这一理论观点，深刻揭示了有闲阶级的消费行为和消费心理特征，为后人理解和阐释阶级社会中的时尚更新、阶级分化等问题提供了一个很好的理论视点。其次，他总结了有闲阶级购买和穿着服装的三个原则：明显浪费、明显有闲和时新性。不过，他对这三个原则及服装的时新性特征的分析都是从心理和精神出发解释经济学现象，将炫耀性消费的最终目的归结为满足有闲阶级的荣誉感和自尊心，这些都使得他的理论分析缺乏更广阔的社会和阶级视野，无法深入揭示资本主义社会初期的基本矛盾和深层问题，也使得他的理论具有一定的时代局限性。

凡勃伦对于金钱的趣味准则和明显浪费准则的分析，给当代奢侈品研究带来一定的启示。法国社会学家吉尔·利波维茨基在《永恒的奢侈》一书中将其对奢侈品的分析奉为经典。凡勃伦认为消费分化在掠夺文化出现之前就已经存在，有闲阶级理所应当享受一切奢侈品，而劳动阶级只能消费生活上的必需品，不同的消费成为不同阶级身份的标志。❷这些观点已经很接近鲍德里亚消费社会理论中的某些观点了。

❶ [美]柯林·坎贝尔.求新的渴望[C]. //罗钢,王中忱.消费文化读本.北京:中国社会科学出版社,2003,6: 272-275.
❷ 罗钢,王中忱.消费文化读本[C].北京:中国社会科学出版社,2003,6:37.

# 第二章　西美尔的时尚观

迄今为止，在时尚研究领域还没有一个学者的影响力能够胜过德国社会学家、哲学家齐奥尔格·西美尔（Georg Simmel，1858~1918）。谈时尚研究必谈西美尔似乎已经成了一种惯例，这是因为西美尔的时尚哲学为20世纪西方时尚理论研究奠定了基础，现在人们讨论的很多时尚问题都可以在他的时尚哲学中找到源头。不过，西美尔的时尚哲学绝不是简单的"滴流论""模仿说"或者"区隔说"所能够概括的。在他的众多哲学及社会学著作中，涉及时尚问题的论文主要有"时尚心理的社会学研究"❶和"时尚的哲学"❷两篇文章。本文将以这两篇文章中的内容为基础，解读西美尔的时尚观，争取最大范围内还原和展现其全貌。

## 一、时尚的发生机制与传播方式

通常情况下，人们用"滴流论"（Trickle Down Theory，也译作"涓滴理论"）、"模仿论"或"区隔说"来概括西美尔的时尚观。这三种说法的区别在于，"滴流论"强调时尚自上而下的传播方向，"模仿说"主要指时尚的传播方式，而"区隔说"强调的则是时尚的社会动机和社会传播效果。"时尚是既定模式的模仿，它满足了社会调适的需要；它把个人引向每个人都在行进的道路，它提供一种把个人行为变成样板的普遍性规则。但同时它又满足了对差异性、变化、个性化的要求。"❸这段《时尚的哲学》中被无数次引用的文字

---

❶ 西美尔的这篇文章发表于1895年，收录于德文版的《西美尔社会学文选》(1983)一书，2000年刘小枫选编的西美尔文集《金钱、性别、现代生活风格》一书中收录了该文。

❷ "时尚的哲学"一文选自《时尚的哲学》一书，该书德文版出版于1905年。

❸ [德]齐奥尔格·西美尔. 时尚的哲学 [M]. 费勇，等译. 广州：花城出版社，2017：96.

是理解西美尔时尚哲学的关键。这段文字清楚表明，时尚离不开模仿，模仿的结果既包含个人行为的大众化——以满足人们对普遍性、同一性的追求为目的，也意味着个人行为的个性化——以满足人们对个性化、特殊性的追求为宗旨。对于时尚来说，模仿只是一种外在的行为模式，这种行为模式离不开阶级社会中不同阶级之间的分化与融合的心理动机。

　　事实上，西美尔不是第一个，也不是唯一一个使用模仿论的学者，作为一种社会理论，模仿论早就存在，法国社会学家赫伯特·斯宾塞和塔尔德、德国社会学家科尼格等人的社会学研究中都非常强调模仿的作用。斯宾塞认为存在两种类型的模仿，即崇拜型和竞争型。社会中的下级模仿上级的服饰表明了时尚具有平等的倾向，有助于模糊并最终消除阶级区分，从而有利于个体的成长。[1]塔尔德认为上层社会的女性因为发明新的服饰风格而被模仿，为了不被模仿，就要发明新的时尚风格。为此，他和斯宾塞一样，提出社会关系的本质是模仿，具有模仿这种本质特征的时尚是理解模仿这种社会现象的关键。[2]随着民主社会的发展，德国社会学家科尼格的社会学研究突破了下层阶级模仿上层阶级的固定范式，认为模仿可能是随意的，就是说上层阶级也会模仿下层阶级，这种模仿范式意味着模仿行为不再具有阶级区分的功能，对于时尚来说，则意味着上行传播模式和平行传播模式的开启。

　　在西美尔看来，时尚的发生机制和传播机制是密不可分的。较低阶层模仿较高阶层时尚的过程就是时尚从较高阶层向较低阶层进行传播和扩散的过程，在信息不发达的资本主义初期，这种时尚传播速度是比较缓慢的，所以后来有学者将这种传播方式称为"滴流论"。[3]"滴流论"是一个经济学术语，又称"利益均沾论"，指在经济发展过程中，不给予贫困阶层、弱势群体或贫困地区特别的优待，而是由优先发展起来的群体或地区，通过拉动消费、提供就业等措施来惠及贫困阶层或地区，带动其发展和富裕。用在这里非常形象表现了资本主义初期时尚缓慢发展的特征，但是随着科学技术的进步，时尚在20世纪快速发展起来，尤其是在20世纪中后期以来，随着大众文化的兴起，影视、网络、手机等新兴媒体的出现和普及，时尚更新的速度越来越快，

---

[1] Spencer, Herbert. *The Principles of Sociology*[M].Volume II. New York：D. Aooleton and Co，1966(1896)：205-206.

[2] Yuniya Kawamura. *Fashion-ology:An Introduction to Fashion Studies*[M].2nd Edition. Bloomsbury，2018：21.

[3] Grant D. McCracken. The Trickle-Down Theory Rehabilitated[C]. Michael R. Solomon(eds). *The Psychology of Fashion*，Lexington，MA：D.C. Heath，Lexington Books，1985.

同时时尚的传播方式也发生了改变，出现了平行传播（Tricle-across）和上行传播（Trickle-up）等其他传播形式。当然，由上而下的时尚传播机制始终存在，只是在新媒体的助力下传播速度大大提高，用"滴流"二字只能显示其传播方向，而无法反映其传播速度。

## 二、时尚的社会动机及其阶级性

### 1. 社会动机

西美尔认为，时尚是阶级分野的产物，同时又对社会阶层的划分发挥着双重作用——一方面有助于社会各阶层和谐共处，另一方面又促使他们相互分离。那么时尚的这种强大力量从何而来呢？笔者认为，这应该与西美尔时尚哲学的立足点和出发点有关。西美尔的时尚哲学是一种朝向生命事实的研究，或者说是一种与心理有关的社会学研究，建基于时尚与个体心理和生命现实关系之上。在西美尔看来，时尚与服装有着本质的不同，时尚与主体生命有着更为密切的关系，既具有满足个体个性化要求，提升个体身份地位，指引个体行进道路的作用；同时也满足了个体的群体归属感，并在两者之间进行有效且恰当的调节，成为一种"我们众多寻求将社会一致化倾向与个性差异化意欲相结合的生命形式中的一个显著的例子"❶。

西美尔认为时尚内部具有两种力量：一种是同一性的力量，一种是超越性的力量，两股力量合在一起形成了时尚。同一性的力量体现在人们对时尚的追逐和模仿，超越性的力量体现在个体渴望与众不同、标新立异。在这两股力量的共同作用下，时尚将上述两种对立的倾向越来越完美地调节为流行和社会文化的一部分。其次，西美尔认为相比于其他方面，单纯的外在模仿最容易做到，且时尚是一种只需金钱就能获得的价值，这样时尚的拥有者更容易借助外在性的装饰与更高阶层达成一致。在此基础上西美尔认为，时尚是一种特殊的生活方式，通过这种生活方式，人们试图在社会平等化倾向与个性差异魅力倾向之间达成妥协❷。从这种意义上来看，时尚也是个体解决自身社会化与个性化的矛盾冲突时的权宜之计，当然也是时尚有别于服装的重要之处。

---

❶ [德]齐奥尔格·西美尔. 时尚的哲学[M]. 费勇，等译. 广州：花城出版社，2017：96.

❷ [德]齐奥尔格·西美尔. 金钱、性别、现代生活风格[M]. 刘小枫编，顾仁明，译. 上海：学林出版社，2000：95.

## 2. 阶级性

在西美尔的时尚哲学中，时尚具有明显的阶级性，最新的时尚总是首先影响较高的社会阶层，一旦较低的社会阶层开始挪用他们的风格，较高的社会阶层就会放弃这种时尚风格转而采用一种新的时尚，从而与较低的社会阶层区分开来。在西美尔看来，时尚的发生离不开建构时尚的两种本质性社会倾向——一是统合的需要，一是分化的需要。两者中任何一方的缺失都无法形成时尚，因此，"同化与分化"被西美尔称为时尚的双重目标❶。西美尔用南非两个相邻的原始部族——卡菲族和布西门族的服装为例来说明无等级社会中时尚发展缓慢的原因，这是因为人们不需要借助于时尚来进行阶级的统合或分化。

对于时尚与阶级之间的关系，西美尔认为时尚和中产阶级的崛起关系密切。显然，在西美尔看来，中产阶级易变、不安分的阶级属性在某种程度上契合了时尚易变无常的本质，从而使得中产阶级在时尚中找到了他们能够"跟随自己内在冲动的东西"❷，因此中产阶级被西美尔视为时尚的策源地。当然，社会的进步直接有利于时尚的快速发展，这样较低的社会阶层对较高社会阶层的模仿就会加快，与之相应，较高社会阶层推出新时尚抛弃旧时尚的速度也会加速，最终结果是时尚的更新速度越来越快，并逐渐突破阶级或阶层的限制，成为大众日常生活中的一部分，这一点已经被20世纪以来时尚在西方以及全球范围内的发展和普及所印证。

## 三、时尚的特征及社会学意义

### 1. 时尚的悖论：短暂性与持久性

在讨论时尚的社会动机的同时，西美尔还提到了时尚的悖论——短暂性与持久性。短暂性指不存在某种永远不变的时尚，旧的时尚注定会走向死亡、被新的时尚所代替，其原因在于"时尚的注意力过于强烈地指向自身，时尚意味着一种指向某个特定之点的社会意识短暂的高峰期。"❸时尚的持久性指个

❶ [德]齐奥尔格·西美尔.时尚的哲学[M].费勇，等译.广州：花城出版社，2017：101.
❷ [德]齐奥尔格·西美尔.时尚的哲学[M].费勇，等译.广州：花城出版社，2017：119.
❸ [德]齐奥尔格·西美尔.金钱、性别、现代生活风格[M].刘小枫，编，顾仁明，译.上海：学林出版社，2000：100.

别时尚的更替会永无休止地进行下去，让人感觉总有某种时尚存在，从而赋予了整体性时尚存在的不朽。在西美尔看来，"更替"持久存在的事实，给任何发生更替的对象罩上一层持久性的心理微光❶。

　　时尚的短暂性与持久性特征也指向时尚的相对性，即易变与不变之间的相对性存在。毋庸置疑，时尚始终处于变化之中，但这也是一种变化中的不变，即永远不会改变的是其"易变性"。对此，西美尔是这样论述的："时尚总是存在，因而，尽管个别意义上的时尚是多变的，但作为一个普遍概念，作为事实的时尚本身，它确实是永远不会改变的。在这种情况下，改变本身不会改变，这是每个对象都具有的事实，它受到心理上隐约的不变性所影响。"❷显然，西美尔对于时尚的不变性和易变性有着非常清晰的认知。如果说从一开始时尚就是一个充满悖论的矛盾体的话，不变性和易变性肯定是其中之一，而是根本性的。

### 2. 时尚的周期性

　　西美尔认为"时尚的发展壮大导致的是它自己的死亡，因为它的发展壮大即它的广泛流行抵消了它的独特性。"❸这句话准确地道出了时尚的周期性存在特征，时尚兴于流行也毁于流行，时尚的高潮就是其死亡的开始，终结时尚的正是时尚本身。同时，在西美尔的时尚研究中，他将时尚的周期性循环往复阐释为时尚能量的再循环，且这种能量的再循环不是全部时尚内容的复现，由于时间的流逝，一部分能量会随着时尚内容从人们的记忆中消失而消耗殆尽，最终得以复现的时尚内容只是剩余的部分。原文是这样的："时尚具有保存能量的特征，它要以相对最经济的方法尽可能完全地达到目标。正是这个原因，时尚不断地回到旧的形式——就如服饰时尚常常表现出来的那样——以至于时尚的发展过程被比作循环往复的周期性过程。一旦较早的时尚已从记忆中被抹去了部分内容，那么，为什么不能允许它重新受到人们的喜爱，重新获得构成时尚本质的差异性魅力？"❹

　　时尚能量的周期性循环、传递的特征可以用来解释20世纪60年代以来时

❶ [德]齐奥尔格·西美尔.金钱、性别、现代生活风格[M].刘小枫，编，顾仁明，译.上海：学林出版社，2000：101.

❷ [德]齐奥尔格·西美尔.时尚的哲学[M].费勇，等译.广州：花城出版社，2017：120.

❸ [德]齐奥尔格·西美尔.时尚的哲学[M].费勇，等译.广州：花城出版社，2017：102.

❹ [德]齐奥尔格·西美尔.时尚的哲学[M].费勇，等译.广州：花城出版社，2017：121.

尚风潮中复古时尚的异军突起和长盛不衰。现在，时尚设计师们每每找不到设计灵感的时候，服饰博物馆就成了最好的去处，那里的旧物总能给他们些许创作的灵感，时尚也从中获得了周期性循环的内在动力。

20世纪上半叶，美国人类学家阿尔弗雷德·克鲁伯对一段时期内女装长度变化进行的测量和定量分析，成为时尚周期性循环发展的有力证明。另一位对女装时尚风格的周期性变化进行研究的是英国时尚研究专家詹姆士·莱佛，他在1937年出版了《品位与时尚：从法国大革命至今》一书，书中提出了著名的时尚定律（也称莱佛定律），用充满睿智和幽默的文字揭示了时尚发展早期风格的周期性变化，不过随着人类现代化进程的持续快速发展，近几十年来，时尚周期已经大大缩短，从几年一个周期到一年内几个流行季不等。对于时尚周期性的问题，法国思想家鲍德里亚从时尚逻辑的角度进行了阐释，详见本书第五章相关内容。

## 四、时尚与反时尚

在西美尔的时尚哲学中，对反时尚现象的论述和他对时尚的论述一样对我们具有启发性和指导意义。西美尔认为，一般情况下，人与物是分离的，而时尚为我们提供了物与人之间的一种结合，这种结合不仅是个性化与社会化的混合，更像是操控感与服从感的混合。极端地追求时尚所获得的这种结合，反过来通过反对时尚也可以获得。于是，人们在"对时尚的纯然否定中得到了那种感觉。如果摩登是对社会榜样的模仿，那么，有意地不摩登实际上也表示着一种相似的模仿，只不过以相反的姿势出现。有意不时髦的人接受了它的形式，只是不时尚的人以另外的类别将它具体化：在否定的过程中而非夸张的表现中。"❶所以，西美尔认为反时尚不过是时尚的另一种表现方式，一种通过否定而非夸张或肯定的方式表达出来的时尚态度。时尚与不时尚不过是对待社会潮流的积极的或者消极的两种不同方式而已。

对于反时尚的心理动机，西美尔认为是"最复杂的社会心理之一。"❷

简单说就是要用相反的方式显示个人的力量和增加吸引力。一方面反时尚可能源于不想与大众为伍的需要，然而这并不表明个人要从大众中独立出

---

❶ [德]齐奥尔格·西美尔. 时尚的哲学[M]. 费勇, 等译. 广州：花城出版社, 2017：106-107.
❷ [德]齐奥尔格·西美尔. 时尚的哲学[M]. 费勇, 等译. 广州：花城出版社, 2017：107.

来，更多地表现为个体对大众高度重视的态度。

西美尔认为，反时尚的动机还可能是个体害怕失去个性，对社会中弱势群体尤其如此，弱小感使个体害怕，假如他们接纳了一般公众的形式、品位、习惯，就会失去他们的个性。对此，西美尔以传统社会中的女性为例，在历史上的大部分时期，女性在社会中都处于弱势地位，弱者回避了个性化，同时出于责任与自我保护的需要，回避了对于自身的依赖，倾向于从典型的生活形式中找到庇护，这种典型的生活方式阻碍强者行使有异议的权利。❶这里西美尔不仅对反时尚心理动机进行了分析，也间接解释了为什么传统社会中时尚发展缓慢而现代社会中时尚发展速度越来越快，这和现代社会中女性社会地位的改善和提高有着很大关系。现代社会中的女性在经济、日常生活、思想等各方面都不再像传统社会中那样严重依赖男性，在各方面都更加独立的女性没有了向典型的生活方式寻求庇护的需求和必要，同时却拥有了向各种阻碍提出异议的勇气和权利，正如西美尔所言，"有力量的个人会从容地顺从包括时尚在内的各种普遍形式，因为他（她）有足够的自信自己独一无二的价值不会被同化、湮灭。"❷

## 五、时尚的现代性问题

与历史性相对，现代性是一个关乎时间、关乎当下的概念，生活在19世纪末20世纪初的西美尔敏锐地意识到了时尚的现代性问题，在《时尚的哲学》一书中他明确指出："时尚的问题不是存在（Being）的问题，而在于它同时是存在与非存在（Non-being）了；它总是处于过去与将来的分水岭上，结果，至少在它最高潮的时候，相比其他的现象，它带给我们更强烈的现在感。"❸时尚的魅力就在于开始与结束同时发生，新奇的同时也是刹那的魅惑，时尚的短暂性完全不会降低时尚的地位，反而会增加其吸引力。这和现代社会中一些长久以来无可怀疑的信念正越来越失去其影响力是一致的。因为现代生活中短暂的和变化的因素获得了更多自由的空间，人类的意识正在越来越专注于现在。时尚的短暂性、刹那性契合了现代社会的这一特质。因此，国内有

❶ [德]齐奥尔格·西美尔.时尚的哲学[M].费勇,等译.广州:花城出版社,2017:107.
❷ [德]齐奥尔格·西美尔.时尚的哲学[M].费勇,等译.广州:花城出版社,2017:108.
❸ [德]齐奥尔格·西美尔.时尚的哲学[M].费勇,等译.广州:花城出版社,2017:102.

学者认为西美尔暗示出时尚是现代性的存在，时尚以服装的方式，是一个被现代性逼迫和加宽的过程❶。

## 六、时尚与个体

### 1. 时尚与个体

在西美尔的时尚哲学中，时尚与个体之间的关系非常重要，他用了大量篇幅不厌其烦地分析各种情况下时尚与个体之间可能存在的关系，提出了时尚的基本面问题，认为"平等对待各种各样的个性，并且总是以不会影响整个存在的方式去运作，这事实上是时尚的基本面。"❷"基本面"是一个经济学术语，指对宏观经济、行业和公司基本情况的分析。用在这里可以理解为时尚的基本属性，即时尚对不同个体一视同仁。西美尔认为时尚外在于个体，时尚向个体展现的易变性是个体自我稳定感的对照，在对照中，个体的自我感意识到自身的相对持续性。就是说，时尚以自身的不稳定性、易变性反衬出自我的延续性、统一性和完整性。随后西美尔对于时尚与个体、时尚与阶级之间关系的论述都是以上面两点为基础和前提的。

西美尔认为，作为一种大众行为，时尚可以帮助个体克服羞耻感。羞耻感源于个体受到了某种自认为不恰当的关注。羞耻感会让个体感到痛苦，重要的是这种羞耻感产生的根源不是因为个体表现的好与坏、高尚还是堕落，事实上一些美好和高尚的事物、品质或者表现同样让受到关注的个体产生羞耻感。但是，时尚为个体提供的引人注目却根除了个体的羞耻感，因为"时尚代表着大众行为"，而"所有的大众行为都有丧失羞耻感的特征。作为大众的一员，人们会做出许多他们独处时从内心感动嫌恶的事情。"❸简言之，众人的追逐和模仿使得时尚和穿着时尚的个体免受人们的责难，就像人们参与大众犯罪活动时，常常会想"法不责众"一样为自己开脱免责。对此，西美尔举例说，"许多女性在公开场合受时尚的驱使可以当着三十或一百个男人穿低领的衣服，但在客厅里对着一个陌生男人穿同样的衣服却会感到困窘。"❹

❶ 周进. 模仿与区别：齐美尔的时尚思想 [J]. 创意与设计, 2013(2): 11-17.
❷ [德]齐奥尔格·西美尔. 时尚的哲学 [M]. 费勇, 等译. 广州：花城出版社, 2017: 111.
❸ [德]齐奥尔格·西美尔. 时尚的哲学 [M]. 费勇, 等译. 广州：花城出版社, 2017: 113.
❹ [德]齐奥尔格·西美尔. 时尚的哲学 [M]. 费勇, 等译. 广州：花城出版社, 2017: 113.

此外，西美尔认为，对个体而言，时尚为个体的内在性提供一种保护机制。对此，西美尔援引了叔本华的说法，从生命哲学的角度论述，认为时尚和其他外在形式一起将人们生活中无法摆脱的各种各样的束缚转换到生活的边缘，越来越成为外在于生命的部分，但是这种外在的、对于大众行为的顺从也保护了生命的内在自由，使个体"得到了最大的内在自由，在无法避免的束缚中保留生命的核心。"❶由此，西美尔得出结论，时尚"提供给存在一种方式，通过这种方式我们能够清楚地证实社会习俗对我们的束缚，以及我们对一些标准的顺从，这些标准是由我们的时代、我们的阶级、我们的小圈子所确立，而且也能使我们退回到生命中被赋予的自由，并使这种自由越来越集中于我们最内在的和最基本的因素之中。"❷

这里，时尚对于个体生命存在方式的影响似乎达到了顶点。在接下来关于时尚与个体关系的论述中，西美尔强调了个体的心理因素对于个人时尚和社会时尚的影响。一方面，个体对出众的需求支持了个人时尚的发展；另一方面从众的需求促进了社会时尚的形成与发展。但是，上述内容并不是西美尔从生命哲学的视角论述时尚问题的重点，其研究重点在于他将自己的时尚观与个体灵魂的深度联系在一起，这使其观点更值得思考和深入研究。

西美尔认为，"灵魂持续地向着整体的自尊、独立和统一所带来的对抗好像引起了——与最高的、最有价值的人性追求一起——从外部压制事物的企图。自我凌驾于事物之上，并不是因为吸收和融合了它们的力量，也不是因为认知到它们的个性以使它们变得有用，而是因为从外部迫使它们受制于主观的方法。诚然，实际上自我控制的并不是事物本身，而只是事物虚幻的影像。"❸这段话代表了西美尔对灵魂、自我与外部事物之间的理解，即灵魂或者自我并不能控制外部事物，灵魂或者自我对于外部世界的接受、融合实际上是主观上受到了外部事物压力的结果。因此，时尚作为一种外在于主体灵魂和自我的存在，"以这种方式或那种方式表现着灵魂中主要的对立性倾向。"❹遗憾的是，西美尔对此并没有深入讨论，而是转而谈及不同阶级与时尚之间的关系。

---

❶ [德]齐奥尔格·西美尔. 时尚的哲学[M]. 费勇，等译. 广州：花城出版社，2017：115.
❷ [德]齐奥尔格·西美尔. 时尚的哲学[M]. 费勇，等译. 广州：花城出版社，2017：115.
❸ [德]齐奥尔格·西美尔. 时尚的哲学[M]. 费勇，等译. 广州：花城出版社，2017：117.
❹ [德]齐奥尔格·西美尔. 时尚的哲学[M]. 费勇，等译. 广州：花城出版社，2017：117.

2. 时尚与女性及其补偿作用

西美尔的时尚哲学中，对于女性来说，时尚不仅是一种身体装饰，也是个性、独特性的找寻与强调，是女性力量的展示和来源。传统社会中，女性被定义为弱者——敏感、空虚、浅薄、虚弱，她们受制于传统、惯例，需要传统和惯例的保护，只能做社会规范认为正确和恰当的事，处于一种被普遍认可的生存方式中。"但是，在跟随惯例、一般化、平均化的同时，女性强烈地寻求一切相关的个性化与可能的非凡性。时尚为她们最大限度地提供了这两者的兼顾，因为在时尚里一方面具有普遍的模仿性，而另一方面，又具有一定的独特性，对个性的强调、对人性的个性化装饰。"[1]这段话的意思很明确，资本主义发展初期，时尚的出现一方面满足了女性要表达个性、独特性的渴望，为她们提供了一个释放个性化冲动、表达内在自我渴望的方式。同时，人们对时尚的模仿、追随和关注让女性体验到了一种不同于以往的独特性和力量感，也真切感受到了时尚带来的快乐和满足。这种情况在19世纪末、20世纪初尤为明显，因为受到时代发展的局限，那时的女性还无法从社会层面获得更多的自主权，从而使那个时代的时尚对于女性有着更为重要的意义。

西美尔的时尚哲学中还谈到时尚与女性之间的另一层关系，那就是对于女性表现自我、追求个性方面的补偿作用。"每一个阶级，确切地说，也许每一个人，都存在着一定量的个性化冲动与融入整体之间的关系，以至于这些冲动中的某一个如果在某个社会领域得不到满足，就会找寻另外的社会领域，直到获得它所要求的满足为止。当女性表现自我、追求个性的满足在别的领域无法实现时，时尚好像是阀门，为女性找到了实现这种满足的出口。"[2]传统社会中的女性受制于男性主导的社会规范，"敏感""空虚""浅薄""虚弱"成为女性的代名词，无论在社会公共空间还是在家庭私人空间中女性都处于弱势地位，时尚的出现为她们提供了另一种生活方式，拓展了生活空间，带来了更多的个体自由，得到了先前在私人家庭空间和社会空间中无法得到的存在感、满足感、认同感及主体自我的身份意识。对于女性来说，时尚既表现为从众与出众的冲动，又体现了模仿与独创的诱惑。相对于她们在政治、经济、教育等领域的失语，时尚在一定程度上满足了女性对个性发展和自我

---

[1] [德]齐奥尔格·西美尔. 时尚的哲学[M]. 费勇，等译. 广州：花城出版社，2017：108.
[2] [德]齐奥尔格·西美尔. 时尚的哲学[M]. 费勇，等译. 广州：花城出版社，2017：108-109.

提升的需求。

　　为了证明时尚对于女性生活及自我提升具有补偿作用，西美尔用14、15世纪在德国和意大利个性发展与女性时尚之间的关系为例，证明个性与时尚的关系，即在个性充分发展的时期，女性无须求助于时尚来表达个性，时尚的补偿作用常常在缺乏个性发展的社会中更为明显。此外，西美尔认为传统社会中的女性在专业群体中缺乏社会地位，时尚对此也提供了补偿作用❶。时代不同了，也许西美尔证明时尚具有补偿作用的例子放在当今社会已经无效了，但是时尚对于女性自由的补偿作用并未消失，在某些情况下依然值得关注和研究。

　　与此同时，西美尔将时尚的补偿作用从女性群体扩大到更大的范围，泛指全社会各个层面的弱势群体。"时尚对于那些微不足道、没有能力凭借自身努力达到个性化的人而言也是一种补偿，因为时尚使他们能够加入有特色的群体并且仅仅凭着时尚而在公众意识中获得关注。"❷这不仅意味着时尚在更大范围内的存在和影响力，也意味着时尚在赋予个体个性和魅力方面是平等的。最重要的是，这充分表明时尚本身所具有的吸引公众关注的特质弥补了处于社会边缘的个体所缺乏的存在感或者被否定了的身份。书中西美尔以妓女为例，用时尚的补偿机制解释了为什么妓女常常成为当时社会新时尚的始作俑者，并认为是"低贱的社会地位使得她们对每一件合法的事情、每一种长久的制度有着公开的或潜在的仇恨。"❸无论西美尔的话是否有些偏颇，但对新奇、短暂和易变的时尚的追求表达了社会弱势群体或者生活在社会底层的人群还没有完全被奴役的内心。

　　3. 时尚与男性

　　西美尔不仅关注女性时尚，也关注男性时尚，分析了男性时尚缺乏变化的原因。他将之归结为"男人在本质上缺少忠诚，他们通常不会与所遇到的绝对性及对重要兴趣的专注维系一种情感关系，因而他们也就不需要外在的变化。"❹女性则相反，女性本质上忠诚专一，更需要外在的变化，也就顺理成

❶ [德]齐奥尔格·西美尔. 时尚的哲学[M]. 费勇，等译. 广州：花城出版社，2017：110.
❷ [德]齐奥尔格·西美尔. 时尚的哲学[M]. 费勇，等译. 广州：花城出版社，2017：110.
❸ [德]齐奥尔格·西美尔. 时尚的哲学[M]. 费勇，等译. 广州：花城出版社，2017：111.
❹ [德]齐奥尔格·西美尔. 时尚的哲学[M]. 费勇，等译. 广州：花城出版社，2017：110.

章地需要时尚。相对于女性而言，男性是更加多样性的生物，可以在没有外在变化的情况下存在。这一点非常容易理解，广泛参与各种社会活动的男性被充分赋予了"重要性、实在性和这个阶层的权利"❶，所以没必要再去求助于时尚进行任何形式的补偿。实际上，这也是男装反时尚现象的部分心理动因所在。

## 七、时尚与艺术、经典

在西美尔生活的年代，并不像现在这样，有很多时尚设计师把时尚设计当作一种艺术来追求，时尚与艺术的关系并不紧密，但是西美尔还是很敏锐地观察到了时尚和艺术之间的内在关联。对此，他首先分析了艺术品素材的来源问题，何种现实内容更容易转化为艺术，结论是并非每种客观对象都同等地适于艺术品的素材，不是所有的现实内容都能变成艺术，只是有些艺术形式会和其中的一些内容关系紧密，而与另一些内容关系疏远，所以有些内容根本不可能转化为既定的艺术形式。❷但是时尚不同，西美尔认为"时尚能吸收所有外表上的东西并且把任何选择的内容抽象化：任何既定的服饰、艺术、行为形式或观念都能变成时尚"。❸区别在于，一些形式的本质中存在着一种特定的意向使它们很容易就成为时尚，而其他一些则不太容易成为时尚。这里西美尔用"经典"为例来说明哪些形式是不容易受到时尚影响的特定意向。容易成为时尚形式的本质在"经典"中是找不到的，理由是经典的东西都"具有稳定性，不会带来修正、不安和失衡。"❹西美尔把男性服装视为"稳定的装束"，认为经典时尚"更令人愉悦"。因为它们已经达到了一种形式上的一致性，这其中包含了内部力量和外部力量的平衡。经典的形式自身处在时尚之外，并对时尚提供了一个内在的阻力。❺与之相反，一些反常的、极端的事物都会纳入时尚的领域：时尚不会去抓住那些普通的日常事物，而会去抓住那些客观上一直表现得奇异的事物。西美尔用巴洛克风格的雕塑进行比拟，认为"巴洛克的形式本身拥有的不安、偶然性和对当下冲动的屈服，而

---

❶ [德]齐奥尔格·西美尔. 时尚的哲学 [M]. 费勇，等译. 广州：花城出版社，2017：110.
❷ [德]齐奥尔格·西美尔. 时尚的哲学 [M]. 费勇，等译. 广州：花城出版社，2017：121.
❸ [德]齐奥尔格·西美尔. 时尚的哲学 [M]. 费勇，等译. 广州：花城出版社，2017：122.
❹ [德]齐奥尔格·西美尔. 时尚的哲学 [M]. 费勇，等译. 广州：花城出版社，2017：122.
❺ 周进. 服饰·时尚·社会：大师的理论研究 [M]. 上海：东华大学出版社，2013：40.

这一切正是作为一种社会生活形式的时尚所要实现的。"❶

　　需要补充的是，西美尔对于经典形式本质的概括非常准确，可以帮助我们理解一些服装的基本款时尚如牛仔裤、T恤、男性西装、小黑裙等在时尚界经久不衰的原因。同时也道出了时尚和时尚主体之间的内在关联，即时尚主体希望通过时尚表达内心的情感，如冲动、不安、对偶然性的期待或惊惧等。

## 八、时尚与美

　　对于时尚与美的关系，很多人都是从时尚能够满足个体审美需求、表达审美趣味和审美理想的层面来理解，国内也有学者从文化认同的角度来理解，认为"时尚作为一种文化认同，实际上是对某一时期人们集体的审美趣味和审美理想的认同，在这种审美趣味和审美理想的认同中，时尚本身也就成为一种审美对象并具有了审美意义的行为。"❷对于这个问题，西美尔在《时尚的哲学》一书中并没有深入论述，却一针见血地指出，时尚是一种社会需要的产物，而非纯粹出于对美的追求，因为丑陋和令人讨厌的事物同样会变为时尚，它以驱动人们接受最痛苦的事物来展示自己的力量。"时尚以随意的态度在此情况下推崇某些合理的事物，在彼情况下推崇某些古怪的事物，而在别的情况下又推崇与物质和美学都无关的事物，这说明时尚对现世的生活标准完全不在乎。"❸那么时尚到底与何种动机有关呢？对此，西美尔给出的回答是时尚全然地与正式的社会动机有关，也正是以此为出发点，西美尔将其对时尚的研究建基于较低的社会阶层对较高社会阶层的模仿以及上层精英阶级与下层阶级进行阶级区分的需要。

## 九、时尚的魅力

　　为什么人们会迷恋时尚？当然是因为时尚的魅力，西美尔在"时尚的哲学"一文最后，对于时尚的魅力进行了总结。首先，他认为时尚特有的有趣

---

❶ [德]齐奥尔格・西美尔. 时尚的哲学 [M]. 费勇，等译. 广州：花城出版社，2017：122-123.

❷ 袁愈宗. 都市时尚审美文化研究 [M]. 北京：人民日报出版社，2014：36.

❸ [德]齐奥尔格・西美尔. 时尚的哲学 [M]. 费勇，等译. 广州：花城出版社，2017：97-98.

而刺激的吸引力，在于它同时具有的广阔的分布性与彻底的短暂性之间的对比。其次，时尚的魅力在于，它一方面使既定的社会圈子与其他的圈子相互分离；另一方面，它使一个既定的社会圈子更加紧密——表现出既是原因又是结果的紧密关系。再次，它受到社会圈子的支持，一个圈子内的成员需要相互模仿，因为模仿可以减轻个人美学与伦理上的责任感。最后，无论通过时尚因素的夸大，还是丢弃，在这些原来就有的细微差别内，时尚具有不断生产的可能性。❶从这段话中，我们不光能看到作者眼中时尚的闪耀之处，也能读出他对于时尚本质特征的理解，当然西美尔所认为的时尚的魅力实际上也是西美尔进行时尚研究的社会学意义所在。

　　西美尔在讨论时尚与中产阶级关系的时候对时尚的未来进行了美好想象，提出"当人们消灭了一个绝对的、长久的专制君王以后，他们需要在别的领域寻找一个暂时的、多变的替代品。时尚中频繁的变化构成了个人的巨大征服，并且对于增加了的社会政治自由形成必要的补充。"❷短短几句话，西美尔似乎在预告时尚社会——一个时尚统治时代的到来。无论我们相信与否，在《时尚的哲学》一书出版一百多年后的今天，时尚的脚步已经遍及世界上每一个国度，占据了我们生活中的方方面面。

---

❶ [德]齐奥尔格·西美尔. 时尚的哲学 [M]. 费勇，等译. 广州：花城出版社，2017：123-124.
❷ [德]齐奥尔格·西美尔. 时尚的哲学 [M]. 费勇，等译. 广州：花城出版社，2017：118.

# 第三章　罗兰·巴特的结构主义时尚研究

罗兰·巴特（Roland Barthes，1915—1980）是法国著名的作家、思想家、社会学家，结构主义和后结构主义符号学的创始人。20世纪60年代初期，他在法国社会科学高等学院开始进行符号学与结构主义的研究与探索。在阅读索绪尔、叶姆斯列夫和雅各布森等人的语言学著作时，巴特发现了语言学、符号学与结构主义之间存在内在关联，同时在结构主义人类学家列维·斯特劳斯的文化理论启迪下，注意到了语言与文化间的互融性与相通性。针对社会生活中人类语言之外存在着大量其他形式的符号系统这一事实，巴特认为有必要建立普通符号学。不过，他不仅是符号学理论的始作俑者，还在论述符号学原理的过程中对各种社会文化现象进行了深入剖析，尤其从结构主义语言学视角对时尚体系进行了研究，认为每个时尚行为的背后都有一个赋予其意义的符号系统。为了全方位了解他的结构主义时尚研究，本书将从索绪尔的普通语言学理论、罗兰·巴特的符号学理论及其一般化过程入手来逐步揭示结构主义时尚研究的主旨与意义。

## 一、索绪尔的普通语言学

罗兰·巴特的符号学理论建基于瑞士语言学家索绪尔（Ferdinand de Saussure，1857—1913）的普通语言学研究。与传统的探究语言演变的历史语言学研究方法不同，索绪尔主张对语言进行共时分析，透过具体的语言行为发掘对语言具有潜在支配性的规则系统。索绪尔的普通语言学由四部分组成：第一，人们的言语活动分成"语言"（Langue）和"言语"（Parole）两种。"言语"是指人们在日常交往中使用的词句；"语言"是支配具体言语的规则系统，具有抽象性特征，看不见也摸不着，是社会成员共有的语法体系，靠着这套语法体系，成员能更好地理解彼此之间的意思，既包括外延又包括内涵。

第二，语言符号（Sign）是一种由"能指"（Signifier）和"所指"（Signified）组成的符号系统，"能指"指具体单词的书写标记及其发音，也被称为语言的声音形象；"所指"就是词语所表达的事物的概念，也指单词指示的事物或意义。所指与能指之间的关系是一一对应的，也是约定俗成的，两者之间没有任何内在的、必然的联系，索绪尔称之为符号的任意性。

第三，横组合和纵聚合。横组合关系就是同一性质的结构单位（如音位与音位、词与词等）按照线性顺序组合起来的关系，这是一种符号与符号相互组合起来的关系。语言具有线性特点，也就是符号与符号是依次挨个出现的，不可能同时出现，因而具有时间性，不具有空间性。正因为符号是先后依次出现的，符号的组合顺序是有条件有限制的，顺序位置不同，组合起来的关系就不同，意义也不一样。纵聚合关系指语言结构某一位置上能够互相替换的、具有某种相同作用的单位（如音位、词）之间的关系。简单来说，就是符号与符号之间的替换关系。

第四，共时性和历时性是观察研究语言系统的两个方向。历时性是语言系统发展的历史性变化情况，按照"过去—现在—将来"的顺序进行；共时性是在某一特定历史时期该语言系统内部各因素之间的关系。索绪尔主张对语言进行共时性研究，因为语言单位的价值取决于它所在系统中的地位而不是它的历史。

索绪尔认为，意义的产生是符号间相互区分的结果，即词语意义的产生并不依据现实。语言是一种独立自足的系统，意义也就不是由讲话者的主观意图决定的，而是由整个语言系统产生的。同时，语言与任何形式的社会行为在结构和组织上都有相似性，在这个前提下，对于其他人文学科来说，语言研究方法具有范式意义，推而广之，可以应用到包括文学在内的其他人文学科之中。❶ 就这样，索绪尔的语言学理论很快越出语言学的范围而影响到人类学、社会学等邻近学科，尤其为这些领域中的结构主义研究奠定了基础，巴特就是法国结构主义理论学派的代表人物。

---

❶ 张中载等主编.二十世纪西方文论选读[C].北京：外语教学与研究出版社，2002：144.

## 二、罗兰·巴特的结构主义符号学

在传承现代语言学思想的基础上，罗兰·巴特在《符号学原理》一书中借用和改造了索绪尔语言学的基本概念和相关理论，提出符号学研究的四对重要范畴：语言结构和言语、所指和能指、组合段和系统、直接意指（简称直指）和含蓄意指（简称涵指）。其中第一对基本范畴是巴特符号学的方法论基础。和索绪尔把语言看作符号学子系统的观点不同，巴特完全逆转了这种关系，他认为语言符号学是语言的一部分，并把语言结构和言语概念拓展到符号学之外的领域。

### 1. 语言结构和言语

巴特认为，语言结构就是等于语言减去言语。所谓语言结构，就是一种社会性的制度系统，又是一种值项系统，它是语言的社会性部分，个人绝不可能单独地创造或改变它❶；而言语是一种个别性的选择行为和实践行为。语言结构和言语两者互相依存，语言结构既是言语的产物，又是言语的工具，真正的语言实践只存在于这一相互关系之中。

### 2. 能指和所指

现在，人们穿着服饰的同时也是在展现一种生活方式、一种情感价值以至一种生存状态，服饰所表征的意义越来越彰显乃至于将服饰的实用意义掩盖，服饰因而成了时代话语表征的一部分，也成了个人表现自我的一种符号。在巴特看来，服饰符号的审美生成在该符号的能指与所指结合的过程中实现。符号是所指和能指的结合，这种组合已成为语言学中的经典，应该从其社会和自然本性两个方面加以审视。所指可以看作是与能指相关或赋予能指的意义，也可以被看作是通过看（或听）进入我们大脑的精神概念或思想。❷服饰符号的所指可以看作是服饰所传递的意义，而这意义包括身份、地位、性格、权利、性别等主体构建。

与索绪尔认为的能指不同，巴特所说的能指并不是语言层面的文字概念，而是一种中介物，通常表现为实体的形式，它必须要有一种质料。能指的内

---

❶ [法]罗兰·巴特.符号学原理[M].李幼蒸，译.北京：中国人民大学出版社，2008：4.

❷ [英]马尔科姆·巴纳德.理解视觉文化的方法[M].常宁生，译.北京：商务印书馆，2005：203-204.

质永远是质料性的（声音、物品、图象）。符号学意义上的符号也是由能指和所指组成，但它的内质却各有不同（图3-1）。例如，"多数符号系统（物品、姿势、图象）都具有一种本来不介入意指作用的表达内质，如衣服本来是用来御寒的，食物是用来果腹的，然而它们被用来意指。"❶巴特主张能指面构成表达平面（E），所指面构成内容平面（C），两个平面都具有内容和实质两个层次，如图3-1所示。

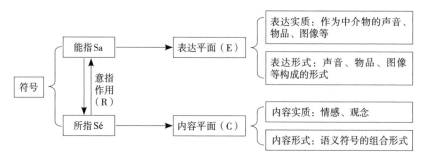

图3-1　罗兰·巴特的能指和所指

### 3. 组合关系和系统

组合关系和系统是巴特借鉴索绪尔语言系统中的句段关系和联想关系，组合段表现为组合关系，以联结的形式呈现，有一定延展性。系统是聚合关系，其中的符号要素之间具有相似性，这种相似性可以是因为声音的类似性，也可以是意义的相似性。以服装为例，组合段意味着一整套服装中的并列：短袖衬衫—裤子—袜子；而服装的系统则是衣片和零件的集合，零件的改变对应着服式意义的改变，比如"短袖衬衫—长袖衬衫—圆领衬衫"等衬衫系统。巴特在《符号学理论》中用图表示了组合段与系统的关系（图3-2、图3-3）。

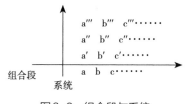

图3-2　组合段与系统

---

❶ [法]罗兰·巴特.符号学原理[M].李幼蒸，译.北京：中国人民大学出版社，2008：27.

| | 系统 | 组合段 |
|---|---|---|
| 衣服 | 衣片和零件的集合；在身体的同一部位上不可能同时选用全部零件；零件的变动选择与服饰意义的改变相对应：如"无边女帽—女便帽—宽边女帽"等女帽系统 | 同一套服装中不同部分的并列：如"裙子—衬衣—背心"系列 |

图3-3　罗兰·巴特组合段与系统的例子

### 4. 直指和涵指

这两个概念是巴特的符号学中具有很重要的地位，对于这两个概念要从意指系统开始说起，巴特认为一切意指系统都包含一个表达平面（E）和一个内容平面（C），即能指与所指，而意指作用相当于两个平面之间的关系（R），即表达式为ERC。在这个系统基础上，巴特假设ERC系统本身又可以成为另一系统中的单一成分，也就是说，ERC可以构成另一系统的表达平面或内容平面。此第二系统就成为第一系统的延伸，这样就形成了两个密切相连但又彼此脱离的意指多层系统。巴特符号学中的涵指概念受叶尔姆斯列夫涵指符号学理论的影响，将第一系统所构成面称为直指平面，该直指平面按第一系统的所指和能指而形成，即直指系统。而第二系统所构成的涵指平面，其涵指平面是一个已含有意指系统的表达平面，即涵指系统。巴特将一切元语言归于此类，一种元语言是一个系统，它的内容平面本身是由一个意指系统构成的。

## 三、符号学理论的一般化过程

索绪尔认为，语言与任何形式的社会行为在结构和组织上都有相似性，使得语言学研究的方法论可以推广应用到其他人文科学领域中去。巴特就是这样一位践行者，为此他将语言学符号论的研究进一步普遍化和一般化，使之成为探讨各种人类文化行为的重要研究手段和理论基础。他认为，第一，人作为文化的创造者，其创造活动虽然始终离不开主客观的物质和精神条件，但是，人可以借助于各种符号，在人加以想象和诠释的范围内，以符号为手段去建构新的文化，并以此来不断补充和扩大人类原有的生活世界。第二，在有文化生活的人面前，一切事物不但都可以是符号，而且随时都可以成为不同的符号，成为人所想象或建构的不同符号系统中的构成因素。第三，符号具有时空性，也具有超时空性。不但一切现存事物可以转化为符号，一切符号可以转化为现存事物，而且一切"不在场"的事物也可以转化为符号，一切符号又同时可以指涉不在场的事物。符号的这种时空性和超时空性同人的思想观念的时空和超时空性相适应。第四，一切符号都可能具有社会性。由于人的社会生活以及人的社会行动的性质，一切被人使用的符号，都具有社会意义，也势必同各种社会现象相互交叉、相互渗透，特别是同社会中的权力和意识形态的运作相结合。第五，一切符号一旦形成系统，便有可能产生独立于人的自律。这是因为一方面符号一旦系统化，系统内各符号之间的关联就基本上确定下来，而且系统内各符号之间的关系还决定了各符号本身的含义及其运作规律；另一方面还因为被系统化的符号因素会自然地同符号以外的社会因素相关联，而且这种关联在很大程度上又受符号系统内各因素间的关系所决定，也受到符号所在的周围特定客观社会关系和社会力量的影响。所有这方面的关联及其运作，都是当初进行创造的人本身所无法控制的，也是无法预见的。❶

巴特的符号学思想清楚预示了这一理论及其方法论，将要在社会学、文学、艺术等人文科学领域的研究中发挥重要作用和影响，学术史上称之为"符号学转向"。巴特的结构主义时尚研究是他将语言符号扩展至非语言符号领域的一次重要尝试，也是一般符号学研究走向文化符号学的标志。

## 四、符号学视域下的时尚体系研究

在分析罗兰·巴特的"时尚体系"之前，首先要弄清楚他所理解的"体系"。巴特认为，体系是一组或一套关联的物质（或非物质）形成的复杂整体，时尚体系是一种描绘整体现象的理论，这种理论关心社会现实，其核心推动力来自微观的时尚力量，以及能将这些不同时尚力量合成一体的复杂的社会关系网络。时尚体系之所以能够存在，主要依赖全部的社会关系和行为，孤立看某一个维度必然抓不住组成时尚体系的关联构造。❷为此，《流行体系》（该书法文版1967年出版，也译为《时尚体系》《时尚的系统》）一书中，罗

---

❶ 高宣扬.当代社会学理论(下册，第二版)[M].北京：中国人民大学出版社，2017：718-719.
❷ 周进.巴特的时尚思想[J].文艺研究，2012(12)：149-150.

兰·巴特将服装解读为一种语言，将时尚体系定义为时尚得以存在所必要的社会关系与行动的总和，运用结构主义研究方法将时尚体系划分为三个组成部分：图像服装、书写服装和真实服装。

## （一）三种服装

在巴特看来，时尚是一个由图像服装、书写服装和真实服装构成的系统。图像服装以摄影或绘图的形式出现，比如广告、时尚杂志和报纸上关于服装的文字与图片常常结合在一起出现。图像服装构成的实体是款式、线条、色彩、面料、效果等因素。其关系是空间上的，结构则是形体上的。时装摄影有其独特的组织形式和规则，与其他摄影形式不同，时装摄影形成了特定的语言，有独特的术语系统和句法，也有自身禁止或者认可的"措辞"。由时装摄影所表现的服装具有半系统化的性质，因为这里的时装语言结构是由一种"准实在的"服装中引出的，被拍摄的服装是穿在一个具体的模特身上，摄影模特是因为其有一定的典型特征才被选中，可以表示一种固定的言语，但是这种言语不具有任何组合的自由性。

书写服装是要将衣服用语言描述出来，是存在于语言中的服装。如下面这段话："扎克·珀森设计的唯美夜光裙，完美呼应了科技主题，灯光黯淡后，裙子散发出了迷人的光彩，不免让人想起灰姑娘的礼服。"书写服装构成的实体是语词，其关系是句法上的，结构则是文字上的。但是书写服装并不能等同于句子结构。因为如果服装和话语一样，那么改变话语中的术语就能够改变所描述服装的特性，事实上，书写服装的特性并不会因为话语中词的改变而改变。比如：将"冬天穿羽绒服"改为"羽绒服属于冬天"并不能从根本上改变语句带给读者的信息。书写服装既靠语言支撑，同时又抗拒着语言，也正是这种矛盾的互动形成了书写服装。

真实服装是真实生活中的服装，服装的实体存在，也是前面两种服装存在形式的原型，前面两种服装是真实服装的转化形式。图像服装停留在形式层面，书写服装停留在语词层面，但是，真实服装却不可能停留在语言层面或是形式层面。眼睛所能看到的不过是一件衣服的某一个部分，是处于特定环境下的穿着情况，是一种特殊的穿着方式。要分析真实服装，就必须设法回到控制其生产的活动上去，真实服装的结构也只能是技术性的。

总之，图像服装停留在形式层面上，书写服装停留在语词层面上，而真实服装既无法存在于语言层面，因为语言不是现实的摹写；也不可能被固定在形式层面，因为其形式无法被穷尽，最终只能回归于技术层面来定义。于是和其他所有的物体一样，巴特将这三种不同的服装结构形式归纳为：技术的、肖像的和文字上的。这三种结构的运作模式各异，为了沟通这三种服装形式，巴特提出要使用转换语——"真实服装只有经由一定的操作者——我们称之为转换语（Shifters），才能够转为'表象'（Representation），转换语的作用是将一种结构转变为另一种结构，或者说，从一种符码转移到另一种符码。"❶ 这样就需要找到三种服装结构之间的转换语，"作为一种转换语，它构成了一种转化语言，介于服装生产及其存在、本源和成型、技术和意指作用之间。"❷ 对此，巴特认为从真实服装转变为图像服装依靠的转换语是制衣纸板，制衣纸板表示了服装生产的流程；从真实服装到书写服装依靠的转换语是作为文本的缝制流程或方案；而从图像服装转变为书写服装依靠的转换语可以省略，这是因为时尚杂志通常同时传递从这两种结构中衍生出来的信息优势，用的是语言首语的重复（"这套"夜光礼服裙，"这件"扎克·珀森高定），或者是以零度的方式（如高科技的荧光闪耀在裙子上）。

对于图像服装和书写服装之间的差异，巴特认为这两个系统，每一个系统所使用的代码不同，唯一的方法是返回到"真实的服装"，显然服装图像更接近于"真实的服装"，因为它们分享了形式、线条、面料、色泽，而且都具有空间感和材质。文字描写是更纯粹、更有力的产生意义的符号，因为它很容易将"真实的服装"变得带有普遍性和抽象意味，它将"真实的服装"呈现为一些词或句子构成的语义。巴特还将图像服装和书写服装分别称为"图像展示的服装"和"文字描述的服装"，并将两者统称为"虚拟的服装"。真实的服装在走向"虚拟的服装"过程中会发生意义的转变。

巴特认为，图像总是为了某种原因伴随着文字而生，没有语言文字，图像本身的意义是含糊的，只不过通过将图片翻译为文字，服装才能够成为一些具有时效性和扩散性的流行符号。图像展示保留了来自外在世界表现的元素，而那些具有张力的图像展示被认为是时尚的编码。图像有着魔力，是完整的、渗透的系统；语言文字是断断续续的、开放的系统。但当两者结合起来，语言让图像显得苍白，因为语言是"固定的感知"，施加影响于固定意

❶ [法]罗兰·巴特.流行体系[M].敖军，译.上海：上海人民出版社，2011：5.

❷ [法]罗兰·巴特.流行体系[M].敖军，译.上海：上海人民出版社，2011：6.

的图像，图像自身不能单独传达，是语言导致了图像意义的丰富。❶显然，巴特对于图像的理解不同于当代很多学者对于视觉景观的认知。

在对服装的三种结构形式进行定义和分类之后，罗兰·巴特以1958年6月~1959年6月的时装杂志为参考，探讨书写服装的符号学意义，开始了他细致入微的结构主义符号学视域下的时尚体系研究。

## （二）服装符码

《流行体系》一书的研究重点是书写服装，因为时尚杂志中的文字描述，已经将衣服的能指和所指分离，适用于符号学理论的探讨。巴特在书中详尽阐述了流行体系中的流行神话，它处于流行体系中最高的层次，将服装转换成演说，传递的不是服装本身，而是流行信息；服装业处于体系中层，最下面一层是服装消费者。流行神话操控、调节着社会价值和大众记忆，消费者自觉或不自觉地追求流行时尚，而服装业者处于两者之间，制造着服装的品牌神话。

巴特在关于服装符码的讨论上，引用索绪尔能指和所指的概念，但是对服饰符号的能指有了新的发明。他把杂志对服装的语言表述称之为服饰符码的能指，又叫母体，由三个要素组成：对象物（O）、支撑物（S）以及变项（V），对象物经常包含支撑物，支撑物作为对象物的一部分而存在。三个元素的组合与所要言说的东西之间为同义关系。

\一件礼服有一个发光的裙摆／ ≡科技美感
$$O \qquad\qquad V \qquad S$$

\一件礼服有一个包臀的裙摆／ ≡成熟性感
$$O \qquad\qquad V \qquad S$$

在这里，对象物是一件礼服，支撑物是裙摆，而变项是发光/包臀，礼服和裙摆在实物关系上十分亲密，裙摆（支撑物）是一件礼服（对象物）的一部分，变项：裙摆发光/紧身包臀则表现为非物质性。但是支撑物和对象物是可以互相转化的，当我们说"裙摆有皱巴巴的蕾丝"时，裙摆在这里成为对象物，而蕾丝成了支撑物。变项在母体中则处于相对稳定的状态。

对象物、支撑物和变项这三种要素是同时存在的，在语段上不能割裂，

---

❶ 周进．巴特的时尚思想[J]．文艺研究．2012(12)：149-150.

且每一个要素都可以加入不同的实体。支撑物和对象物一样，通常都是由物体、衣服、衣服的某些部分或饰品构成的，一个完整的单元至少是由一个支撑物和一个变项构成的，对象物和支撑物以及变项之间的关系是互为条件的，这其中支撑物和变项之间的联系最为紧密。包含了支撑物和变项这部分，可以说是母体的"特征"，作为特征的存在是不可能通过对象物进行分离的，因而理论上母体三个元素的六种转化方式只有四种，有两种是被排除在外的：

　　S. O. V.

　　V. O. S.

其他四种转化方式不管是变项和支撑物互换位置还是对象对包含了变项与支撑物的母体特征交换位置，都是有可能存在的，它们的表现方式为：

　　O·( V.S. )：\一件礼服有一个发光的裙摆/
　　　　　　　　　　　O　　　 V　　 S

　　O·( S.V. )：\一件礼服的裙摆发光/
　　　　　　　　　　　O　　 S　 V

　　( V.S. )·O：\发光裙摆的礼服/
　　　　　　　　　　V　 S　 O

　　( S.V. )·O：\裙摆发光的礼服/
　　　　　　　　　　S　 V　 O

　　但是这四种转化方式也有要素混淆的情况，当O和S混淆时如："今年裙摆将发光"，在这里裙摆作为对象物是由发光的裙摆所体现出来的，所以它也是支撑物；当S和V混淆时如："裙摆有蕾丝"，这里的蕾丝是裙摆的一部分是支撑物，同时又是变项；至于O、S和V的混淆有两种情况，一、对象物为母体的决定因素，如："这件礼服和高跟鞋适合红毯"，对象物是礼服和高跟鞋的结合，而意义正产生于这两个对象物的结合；二、表述简化为一个词如：

　　\发光/≡今年流行

　　SVO

　　"发光"这个词在以上的表述中既是对象物又是支撑物和变项。

　　可见，服装符码的各要素之间充满了符号学的内涵，流行服装意义的生成要依靠母体各元素之间的相互作用，支撑物和变项之间的密切融合倾向解释了流行变化中创造性的低微，从而让人难以察觉。与此同时，巴特通过对"变项"的丰富变化的解释，回答了服装的流行体系既不断变化又永恒回归的双重个性。更为重要的是，在巴特看来，服装在从自然材料变为成品的现代社会里，已然转化为某种意义的象征符号。他关注的不是服装的物质存在，而是服装被现代时尚系统转换后的意义。

### （三）其他概念

在《流行体系》一书中，为了与索绪尔的语言学理论相区别，巴特使用了一系列新的概念来阐释服装系统的构成。如服装体制（Costume）与个别穿着（Habillement）、符征（Significant）与符旨（Signifies）、类项与属项等。

#### 1. 服装体制与个别穿着

这组概念最容易理解，服装体制相当于语法或语言结构，就是服装的构成规则，个别穿着可视为是言语，就是各种具体样式的服装。❶以此对应于结构语言学中的语言结构和言语。前面提到的三种服装体系：图像服装、书写服装和真实服装就属于服装体制。

#### 2. 符征与符旨

符征与符旨这两个概念在罗兰·巴特的符号学理论中占据重要地位，他用符征与符旨对应于语言学中的能指与所指，即衣服的符征和符旨。❷据此，服饰本身可以看作是一种由符征与符旨两部分组成的符号。能指构成的是表达层面，所指则为内容层面。符征指服饰的款式、面料和装饰等基础要素；符旨表达的是服饰的意识形态、价值取向等与意义相关的性质，若从服饰的社会功能出发，也可称作具有深刻含义的东西。因此，服饰的符征也被称为符号的指示部分，而符旨则为被指示部分。❸

符旨主要涉及三个层面：社会、心理和文化。社会层面包括我们平时所说的民族、身份、地位、职业、社会阶层等；心理层面包含价值取向、审美意象等；文化层面指不同文化所带来的截然不同的意义。比如，在中国红色代表热情、红火、吉祥、幸福等积极意象；而在英语中，红色却有贬义之意，表示可怕、残酷、灾祸、血腥等含义，是危险、愤怒的象征。一个完整的服

---

❶ [法]罗兰·巴特. 流行体系[M]. 敖军,译. 上海：上海人民出版社, 2000：2.

❷ [法]罗兰·巴特. 流行体系[M]. 敖军,译. 上海：上海人民出版社, 2000：3.

❸ 吴静. 服装符号学理论体系的初步构建[D]. 天津工业大学, 2005：11.

饰符号体系由符征和符旨两部分组成。服饰的符征向符旨的转换也可看作是服饰的图像结构向象征结构的转变。所以，符征与符旨并不是一一对应的关系。符征可能是不同个体的集合，符旨也可能是不同个体在一起的累加。符征和符旨并不是完全对应的，它会随时间的推进、场合的改变不断变化。因此，对于一件服饰来说，出现在不同的场合或不同的时代下会产生截然不同的意义。换句话说，语境不同，同一服饰的符征指示出了不同的符旨。❶罗兰·巴特对于服饰语言中符征与符旨的研究对于后来学者们将时尚视为一种文化符号、从文化符号学的视角研究时尚具有重要意义。

### 3. 类项与属项

服饰的类项指聚合关系中互相排斥的对立项。例如，在下面这句话中："如果真丝、棉质、亚麻进入了意指对立，很明显这些质料是不能同时在同一件衣服的同一处地方使用的"。真丝、棉质、亚麻就相当于类项。属项总是被赋予一个特定的名称，它并不属于组成它的任何一个类项。以颜色为例，红色、绿色、灰色都是作为"颜色"这个属项中的类项，所以属项有着"统领"的作用，使服饰更好地搭配在一起。

## 五、罗兰·巴特结构主义时尚研究的意义、价值及其局限性

罗兰·巴特在《符号学原理》最后一章中提出，符号学既不研究时装经济学也不研究时装社会学，它只研究在时装的哪一个语义系统层次上，经济学与社会学和符号学发生了关联。例如，在服装记号形成的层次上，在联想的限制因素（禁忌）的层次上，或在涵指话语的层次上。❷显然，巴特时尚研究的目的不是去探求时尚的生成问题、本质及其运作逻辑，而是通过借用和改造语言符号，将这种概念和思维方式扩大到人的社会行为和实践领域，以此观察分析以服装为代表的时尚流行的存在形式和内部结构，从而探究服装时尚与社会、经济、文化现象之间的符号学关系。

罗兰·巴特在《流行体系》中对图像服装和书写服装的研究，尤其是对

---

❶ 张晓琳. 罗兰·巴特符号学视阈下的服饰符号研究——以汉服为例[D]. 哈尔滨. 黑龙江大学, 2016：28-32.

❷ [法]罗兰·巴特. 符号学原理[M]. 李幼蒸, 译. 北京：中国人民大学出版社, 2008：74.

于时装杂志的研究，体现了作者对于时尚传媒产业的重视，以至于这本书被认为是现代广告体系研究的开山之作。同时，他主张文字与图像本身就是社会的一部分，认为人们对时尚进行描绘是一个社会事实，如同小说、戏剧、电影一样，时尚同样构建了一种文化。❶罗兰·巴特的这些研究使他不仅为时尚符号学研究奠定了基础，而且使他成为当代时尚传媒研究的开拓者和领路人。

《流行体系》一书是罗兰·巴特非语言性符号系统研究的一部分，也是他从语言学中的符号学研究走向社会符号学、文化符号学研究的重要步骤。通过以寻求事物的普遍结构和符号的终极意义为目标，巴特的结构主义时尚研究让我们对服装的各种存在形态有了深入了解和认知，也为后来的学者们——尤其是鲍德里亚从社会符号学的视角思考时尚问题打下了基础，以至于有学者认为巴特改变了20世纪时尚研究的走向，导致了时尚研究范式的转变。❷

巴特的符号学理论使得能指和所指之间的关系变得扑朔迷离，但也打通了研究思维，彻底批判了西方传统思维模式和方法论，为法国的后现代社会理论提供了新的启示，使法国众多思想家们不再像列维·斯特劳斯那样只满足于分析文化的结构和诠释文化的意义，而是以高度自由的创造态度不断批判传统文化，寻求冲破传统文化和创建新文化的多种可能性。❸

现在看来，巴特的服装体系研究把服装视为一个自足的系统进行研究具有一定的局限性，正如史文德森所理解的，服装更像是一个"开放"的文本，不断获得新的意义；不同的群体也会将不同的意义赋予给相同的服装。同时，服装也会在传播过程中不断丧失其曾有的意义，如亚文化时尚风格的传播过程就是不断丧失其原有抵抗、颠覆意义的过程。

❶ 周进. 罗兰·巴特的时尚思想 [J]. 文艺研究, 2012(12): 149-150.

❷ 周进. 罗兰·巴特的时尚思想 [J]. 文艺研究, 2012(12): 149-150.

❸ 高宣扬. 当代社会学理论(下册, 第二版)[M]. 北京: 中国人民大学出版社, 2017: 718.

# 第四章　布鲁默的集体选择论

　　赫伯特·布鲁默（Herbert Blumer，1900—1987），美国社会学家、符号互动论的提出者和代表人物之一，曾经对芝加哥学派的符号互动论和社会心理学思想进行过全面、系统的论述，同时也是继凡勃伦和西美尔之后又一位从社会心理学视角研究时尚的西方学者。1969年，《社会科学季刊》第三期上刊发了布鲁默讨论时尚的一篇文章——《时尚：从阶级区分到集体选择》，这篇文章确立了他在时尚研究史上的地位。文章开头批驳了西美尔提出的阶级模仿论，提出时尚是不同社会群体基于相同时尚趣味的集体选择。然而，集体选择论和西美尔的时尚观之间究竟有何不同？除了集体选择论之外，他在时尚研究方面还有哪些重要贡献？这些问题成为本文思考和讨论的主要内容。

## 一、对西美尔时尚观的批驳

　　在西美尔看来，时尚是在一个相对开放的阶级社会中，作为阶级区分的形式出现的，具体表现为上层精英阶级采用直观的符号或徽章，如与之不同的服装时尚使自己有别于下层阶级，下层阶级则通过对这些外观符号的模仿来模糊这种阶级区分，一旦精英阶级失去了具有区分性的符号，就会开始寻找新的时尚符号再度与下层阶级区分开来，时尚在这种模仿和反模仿的过程中不断创新。在布鲁默看来，西美尔的时尚观指出了时尚的阶级特性、权威人士在时尚发生机制中的重要作用、时尚本质中的变化性等主要特征，但是也有其历史局限性，更多地适用于17~19世纪欧洲阶级社会，而不适用于20世纪60年代现代化、多元化的西方社会。在新的历史条件下，布鲁默主张用趣味的集体选择替代西美尔提出的阶级模仿来解释和探究时尚的发生机制。

## 二、集体选择论的提出

巴黎女装业的发展及市场运作是布鲁默提出集体选择论的灵感来源和现实基础。在对巴黎女装业的研究中，他发现每年时装发布会上，设计师们设计出大量竞争性服装样式供买家挑选，最后总会有6~8种时装款式被众多买家不约而同地选中，通过对买家选择相似性原因的分析，布鲁默得出了这样的结论：时尚是一个从大量竞争样式中进行自由选择的过程。设计师的任务是试图抓住并用时装体现现代性的发展方向，买家们则是通过选择确立时尚，他们虽然独立工作，但在长期关注女装市场并与设计师交流互动的过程中培养了相似的感知力和鉴赏力，尤其是感知大众时尚品位发展方向的能力。也是在这一过程中不自觉地形成了一个具有相似或相同品位的欣赏群体，或者说是"趣味相投"的群体。这个欣赏群体"能够引导和管理人们的识别力，支配和激活人们的感知能力、沟通能力以及选择和判断能力。"[1]这样，买家在时尚消费群体不知情的情况下成为他们的时尚代理人。为此，布鲁默提出时尚必须符合消费时尚的大众正在形成中的初级趣味。

对于时尚与社会精英的关系，布鲁默认为现代社会中精英阶级的权威只是影响时尚品位的形成，不能控制其发展趋势。"不是精英阶层中的权威人士使得设计成为时尚，相反是设计的适宜性或者潜在的时尚性获得了精英阶层中权威人士的垂爱。"[2]同时，在众多时尚样式相互竞争的过程中，不是所有的权威人士都是革新者，革新者也不必须是那些拥有最高权威的人。所以，现代社会中，精英阶级中的权威人士和时尚的产生没有必然联系，真正影响时尚发展走向的是正在形成中的集体品位。由此，精英阶层渴望成为时尚先锋，就要去迎合时尚趋势的发展，而不能利用其权威来设定时尚的发展，这一点完全不同于西美尔提出的上层社会精英引领和创造时尚、下层阶级进行模仿的时尚观，应被视为新的历史条件下布鲁默对西美尔的时尚观进行的颠覆或者修正。

在对西美尔提出的精英阶级带动引领时尚的观点进行批驳之后，布鲁默

[1] Blumer, Herbert. Fashion: From Class Differentiation to Collective Selection[C]. Barnard, Malcolm. ed. *Fashion Theory*: *A Reader*. London and New York: Routledge. 2007：235-236.

[2] Blumer, Herbert. Fashion: From Class Differentiation to Collective Selection[C]. Barnard, Malcolm. ed. *Fashion Theory*: *A Reader*. London and New York: Routledge. 2007: 237.

指明了现代社会中时尚的发生机制。他认为，"时尚的消失不是因为它被精英群体所抛弃，而是因为它让位于一种新型的、更符合持续发展趣味的样式。时尚机制的出现不是为了满足阶级分化和阶级模仿的需要，而是为了要时髦，要同步保持好的名声，并在变动不居的世界中保持良好的品位。"❶在他看来，某种时尚样式的流行很多时候取决于消费时尚的大众的集体品位，而非精英的选择。时尚是一个在众多竞争样式中进行集体性选择的持续过程，且这种选择有赖于时尚样式或风格与发展中的品位的契合，这就是布鲁默提出的现代社会中时尚的发生机制。

对于布鲁默和西美尔时尚观之间的差异，国内有学者认为主要在于他们对时尚驱动机制的理解存在分歧。西美尔认为，时尚是阶级分野的产物，其根本动力来自阶级社会对于统合与分化的需要。较高的社会阶层需要与较低阶层区隔开来、与本阶层统合在一起，而下层阶级则希望尽可能地向上层阶级靠近。这种区分统合的需求和欲望决定了时尚只能产生于较高的阶层。换句话说，时尚是靠来自个体外部的社会需求来驱动的，是一种外力驱动。布鲁默认为，在现代社会中驱动时尚发展的动力不是来自社会阶级之间进行区分的需要，而是来自某一趣味相投的社会群体的内心愿望和要求——"要时尚"（Be in Fashion），这是一种内力驱动，是人的主观愿望在助力时尚的变革。所以，有学者认为时尚机制在布鲁默的理论之下并不是阶层区分的一种需要，而是形形色色的人们对于"要时尚"的共同响应，通过"要时尚"这种根本性意愿，人们自觉或不自觉地达成了时尚的共识，从而推动时尚前行。❷

这样看来，时尚发展创新的动力之源还是人本身。这一点与布鲁默的社会心理学研究存在一致性，他认为社会心理学主要关注的是个人的社会发展，尤其是要研究个人怎样通过参与群体生活在社会中得到发展。布鲁默在1969年应邀参与编写《人与社会》一书时，提出了社会心理学研究领域著名的符号互动论。这一理论主要关注具有"自我意识"的个人，关注人的内在思想、感情与其社会行为之间的相互作用。在这里，个人被看作是个体行为的主动创造者，能够解释、评价、确定并规划他们的行为，而不再被看作是受外界

❶ Blumer, Herbert. Fashion: From Class Differentiation to Collective Selection[C].Barnard, Malcolm. ed. *Fashion Theory: A Reader*. London and New York: Routledge. 2007: 238.

❷ 汤喜燕. 布鲁默与西美尔的时尚观比较[J]. 装饰, 2012(10): 73.

力量左右的消极被动的生物。❶在时尚方面，个体参与群体生活的行为是个体自身的主动行为，个体将自己的主观愿望、趣味与群体中其他成员的愿望与趣味融合到一起，这是一个集体中成员之间积极互动的过程，这一过程中他们成为自身行为的主动创造者，也体验到了个体参与群体活动带来的趣味相投的快乐和力量感。

## 三、时尚机制的主要特征

布鲁默在《时尚：从阶级区分到集体选择》一文中提出现代社会中时尚的发生机制后，继续对时尚机制的特征、产生时尚的基本社会条件、时尚的社会功能等问题进行讨论，力求从社会学的角度对现代社会中的时尚进行全面深入的研究，重点涉及以下几个方面：

### 1. 历史延续性

布鲁默认为，时尚不同于流行（fads）之处在于时尚的发展有一个清晰的从过去到现在的历史发展脉络；流行则没有这种完整的历史延续性，既没有前身也没有后继者。时尚的历史延续性能够体现文化的变迁，并以"时尚趋势"来表现时尚的过程性和延续性。时尚趋势表达了特定方向中集体趣味的趋同和聚合，是群体生活中重要但又不很清晰的一个特征。时尚发展的持续性、趋势性以及周期性循环已经成为现代社会生活重要的组成部分，这方面的研究对于深入理解时尚机制具有重要意义。

### 2. 现代性

在布鲁默看来，时尚的现代性就是时尚时刻寻求与时代保持一致，时刻对它自身所处场域、临近场域及更大的社会世界中的发展变化保持敏感。这一点在富于变化的女性时尚中表现得尤为突出。同时，时尚的现代性还体现在时尚对于整个"时代精神"的反映，"时尚似乎是从众多不同的事件中精选出一套模糊的准则，这些准则使时尚与现代性总体或大致的方向保持

---

❶ 沃尔夫，马乐绿. 布鲁默的"象征互动论"[J]. 国外社会科学文摘，1985(7): 44-45.

一致。这种形式的广泛反应就是形成'时代精神'的主要因素。"❶这句话表明，成功的时尚设计师和时尚达人具有一种共同的能力，即敏锐地捕捉符合时代精神的时尚发展趋势的能力。然而，当下时尚的变化速度远远超过了时代精神发展变化的速度。随着过去几十年中时尚变迁的速度越来越快，时尚流行周期越来越短，一年中可以有几个不同的流行季，一种流行的寿命甚至只有几天，所以这种判断似乎也正在失去效力，或者说只能部分反映当下时尚的特征。拉斯·史文德森在《时尚的哲学》一书中说，"如果时尚循环的持续时间还像过去那么长，那么引用时代精神的概念似乎更有些道理。"❷另外，在很多时候人们必须承认，时尚并不能完全把握或者反映每一种时代精神，因此，布鲁默援引"时代精神"作为时尚发展的重要特征是存在问题的。尽管如此，布鲁默关于时尚是"时代精神"的广泛反映和主要构成要素的提法还是丰富了现代社会中人们对时尚的认知，提升了现代社会中时尚的地位。

时尚的现代性还体现在时尚领域的不断扩张。布鲁默认为时尚正在不断扩张自己的势力范围，慢慢融入更加文明和理性的现代社会之中，成为现代文明社会的一个显著符号。这意味着时尚已经从单纯意义上的服装服饰领域扩张到现代社会的方方面面，并在其中扮演着越来越重要的角色，再也不是社会进程中古怪滑稽、无常易逝的匆匆过客。

需要补充的是，布鲁默并不是第一位将"时代精神"与时尚联系起来讨论的学者，在他之前，20世纪30年代英国心理学家约翰·弗鲁格尔出版了《着装心理学》一书，认为在有意识的个体活动之下存在着一个集体理想、渴望和情感，人们称之为"时代精神"。时代精神的出现使得特别的服装形式变得合理，理解时尚的意义需要联系埋藏在"风格"中的深度大众心理结构。❸和弗鲁格尔同时代的另一位英国时尚专家詹姆士·莱佛也注意到了时尚与时代精神的关系，他认为女装没有被男性服装的"实用性"原则左右，因而更贴近时代精神。❹

---

❶ Blumer, Herbert. Fashion: From Class Differentiation to Collective Selection[C].Barnard, Malcolm. ed. *Fashion Theory:A Reader*. London and New York: Routledge, 2007: 239.

❷ [挪威]拉斯·史文德森. 时尚的哲学[M]. 李漫，译. 北京: 北京大学出版社, 2010: 51.

❸ 周进.服饰·时尚·社会: 大师的理论研究[M]. 上海: 东华大学出版社, 2013: 72.

❹ 周进.服饰·时尚·社会: 大师的理论研究[M]. 上海: 东华大学出版社, 2013: 84.

### 3. 集体趣味

集体趣味是布鲁默时尚观的核心。他在《时尚：从阶级区分到集体选择》一文中探究了现代西方民主社会中集体趣味的形成机制，认为趣味是一种主观机制，指导个体的发展方向、规范其行为，并塑造其经验世界。同时，趣味也是经验的产物，在社会交往互动过程中，有共同或相似经历的人在来自他者的定义和肯定中会逐步形成共同的趣味，这一过程会经历一个从模糊到精炼并逐渐稳定的过程，但是一旦形成，就会走向衰退和瓦解。因此时尚趣味是特定时尚领域中的人们在社会交往互动过程中逐渐形成的。在最初阶段，大众的时尚趣味是杂乱、含糊、没有方向感的，通过时尚革新者的样式选择和建议倡导，初级、含混的大众品位会得到规范、形成客观的表达，成为一种集体性的趣味选择。当然，从混合杂乱的大众品位到规范的集体趣味的形成并不是一件容易的事情，对此布鲁默认为大众品位"需要通过依附和体现特定的社会形态来完成它的精炼和规范。集体品位的来源、构成和功能是时尚研究中最难解决的问题。"❶ 所以，布鲁默的集体选择论无关社会中的等级划分，他关注的是社会中因趣味相同而结合在一起的群体，时尚是趣味相投者的集体选择。时尚的产生和精英阶层没有必然的联系，当然布鲁默也没有完全反对西美尔的观点。在随后论述时尚产生的基本社会条件时，他着重指出众多权威人物的选择是某种样式具有优越性和适宜性的保证，他们对某种具有竞争力的式样的支持依然是时尚得以流行的重要因素。此外，布鲁默在这段话中提到的"特定的社会形态"应该是第二次世界大战以后快速发展起来的、中产阶级占据社会主流的西方现代民主社会，以此来区别西美尔时尚研究所针对的有着明确阶级划分的早期资本主义社会。

时尚和趣味之间的关系是时尚研究中一个重要话题。趣味与个人和社会群体的审美鉴赏力有关，具有感性特征。历史上很多学者如康德、亚当·斯密、克鲁伯、詹姆士·莱佛等人都曾从趣味入手观察和理解时尚。不过这些人的著作在被翻译成汉语时，"taste"一词的翻译并没有统一，"趣味"和"品位"两个词常常混用。众所周知，汉语中这两个词的用法稍有区别，用作名词时，"趣味"指使人感到愉快，能引起兴趣的特性、爱好；"品位"泛指人

---

❶ Blumer, Herbert. Fashion: From Class Differentiation to Collective Selection[C]. Barnard, Malcolm. ed. *Fashion Theory: A Reader*. London and New York: Routledge, 2007: 240.

或事物的品质、水平。笔者认为，在具体语境中"品位"一词的意义比较具体，多用来表达个体的品质、爱好或兴趣；"趣味"一词的意义更加宽泛、抽象，多用来表达集体性的兴趣和爱好。集体选择论讨论的就是众多具有相同或相似时尚品位的个体汇聚在一起形成的具有一定规模的集体性趣味。康德认为"时尚是与趣味的真实判断无关的，它只是一种未经思考的盲目模仿"。❶与之不同，莱佛在《品位与时尚》（1937 年）一书中认为，品位是时代精神的改造之物，是时尚流变的结果。❷杨道圣教授在《时尚的历程》一书中通过对欧洲资产阶级时尚与品位的形成过程进行回顾与梳理，认为时尚是资产阶级品位的重要体现❸。当代社会中时尚与品位之间的关系同样十分密切，人们在消费时尚产品时，非常注重商品是否能够提供某种心仪的外观以及美好的感受和体验，是否能表达个人独特的品位，所以时尚消费也是一种品位消费。

### 4. 时尚机制的心理动机

布鲁默在对相关文献和研究资料进行梳理的基础上，解释了时尚机制的心理动机。首先是各种常见的时尚心理动机：有闲阶级的成员为了摆脱平淡乏味、倦怠无聊等情感困扰而追逐时尚；有人出于游戏心理或者搞怪冲动要用时尚为生活注入活力和热情；有人将时尚视为一种精神上的冒险，推动个体反抗主流社会规范的束缚；也有人将时尚视为潜在性欲望的象征性表达。在众多与时尚相关的心理动机中，美国语言学家萨丕尔认为，时尚是为了增强自我吸引力，尤其是在自我完整性遭到弱化的情况下；还有学者将时尚归结为对个人美名甚或是恶名的渴望。❹布鲁默认为这些说法都不能深入解释时尚的心理动机，因为他们无法全面阐明这些情感或者动机引发时尚过程的理由，也因为这些情感几乎存在并作用于人类社会的各个发展阶段，但并不是每个阶段都产生了时尚。布鲁默认为，社会学家和心理学家列举的这些心理因素确实对时尚有一定的影响，但是无法从深层次和更广范围内看清时尚的本质。这些因素之所以不能用来解释时尚，其根本原因在于忽视了时尚是集

---

❶ 袁愈宗主编. 都市时尚审美文化研究 [M]. 北京：人们日报出版社，2014：28.

❷ 周进. 服饰·时尚·社会：大师的理论研究 [M]. 上海：东华大学出版社，2013：83.

❸ 杨道圣. 时尚的历程[M]. 北京：北京大学出版社，2013：85.

❹ Blumer, Herbert. Fashion: From Class Differentiation to Collective Selection[C]. Barnard, Malcolm. ed. *Fashion Theory: A Reader*. London and New York: Routledge, 2007: 240.

体选择的结果，这也意味着时尚的产生与社会环境有很大关系。为了厘清时尚的社会性，布鲁默继续论述了时尚发生的基本社会条件及其社会功能。

### 5. 时尚发生的基本条件

布鲁默在文章中提出了产生时尚的六个基本条件：第一，时尚出现的地方一定是充满运动变化的领域，这个领域中的人们已经做好准备要改变或者摒弃过时的习惯、信仰及其附属物，并接受新的社会规范；第二，这个领域一定是一个开放的领域，尤其对那些周期性重复出现的、符合新的社会规范的样式或者建议持开放的态度；第三，在各种相互竞争的样式之间存在相对自由的选择机会；第四，由于时尚并不受制于功利主义或者理性的思考，所以相互竞争的样式不能通过公开和明确的考核测试表现出来。也就是说以客观有效的测试为基础无法在相互竞争的样式之间做出选择；第五个条件是众多权威人士对某种竞争样式的支持。支持相同流行样式的权威人士组织在一起，能够极大增加大众接受该样式并成为时尚的可能性；第六个条件是这个领域必须对新趣味和新趋势的出现持开放态度。❶综合起来，这些条件有一个基础的出发点，那就是时尚的产生需要有一个相对宽松、开放的时代和社会环境。这个社会环境中，人们对各种新的社会规范、思想信念、趣味、流行趋势等持开放的态度，鼓励个人竞争和自由选择。

布鲁默提出的这六个时尚产生的基本条件中，第四条最受争议，留给时尚研究者讨论的空间也最大。他认为时尚不是由功利性或理性考量来引导的。因为时尚不是根植于实用、科技或科学等断言所有的说法都可以被证据证明的领域。❷换言之，时尚无法用科学有效的方法进行测试或者验证。这意味着在布鲁默看来，时尚是一种非理性的存在，但是这种非理性的存在方式有助于时尚机制的运作，使得基于相同时尚趣味的集体选择成为可能。这和他在文章开头提出的观点是相互矛盾的。他在文章开始批评了社会学领域中时尚研究存在的问题，其中之一就是认为时尚是一种古怪滑稽、无常易变、模糊含混、难以厘清和把握的非理性存在，不值得深入研究，而这里作者却主张

❶ Blumer, Herbert. Fashion: From Class Differentiation to Collective Selection[C].Barnard, Malcolm. ed. *Fashion Theory: A Reader*. London and New York: Routledge, 2007: 241-243.

❷ Blumer, Herbert. Fashion: From Class Differentiation to Collective Selection[C].Barnard, Malcolm. ed. *Fashion Theory: A Reader*. London and New York: Routledge, 2007: 242.

从无常的时尚中发现有常，从无序的时尚中发现有序。那到底是出于什么样的考量使作者能够改变自己的思路，勇于承认时尚的非理性特征，并将其视为时尚运作的基本条件之一呢？

国内有学者认为这一点依然和布鲁默的符号互动理论有关，布鲁默对时尚非理性特征的论述和他本人在符号互动理论中提出的非符号概念是一致的。早在1936年，布鲁默就认为影响社会态度形成的因素中，除了符号因素外，还有非符号的因素，如情感、感觉等。这些非符号的因素虽然无法用意义解读的方式加以对待，但对态度形成的影响是显而易见的。如一个人喜欢用铅笔或不喜欢用铅笔等现象，并不是单一由社会环境予以决定的。[1]布鲁默明确指出符号互动主义包括非符号之间的互动。[2]因此，在这里将时尚的古怪滑稽、无常易变、模糊含混等非理性特征理解为一种非符号的表现形式就可以理解了。遗憾的是，布鲁默在文章中并没有明确指出时尚的这种非符号特征，但是这种思想的暗示已经足以拓展时尚研究者对于时尚符号的理解，为我们深入理解和把握个体行为与时尚之间的互动提供了一个新的思路。

### 6. 时尚的社会功能

对于现代社会中时尚扮演的角色或者发挥的功能问题，布鲁默主要从社会学的视角出发，首先认为时尚是一种能够为变化不定的社会带来秩序的社会现象——"在潜在无政府主义的和随时变动的时代，时尚带来了秩序。"[3]这是因为时尚在竞争的过程中会逐步建立适宜的、具有时代特征、符合社会规范的样式，并被很多人接受和追随，从而有助于形成稳定良好的社会秩序。其次，在一个充满变动的世界中时尚可以帮助人们摆脱过去的钳制。时尚就是一场自由地追逐新异的运动，总是在不断摆脱过去的束缚，这对于生活中的人们具有重要的现实意义。第三个社会角色是为有序的未来做准备。布鲁默认为时尚机制通过允许新样式的出现并且强迫它们参与竞争和集体选择，一方面给革新者提供了展现时尚领域中未来样式和观念的机会；另一方面经过集体选择的样式体现了未来时尚的发展趋势。

[1] Blumer, Herbert. Social Attitudes and Nonsymbolic Interaction[J]. *Journal of Educational Sociology*（May），1936：515-525.

[2] Blumer, Herbert. *Symbolic Interactionism*. California：University of California Press，1969：8.

[3] Blumer, Herbert. Fashion：From Class Differentiation to Collective Selection[C].Barnard, Malcolm. ed. *Fashion Theory：A Reader*. London and New York：Routledge，2007：244.

　　对于时尚与社会秩序之间的关系，美国人类学家阿尔弗雷德·克鲁伯在《时尚作为社会秩序的更迭》一文讨论了形成人类社会文化秩序的原则问题，作者认为时尚既不是"表达"也不是"象征"，而是社会深层的秩序，风格是一种文化自治的体现，各种不同风格融会成文化，因此风格在文化发展进程中有着重要意义。同时他还主张社会生活的不稳定会导致时装风格混乱。❶因此，布鲁默的观点也是对前人观点的继承与发展。

　　对于这个问题，鲍德里亚的观点也值得我们借鉴和思考。他在《符号政治经济学批判》一书中认为，"时尚体现了在基本秩序中革新的需要与保持不变的需要之间的妥协。现代社会正是以此为特征，导致了变化的游戏。"❷不过，鲍德里亚也认知到，时尚虽然体现了基本社会秩序革新的需求，也掩盖了社会的不平等。"时尚正是这些最好的修复文化不平等和社会歧视的制度的一种，它假装废除这种制度实则建立。"❸所以，时尚所展示和貌似实现了的秩序有可能是虚假的，不过是一种人为制造出来的虚假的秩序意识，其作用在于掩盖社会的不平等，巩固原有秩序。这一点已经被当代社会中的时尚消费现象所印证，一些年轻的工薪阶层喜欢用超出自己实际购买能力的名牌服饰或者其仿品来装扮自己，可是这种时尚形象根本无益于改变他们真实的社会和经济地位，甚至还在一定程度上掩盖了他们真实的社会身份。不过，很多时候时尚个体可能根本不在意时尚为个体生活空间带来的秩序感是真实的还是虚假的，对于很多人来说，他们从"假装拥有"和"真的拥有"中获取的体验几乎是一样的，因为他们所追求的不过一种能够为自我主体带来满足感和秩序感的符号，他们根本不在乎符号的真假，或者说符号本身就不存在真与假的问题。对此，笔者认为时尚是能够带来秩序感的众多社会现象之一，而秩序感是时尚众多社会功能中的一个，人们对秩序感的追求会促进时尚风格的形成与变化，有利于时尚的进步和发展。但是，为了寻求秩序感，人们不一定必须求助于时尚，还可以诉诸法律、宗教等其他途径或者社会组织。

---

❶ 转引自周进.服饰·时尚·社会：大师的理论研究[M].上海：东华大学出版社，2013：44-52.

❷ [美]卢埃琳·内格林.作为图像的自我——对后现代时尚理论的批判性评价[J].苏怡欣，译.艺术设计研究，2011(2)：12.

❸ [美]卢埃琳·内格林.作为图像的自我——对后现代时尚理论的批判性评价[J].苏怡欣，译.艺术设计研究，2011(2)：12.

## 四、布鲁默时尚观的意义及其局限性

布鲁默提出以相同时尚趣味为基础的集体选择论，关注时尚与趣味、时代精神、社会秩序等问题之间的关系，突出了时尚的时代性，强调了时尚与当下和社会现实的紧密关联。对于时尚社会功能的分析和描述，有助于提升时尚在现代社会发展进程中的地位、作用及研究价值。从此，在学者们眼中，时尚不再无足轻重、可有可无，仅仅是古怪、轻浮、无常、非理性的代名词，而是一个能够为社会带来秩序和规范的、积极有力的、不可或缺的社会存在。同时，布鲁默也批驳了西美尔阶级模仿论的时代局限性，强调了现代社会中时尚的产生有赖于一个相对宽松、自由和开放的社会环境。不过，和西美尔的时尚观一样，集体选择论同样具有时代局限性，具体来说，这种理论更适合解释20世纪中后期西方社会的时尚发生机制，那个时代还没有发达的网络，传统媒体仍然一统天下，有一个社会地位相对稳固的时尚精英阶层存在。20世纪90年代以来，随着读图时代的到来和各种新媒体的诞生，人们的品位和时尚的传播路径发生了重大转变，联名、跨界、爆款、潮牌、网络直播、网红带货等新的时尚现象层出不穷，这些都不是简单的阶级模仿论和或集体选择论能解释的。所以，西美尔和布鲁默的时尚观都只能部分解释当下社会中时尚现象的发生与生成，新的时尚现象还有待新的时尚理论加以阐释。

# 第五章　鲍德里亚与时尚的逻辑

让·鲍德里亚（Jean Baudrillard，1929~2007）是法国著名思想家和社会学家，和凡勃伦、西美尔、罗兰·巴特、布鲁默等人一样，他也不是专门从事时尚研究的学者，时尚研究是其消费社会理论研究的一部分。1976年鲍德里亚出版了《象征交换与死亡》一书，书中他将时尚视为消费社会的助推器，认为时尚符号的再生产逻辑是一切消费社会中共有的消费逻辑，并以此区分马克思提出的资本主义社会商品在不同价值之间的交换逻辑。1979年《论诱惑》一书出版，书中鲍德里亚进一步分析了后现代消费社会中时尚现象背后所隐藏的意义的虚无，基本上代表了他后期对于时尚的看法。为了更好地理解鲍德里亚的时尚观，本文将首先回顾一下消费社会理论的主要内容。

## 一、消费社会理论

首先，什么是消费社会？鲍德里亚认为，在消费社会中"生产主人公的传奇已经让位给消费主人公"，"消费的真相在于它并非一种享受功能，而是一种生产功能。"❶这意味着消费代替生产成为社会运作的主要模式，生产主导型社会让位于消费主导型社会。消费社会的前提是物的丰盈，这一点已被第二次世界大战后欧洲、美国、日本等地经济的发展或快速复苏所证明。在《消费社会》一书开头鲍德里亚就明确提出，"今天，在我们的周围，存在着一种由不断增长的物、服务和物质财富所构成的惊人的浪费和丰盛现象。它构成了人类自然环境中的一种根本变化。恰当地说，富裕的人们不再像过去那样受到人的包围，而是受到物的包围。"❷所以，消费社会的基本结构不是以

---

❶ [法]让·鲍德里亚. 消费社会[M]. 刘成富，等译. 南京：南京大学出版社，2009：69.
❷ [法]让·鲍德里亚. 消费社会[M]. 刘成富，等译. 南京：南京大学出版社，2009：1.

人为中心，而是以受人崇拜的物为中心；整个社会的运作过程也变成以所有这些物的礼拜仪式作为基本动力的崇拜化过程。

被丰盈的物及其符码所包围的消费社会中的人们在对物的崇拜化过程中，为了更多更好的消费就要不断生产新的物体符号系统，并通过物体符号系统的再生产实现权力的再分配。这样做的结果是：一方面，加速了物的死亡速度，消费颠倒为生产，生产的目的不再是功能性的实用，而是为了商品在消费中死亡；另一方面，生产与消费之间被颠倒的关系还直接导致了社会结构和交换结构的颠倒，消费者愈发屈从于时尚的逻辑，而时尚的逻辑，就在于一场针对消费对象的"指导性废弃"的游戏。❶同时，生产与消费关系的颠倒带来的结果除了商品死亡的加速还有资源浪费、环境污染等其他具体社会问题。

其次，对于消费社会中物与人的关系，鲍德里亚认为，今天的消费者与物的关系出现了变化：他不会再从特别用途上去看这个物，而是从它的全部意义上去看全套的物。这句话可以从两个方面来解读，其一，在消费者与物的关系中，物的功能性正在退居其次。其二，它暗示了消费关系中物的存在方式，鲍德里亚称之为"系列"，并将其解释为一整套具有强制性关涉逻辑的消费品系列，在这套消费品之间起根本性支配作用的东西是由符号话语制造出来的，具有暗示性的结构性意义和符号价值，如风格、威信、豪华、权力、地位等。这一套具有强烈关涉性逻辑的商品（如家用电器系列、厨房用品系列等）意味着消费者在无意识中受到支配，逻辑性地从一个商品走向另一个商品，从而实现符合自我定位的"成功人士"标准的欲望逻辑。在这个过程中，消费者消费和需求的"不是物，而是价值。❷换言之，人们消费的不是物的使用价值，而是其符号价值，是某种被制造出来的象征性符码意义，这是一种对符号系统意义的消费，成为消费社会由符码操纵并制造出来的新型消费逻辑的本质特征。这种从一种商品走向另一种商品的行为类似《过度消费的美国人》一书中提到的狄德罗效应，人们在不自觉中被物及其象征性符码意义所绑架和束缚。

再次，消费意识形态的建立。鲍德里亚在《消费社会》中指出，"消费是用某种编码及某种与此编码相适应的竞争性合作的、无意识的纪律来驯化他们；这不是通过取消便利，而相反是让他们进入游戏规则。这样，消费才能

---

❶ [法]让·鲍德里亚.消费社会[M].刘成富，等译.南京：南京大学出版社，2009：101.

❷ [法]让·鲍德里亚.消费社会[M].刘成富，等译.南京：南京大学出版社，2009：59.

只身取代一切意识形态，同时担负起使整个社会一体化的重任，就像原始社会的等级或宗教礼仪所做到的那样。"❶这段话告诉人们，今天的消费神话已经具有了原始社会的宗教与礼仪一样的功能，即意识形态的整合功能。两者的不同之处在于，在传统神话通过物性礼仪规制生活的地方，消费逻辑通过意向性的符码关系让人们进入一种他们欲望深处期盼的消费游戏，这种游戏通过竞争性购买自发生成了一体化的"无意识的纪律"。由此，消费逻辑在阴暗处实现了自己的统治。从这种意义上来说，消费已经变成了整个社会的一种新的意识形态，以表面上的平等和民主制度掩盖着社会的不公。

最后，符号认同与阶层区分。在鲍德里亚看来，消费就是身份和地位的有序编码，与社会中的阶层分化相对应。现代资本主义社会中的消费是一个差异性符码之间的交流体系。在消费中，人们获得某种特定的符号认同，进行某种消费就意味着进入了某种符号编码体系之中，可以和这个团体中的其他人一起分享同样的符码所代表的意义，并与其他编码体系中的人区分开来。"在发达资本主义制度下，普通大众不仅被生存所迫的劳动之需所控制，而且还被交换符号差异的需要所控制。个体从他者的角度获得自己的身份，其首要来源并不是他们的工作类型，而是他们所展示和消费的符号和意义。"❷时尚正是这样一种可以随时帮助个体展示自我身份的符号，并因此成为个体符号消费的重要组成部分。除了要制造地位的差异之外，鲍德里亚认为差异性符号的消费同样制造了生存等级，符号的差异生成了人在现实生活中的存在差异。

以上这些论断清楚表明，消费社会不同于以往的生产型社会，有着自己的运作逻辑和结构特征，包围着人们的丰盈的物通过各种系列商品的有序编码诱惑、引导和支配着人们的行为，定义人们的身份，让人们过着被意识形态有效控制的社会生活。

## 二、时尚的逻辑

在社会学领域，鲍德里亚关于时尚的研究是迄今为止最为深刻的，甚至有着振聋发聩的效果，能取得这种效果主要是因为他不仅分析了时尚的运作逻辑，而且将其推而广之，成为整个后现代社会的运行逻辑。他认为，从性

---

❶ [法]让·鲍德里亚.消费社会[M].刘成富,等译.南京:南京大学出版社,2009:90.
❷ [美]马克·波斯特.第二媒介时代[M].范静哗,译.南京:南京大学出版社,2000:145.

爱到媒介、从艺术到政治，整个现代性范畴无不渗透着时尚的逻辑，时尚的逻辑已经成为后现代消费社会的标志性表征。鲍德里亚对时尚问题的论述主要集中在《象征交换与死亡》一书中的第三章——"时尚或代码的仙境"。文章由六部分组成：常见的轻浮、时尚的"结构"、符号的浮动、时尚的"冲动"、改变的性别、不可颠覆性。每一部分都从不同的语境和主题出发讨论时尚，我们可以从时尚的发生机制、再生产、运作逻辑、性别表征几个方面对其进行综合阐述。

1. 时尚的发生机制：社会性欲望的冲动

　　时尚的发生机制并不是鲍德里亚时尚研究的重点，他关心的是时尚运作的逻辑。所以我们要从他论证时尚逻辑的过程中去辨别相应的时尚发生机制。在"时尚的'冲动'"一文中，鲍德里亚将时尚的产生归结为一种要消解和摧毁一切的社会性欲望，但是这种欲望不是身体的欲望，也不是凡勃伦提出的有闲阶级的炫耀性心理欲望，更不是西美尔提出的社会下层阶级对上层精英阶级进行模仿的欲望，这种欲望是一种符号化的激情和冲动，目的是要消解意义、摧毁一切现成的东西，尤其是无处不在的社会规范。在鲍德里亚看来，时尚的冲动"就是废除意义、投入纯粹的符号、走向野蛮的直接社会性的欲望。与媒体化、经济化等社会过程相比，时尚保留了某种激进社会性，这不是在内容的心理交换层面上，而是在符号的即时层面上。"❶同时，时尚这种消解一切的冲动充满了激情，这是一种"集体的激情、符号的激情、循环的激情"❷，激情赋予时尚流行以令人眩晕的速度迅速走红并流行开来，产生巩固自身的一体化与影响力，也给时尚领袖及其追随者带来集体的快乐和满足。然而，荒诞的是，这种激情之下的快乐和满足建基于时尚符号的无意义性甚至是任意性的基础之上。对此，鲍德里亚认为，这正是时尚所具有的颠覆性意义——"超越了理性与非理性，超越了美与丑，超越了有用与无用，使时尚往往具有颠覆力，使时尚与经济相反，总是成为社会整体现象……"❸此外，鲍德里亚在书中引用了拉布吕耶尔的一段话，其中提到好奇心"不是一种娱乐，

❶ [美]让·鲍德里亚.象征交换与死亡[M].车槿山，译.南京：译林出版社，2012：124.
❷ [美]让·鲍德里亚.象征交换与死亡[M].车槿山，译.南京：译林出版社，2012：124.
❸ [法]让·鲍德里亚.象征交换与死亡[M].车槿山，译.南京：译林出版社，2012：125.

而是一种激情。"❶虽然鲍德里亚没有具体指明好奇心就是时尚冲动的来源，但是根据他随后提出的时尚在集体的激情、符号的激情及循环的激情中以令人眩晕的速度巩固自身的一体化、收集各种同一性等论述，可是看出他实际上是将好奇这种心理视为了时尚冲动的最初来源，遗憾的是他没有继续深入论述两者之间的关系。这种化身符号、藐视社会规范的心理属于典型的后现代社会大众心理特征，在其影响和作用下，时尚进一步化身为没有所指、失去参照物且永无休止的能指链，飘浮于社会的最表层，任由社会中的各个领域挪用、接收直至彻底融入各自的运作逻辑之中。当然，时尚在这一过程中也肆无忌惮地渗入到各个领域，在借鉴和挪用各种符号为己所用的同时，为之带去了时尚的运作逻辑。

好奇心也好，激情也罢，鲍德里亚观察到的时尚发生机制是一种内力驱动模式，来自主体内部。那么在内在于主体要摧毁一切的欲望冲动的驱使下，时尚到底是怎样运作的呢？很简单，就是在主体拥有时尚、消费时尚的过程中，用时尚符号的颠覆性消解一切意义、摧毁一切规范，对抗一切统治，最终走向一种游戏社会性。对此，鲍德里亚以"奢侈品消费""赠礼节""消费节"等社会实例加以佐证。有了消费这一法宝，"仿真"的时尚符码就可以在真实的物质空间中畅行无阻，甚至可以随时随地对真实之物进行象征性的替代或者摧毁。

## 2. 时尚的再生产：仿真

鲍德里亚按照仿像的三个等级的模式——仿造、生产和仿真——来解释不同历史时期时尚的生产过程及其价值规律。这三个等级平行于价值规律的变化，从文艺复兴开始相继发生。封建社会时期中，符号是按照等级制度被规定的，符号含义清晰但受到限制，属于"强制符号"。在这个时期衣着是强制符号的一种，用来规定人的等级身份，人们不能按照自己的喜好随意选择衣服，也不能追求时髦。从文艺复兴到工业革命的"古典"时期，仿象的主要模式是仿造。在这一阶段，仿造（以及时尚）和文艺复兴的兴起、封建秩序的解构一同出现。可以说，时尚是和文艺复兴一起兴起的。在鲍德里亚看来，封建秩序的解体意味着强制符号的终结，所有阶级都可以没有区别地玩

---

❶ [法]让·鲍德里亚.象征交换与死亡[M].车槿山，译.南京：译林出版社，2012：124.

弄符号。竞争的民主接替了法定秩序特有的符号内混制。人们也从符号受到限制的秩序过渡到了符号的按需增生阶段。这个时期的现代符号是不加区分的，它摆脱了一切束缚，可以普遍使用，但是仍然在模拟必然性，在对"自然"的仿象中找到自己的价值，依赖自然的价值规律。这一阶段的目的是为了建构类似于神的形象的一种理想的自然，是对于和谐和乐观形象的模拟和仿造。在鲍德里亚看来，文艺复兴时代的时尚是第一级仿像，是对原型的模仿。比如仿大理石的装饰是那个时代的时尚——"仿大理石是一切人造符号的辉煌民主，是戏剧和时尚的顶峰。"❶不过，仿造影响的只是实体和形式，还没有影响到关系和结构，这一过程还有待仿像后面的两个等级来完成。

生产是仿像在工业时代的主要模式，也被指认为"工业拟像"。在这种拟像中，生产就是一切。鲍德里亚这里讲的生产不是一般的物质生产，而是一种形而上学的特设，即没有原初起源的制造。如果说在前工业时期，仿造中还存在被模仿的原型对象，而工业生产的起点就是无原型的制作了，人们离开价值的自然规律及其形式游戏，进入了价值的商品规律及其力量计算。新一代符号和物体伴随着工业革命出现，工业技术的发展使得这些没有种姓传统的符号不需要被仿造，它们立刻被用来大规模生产，成为一个个系列。系列之间的关系不是原型与仿造的关系，而是等价关系、无差异关系。在系列中，物体成为相互的无限仿象。所以工业时代是一个系列的时代、机械复制的时代，一个充斥着再生产技术的时代，人们追求的时尚是大量的、可以批量生产的东西。这个阶段的时尚符号还是有一定意义的，也是短暂的。当物质生产被整合进政治经济学，当市场变得普遍化的时候，时尚开始渗透并整合所有的文化符号。最终随着科学技术的进步，系列生产被模式生成替代，仿像进入了第三个等级——仿真。

按照波德里亚的说法，仿真是目前这个阶段（即后现代消费社会）代码支配的主要模式，依赖的是价值的结构规律。在这个阶段，产品"不是机械化再生产模式再生产出来的，而是根据他们的复制性本身设计出来的，是从一个被称为模式的生成核心散射出来的。"❷这一模式，就是"参照的能指"——仿真的初级形式。鲍德里亚认为，在仿真中，起作用的不再是唯一的一般等价物，而是模式的散射。现实在超现实的作用下崩溃，对真实的精

---

❶ [法]让·鲍德里亚.象征交换与死亡[M].车槿山,译.南京:译林出版社,2012:65.
❷ [法]让·鲍德里亚.象征交换与死亡[M].车槿山,译.南京:译林出版社,2012:72.

细复制不是从真实本身开始，而是从另一种复制性中介开始，如广告、照片等。于是在从中介到中介的复制过程中，真实变成了一种为真实而真实，一种失物的拜物教，一种超真实。鲍德里亚也将这种现象称之为仿真的眩晕，在这里，物体解构为自身的各种细节，并在这些细节上进行分裂和重叠的游戏，但是在这种无限的分裂与重叠的游戏中，真实隐去，退化为自身，直至衰竭。在时尚符号的世界中，这种真实的隐退表现为时尚符号所指的隐退，能指不再有内在确定性，可以自由地、无限地替换或者对调，能指不能通往任何地方，随之能指和所指之间的区分也消失了。

很显然，在仿像的第三等级序列中，时尚不是仿造出来的，也不是批量生产出来的，而是没有使用价值的纯粹符号之间的模仿与再模仿，是纯粹的"浮动的能指"之间的互动组合，是仿真模式作用下的符号再生产。人们陶醉于仿真序列制造出来的纯粹的差异符号，除了快乐之外没有任何内容和目的性。用鲍德里亚的话来说："能指唯一的差异游戏在这里加速，变得明显，达到一种仙境——丧失了一切参照的仙境和眩晕。"❶同时，"这种时尚符号的无目的的目的性既适用于"轻巧"符号的范围（如服装、身体、物品等），也适用于"沉重"符号（如政治、道德、经济、科学、文化、性爱等）的范围，这些领域都在以不同的速度接近仿真的模式、冷漠的差异游戏和价值的结构游戏，并最终成为代码的仙境。"❷由此可见，在当下的消费社会中，时尚一方面指向自身，成为自己的所指；另一方面不再局限于某一特殊的领域，泛化为一种生活方式，普遍化于日常生活，一切皆可成为时尚，时尚的逻辑成为任何领域都无法逃脱的命运。不过必须指出的是，这种逻辑建构在以拟真为代表的拟像文化基础之上，与象征性结构的交换活动无关。这里也揭示了鲍德里亚在《象征交换与死亡》一书中研究时尚问题的目的——作为拟像文化的具体事例来论证消费社会中拟像文化的运作及其后果。

### 3. 时尚的运作逻辑：再循环

鲍德里亚把时尚与现代性联系起来，现代性的主要标志是决裂、进步和更新。时尚就是要求新、求异、求变。所以时尚与现代性的特点是一致的，也只有在现代社会才会出现时尚。现代性中占主导地位的是线性的时间维度，

---

❶ [法]让·鲍德里亚. 象征交换与死亡[M]. 车槿山，译. 南京：译林出版社，2012：115.

❷ [法]让·鲍德里亚. 象征交换与死亡[M]. 车槿山，译. 南京：译林出版社，2012：115.

在启蒙时代和工业时代占据主导地位。鲍德里亚认为，工业时代之后的现代性（后现代）❶则不同了，人们看到现代性中的倒退和危机。"现代性似乎同时设置了一种线性时间和一种循环时间，前者即技术进步、生产和历史的时间，后者即时尚的时间。"❷很明显，他将时尚视为一种依据循环逻辑存在的社会现象，使得在启蒙和工业革命时期形成的线性时间之外，时尚作为后现代模型之一演绎出一种全然不同的后现代再循环逻辑，这是由于"时尚能把任何形式都转入无起源的反复。"❸时尚在复古方面的表现为之提供了最有力的证据，复古意味着时尚的再生产是一种可以超越时空和阶级障碍的超级再生产，在这个过程中形式原有的意义在能指的不断展示延宕、指向自身的过程中被抹除，旧的形式得以抽象化更新，于是就有了"形式的死亡和形式幽灵般的复活"❹以及灵魂的死亡和形式的再生。鲍德里亚认为这是时尚特有的现实性，不是现实的参照，而是即时的完全再循环。这种再循环依赖的是时尚的悖论性非现实，即某种时尚形式的消失意味着它即将以某种新的抽象形式回归，时尚符号用这种回归的全部魅力对抗结构的变化，开始新一轮的时尚循环。鲍德里亚清楚指出："时尚是这样一种东西：它从死亡中拉出轻浮，从常见中拉出现代性。它是一种绝望：任何东西都不可能永远延续；与此同时，它也是一种快乐：它知道任何形式在死亡之后，都总有可能再次存在，因为时尚预先吞食了世界和真实：它是符号的所有死的劳动压在活的意义上的重量……"❺

为了证明自己的观点，鲍德里亚引用了柯尼格的说法，认为时尚中有一种类似自杀的欲望，这种欲望会侵蚀时尚，在时尚达到顶点时就可以实现。所以，在鲍德里亚看来，时尚对于旧形式的抽象创新就等于回收了死亡的欲望本身，使得时尚开始一次又一次的无害循环运动。时尚机制的运作逻辑就是一种死亡和再生交替出现、死亡也是再生的再循环逻辑。

然而正如前面所提到的，现代性"同时设置了一种线性时间和一种循环时间"，这就意味着时尚这种循环再生的逻辑和按照线性逻辑发展的技术进步、生产和历史的时间之间虽然存在着矛盾，但两者并不彻底决裂。换言之，

---

❶ 鲍德里亚在书中没有使用"后现代"这个词，但是他分析问题的思路是后现代的。作者注。

❷ [法]让·鲍德里亚.象征交换与死亡[M].车槿山，译.南京：译林出版社，2012：119.

❸ [法]让·鲍德里亚.象征交换与死亡[M].车槿山，译.南京：译林出版社，2012：116.

❹ [法]让·鲍德里亚.象征交换与死亡[M].车槿山，译.南京：译林出版社，2012：116.

❺ [法]让·鲍德里亚.象征交换与死亡[M].车槿山，译.南京：译林出版社，2012：116.

时尚与现代性并非背道而驰，相反时尚始终都是现代性的标志性代码，并将这种意义上的时尚逻辑和时尚边界扩展到人们所能够想象的任何社会领域之中，这一点与时尚的不可颠覆性密切相关。

### 4. 时尚的特征：不可颠覆性

鲍德里亚指出，时尚具有不可颠覆性。这是因为时尚没有可以与之形成矛盾的参照，它的参照就是其自身。❶永远指向自身的时尚符码使之具有无比强大的再生能力，在一次次死亡之后得以重生，从而不存在被颠覆的可能性。这一点早已被时尚史中诸种反时尚最后成为时尚的现象所证明，鲍德里亚的文章中用牛仔裤为例——有洞和无洞的牛仔裤都可以成为时尚。丧失了一切参照的时尚达到了一种仙境般的境地，"仙境"这个暗喻清楚表明了时尚符码的自由和对于现实世界的超越，尤其是对于人的超越，这意味着人无法逃离时尚的控制，人们"可以逃离内容的现实原则，但永远不能逃离代码的现实原则。人们甚至正是通过反抗内容而越来越好地服从代码的逻辑。"❷此外，鲍德里亚指出，时尚没有给革命留出位置，除非改变那种构成革命的符号的起源。所以，在一切皆可成为时尚的后现代消费社会中，革命也无法回避这样的命运，也必须遵循时尚的逻辑。当然，鲍德里亚也并非认为这是一个无解的难题，他认为在时尚符号形式和意义原则本身的解构中可以实现。不过，解构真的就能解决这个问题吗？事实上后现代消费社会中时尚的运作逻辑本身就是建构在解构理论基础之上的所指和能指的断裂以及意指过程的无限延宕，解构能解决解构自身的问题吗？作者并没有作答。

### 5. 时尚、性及性别问题

时尚、性及性别问题也是鲍德里亚时尚研究中的重要内容。他认为时尚有效地中和了性行为。鲍德里亚主张时尚产生于主体内在的激情和冲动，这使得时尚和性激情、性冲动具有了某种同质性，但是两者内在属性的相似导致两者之间不是合谋的关系，而是竞争性的对手关系，最终时尚战胜了性。理由是，性解放在服饰的解放中得以完成。换句话说，时尚用自己纯粹符号的差异游戏来对抗潜意识和性行为所依赖的参照原则，"时尚的激情在这个与

---

❶ [法]让·鲍德里亚. 象征交换与死亡[M]. 车槿山，译. 南京：译林出版社，2012：134.

❷ [法]让·鲍德里亚. 象征交换与死亡[M]. 车槿山，译. 南京：译林出版社，2012：134.

性相混淆的身体上，在自己的全部歧义中发挥作用。"❶那么时尚是用哪些手段来中和性行为的呢？就是让时尚成为身体的表演，身体成为时尚的中介，在这一过程中，身体为时尚和性搭建了沟通交往、相互作用的桥梁，时尚得以深化。

鲍德里亚在"改变的性别"一部分中分析了不同社会阶段中服装与身体、时尚与性别（尤其是女性）的关系。首先，在封建社会中服装与身体之间的关系是相互中和。服装受到身体的侵蚀，受到作为性目的和自然的身体显露性的侵蚀，丧失了从原始社会起一直有的那种神奇的丰富性。指示身体的必要性中和了服装纯粹装饰的功能，服装也随之丧失纯粹面具的力量；另一方面，身体丧失了自己曾在文身和服饰物中具有的那种面具力量，转而玩弄自身的真相——它的裸体。❷在这一阶段，自然在服装与身体之间的关系起了很大作用。当时尚出现以后，两者之间的关系必然出现变化，其中最明显的就是从资产阶级和清教时代开始，服装与身体之间的关系变成时尚与妇女之间的关系。而在后现代消费社会，女性解放带来的不光有时尚的兴起，还有身体的解放。身体作为曾经被隐藏的性和禁止的真相开始奋起反抗，于是在这一阶段，随着时尚的普及，服装与身体之间的对立被中和，妇女和时尚之间的亲缘关系也逐渐中断。离开了女人这一特殊载体，时尚向所有人开放，而身体则被托付给时尚符号，失去了性魔力的身体成为"模特"。鲍德里亚认为，模特是没有性别区分的，在模特中，性作为差异消失，但作为参照（仿真）却普及了，模特成为一种没有品质的性。

鲍德里亚认为，妇女的解放和时尚的流行同时发生，其结果是随着妇女脱离被歧视的地位，整个社会开始女性化了。很明显的一个例子是，以前人们用"欲死欲仙"表达女性的快感，今天这个词已经普及到生活中的任何事物，随便什么事情都可以用这个词来指称。近年来中性风时尚在社会上的广泛流行，似乎在一定程度上验证了鲍德里亚20世纪70年代做出的时尚判断。

1979年，鲍德里亚的《论诱惑》一书出版，书中继续探讨了时尚问题，进一步深化了后现代消费社会中时尚现象背后所隐藏的意义的虚无。在拟像化中，真实的身体已经荡然无存，彰显着时尚元素的身体变成了另类的符号形式，在狭小的身体空间范围，混搭着各种时尚元素：古典、现代、浪漫、

---

❶ [法]让·鲍德里亚.象征交换与死亡[M].车槿山，译.南京：译林出版社，2012：129.
❷ [法]让·鲍德里亚.象征交换与死亡[M].车槿山，译.南京：译林出版社，2012：130.

先锋等，身体似乎变成一种反讽似的艺术造型。而这样一种不伦不类的身体造型挖空了身体的内在性，外表虚无却深藏秘密，这种"外表的秘密"就是后现代时尚中诱惑再次施魅的形式——它是急性和玄学的诱惑，废除了现实，人们永远不知道它所要表达的深意，却又在不断地将其奉为经典，视为永恒的追求。不过，身体的拟像化并不是时尚在后现代中唯一的载体，时尚已经脱离了载体，变成无形式的幽灵。❶

## 三、鲍德里亚时尚观的价值、意义及其局限性

### 1. 价值与意义

鲍德里亚提出的"时尚仙境说"，用一种比喻的修辞方式揭示了当下社会中时尚的无限魅力，也揭示了时尚诱惑的来源，从中人们可以清楚看到时尚体系中指涉系统的丧失以及能指和所指区分的消解，并在不断指向自身的过程中完成对理性的剥夺和意义的清算。其次，鲍德里亚时尚研究的核心在于他对时尚再循环逻辑的分析。他指出，在启蒙和工业革命形成的线性时间之外，时尚作为后现代模型之一遵照循环时间演绎出一种全然不同的后现代再循环逻辑。时尚的再循环逻辑标示出一种社会时空的超级再生产，其意义在于不断地展示延宕、从能指到能指以及旧形式的重新抽象化更新。鲍德里亚将时尚的逻辑运用于更广泛的社会场域研究中，使时尚研究成为一种来自服装时尚但是其意义和价值却远远超出服装范畴、作用于社会人生的社会现象，有助于人们从更高的理论层面理解和认识时尚。

时尚逻辑的提出似乎在某种程度上完成了西美尔、布鲁默等其他时尚研究大师想要做的事情——见证并论证一个时尚统治时代的来临。尽管这里面有不少乌托邦的想象因素，但是如同昔日所有的一切都陷入商品领域一样，今天所有的一切都陷入了时尚领域，随着时尚的神话在生活中不断重演，时尚再循环逻辑的普遍性已然被各行各业的人们所感知和认可。

### 2. 局限性

不可否认的是，作为一名世界级的社会学家和思想家，鲍德里亚提出的

---

❶ 朱沙. 鲍德里亚的时尚理论 [D]. 湘潭大学, 2016: 36-37.

时尚观点和概念在挑战、质疑和批判当下社会中保守的传统势力、正统权威等方面发挥了巨大的先锋作用，提供了锐利的视角和有力的武器。同时，对于我们理解、认知当下各种纷繁复杂的时尚及其他社会现象也有着很强的启发性和导向作用，但也应该看到他的理论中依然存在着片面性和局限性。

首先，鲍德里亚将时尚的发生机制归结为内在于主体的时尚冲动，尤其是要废除意义、投入纯粹性的符号、摧毁一切的欲望和激情，这是一种野蛮的社会性欲望，不过这种欲望和心理欲望关系不是很大，更多的和符号的即时分配有关。后面又将其归为一种好奇心，却没有加以深入论述，从而使得他提出的这种时尚发生机制缺乏牢固的使人信服的根基。其次，鲍德里亚对于时尚逻辑的分析深入揭示了后现代消费社会的运作逻辑和特征，似乎过于强调社会运作过程中时尚逻辑的意义与作用，忽视了作为主体的人的主观能动性，也忽视了其他影响时尚及其整个发展进程的重要因素，如日新月异的科学技术、无处不在的政治、意识形态和无法抗拒的自然因素等。第三，时尚的再循环逻辑夸大了时尚与过去之间的循环再生，忽视了时尚与现实和未来之间的互动，不能全面反映现实社会中时尚的全貌，从而不能全面把握时尚的本质及其运作规律。最后，时尚的循环运作逻辑成为整个社会运行的逻辑，也意味着什么都可以成为时尚，当时尚泛化为一切之后，就会走向另一面，那就是什么都不是时尚，这就意味着时尚的虚无和死亡，那么时尚及其研究意义何在？

鲍德里亚运用后现代主义的分析和批评方法分析论证时尚的逻辑问题，但他始终否定自己是一个后现代主义者，在著作文章中也尽量回避使用"后现代"一词，给读者造成了不小的阅读和阐释障碍。笔者认为这不仅是一种选词的谨慎和坚持，更多的还是源于作者本人思想上的矛盾性，因为如果他承认了自己的后现代主义立场，就会消解自身理论建构的整体性和终极意义，这肯定不是他想要的结果。

# 第六章　吉尔·利波维茨基的时尚观及其演变

　　吉尔·利波维茨基是法国当代社会学家、哲学家，他在《空虚时代：论当代个人主义》（1983）《时尚帝国：现代民主的外衣》❶（1987）《永恒的奢侈：从圣物时代到品牌时代》（2003）、《超级现代时间》（2005）、《轻文明》（2015）等社会学著作中，从不同维度对当代和历史上的时尚现象、时尚生成等问题展开论述和阐释，提出以短暂性、吸引力和标新立异为主要表现形式的时尚逻辑（或称时尚理念、时尚思维），已经影响到当代社会很多领域的运作，甚至认为整个社会进入了完美时尚时代。同时，他也从正、反两个方面分析了当下流行的时尚现象、时尚逻辑为西方现代民主社会带来的双重影响，一方面有助于个体自主性的发展和新型个人主义的诞生，值得关注和庆贺；另一方面也导致现代民主社会中文化的轻浮、个体的焦虑、意义的丧失、民主的冷漠等现象或问题的发生，并对此进行了深刻反思与警示。

## 一、时尚的生成

### 1. 趣味模仿

　　《空虚时代：论当代个人主义》一书分析了自恋、冷漠、诱惑、空虚、幽默和暴力等一系列社会因素，认为当代社会中个人主义已经发展到了一个新的阶段，普遍产生了对主体自立的渴望。一方面，这些社会元素的变迁共同

---

❶ 本书依照该书英文版书名 *The Empire of Fashion: Dressing Modern Democracy* 翻译，也有书中将其译为《蜉蝣帝国：现代社会中的时尚及其命运》。

造就了一种新形式的行为制约机制，它使当代个人主义追求"心理上"的洒脱、放松和趣味；另一方面，光怪陆离的生活模式却又使个体精神变得空虚。在这一系列社会因素的分析中，时尚被作为一种"趣味模仿"归类到"幽默"的门下——"时尚是幽默现象的另一个指示器"❶。

在利波维茨基看来，在20世纪60年代之前，西方女性时尚都隶属于纯粹美学，以高雅为主要特征，但是在这之后时尚打破了一个严谨、内敛的世界带来的所有禁锢，幽默似乎成为一种支配服饰潮流的价值观，幽默时代取代了美学时代。对某些人来说，时尚是一种超级自恋的标志；对另外大部分人而言，时尚代表着轻松洒脱、无须刻意和成为自我，换言之，时尚进入了个性化时代。那么，在这个时尚充满个性化的时代，又如何解释20世纪五六十年代复古风的流行呢？利波维茨基认为，"复古符合一个个性化的社会对摆脱束缚、对建立一个宽泛模式的渴求。"❷同时，复古时尚这种对过去有趣的膜拜在功能上与当今的时尚并不相悖，因为沉湎于过去并非反时尚或非时尚，而是意味着"时尚进入了幽默的阶段或者滑稽模仿的阶段，这和反艺术通过将幽默整合进艺术从而催生一个崭新的艺术阶段的道理是一样的。"❸

当然，开启幽默时代的时尚，除了复古风的流行之外，还有牛仔裤、背带裤、运动装、派克大衣、水兵厚呢大衣、战壕装、农夫裙等注重功能性的服饰。在作者看来，这些时尚效仿职业阶层，具有一种清晰的诙谐模仿风格。这些具有职业特征和休闲风格服饰的流行，意味着以往中规中矩、矫揉造作风格的退潮，也意味着时尚不再是阳春白雪，时尚更加得体而实用。此外，文字被纳入时尚也成为时尚进入幽默范畴的重要标志。T恤衫、字母、首字母缩略词、品牌名称、惯用语等纷纷加入了时尚印花和时尚图案的行列。这一波操作在利波维茨基看来，意味着"文字、文化、意义以及其衍生物都成为了幽默的参系。符号脱离了其意义、用途、功能以及主旨，成为一种谐趣模仿的游戏、一堆矛盾的混合物，其中，服饰幽默化了文字、文字幽默化了服饰……"❹。在利波维茨基看来，时尚之所以能够成为一种幽默体系，依据的是时尚的功能本身，即一种无休止的形式上的推陈出新或推伪出新的逻辑。作

❶ [法]吉尔·利波维茨基.空虚时代：论当代个人主义[M].北京：中国人民大学出版社，2007：180.
❷ [法]吉尔·利波维茨基.空虚时代：论当代个人主义[M].北京：中国人民大学出版社，2007：182.
❸ [法]吉尔·利波维茨基.空虚时代：论当代个人主义[M].北京：中国人民大学出版社，2007：182.
❹ [法]吉尔·利波维茨基.空虚时代：论当代个人主义[M].北京：中国人民大学出版社，2007：185.

为幽默而非美学的一种表现形式，时尚依据的是其永恒的、周而复始的创新进程。在这种创新进程中，新和旧都不可避免地沦为了"滑稽的"参数。❶在这里，利波维茨基将时尚定义为幽默的一种表现形式、一种谐趣模仿，既没有批判其轻浮，也没有嘲讽其可笑，可见他对待时尚的态度是中性的，甚至是充满善意的。不过，在《时尚帝国：现代民主的外衣》一书中，他的时尚观发生了明显变化。

### 2. 彰显个性的需要

在利波维茨基看来，时尚不是炫耀性消费和阶级竞争的结果，而是来自于中世纪晚期上层阶级中，自我与他者之间的新型关系的出现及自我彰显个性的渴望。换言之，是个体意识的觉醒和表达自我身份的意愿的结果。"要成为具有不同命运意识的个体、表达特殊身份的意愿、个体身份的文化礼赞远非某种附带现象，它们是一种'生产力'，是时尚无常易变的驱动力。"❷《永恒的奢侈》一书中，他又明确指出时尚是个体彰显自我独特性的需要和表现，认为时尚持续更新的条件主要有两点，一是文化想象物的转变，即以"全新尽美"为原则展开的时尚选择和追逐。二是个性解放和对个体独特性的关照，即"摒弃匿名、关照个性和承认自我开发、展示自我、追求独特的'权力'……尽管时尚中出现的仅仅是一些模仿运动，但时尚却是另一种关照个体独特性的表现"❸。这些观点强调时尚主体的个性、逐新、趣味喜好等因素对于时尚发展的推动作用，却直接排除了西美尔等人提出的阶级竞争、阶级区分等因素对于时尚生成造成的影响。

不同时期利波维茨基的时尚观是不断变化的，在《超级现代时间》一书中，他认为炫耀性消费不再是时尚消费的主要心理动机，愉悦自身、建构自我主体性的需要成为影响个体时尚选择的重要因素，这一点可参见本书"时尚的迷思：现代、后现代还是超现代"一文。在《轻文明》一书中，他的时尚观又有所变化，接受并认可时尚模仿论的观点，承认阶级竞争在时尚发展过程中的作用和影响，对此下文中还会继续讨论。

❶ [法]吉尔·利波维茨基. 空虚时代：论当代个人主义[M]. 北京：中国人民大学出版社，2007：185.

❷ Gills Lipovetsky. *The Empire of Fashion: Dressing Modern Democracy*[M]. Translated by Catherine Porter. Princeton, NJ: Princeton U.P., 1994: 46.

❸ [法]吉尔·利波维茨基，埃丽亚特·胡. 永恒的奢侈：从圣物岁月到品牌时代[M]. 谢强，译. 北京：中国人民大学出版社，2007：32-33.

## 二、完美时尚理论

### 1. 定义

《时尚帝国》一书中，利波维茨基以西方时尚史、尤其是法国时尚史为叙事线索，将时尚作为一种能够解释现代生活动态特征及现代性动力之源的媒介和寓言进行研究，提出了一系列全新的时尚概念，如完美时尚（Consumate Fashion）、完全时尚（Total Fashion）、时尚形式（fashion form）等。对于"完美时尚"，利波维茨基是这样定义的：

"在充满爆炸性的消费需求、媒体激增、大众广告、大众休闲、明星及各种热潮的时代，时尚来自哪里又到哪里结束呢？当短暂性支配着物、文化和话语意义世界的时候，当吸引力原则已经完全改变了人们的日常生活环境、新闻、信息及政治景观，还有哪些领域未被时尚统治呢？时尚大爆炸没有震中，它不再是某个社会精英的特权。所有的阶级都被卷入了变化和各种昙花一现的风潮，并陶醉其中。尽管程度有所不同，经济基础和上层建筑都开始服从时尚的统治。我们已经进入了完美时尚时代，即时尚的触角已经延伸至集体生活的各个领域。现在，时尚不再是某种边缘性存在，而是作为一个整体在社会中发挥作用的一般形式。每个人都或多或少沉浸其中，时尚对社会不同领域的影响也是如此。"❶

显然，"完美时尚"指现代社会中时尚已经脱离了边缘性存在，其影响力渗透到包括社会、政治、经济、文化等各个领域之中。时尚之所以有这样强大的影响力归因于时尚的三种主要运作形式——"短暂性、吸引力和标新立异"。这些运作形式日益完善，使得时尚不得不离开它原有的领域；也不再仅仅被等同于为奢侈的外观和多余之物，而是被视为正在彻底改变我们社会形象的三重过程。❷在他看来，随着现代民主社会中时尚逻辑逐渐影响到社会各个领域的运作，社会已经进入了完美时尚时代，时尚俨然成为人的第二本性。以大众社会、消费社会、超现代经济为主要特征的现代民主社会受到时

---

❶ Gills Lipovetsky. *The Empire of Fashion: Dressing Modern Democracy*[M]. Translated by Catherine Porter. Princeton, NJ: Princeton U.P., 1994：131.

❷ Gills Lipovetsky. *The Empire of Fashion: Dressing Modern Democracy*[M]. Translated by Catherine Porter. Princeton, NJ: Princeton U.P., 1994：131

尚潮流和时尚逻辑的影响，并按照时尚逻辑得以重构，一种新形式的个人主义（也称民主个人主义，新个人主义）应运而生。

### 2. 完美时尚与民主社会

翻开《时尚帝国》一书，其中不乏各种时尚给社会发展带来积极作用的论述。第一部分"外观的魅惑"以法国时尚史为核心追述了西方时尚的主要发展脉络，认为时尚出现于14世纪，在西欧贵族社会中占有重要地位。当然，直到在19世纪晚期随着大型时装屋的出现才算真正兴起，随后又经历了第二次世界大战以后从高级定制到成衣的变迁。以此为基础，利波维茨基提出"时尚形式"的三个基本要素——新奇（Novelty）、技艺（Artifice）和短暂的吸引力（Attraction of Ephemeral）——在现代社会漫长但不可阻挡的、朝向个人主义和民主化方向发展进程中，发挥着积极作用。该书第二部分"完美时尚"试图表明在现代消费社会大众文化流行的时代，"时尚形式"是一种轻浮的文化，但是这种文化在消费品、广告、媒体、意识形态以及日益增长的个人自主性等领域中自主运作，是"民主个人主义革命"的载体，旨在将人从诸种社会规范的束缚和同质性中解放出来。❶

《时尚帝国》一书"序言"的作者理查德·桑内特认为，利波维茨基想要通过时尚史研究，强调现代社会中时尚代表的短暂性情感能够满足人们对共同民主利益的需求，同时，人们对短暂性愉悦的喜爱也表达了对与世界和他人深度接触后可能带来痛苦的恐惧，以及体验到被消费者愉悦的语言所掩盖的恐惧。利波维茨基认为这种短暂性越发达，它们与民主达成的多样性原则之间的关系就越发稳定、深度统一和相互妥协。并由此得出了一个惊人的结论：民主政体中人与人之间的社会关系越疏远，民主体制就运行得越好。换言之，人们彼此之间接触和了解的越少，相处就越发和谐。唯一防止各种事故、灾难或破坏性事情发生的方法是人们减少接触，人们会因为彼此之间关系的冷漠而更加宽容。这些观点听上去似乎不合情理，但都是利波维茨基社会学思想的核心部分。为此，桑内特甚至认为该书叫《冷漠的申辩》可能更为贴切。那么这种冷漠的关系是如何形成的呢？在利波维茨基看来，这是时尚作用的结果。在西方文明进程中，现代世界中的时尚通过让欲望变得琐碎

---

❶ Gills Lipovetsky. *The Empire of Fashion: Dressing Modern Democracy*[M]. Translated by Catherine Porter. Princeton, NJ: Princeton U.P., 1994: 190.

帮助民主获取胜利。通过"盖璞"广告来看待世界的人对这件事、对彼此都没有太深入的感知，他们彼此之间简单地平等相待；没有种姓制度、教育或者趣味挡在他们中间。在这种意义上，时尚成为了欲望的制服。冷漠、没有人情味属于幻想和欲望的领域，其基本构成使得人们彼此之间和谐相处；而亲密的、有人情味的领域则充满社会断裂，彼此之间缺乏联系。利波维茨基向托克维尔的假设提出了挑战：托克维尔理解的民主个人主义之恶——弱化个体介入社会的欲望——被利波维茨基视之为一种真正的美德；唯一一种促进社会多元化运行的方式就是让人们对与自己生活方式不同的人们的生活没有兴趣，也尽量不去干预。❶

当然，利波维茨基并没有停留于对这种事态进行纯然地歌颂，他同样指出了时尚逻辑给现代民主社会带来的负面影响，时尚的完美统治缓和了社会冲突，却深化了主体间的冲突；它给了个体更多自由，但也让生命愈发不安。这种充满悖论、看似矛盾的态度贯穿于利波维茨基的思想之中，也使得他的完美时尚理论内部充满矛盾和两面性特征。

从客观方面来看，利波维茨基显然夸大了时尚与现代民主的冷漠之间的必然联系。事实上，现代民主社会中，各级政府民政部门、救助和慈善机构、民间团体、社工、志愿者的存在，始终都是对抗冷漠的强大且重要的力量，一直在为社会的良性发展和运行带来积极、正面的影响。在他后来的研究著作中已经认识到这一点。

## 三、完美时尚的两面性

在利波维茨基的理论视野中，无论是空虚时代、完美时尚时代、超现代时代，还是轻文明时期，时尚的作用和影响都是双重的、具有两面性特征。一方面，他对时尚加以礼赞，认为时尚逻辑催生出以新个人主义为主要特征的多元化社会和多元化个体；另一方面，也反思时尚，指出轻浮的时尚催生出超自恋的个体，导致意义的丧失以及民主的冷漠。

---

❶ Richard Sennett. "Forward". *The Empire of Fashion: Dressing Modern Democracy*[M]. Translated by Catherine Porter[M]. Gills Lipovetsky. Princeton, NJ: Princeton U.P., 1994：viii-ix.

### 1. 时尚有助于个体自主性的发展

在《超级现代时间》一书的序言中，塞巴斯蒂安·夏尔详细分析了利波维茨基新个人主义理论的内涵、发展及其内在矛盾性。他认为，利波维茨基在《空虚时代》一书中提出，我们已进入后惩戒社会，并将之命名为后现代性。后惩戒社会指技术和商品自由主义这两种现代性控制之下的现代人类社会，以技术、商品自由主义为代表的现代性制造出科层、惩戒等对人们的身体和心灵进行控制，而非解放人类的身体和心灵。这是由一整套法规和特殊技术（如层级监督、规范化惩戒、考核）生成出来的兼具规范化和标准化的行为，对个体进行训练并迫使他们拥有相同的行为模式，优化生产力。❶继而利波维茨基又在《时尚帝国》中提出，如果人们愿意在时尚——这个地道的蜉蝣领域来审视现代性的话，现代性本身不局限于惩戒的唯一方式。因为在利波维茨基看来，"时尚的永恒变化首先是新社会价值观的结果……它们是一种"生产力"，是时尚无常易变的驱动力。要想让时髦商品大量出现，就必须在个体'表征'和自我情感中爆发一场革命。要动摇传统的思想和价值，就必须激发人们的独特性及相关因素，对个体差异符号进行社会推广。"❷显然，对于利波维茨基来说，新的社会价值观、个体彰显自我和个性的欲望是驱动时尚发展变化的动力。对此，利波维茨基分析论述了西方时尚史上形式的更新以及外观上的求变——先是在有限的贵族圈子里，其次是资产阶级的有限范围内所导致的过去的贬值和新事物的增值。当下，由于品味的主观化，个体在群体中得到肯定，这就是时尚的统治。在个体自由经济的框架内，人们不难理解轻浮的时尚与现代社会中人们对于庄重和严谨的崇拜旗鼓相当，这一切也在肯定同样的自主性倾向。❸

总之，持续更新的时尚有助于人们走出传统的世界，对人们获得自主性起到了极其重要作用。当然，这也意味着人们可以在阶级斗争和等级竞争模式之外思考时尚问题，这一点标志着利波维茨基的时尚观与西美尔、布尔迪厄等人以阶级竞争和模仿为主的时尚观分道扬镳。

---

❶ Lipovetsky, Gills. *Hypermodern Times*. Translated by Andrew Brown. Polity Press, 2005：3.

❷ Lipovetsky, Gills. *The Empire of Fashion: Dressing Modern Democracy*[M]. Translated by Catherine Porter. Princeton, NJ: Princeton U.P., 1994：46.

❸ Lipovetsky, Gills. *Hypermodern Times*. Translated by Andrew Brown. Polity Press, 2005：5.

## 2. 完美时尚与新个人主义的诞生

在利波维茨基看来，随着现代民主社会中个体自主性的发展，新个人主义也随之诞生，这是一种不受调节、可任意选择的个人主义，让个人从原来的约束和集体规范的权威下解放出来。❶利波维茨基在《时尚帝国》一书中常常提到新个人主义，但这个概念的提出可以追述到1982年他在《争鸣》（第21期）上发表的一篇文章《现代艺术与民主个人主义》，后来这篇文章被收入《空虚时代：论当代个人主义》一书。因此，《时尚帝国》一书中提到的新个人主义可视为《空虚时代》一书中论述的"当代个人主义"或"民主个人主义"的重述与发展。在《超级现代时间》一书中利波维茨基又提出了超级个人主义的概念，该书序言的作者塞巴斯蒂安·夏尔在对超级个人主义具有的积极和消极双重作用进行分析的基础上，称其为"自相矛盾的个人主义"。

新个人主义的诞生与发展离不开完美时尚的统治。利波维茨基在《时尚帝国》一书中指出，"这是一次旨在用自身，用自己新的基本原则对文化进行融合和统一的反抗。这不是'文明的危机'，而是一场将社会从过去僵硬的文化规范中拯救出来，催生一个更加灵活、更加多元、更加个人主义、符合完美时尚要求的社会的集体运动。"❷在绝对时尚的统治下，思想欠坚定但容易接受批评，欠稳定但更宽容，欠自信但更易容忍别人的差别、证据和论证。利波维茨基认为，将完美时尚类比为一个标准化和丧失个性的独一无二的过程只是一种表面认识。事实上，时尚促进更严格的研究，主观视角的多样化，即消除了观点的雷同。时尚不是所有人都越趋相像，而是每一个小个体的多元性。宏大的意识形态结构被消解了，代之以不太独特的、缺乏创造性、缺乏考虑，但更丰富、更灵活的主观特殊性。❸从这些论述中可以看出，利波维茨基对完美时尚的统治寄予了厚望，希望其统治下的个体更具多元化和自主性，同时共存于一个更加宽容、灵活和多元化的社会之中。

新个人主义也是利波维茨基的社会学理论中最具挑战性的部分。《空虚时

❶ [法]吉尔·利波维茨基，埃丽亚特·胡. 永恒的奢侈：从圣物岁月到品牌时代[M]. 谢强，译. 北京：中国人民大学出版社，2007：48.

❷ Lipovetsky, Gills. *The Empire of Fashion: Dressing Modern Democracy*[M]. Translated by Catherine Porter. Princeton, NJ: Princeton U.P., 1994：210.

❸ Lipovetsky, Gills. *The Empire of Fashion: Dressing Modern Democracy*[M]. Translated by Catherine Porter. Princeton, NJ: Princeton U.P., 1994：222-223.

代》一书中提出，随着传统的解放，个体从庞大的意义结构中获得的自主性"既不意味着任何个体权利已经消失，也不意味着人们已进入没有冲突或压迫的理想世界"❶，而是开启了新的个人化程序："社会进行组织和引导，规范个体行为，尽可能提供个人选择，激发兴趣，给予理解，不再强制或者疾言厉色。"❷就此形成了一种新形式的个人主义，这是一个由表面上很复杂的欲望而非深刻的灵魂所创造的个人主义。所以，塞内特认为，他的这一提议把世俗自我发挥到了极致——人们不再责成世俗自我探寻信仰的奥秘以及信仰与世俗欲望二者之间的关系。利波维茨基笔下的个体是从所有趣味、占有和消费欲望的令人兴奋的真实敲打中解放出来的个体。❸不难看出，在利波维茨基看来，完美时尚时代的个体摆脱了欲望的刺激，甚至超越了真理。

利波维茨基在《时尚帝国》一书中对新个人主义的乐观精神延伸到了《超级现代时间》一书中，将其称为超级个人主义，他依旧对超现代社会中时尚逻辑催生出来的新型多元化主体充满了积极的乐观主义精神，因为这些个体更加灵活、宽容、自信，也更易于接受新鲜事物。然而，超级个人主义也暴露出超级现代性的矛盾，在塞巴斯蒂安·夏尔看来，超级个人主义催生出来的超级自恋主义者是一个非常不稳定、充满悖论的个体——"超现代个体的知识更为丰富，也越发松散；更为成熟却不稳定；意识形态观念更淡漠，也更容易受制于变化中的时尚；更加开放也更易受到外部影响；更为挑剔也更加肤浅；更加多疑也越发没有深度。"❹

完美统治的实现需要媒介来完成。为此，利波维茨基找到了时尚逻辑影响下的大众文化、传媒、广告以及各种形式的商品消费。在《超级现代时间》中，他用超消费、超现代和超自恋定义超级现代社会，宣称"超级消费和超级现代性时代宣告了意义宏大传统结构的衰亡和通过时尚与消费逻辑获取意义的途径。同样，商品与大众文化、意识形态话语也受到时尚逻辑的控制，尽管它们总是遵循卓越和持久性的逻辑并崇尚牺牲与奉献。"❺在《轻文明》一书中，他提出资本主义已经能进入了超时尚阶段，在这一时期，"商品规则已

---

❶ [法]吉尔·利波维茨基. 空虚时代：论当代个人主义[M]. 北京：中国人民大学出版社，2007：9.

❷ [法]吉尔·利波维茨基. 空虚时代：论当代个人主义[M]. 北京：中国人民大学出版社，2007：11.

❸ Richard Sennett. "Forward". *The Empire of Fashion: Dressing Modern Democracy*[M]. Translated by Catherine Porter[M]. Gills Lipovetsky. Princeton, NJ: Princeton U.P., 1994: ix-x.

❹ Lipovetsky, Gills. *Hypermodern Times*. Translated by Andrew Brown. Polity Press, 2005: 12.

❺ Lipovetsky, Gills. *Hypermodern Times*. Translated by Andrew Brown. Polity Press, 2005: 14.

经成功地将轻浮、加速的变化、诱惑等时尚的典型模式嵌入到广阔纷繁的领域之中。"❶超时尚经济成为主流，消费品的审美诱惑原则愈发普及，消费主义的世界一天天向时尚世界看齐，以致于利波维茨基开始使用"超时尚时代"一词来定义当下轻浮时尚统治之下的世界。

3. 时尚的逻辑引领现代性走向后现代性和超现代性。

除了为个体的自主性发展奠定基础之外，时尚在引领现代性走向后现代的过程中也发挥着重要作用。后现代社会的出现伴随着时尚逻辑向整个社会机体的延伸，整个社会被短暂性、吸引力和标新立异的时尚运作模式重构。这是完美时尚的时代。在这个时代中，科层和民主社会都遵从构成时尚形式的三个基本要素（新奇、技艺、短暂），呈现为一个轻率与轻浮的社会，一个不是由惩戒强加的各种规范而是通过选择诞生的景观世界。❷在超现代社会中，时尚虽然有助于个体自主性的发展，不过这种个体性内部充满了矛盾。《超级现代时间》一书的导论呈现了利波维茨基所理解的以悖论形式存在的后现代性。在利波维茨基看来，这种后现代性中成就自主性和增加依附性并存，任何自主性的好处都有赖于某种新的依附性。造成这种对立现象的原因在于个人主义和规范化传统结构的瓦解。后现代社会中，个人主义的本质就是自相矛盾，一方面，个体责任感在加强；另一方面，个人的失常也在加重。所以，"后现代性代表这样一个具体的历史时刻：所有反对个人解放的机构性约束都在减弱和消失，而一些特殊欲望、个人完善、自我评价的要求表现出来。那些行使社会化的庞大结构失去了自身尊严，那些重要意识形态不再具有影响力，那些历史蓝图不再有号召性，社会领域不过是个人空间的延伸：空虚时代已经来临，但'它既不是悲剧，也不是世界末日'。"❸

其次，大众消费和这种消费带来的各种价值观（享乐主义和心理主义文化）也是实现现代性向后现代性过渡的成因❹。为此，利波维茨基分析了消费的三个阶段，从1880年到1950年是现代资本主义的初始阶段，也是第一个消费阶段，消费者主要局限于中产阶级，以模仿竞争为主的贵族时尚模式发

❶ [法]吉尔·利波维茨基. 轻文明 [M]. 郁梦非，译. 北京：中信出版集团，2017：10.

❷ Lipovetsky, Gills. *Hypermodern Times*. Translated by Andrew Brown. Polity Press, 2005：6.

❸ [法]吉尔·利波维茨基. 空虚时代：论当代个人主义 [M]. 北京：中国人民大学出版社，2007：16.

❹ Lipovetsky, Gills. *Hypermodern Times*. Translated by Andrew Brown. Polity Press, 2005：9.

挥主要作用。这个阶段是为后现代性萌芽做准备的阶段。消费的第二阶段出现于1950年左右。这一时期，大众生产和消费不再局限于某一特权阶级，个人主义已经超越了传统规范，形成了一个越来越受限于现在和它带来的新事物、一个越来越受到诱惑而非异化或规训影响的社会。换言之，时尚逻辑开始对大众消费领域产生持续性影响。这一时期流行的是个人享乐主义意识形态，出现了形形色色的以自恋、酷、极端享乐主义和自由主义为特色的个体。1980年以来是消费的第三阶段，即超级消费阶段——"一种承继后现代性的超级现代性和一种超级自恋主义。"[1]在这一阶段，个人消费的目的首先是为了自己快乐，而不是阶级竞争。以奢侈品消费为例，人们越来越满足于奢侈品消费过程中带来的满足。这种满足感来自于人们从短暂中获得的永恒之感，而不是它所标榜的社会地位。对此，塞巴斯蒂安·夏尔认为消费的第一和第二阶段的结果是制造了现代消费者，将他们从传统中解放出来，摧毁了他们节俭的思想。消费的第三阶段则无限扩大了消费的统治。最终，时尚和消费的逻辑占据了越来越大的公共和个人生活空间。人被剥夺了任何先验的意义，没有主张，随波逐流。

### 4. 时尚逻辑导致意义的丧失

在利波维茨基看来，现代性可以被理解为一场由时尚统治所定义的民主化运动[2]，而超级现代性则意味着"一个以运动、变化无常、适应性为特征的脱离现代性宏大建构原则的自由社会。"[3]换言之，超现代是现代性在历经后现代这一短暂间歇期后进入的又一更高级社会阶段，后现代之后的西方社会已经进入了以"超消费、超现代和超自恋"为主要特征的超现代社会。然而，超级自恋的个体具有双重特质，一方面，随着个体自主性的增加，他们逐渐从后现代社会延续而来的各种严格的社会规范和传统体制中脱身，面对宽松和多元的社会形态，有着充分的选择权、自主性和开放性；另一方面，面对充满不确定性的未来、排除个体的全球化思想、过度的自由竞争、就业难、失业率上升等问题时，超级自恋的个体开始陷入怀疑、焦虑，甚至充满恐惧。

---

[1] Lipovetsky, Gills. *Hypermodern Times*. Translated by Andrew Brown. Polity Press, 2005：11.

[2] Adrienne Munich. *Late Early Moderns or, the Victorians*[J]. Journal for Early Modern Cultural Studies, 2013, Vol.13, No.4：72-75.

[3] Lipovetsky, Gills. *Hypermodern Times*. Translated by Andrew Brown. Polity Press, 2005：11.

这一点在前文中已经有所提及。超级自恋个体的存在刺激了整个社会中同时出现并增加各种负责任的行为和不负责任的行为，从而揭示了超级现代性的矛盾。就此，宏大的意义建构开始对个体失去有效的控制，无常易变、充满诱惑的时尚形式及其逻辑开始占据并支配人们的日常生活。正如利波维茨基所言，我们进入了意义的非神圣化和非实体化的无尽程序，这个程序确定了完美时尚的统治。于是，上帝死了，不是死在西方虚无主义的道德败坏和对价值空虚的焦虑之手，而是死在意义的颠覆之中。❶

### 5. 时尚之轻

《轻文明》一书中，利波维茨基时尚研究的焦点集中于"时尚之轻"，将其作为"轻文明"社会的一个重要组成部分，从宏大的时尚史研究转移到生活中具体而微的时尚，开始思考时尚与性别、身体、艺术等常见社会现象之间的关系。他在书中明确表示，人们已经认识到了时尚的本来面目，时尚不过是一场轻浮的游戏，一种无关生死只在乎外表的审美观。时尚只是时尚，把时尚放回原处变得越来越容易。当然，作为一名社会学家，利波维茨基也认识到轻浮的时尚背后所隐藏的不轻松、不轻浮的一面：穿着上的暴政可能被削弱了，但对身体的关注却增加了，身体崇拜下的新式奴役和新自恋主义产生的暴政也变得更加激烈了。和对年轻且完美的身体渴望与崇拜相伴而来的是对衰老、肥胖、皱纹的焦虑、恐惧与抵抗。所以，在利波维茨基看来，外表的暴政依然存在，只是换了领地与面孔而已。❷时尚越来越轻松，而身体却越来越沉重。

简单说，《轻文明》一书中，利波维茨基的时尚观更加现实、冷静、客观和理性，更贴近生活中的时尚，把《时尚帝国》一书中被高高举起的时尚放回了远处。曾经在《时尚帝国》等著作中被他当作新个人主义源头的时尚力量得到了稀释，并认识到时尚给个体带来的自由是有限的。用"轻"来衡量时尚的社会功能似乎更合适一些。那么轻浮的时尚给社会带来哪些影响呢？对此，他的观点是："时尚的轻浮性意味着与传统秩序的决裂，也意味着一种强调个体差异的社会价值观，这一价值观体现在外表的原创性、服饰的微妙

---

❶ Lipovetsky, Gills. *The Empire of Fashion: Dressing Modern Democracy*[M]. Translated by Catherine Porter. Princeton, NJ: Princeton U.P., 1994: 206.

❷ [法]吉勒·利波维茨基. 轻文明[M]. 郁梦非，译. 北京：中信出版社. 2017: 122.

差异性与个性之中。时尚系统从此兼具两种特性：一方面是对阶级的模拟，另一方面是对个人特色的关注……轻浮之轻在结构上伴随着外表的秩序，它离不开新近产生的审美上的个人主义，即使这种个人主义被限定在狭窄的社会范围内。"❶ 显然，他清楚意识到，时尚的轻浮会加速人们背离传统和秩序。与此同时，他提出时尚的阶级性和个性表达具有同等重要的作用，从而认可了《时尚帝国》一书中被他抛弃的时尚模仿和阶级竞争论，也一反该书中对完美时尚时代的礼赞与期许，认为时尚逻辑影响下的个人主义是一种被限定在狭窄的社会范围内的个人主义。

## 四、时尚与现代社会伦理道德的变迁

在利波维茨基看来，在超级现代社会，新个人主义已经发展为超个人主义。"超级个人主义更多的是面向未来，而非崇拜当下；健康卫生多于热闹节庆；对问题的预防多于尽情的享受。"❷ 在这个时代，过去和怀旧不再是时间的衡量，而是在使用价值和交换价值之外提出了情感追忆价值，人们更加重视对自身的情感和情绪体验。从现在到未来，从享乐到焦虑，从使用价值、交换价值到情感追忆价值，由于对个体自身的认可和幸福健康的关注，责任不再是强制性的要求，而是出于个体自觉自愿的选择。这也意味着在超级个人主义时代，人们仍然保有道德的底线，我们可以看到志愿者协会、慈善机构大量出现，人们内在的价值标准继续留存，社会习俗并没有出现全面的混乱。❸

在《超级现代时间》一书中，利波维茨基对随时代变迁的社会伦理问题进行了考察，提出了负责的伦理和不负责任的伦理，发展并深化了作者本人在《责任的落寞》一书提出的有痛伦理和无痛伦理的主张。他认为，在前现代时期，伦理道德模式表现为遵守宗教的清规戒律，遵从上帝或神灵的启示，侍奉上帝具有绝对优先权的道德模式。然而，"现代社会是无条件地服从于责任的，它倡导品行端正，并渴求我们能超越个人利益的范畴来行事。"❹ 道德的世俗化运动使道德不再是宗教的依附品，无尽的现代责任伦理取代了上帝的

---

❶ [法]吉勒·利波维茨基. 轻文明[M]. 郁梦非，译. 北京：中信出版社. 2017：104-105.

❷ Lipovetsky, Gills. *Hypermodern Times*. Translated by Andrew Brown. Polity Press, 2005: 47.

❸ 阴秀琴. 负责与不负责的伦理——利波维茨基《超级现代时间》思想解读[J]. 传承，2015(4):125.

❹ [法]吉尔·利波维茨基. 责任的落寞：新民主时期的无痛伦理观[M]. 倪复生，方仁杰，译. 北京：中国人民大学出版社，2007：5.

伦理诉求，高标准的责任道德得以建立起来。换言之，倡导无尽义务和高标准的责任成为人们行为的信仰，成为这个时期的道德模式。在民主个人主义时期，个体解放运动使人从关注上帝、神灵或者国家、社会转而关注自身状况。传统的道德规范逐渐退场，强调个体即刻的、享受的享乐主义观念在人们头脑中根深蒂固，个体权利具有优先地位的自立道德模式得以建立。❶

在利波维茨基看来，第三种道德模式是一种不负责任的道德模式，时尚对这种道德模式的建立起到了推波助澜的作用，其中最重要的就是时尚逻辑有助于个人自主性的形成。伴随着工业生产的提高和交通、通信技术的发展，时尚思维充当了个体解放运动的催化剂。个体对时尚的追求冲破传统思维和规范的束缚，将个体的独特性激发出来，个体的差异性成为个体突出自身的追求，规范的工业生产更是激发了人们凸显自身的欲望。随着时尚思维在整个社会的不断延伸，宗教的自我救赎和惩罚恐惧对人们行为的影响越来越弱，高调的责任道德模式也不再适用于强调突出自我的个体。也就是说，时尚思维击破了传统规范对人们的约束性力量，个体仅对自身负责，个体实现自身权利具有优先性，包括他人权利在内的其他因素不在个体的考虑范围之内。❷然而，在个体强烈突出自我权利的背后，实质是个体自我迷恋的滋长，自我迷恋成为个体第一位的考虑因素，凌驾于其他范畴之上。"短暂的热情替代了信仰，意义的轻浮替代了系统话语的强硬，无所谓的态度替代了极端顽固主义。"❸由此，"此时此地"这种强调即刻的、享受的享乐主义观念不断生长，人们从宗教道德模式和高调责任道德模式脱嵌出来的过程中，自私自利、道德滑坡等现象也随即出现。❹

## 五、结论

综上所述，利波维茨基的时尚观不是固定不变的，基本上经历了趣味模仿、完美时尚到时尚之轻这样一个不断演变的过程。在这一过程中，他对时尚的阐释充满了矛盾，在对时尚充满乐观的浪漫主义礼赞的同时，也在不停

❶ 阴秀琴. 负责与不负责的伦理——利波维茨基《超级现代时间》思想解读[J]. 传承, 2015(4):125-126.

❷ 阴秀琴. 负责与不负责的伦理——利波维茨基《超级现代时间》思想解读[J]. 传承, 2015(4):126.

❸ Lipovetsky, Gills. *Hypermodern Times*. Translated by Andrew Brown. Polity Press, 2005：14.

❹ 阴秀琴. 负责与不负责的伦理——利波维茨基《超级现代时间》思想解读[J]. 传承, 2015(4):126.

反思时尚带来的种种社会弊端。在对时尚进行冷静思考、客观分析的同时，总有热情的期许与展望。尤其是《时尚帝国》一书中对完美时尚时代所寄予的厚望，对时尚逻辑在现代民主社会中的影响和作用予以了充分肯定，其中不乏浪漫主义的想象与预见，却因缺乏更有力的现实依据而显得消极无力。正如史德文森对他的"时尚人"概念提出的批评——"利波维茨基的'时尚人'支配的是一种绝对的消极自由，但似乎缺少任何积极自由的观念。他有实现自我的自由，却没有积极定义要实现的是什么样的自我的自由。这样的个体是彻底浪漫主义的，他总是想要成为一个与他本人不同的人，但是他却永远也成为不了那个人，因为他根本就没有想要成为的那个人的任何积极概念。"❶ 不过，在《永恒的奢侈》《轻文明》等近期著作中他没有继续对时尚史或时尚现象进行宏观考察，而是进入了时尚内部，对时尚奢侈品、时尚与身体、时尚与艺术等问题进行思考，评析也愈发鞭辟入里，值得借鉴和参考。

❶ [挪威]拉斯·史德文森.时尚的哲学[M].李漫,译.北京:北京大学出版社,2010:159.

# 第七章  苏珊·凯瑟与 "风格—时尚—装扮"理论

苏珊·凯瑟是美国加州大学戴维斯分校纺织与服装系的教授，1997年修订出版了《服装社会心理学》一书，从情境的角度分析了外观和着装行为的社会文化意义。该书被翻译为多国语言，是服装心理学研究领域不可多得的一部力作。2012年她又出版了《时尚与文化研究》一书，这本书代表了作者从二元论到多元论时尚研究思想的转变，书中她对霍尔等人提出的文化循环进行了改造，提出了由生产（Production）、消费（Consumption）、分销（Distribution）、主体构成（Subject Formation）和制约（Regulation）五个环节构成的"风格—时尚—装扮"（Circuit of Style-fashion-dress）循环理论，并运用该理论分析了时尚在建构种族、国别、阶级、性别、性取向、身体等主体地位或身份过程中发挥的作用和影响。此外，该书援用女性主义和文化研究的交叉性理论，通过大量和时尚相关的跨文化案例分析，指出文化研究有赖于时尚来证明其变化性和持续性，研查身份与差异、能动性与结构、生产与消费，深入探讨了时尚与种族、国别、阶级、性别、性取向、身体等主体身份之间交叉互动的方式与途径。

## 一、从二元论到多元论：苏珊·凯瑟服饰文化研究思想的转变

情境论是《服装社会心理学》一书的理论基础，该理论的兴起可以追溯到20世纪70年代，认为行为被情境强烈控制着，尤其强调人与情境之间的相互作用。心理学中的情境主义始于1968年，奥地利心理学家沃尔特·米歇尔的一本专著引发了个人—情境之争，情境主义者认为，对于人类行为而言，

不存在普遍特质（智力除外），行为更多地受到外部情境因素的影响，而非内在特质或者动机。这一理论向特质论者提出了挑战。持中间立场的人认为，个性最好应该被理解为内在因素和外在因素"微妙互动"的结果，也就是我们常说的"互动论"。在随后的心理学研究中，情境被认为是事物发生并对机体行为产生影响的环境条件，以及对人有直接刺激作用、有一定生物学和社会意义的具体环境；也有学者认为，情境更主要的是一种心理化的情境，其实质在于个体对客观环境或情境所赋予的主观意义。❶

　　苏珊·凯瑟认为，情境论可以促使人们注意到情境的变化，从大范围情境中探究服装的意义。各种情境间的转换有助于人们全面理解服装意义的衍生过程，包括促使这些意义产生改变的各种条件、改变这些意义的社会互动过程，以及每个人的服装和外观如何影响广泛的文化情境。在情境主义思想的影响下，苏珊·凯瑟在《服装社会心理学》一书中，先是对情境中的象征性外观进行概述，然后分别从符号互动论、认知论和文化理论的观点出发研究服装在各种情境中的社会意义，从而使服装情境的研究从简单的个体生理认知扩大到团体、社会、历史和文化层面。

　　20世纪后半叶各种包括解构主义、后现代女性主义、后殖民主义、文化研究在内的各种后现代理论蓬勃发展起来，兴盛于20世纪六七十年代的情境主义、符合互动论等都逐渐失去了发展空间。同时，时代和整体社会状况也发生了很大变化，各种社会运动此消彼长，新的时尚潮流纷至沓来，又转瞬即逝。因此，无论是时尚还是时代，都要求理论界重新审视、分析和定义各种新发的时尚现象，在这样的历史条件下，苏珊·凯瑟和她同时代的时尚理论家们逐渐走出了情境主义思潮，开始从后现代主义和文化研究的视角审视时尚问题，关注时尚与文化、主体自我以及社会之间的关系。

　　在《服装社会心理学》一书中，苏珊·凯瑟的二元思维模式随处可见。该书"文化动力与身份建构"一章中，她认为时尚是各种与身份或者文化相关的矛盾心理相互冲突的产物，如年长与年轻、男性气质与女性气质、双性同体与单一性别。同时她还围绕着认同（Identification）与区分（Differentiation）、同一性（Conformity，或译为"从众"）与个性（Individuality，或译为"出众"）、主我与客我等二元对立关系阐释各种文化矛盾之间的冲突，苏珊·凯瑟认为这

❶ 谷传华, 张文新. 情境的心理学内涵探微[J]. 山东师范大学学报(人文社会科学版), 2003(5): 100.

些冲突在推动时尚发展和建构时尚主体过程中发挥了重要作用。她认同西美尔提出的统合与分化是推动时尚发展变化的两大动力，但她认为这是两种深植于集体意识中的文化规范或意识形态。为了更好地理解两者在当下社会中的关系，她建议借用文化研究中的"霸权"概念分析这两种文化规范之间的争斗。"霸权"与主导性有关，可以指代这样一种情境，即某种文化类型的个体对其他亚文化类型中的个体具有支配权。这种支配权的行使不是通过直接强迫而是通过各种间接手段得以完成。❶ 同时"霸权"不是静止不动或者固定不变的，所以从文化层面看，霸权是一种运动中的稳定状态，具有实验性，能够引发身份的矛盾情绪。例如，西装可以是权威或权力的象征符号，也可能遭人贬抑认为代表着官僚作风或缺乏特色。再比如主流时尚的"霸权地位"会受到服装DIY爱好者的挑战，尤其是受到亚文化时尚的挑战。

美国心理学家戴维·迈尔斯认为，同一性是人们因受到真实或想象中的团体压力而在行为或信仰方面发生改变，与团体内的其他人保持一致。同一性主要有两种表现形式：一种是发自内心的认可，希望与团体保持一致；另一种是受到来自外部的指令，必须服从。❷ 时尚个体通过着装行为表达的同一性包含上述两种情况。同一性会给时尚个体带来很多正面的效果，其中最重要的是在认同并服从团体的行为方式及其思想主张的过程中，时尚个体会感受到自身被团体接纳所带来的安全感，安全感的增加意味着焦虑感的减少。但是同一性的缺点则在于，长久下去个体会有被束缚、无聊且单调的体验。这种体验导致的直接结果就是个体想要突破团体的规约，表达自我的独特性。所以，个性表达主要基于人们对差异性和独特性的追求，当个体感到自己太像其他人的时候，其内在的独特性感受就会受到威胁，产生负面情绪，并在这种矛盾心理的督促下尝试重新建立彼此间的差异，时尚就是建立或者重新建立这种独特性的重要手段，也是其产物之一。

在《时尚与文化研究》一书中，多元论的思考与论述模式取代了《服装社会心理学》一书中明显的二元论思想。苏珊·凯瑟认为，时尚既非物质也非本质，而是一种协调、驾驭未知力量的社会化过程。在这个过程中，时尚与他人一起集体成长。身体在时空中的运动让时尚得以物质化，时间和空间

---

❶ Kaiser, S. B. *The Social Psychology of Clothing:Symbolic Appearance in Context*[M]. 2nd Revised Edition. Fairchild Books, 1997: 471.

❷ [美]戴维·迈尔斯. 社会心理学 [M]. 北京: 人民邮电出版社, 2012: 189.

都是抽象化的概念和情境：我们利用时尚来解释和表达我们是谁（或者我们正在变成谁）以及我们所处的时空坐标。然而，这种社会化过程是非常复杂的，必须应对各种挑战才能协调和驾驭含混性和矛盾心理的产生，这些矛盾心理包括：第一，作为一名经济全球化情境下的独立的时尚主体，必须面对各种复杂情况，因为时尚在不停穿越纷杂的跨国动力机制，这些动力机制既是视觉又是物质的，既是虚拟的又是有形的，既是本土的又是全球的。第二，时尚主体既要体现性别、年龄、种族、民族、阶级、国籍、地域等主体地位，也要体现在各种权力关系支配下不断变动的社会地位。第三，时尚主体既想融入周围社会，又希望同时保持自己的某些个性。第四，时尚主体需要承受自由与约束力的千变万化的相互作用，而这种相互作用指的是在社会科学和人文科学中一直争论不休的社会结构和主观能动性之间的互动。❶

此外，与时尚的多元、含混、充满矛盾冲突的社会化过程相一致的是主体地位（如国籍、种族、民族、阶级、性别、性取向等）的多元化特征。主体地位不是孤立的，而是具有多元性特征，彼此交织在一起，拒绝单一的本质主义存在方式。本质主义视角通常只专注于一种主体地位，而忽视其他主体地位；或者让一种主体地位控制其他主体存在方式。似乎只存在一种本质性主体地位，而其他主体地位不存在一样。❷事实上所有的主体地位共同存在，彼此交织，一起塑造出多重复杂、各不相同的主体性。这种主体地位的共时性特征在风格—时尚—装扮中表现得最为明显。为此，苏珊·凯瑟在《时尚与文化研究》一书中抓住了主体地位的多元性特征和时尚社会化过程本身的含混性及矛盾性，试图说明基于"风格—时尚—装扮"的主体构成是个体试图驾驭各种主体地位交叉性、充满复杂性和矛盾性的过程。同时，这本书也分析了全球化时代不同文化情境中时尚参与主体身份构建的各种方式和途径。

---

❶ Kaiser, S. B. *Fashion and Cultural Studies*[M]. Berg Publishers, 2012: 1.

❷ Kaiser, S. B. *Fashion and Cultural Studies*[M]. Berg Publishers, 2012: 35.

## 二、"风格—时尚—装扮"理论的缘起与内涵

### 1. 理论缘起

苏珊·凯瑟并不是第一个提出"风格—时尚—装扮"理论的学者，在这一理论的发展和形成过程中，她的作用在于总结、深化、提升和运用。20世纪90年代以来，一些西方学者提出了这一具有学科交叉性、跨国性和批判性的"风格—时尚—装扮"概念体系。伯格出版社在1997年出版了服装、身体、文化系列丛书，《时尚理论》(*Fashion Theories*) 就是其中一本重要的时尚类期刊，该刊物从交叉学科的角度对"风格—时尚—装扮"理论进行了具有历史意义的跨国文化研究，并于2010年出版了一个专刊，对卡罗尔·塔洛克组织的非洲移民社群网络的各种活动及合作进行了总结。❶"风格—时尚—装扮"循环模式在时尚研究界的流行与20世纪90年代以来时尚研究方法和研究对象的转移也有着密切关系。在时尚研究领域，"时尚由什么构成"这样老旧的话题开始被摒弃，取而代之的是对全球化、服装工人、欧洲话语中的"风格—时尚—装扮"概念体系等问题进行批判性解读，与文化研究直接或间接相关的各种互动研究成为时尚研究的中心议题。

时尚研究与文化研究二者在研究对象上的契合与20世纪后半叶文化研究学科的蓬勃发展也有着重要关联。20世纪六七十年代西方一些资本主义国家发生了一系列社会运动，如美国的黑人民权运动、反对越战运动、女权主义运动；英国的青年亚文化运动；法国的青年学生运动，这些运动见证了人们对于性别、年龄、种族、民族、性取向、国籍等旧有观念的反叛和抵制，文化研究在阐述日常生活与上述旧观念相关的权力关系时，开始寻求通过多种方式努力解答文化中出现的新问题。1964年英国伯明翰大学当代文化研究中心应运而生。该中心宣称其宗旨是研究文化形式、文化实践、文化机构及其与社会和社会变迁的关系，以批评分析大众文化及与大众文化密切相关的大众日常生活，如电视、电影、广播、报刊、广告、畅销书、儿童漫画、流行歌曲，乃至室内装修、休闲方式等为主要内容。斯图亚特·霍尔等人在1996年出版了《做文化研究（随身听的故事）》一书，书中参照马克思的生产理论（即生产—分配—消费—交换/流通）模型，提出了"文化循环"(The Circuit of

---

❶ Kaiser, S. B. *Fashion and Cultural Studies*[M]. Berg Publishers, 2012: 10.

Culture）模式❶（图7-1），援用阶级社会理论对阶级、种族及青年人的发展机遇（尤其是工人阶级男性青年）之间的相互作用进行研究，利用"风格—时尚—装扮"这一可见的表征体系阐述青年人的身份特征。

霍尔等人提出的"文化的循环"共包括五个环节：表征（Representation）、身份（Identity）、生产（Production）、消费（Consumption）和制约（Regulation）。其中，"表征"是符号、图片等传达和生产意义的关键；"认同"指文化事物或制品生产过程中意义的表征；霍尔认为文化循环中的"生产"主要是从消费的角度来考虑的。产品如何满足和迎合消费者的品位，是生产过程中要考虑的主要因素。"消费"具有能动性，霍尔认为产品的意义不是简单地由生产者送出和消费者收下，而是永远在使用中产生。生产商所采用的各种手段为产品创造意义，最终只有通过消费者自由的尝试才能实现。消费与生产联系，但生产不能决定消费。"制约"在"文化循环"中强调文化制品对传统社会规则的影响，以及电子媒介在改变公共世界和私人世界关系方面发挥的作用。这五个环节"接合（Articulation）"在一起，成为一个既各自独立，又彼此联系的文化循环。循环中的任一环节都可以作为起点，是一种非线性、立体、交叉的运行模式。❷

在《时尚与文化研究》一书中，苏珊·凯瑟和凯利·沙利文对霍尔等人提出的文化循环模式图进行了改造，用分销代替了表征，用时尚的主体构成代替了身份，成为由生产、消费、分销（Distribution）、主体构成（Subject formation）和制约五个环节组成的"风格—时尚—装扮"循环模式图（图7-2）。这个循环模式图和文化的循环模式图一样，符合"接合"理论的基本要素：第一，五个要素在一定的条件下，接合在一起构成统一体来传达某种意义；第二，这五个要素彼此相互连接，也可以分解拆开，独立存在；第三，这个五个要素的接合，不具有必然性、绝对性或者本质性，是偶然情况下的结合；第四，这五个要素具有相异性，不具有必然的"归属"，可以用不同的方式重新接合。因此，"风格—时尚—装扮"循环模式图充分展现了时尚主体生产过程中各个环节之间复杂、多元、既彼此独立又互相依赖的交叉互动关系。同时，这一理论建构的重要意义在于它打破了传统的时尚与社会、时尚

❶ Du Gay, Paul, Stuart, Jones, Linda, Mackay, Hugh, and Negus, Keith. *Doing Cultural Studies:The Story of the Sony Walkman*[M]. London：Sage Publicans, 1997：3.

❷ 转引自：白菊. 斯图亚特·霍尔文化循环理论研究[D]. 保定. 河北大学，2013：1.

与文化、时尚与自我等二元对立的思维模式，充分体现了时尚与文化之间错综复杂的多元交叉互动性。

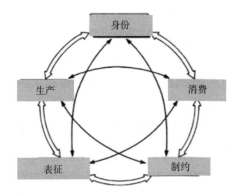

图7-1　霍尔等人的"文化的循环"模式图　　图7-2　经苏珊·凯瑟和凯莉·沙利文改造后的"风格—时尚—装扮"循环模式图

### 2. 理论内涵

在分析"风格—时尚—装扮"循环模式图之前，有必要解释一下这个概念本身三个组成部分的内涵及彼此之间的关系。美国时尚理论家卡罗尔·塔洛克将"风格—时尚—装扮"定义为一个概念体系❶。其中，风格是主观能动性的体现，即个体采用时下流行或不流行的服装、配饰和美容方法来建构自我。她将风格描述为自我彰显个性的一部分，是个体通过服装选择来讲述自我的成长历程，她将这种过程称为风格叙事。❷有学者认为从时尚这一更大的情境中考量，"风格—时尚—装扮"概念体系中的风格叙事是集体性随时间变化的一种社会过程。❸作为一种社会过程，时尚就不仅仅局限于某种服装风格，还包括人们对食品和家具的喜好、流行文化、语言、技术、科学及其他与文化变迁相关的领域。其次，与风格一样，装扮也与时尚有着密切关系。说到装扮，人们首先会想到人体。"风格—时尚—装扮"理论家乔安妮·艾彻就将装扮定义为对身体的修饰和补充❹。事实上，装扮可以是一种身体装饰，具有

---

❶ Tulloch, Carol. Style-Fashion-Dress: From Black to Post-black[J]. *Fashion Theory* 14(3), 2010：361-386.

❷ Tulloch, Carol. Style-Fashion-Dress: From Black to Post-black[J]. *Fashion Theory* 14(3), 2010：276.

❸ Riello, Giorgio, and McNeil, Peter. Introduction[C]. In *The Fashion Reader:Global Perspectives.* ed. G. Riello and P. McNeil. London：Routledge, 2010：1.

❹ Eicher, Joanne. Introduction to Global Perspectives[C]. In *Encyclopedia of World Dress and Fashion.* Volume 10. Global Perspectives, ed. J. Eicher. Oxford：Oxford U, 2010：3.

美化身体的作用，同时也可以是对身体缺陷、个人真实外观及身份的掩饰或遮蔽，具有一定程度的欺骗性。装扮一词，与风格、外观、外观风格或风貌等词语类似，其优势在于它在历史和文化的比较研究中中立且实用。包括时尚在内的这三个术语可用作名词，也可用作动词，既可以指代过程，也可以表示概念，因此能够在不同语境中使用，表达丰富的含义。所以，这个概念体系具有很大的包容性和动态特征，能够最大限度地反映时尚在不同文化情境、社会时空中的存在状态。

如图7-2所示，"风格—时尚—装扮"循环模式图弃用了以往人们熟悉的二元对立模式（或称线性模式）。图中的路线不是单向的，也不是双向的，而是可以向多个方向延伸。每个环节都可以用线路连接起来，各个环节之间都具有交往沟通的可能性，在多元文化实践构成的大网中重叠缠绕、交叉互动。同时，在真正的时空交往过程中，图中的每个环节都是一个次级循环过程，在整个循环过程发挥着不同作用。

首先，生产是时尚物质性的具体体现，无论在历史进程中还是当下社会，服装时尚的生产都是社会政治、经济、文化的重要组成部分。当下全球化经济影响下的服装生产已经全然不同于中国古老的丝绸之路时代，也不同于资本主义发展初期的机械化生产。西方发达国家受制于环境、成本等各方面因素的制约，服装生产规模越来越小，以分包或代工的形式转移到了亚洲等地一些人工和环境成本都相对较低的发展中国家进行，这样做虽然缓解了发达国家的环境及劳动力问题，也有助于发展中国家的经济发展，但是对发展中国家来说却加剧了环境污染和资源消耗，同时不同程度上存在血汗工厂这种资本主义发展初期最令人痛恨的剥削和掠夺形式。当然，为了应对这些问题，可持续生产、生产流程的透明化和可监控性也成为时尚生产领域中的热点和积极努力的方向。

其次，是消费问题。在纤维纺织品和服装生产实现大规模工业化之前，对于人们来说，生产与消费就是制造与使用的关系，然而现在情况不同了，生产本身是一个追求利润的过程，是为了利润进行的一种有序的、机械化和理性的过程。为了扩大市场、尽快赚取更多利润，制造商和营销商会使出各种促销手段来诱惑或刺激消费者购买，使得消费不再仅仅为了满足生活需要，要尽物之所用，很多时候是也是为了激发和满足人们的欲望。正如威廉斯所说，你购买的不是一件物品；你购买的是社会尊重、阶级区分、健康、美丽、

成功以及掌控周边环境的权力。❶

分销是一个非常含混且充满矛盾的概念。首先，它是一种涉及产品物流和营销两个阶段的物理运动。其次，它是一座介于生产和消费之间的桥梁，是将两者联系起来的必要途径和手段。如果考虑到在分销过程中各种广告和品牌营销手段对于品牌形象塑造的影响力，这个环节也可以视为生产与消费之间的断裂。这种断裂主要表现为营销过程中产品变成了商品，为了使商品卖得好、得到消费者的认可，在功能性之外，广告商和营销商还会想方设法赋予商品各种文化意义，使其拥有更多的意义附加值。所以，分销这一环节既是物质产品的流动过程，也是其文化意义的流动、表征与增值过程，有效地将经济与文化联系在一起。不过，随着网络平台的搭建和电子商务的发展，分销这种传统营销模式正在受到挑战。

在苏珊·凯瑟看来，"保持（Being）"和"成为（Becoming）"是时尚主体构成过程中两个重要的、持续存在的要素。她之所以在"风格—时尚—装扮"循环模式中用时尚的"主体构成"代替"文化循环"模式中的"身份"，是因为"身份"一词在日常生活中已经显得陈旧过时，表达的是一种静态的身份本质属性，而主体构成一词可以突出过程性，准确传达出主体身份始终处于一个不断建构的过程之中。其次，作为一个过程，主体构成强调的是"现有身份的改变"而非"保持现有身份"，这样就能够更好地与"风格—时尚—装扮"循环模式所要传达的过程性和动态性保持一致。第三，从词源学上来讲，主体（Suject）是"服从（Subjection）"和"主观性（Subjectivity）"两个词的词根，两个词都具有各自的引申义，前者意味着受制于他人，是一种屈从地位，后者则意味着个体在保持和改变现有身份的途径和手段方面具有主观能动性。两者合在一起，能够准确表达出时尚主体的真实处境。

具体来说，"服从"表达了一种强加的权力关系及其过程。个体无法控制自己周围的环境，个体从一出生就无法选择自己的身体，而且陷入了复杂的权力关系网。这些权力关系深植于各种持续的、系统的、多层次的文化话语的对话之中。米歇尔·福柯的理论从历史和制度两个方面论述了文化话语如何强加给人们并塑造他们对自身主体地位（如家庭背景、性别、国籍、种族、民族、性取向）的认知。个体一旦接受自身的主体地位，就会服从文化话语

❶ Williams, Raymond. The Magic of Advertising[C]. In *Problems in Materialism and Culture*, ed. Raymond Williams. London: Verso, 1980: 170-195.

的管理。例如，众多时尚女性形象让"苗条"成为永久性文化话语，身材苗条就是女性时装模特的标准，在经过数字化处理后成了理想化女性身材的标志，在受到众多女性的追捧和遵从的同时进一步制度化、普及化。然而，在时尚的大环境下，文化话语本身不是固定不变的，主体构成的过程本身也是一个动态过程，主体的主观能动性决定了个体有一定的自由度和能力来表达自己的看法、抵抗权力关系的强制作用。例如，个体可以通过装饰自己的身体或者穿戴某种服饰来表达自己想成为什么样的人的愿望。实际上，在整个"风格—时尚—装扮"循环模式中，各种主体地位和主观性在时尚主体构成的过程中是密不可分的，可以用前文中提到的"同一性"和"个性""求同"与"求异"之间的矛盾心理来总结。正是这种矛盾心理之间的冲突，让我们看到时尚似乎一方面在帮助人们设定彼此之间的界限；另一方面，又在一直在不断创造、改变和模糊着自我与他人之间的界限。对于时尚主体来说，就是要不断构建和维护这些界限。苏珊·凯瑟认为，各种界限具有临时性、脆弱性和弹性等特点，所以需要进行持续的调整和协商。由于文化话语对个体能动性有所限制，主体构成的过程也是持续不断的协商过程。❶

制约意味着时尚主体的形成不是没有限制的任性行为，而是有所规约的。通常来讲，主体定位这一时尚主体构成过程中的重要环节会受到历史和文化话语的影响：这些话语规定了时尚主体主观性的表达，即自我风格的呈现。社会和法律同样制约着主体构成的过程，还有社会压力、文化传统、自我约束等非正式的约束力量。所有这些限制和约束力量都会对个体的主体构成一定影响。

## 三、"风格—时尚—装扮"理论的意义与价值

从理论模式方面来看，"风格—时尚—装扮"模式脱胎于文化研究领域的"文化的循环"模式，摆脱了以往时尚在生产、流通、消费之间线性发展的模式，继承了"文化的循环"模式中各环节之间内在辩证统一的关系特点，各环节互相制衡，具有多方向立体相关性。这种立体循环模式使得各个环节之间存在着内部关联，同时各环节又都与不同的文化因素相关联。时尚发生机

---

❶ Kaiser, S. B. *Fashion and Cultural Studies*[M]. Berg Publishers, 2012: 23.

制中各种时尚要素以网状和立体的形式存在，交叉并置，充分展现出当下全球化情境中时尚生成机制的多方向、多变化和多样式特征。

从功能方面来看，作为文化生产理论的"文化的循环"模式，其所坚持的"表征—认同—生产—消费—制约—表征"循环模式，是建立在"编码/解码"基础上的，是文化与马克思生产流通模式（即生产—分配—消费—交换/流通）的"接合"。因此，改造于"文化的循环"模式中的"风格—时尚—装扮"理论就与马克思的生产理论有了一定的谱系关系。不同的是马克思的生产理论强调了"生产"的决定作用，认为生产决定着其他要素，是一种单向的线性循环模式，侧重经济和政治方面的影响及其对实践的指导作用。"风格—时尚—装扮"理论与"文化的循环"理论一样，强调文化参与生产实践的过程。不同的是，"风格—时尚—装扮"理论侧重各种时尚主体及主体地位（如国别、种族、民族、性别等）的构成与时尚生产、营销、消费、制约等因素之间的交互影响与制约，涉及的是主体、自我的生产。

"风格—时尚—装扮"理论是时尚研究与文化研究相"接合"的产物，具有明显的跨学科性和交叉性特征，为时尚与其他学科领域的交叉互动与接合树立了样板，提供了可资借鉴的资源，同时也使得该理论具有很强的开放性和实践性，能够适应全球化语境中各种复杂多变的社会文化状况。

"风格—时尚—装扮"模式有助于打破男性—女性、生理性别—社会性别等一系列西方惯用的二元对立话语，通过解构其背后的权力等级关系让各种一贯被边缘化的性别身份获得主体性和合法性。

此外，在很多女性主义者看来，性别是一种文化和社会建构，是我们在日常生活中"打造"出来的事物：人们的穿着打扮、行为举止都参与了这一过程，身体和服饰成为传达和表征性别主体地位、个人风格的关键因素。同时，生物体也是一种借由文化、心理及日常社会生活共同发挥作用的"软件组合"体。风格—时尚—装扮是这个"软件组合"体的一部分，它弥合了身体与社会之间的分野，尽管有些含混，还需要人们根据具体情境仔细区分。

# 第八章　时尚“制造说”与时尚体系

对于时尚的生成问题，基本上存在两种相互对立的学说——内力驱动说和外力驱动说，前者认为现代社会中驱动时尚发展的动力主要来自个体内部，与个体心理关系最为密切。布鲁默就是内力驱动说的代表。在他看来，现代社会中时尚的动力不是来自社会阶级之间进行区分的需要，而是来自某一趣味相投的社会群体的内心愿望，是这一群体的共同选择在推动时尚的发展，这是一种内力驱动，是人的主观愿望在助力时尚的变革。后者则强调来自外部的社会和文化力量对于时尚流行的驱动与影响作用，如西美尔的阶级模仿论和下面要提到的时尚“制造说”。

## 一、时尚“制造说”

在今天的商业社会中，任何群体想脱离开商家和媒体，独立创造某种让很多人追随模仿的时尚风格已经非常困难，然而一旦出现某种特殊风格被产生，商家和媒体就会闻风而至，如果有利可图，就会对这一风格进行包装、宣传，预先称之为时尚，来吸引人们跟随和模仿，如此形成的时尚被称为制造的时尚。❶这种制造时尚的方式完全不同于由时尚领袖引领的时尚，除了具有一定的强迫性外，还与身体形象的塑造有重要关系。典型的例子就是制造时尚明星，如现在流行的各种偶像养成类娱乐节目，此外过去那种靠才华出众成名的明星更多地被年轻、性感、美貌的明星所代替。对于这些明星而言，服装甚至变得不那么重要，身体获得了前所未有的重要性，过去是通过服装来表达时尚和品位，现在却是直接展示身体的魅力，“高级脸”“瓜子脸”“大

---

❶ 杨道圣. 时尚的历程 [M]. 北京：北京大学出版社，2013：186.

长腿""A4腰""腹肌男""小鲜肉"等各种外表美的标准层出不穷。身体时尚区别于服装时尚的地方在于前者可以通过健身和现代医疗技术获得。对于时尚"制造说"的拥趸来说，商家、时尚媒体和时尚明星——而非时尚设计师——在时尚制造体系中发挥着重要作用。

川村由仁夜在《时尚学》一书中指出，时尚体系是一个包括各种个人、时尚机构、组织、团体、生产商以及各种时尚活动、时尚实践的制度化体系，不同于服装服饰是由某个工厂生产加工出来的产品，时尚是整个时尚体系生产制造出来的、具有文化意义的符号。❶可见，现代社会中的时尚体系是一个复杂的网络，既是产业经济的重要组成部分，也是文化生产体系中的一个重要环节，其参与各方包括时尚产业链条中的各个利益相关方。例如，包括供应商、制造商、广告商、销售商等实体产业部门，也包括参与时尚运作的各种社会机构和个人，如时装协会、设计师协会、时尚传媒、政府监管部门等，其中设计师协会、知名时尚设计师、时尚主编、时尚记者、时尚评论家、色彩及潮流预测专家、时尚买手的作用不可小觑。这些专业人士在时尚设计、生产、销售、传播等不同阶段以不同角色参与时尚的流行，将各自对时尚流行、时尚文化、时代精神的理解以及个人意志注入到时尚之中，最终多少带有强迫性地将这些时尚风格推销出去，引发时尚的流行和周期性循环，并使之有别于功能性的服装，成为一种值得欣赏和追逐的信仰。也有学者把这个时尚体系称为"时尚圈"——这是一个由"时尚企业、时尚媒体（特别是时尚类杂志）、时尚评论界、时尚摄影、时尚模特、时尚买家构成"❷的圈子，其主要职责就是制造潮流，因为如果没有他们的运作，时尚界根本形不成一个完整的产业链。❸

对于时尚体系中时尚与服装的区别，川村由仁夜认为，服装生产牵涉的只是如何将面料加工成衣服，而人们把穿着的服装认定为时尚是因为时尚能满足他们的欲望，时尚是一种信仰、甚至是一种意识形态。❹在她看来，整个时尚体系的存在不只是为了生产加工和销售服装，更是为了生产作为信仰和意识形态存在的时尚。这一点也是时尚与服装最明显的区别之一，并成为时

---

❶ Yuniya Kawamura. *Fashion-ology:An Introduction to Fashion Studies*[M].2nd Edition. Bloomsbury, 2018：42-43.

❷ 王受之. 时尚时代[M]. 北京：中国旅游出版社，2008：21.

❸ 王受之. 时尚时代[M]. 北京：中国旅游出版社，2008：21-23.

❹ Yuniya Kawamura. *Fashion-ology:An Introduction to Fashion Studies*[M].2nd Edition. Bloomsbury, 2018：85.

尚"制造说"最重要的理论来源。

　　除此之外，时尚"制造说"还有着更为丰富的内涵。20世纪八九十年代以来，经济全球化带动了世界范围内时尚产业的发展，出现了一系列财大气粗、具有国际时尚影响力的时尚产业集团，如路威酩轩集团、开云、爱马仕、欧莱雅、盟可睐等，这些时尚产业集团资金雄厚，旗下都拥有一系列世界知名时尚奢侈品品牌，在很大程度上也具有了控制和影响时尚潮流发展方向的能力。这种情况下，时尚"制造说"——即认为时尚是时尚体系的参与者共同努力制造出来的观点——也随之得到了很多人的认同。电影《穿普拉达的女王》中时尚杂志主编米兰达教训女主安迪的一段话常被人们用来佐证这种观点的合法性。电影中米兰达用充满讥讽的语言告诉安迪也告诉所有观众——流行的神话实际上是包括时装设计师、时装编辑、制衣厂商等在内的很多幕后工作者共同努力设计、制作和选择的结果。

## 二、当代国际时尚体系的主要特征

　　"体系"两个字本身就意味着层级化和制度化。从历史的角度来看，开放的社会层级结构和层级之间的竞争是建立时尚体系的基本条件，所以人们通常将现代时尚体系的建立追踪到资本主义社会形成之初。当然还可以从其他学术视角考察时尚体系，如罗兰·巴特的时尚体系是从语言学和符号学视角出发建构起来的，川村由仁夜在《时尚学》一书中的时尚体系指在时尚生产和时尚传播基础上建立的西方时尚体系。以川村由仁夜研究的时尚体系为基础，笔者认为，在社会、文化、产业等几方面共同作用下，当下国际时尚体系具有如下六种重要特征：

　　1. 时尚体系制度化

　　时尚体系和其他很多社会体系一样，都是以权力为核心的管理和运作体系。20世纪六七十年代以来，西方时尚界已经从时尚设计研发、生产制造到品牌运营形成了一整套成熟的制度化时尚生产和传播体系，将时尚人才的培养与聘用、时尚产品的研发与营销、时尚概念的推广与传播融合在一起同步进行。这一制度化体系在全球范围内自主运作，并在运作中保持西方时尚——尤其是巴黎时尚的霸主地位。以法国巴黎为例，法国时尚体系在设计师聘用、体制化时尚生产、设计师培养层级化等方面都有严格的规定，这些规定把法国时装协会组织成员的认可过程、时装秀日程安排、时尚把关者、青年设计师培养、政府支持以及其他有助于巴黎成为世界时尚之都的因素紧密结合在一起，进行制度化管理和运作。在这一体系中，任何创意都被认为是社会和文化因素在体制内共同运作的结果。❶某个被时尚界权威认可的"创意"一定是走完了整个体系中的每个环节，通过了层层把关后的结果。正是在这种意义上，人们认为时尚是被整个时尚体系、尤其是西方化的时尚体系制造出来的。

在制度化的时尚体系中，时尚把关者的作用至关重要，集中体现在两个方面，首先是从时尚的美学和流行层面进行审查核验的专业人士，如时尚类报纸、杂志、电视节目、网络平台等的主编、编导、编辑、记者、节目主持人、时尚撰稿人以及时装公司的时尚买手。这些人对于时尚流行和发展趋势具有至关重要的作用。以时尚主编和时尚记者为例，他们往往从时尚美学、文化和创新等方面来审核时尚，他们的决策不仅会决定下一季时尚秀场和街头的流行趋势，往往还会操纵时尚业的趋势走向，成为时尚发展的真正推手。这主要是由于他们掌握着宣传媒体的话语权，只有在各种现代化媒体的帮助下，新的时尚风格和款式才会以最快的速度传播开来，对不同阶层的时尚消费者发挥影响力，引发一个又一个时尚潮流。此处补充一下，知名时尚媒体的编辑、时尚节目的主持人以及一些重要的时尚消费者（如社交名媛、影视明星、歌星等人）也被称为时尚领袖（或称意见领袖），这些人有很强的时尚创新意识，能够引领时尚潮流。时尚买手更多从流行趣味和市场需求角度出发来把关时尚。他们通常具备敏锐的时尚"嗅觉"，对市场动态、流行方向非常敏感，能够准确分析市场、统筹全局，用前瞻性的眼光预测未来的流行，其职责主要包括为设计师提供市场需求信息、策划每个产品线的市场与定位、营销重点，预测下一季正确的流行趋势等。总之，时尚把关者分工合作，共同为下一季时尚流行把关，他们的角色很类似于艺术圈里的艺术把关者，具有扎实的本专业知识、敏锐的观察力和对本行业发展动向的深度了解。

其次是为时尚的伦理道德和良知进行把关的政府部门和专业人士，如时尚原材料的采购商、制衣商及政府监管部门。他们的职责是监管时尚产业链条

---

❶ Yuniya Kawamura. *Fashion-ology:An Introduction to Fashion Studies*[M].2nd Edition. Bloomsbury，2018：54.

中存在的不符合环境和生态保护标准、有违劳工法或者劳工权益保护条例的行为，当然也包括制定、传播或传递符合人类生存和发展的正确理念与文化思想。其目的在于保护生态环境，减少或杜绝原材料生产和加工过程中对环境造成的破坏，改善纺织服装业工人的工作环境，提高其薪资和待遇等内容。

时尚体系运作过程中大量生产厂商、相关机构及个人的参与，会对已有的文化范畴和文化原则进行修改或者再定义，也会产生和传播新的文化意义。最终，时尚不只体现为流行的时尚商品，而是制度化时尚体系生产出来的文化符号，还有可能成为一种信仰或者意识形态。

### 2. 时尚权力资本化

时尚体系的核心内容是时尚的话语权问题、时尚权力的分配与再分配问题，而权力背后站着的是资本。法国社会学家布迪厄提出并研究了资本存在的三种形式：经济资本、社会资本和文化资本，以及这三种形式与符号资本之间相互区分、作用和转化的过程。他认为经济资本主要涉及对经济资源的掌控，表现为货币和财产；社会资本就是熟人和关系网络，由个体凭借他们的社会地位获得的影响力和社会关系组成；文化资本就是个体所接受的教育，此外，个人品位、对美或者有价值之物的理解也属于文化资本的范畴。这三种资本——符号资本（或称象征资本）在一定条件下是可以相互转化的。在布迪厄看来，精英阶级运用文化资本将自己与非精英阶级区分开来，经济、社会和文化资本既是社会不同团体之间、团体内部成员之间竞争的对象也是他们竞争的武器。在时尚体系内部，同样存在着以权力为核心的经济、社会和文化资本的竞争与流动。例如，对于精英时尚设计师来说，争取获得法国高级时装协会的成员资格是很多人的梦想，这一过程既是时尚体系行使权力的过程，也是设计师用自身拥有的文化资本和有限的经济资本争取话语权的过程，当然他们在获得成员资格的同时也获得了炙手可热的文化资本，而且这些资本足以将他们与普通时装公司的设计师或者时尚体系之外的独立设计师或爱好者区分开来，以一种非常合理合法的形式完成社会地位的升迁。同时他们的时尚设计也随之增添了另一种符号意义——高品质、时尚前沿、制作精良、值得收藏等，即从文化资本转化为了符号资本；当他们把自己的时尚产品卖到国际市场赚取利润的时候，也意味着资本形式的再次转化，即从符号资本转化为经济资本。事实上，类似这种资本转化的情况广泛存在于当下的时尚体系中，在每年定期举行的国际时装周、各类时尚展会、时尚设计师大赛等活动中都有所体现。

### 3. 设计师明星化、层级化

制度化的时尚体系中，时尚设计师发挥的作用是不言而喻的。近几十年来，时尚设计师明星化、层级化已经成为明显的发展趋势。设计师明星化大概是西方"现代时装之父"沃斯1858年在巴黎创建第一所高级时装屋时就有的梦想，如今这一梦想已被众多时尚设计师变成了现实。很多时尚大牌的首席设计师或者自主品牌的设计师都像影视明星一样拥有众多粉丝，一些精英时尚设计师从一个品牌被聘用到另一个品牌任职就像足球明星转会一样成为媒体报道的热门话题。当然，这些设计师也当仁不让地成为这些品牌的代言人和绝佳的形象大使。

不过，明星时尚设计师们的压力也是很大的。和影星、歌星一样，他们必须不停地推出作品来证明自己的实力才能保住明星地位，这意味着每一季时装秀他们都要参加，推出新款。在法国时装界，如果某位设计师不能做到这一点，就可能被官方从设计师名单上除名，而这也意味着失去被法国商贸组织的认可，失去了认可就等同于失去了设计师的地位。❶此外，和其他领域的明星一样，这些明星设计师在日常工作和生活中必须非常注意，谨言慎行，不能触碰宗教、种族、民族等敏感话题，否则就会给自己服务的时尚品牌、甚至自己的设计师生涯带来不可挽回的后果。

设计师层级化在法国时尚体系中最为明显，这是因为法国有着最为完整和严密的时尚体系：高级定制设计师，半高定设计师、高级成衣设计师、成衣设计师，还有服务于批量化生产的服装公司的普通设计师。时尚设计师层级化是制度化时尚体系的显著特征，也是其结果。在制度化的时尚体系中，设计师的培养、选拔、聘用、升职都有相应的规定和程序，这种程序有助于设计师的全面发展、时尚传统的传承以及时尚体系的平稳运作。设计师层级化的出现有其合理的方面，但也可能使很有创意和才华的设计师由于缺乏机会、或者不符合程序而被排除在体系之外，并被认为缺乏足够的创意和才华。所以，层级化的设计师成长体系也决定了设计师要想成功，就必须加入这个

---

❶ Yuniya Kawamura. *Fashion-ology:An Introduction to Fashion Studies*[M].2nd Edition. Bloomsbury，2018：54.

体系，得到这个体系的认可。为此，他们必须来到大都市，接受时尚院校的培养和训练、参加各种时尚大赛，接受各种选拔，以成为明星设计师为奋斗目标，在实践中淬炼成长。不过依照"制造说"的观点，尽管他们在时尚生产中扮演了重要角色，却依然是众人参与共同完成的时尚集体生产过程中的一部分。

### 4. 时尚生产集体化

在制度化的时尚体系中，明星或精英时尚设计师的作用和影响越来越有限，通常情况下这些精英时尚设计师背后都有一个庞大的设计团队，这个团队一方面会执行和贯彻首席设计师的设计理念和要求，另一方面也会接收来自时装公司市场部、销售部相关人员——尤其是时尚买手反馈来的有关流行趋势、市场动态的信息和建议，根据具体的市场需求、流行趋势、发展动向来决定和设计下一季的时尚风格。所以，多数情况下，无论是时装周上走秀的时装还是时尚品牌每季在市场上推出的产品，都是集体努力和智慧的结晶，而非某个人的创意。这也从侧面说明了当代国际时尚体系中设计师的地位并不像媒体上宣传的那样重要，重要的还是时装公司、时尚品牌的媒体宣传和各种营销手段。总之，这种集体化时尚生产符合市场条件下资本快速运转的需要、符合市场竞争的需要，也符合现代社会中人们日益加快的生活节奏。

此外，这种迅捷的集体化时尚生产模式也是对信息化和网络化时代逐渐发展起来的个体化时尚生产的一种反制和抗衡。近年来，各种新媒体的诞生在加快信息传播速度的同时，也改变了人们获取时尚信息的方式，每个人都可以方便地接收信息并成为信息源，按照自己的喜好随时设计、制作和发布自己喜欢的时尚，甚至引发一定规模的时尚流行，DIY时尚、街头时尚、网红时尚、青少年亚文化时尚都是这种时尚的典型。尤其是各种以亚文化时尚潮流为代表的个体化时尚生产，使得原本有序的国际时尚生产体系呈现出去中心化的特征。为此，规模化的时尚公司为了保住市场、增强自身竞争力，更是出于满足自身存在和发展的需求，而不得不采用这种集体化生产模式。

### 5. 体系建构西方化

时尚的萌芽和发展与资本主义社会在欧美等西方国家的出现和发展基本

是同步的。与中国相比，欧美等西方发达国家有着较长的时尚发展史，与之相应也形成了非常成熟的时尚运作体系。国内有学者认为，国际时尚体系产生于西方工业革命时期，机器大生产催生了服装的标准化批量生产方式。而目前的国际时尚体系就是欧美时尚文化生产和传播的体系，也是其掠夺资源和资本的经济体系❶。在这一体系中，欧美等国处于国际时尚体系的上游，拥有绝对的时尚话语权，他们不断向时尚体系中处于下游的国家输出时尚产品，同时也输出他们的时尚体系、时尚概念和时尚文化。当下，国内时尚界为了在国际时尚体系中谋求一席之地，一直在想方设法与国际时尚体系接轨，很多国内时尚设计师的都在努力争取机会去巴黎、伦敦、纽约、米兰等时尚都市参与一年两次的国际时装周，如果能够受邀参加巴黎高定时装周、得到巴黎时装协会的认可更是一种无上的荣耀。这些也能够佐证时尚体系西方化这一本质性特征。

不过，21世纪以来，随着经济全球化的发展、消费型社会的建立、多元化民主思想的普及，时尚产业的发展趋势正在发生变化，成熟的、具有垄断地位的西方化时尚体系也开始在受到发展中国家的挑战，其威力正在变弱。如肖文陵教授所言，"信息技术的高速发展、非标准化生产方式的日益成熟、平民化思潮的不断深化、地域性文化和亚文化的再度复兴，致使国际时尚体系的级位日趋模糊并渐已瓦解，这为世界各地、尤其是时尚体系下游的国家、地区和民族的时尚创新带来了无限生机。"❷

6. 文化传播同质化

以欧美时尚体系为主体框架的国际时尚体系中，传播的时尚概念、时尚文化自然也是西方的，从而呈现出同质化特征。同质化基础上建立的国际时尚体系主要呈现和传播的是西方文化，即便会有其他非西方民族或国家的时尚元素被借鉴和运用，其表达的思想、概念还是离不开西方主流价值观。因此，"在同质化的国际时尚体系中，体系上游创造新思想、新概念、新技术，掌控话语权、传播权。国际时尚体系下游提供资源、生产、市场，并消耗资源，上游对下游起到制约作用。"❸对此，中国时尚界面临的重要任务就是如何

❶ 肖文陵. 时尚体系 [OL]. https://mp. weixin. qq. com/s/4YzEHbzQza6CqVzFCiuf9Q. 参考日期：2019.8.30.
❷ 肖文陵. 时尚体系 [OL]. https://mp. weixin. qq. com/s/4YzEHbzQza6CqVzFCiuf9Q. 参考日期：2019.8.30.
❸ 肖文陵. 时尚体系 [OL]. https://mp. weixin. qq. com/s/4YzEHbzQza6CqVzFCiuf9Q. 参考日期：2019.8.30.

打破西方时尚界对国际时尚话语权的垄断，让具有中国特色的时尚风格、时尚概念、时尚文化得到国际社会的认可，建立完善的中国时尚体系的同时也使之成为国际时尚体系的重要组成部分，最终促进国际时尚体系焕发新的生机与活力。

# 第九章 "道象器"视域下的时尚研究

## 第一节 "道象器"理论的提出

### 一、中国传统的道器观

在中国古代哲学中,道器关系一直是有争议的话题。"形而上者谓之道,形而下者谓之器"——这句两千多年前的《易经·系辞上》中的名言是传统道器观的重要思想和理论来源。所谓"道"通常指无形无相的规律和准则;"器"则是有形有相的具体事物和名物制度。"道"与"器"之间的关系是指抽象道理与具体事物的关系,也是精神与物质的关系。我国古代哲人老子提出"朴(道)散则为器",认为"道"在"器"之先。宋代理学家朱对"道器"问题作了较为详细的论述,他在《与陆子静书》中说:"凡有形有象者,皆气也,其所以为是器之理者,则道也。"然后又以"理气"概念解说"道器",将"道"置于"器"之上,在《答黄道夫》中说:"理也者,形而上之道也,生物之本也;气也者,形而下之器,生物之具也。"意思是说道是物之本,但生物须有气,气为生物之具。自此,"道器"的哲学关系开始出现了唯物主义和唯心主义两种不同的哲学观。明清时期的王夫之主张"唯器论",他在《周易外传》中说:"天下唯器而已矣,道者器之道,器者不可谓之道之器也"及"无其器则无其道。"同时还认为,形而上的道与形而下的器"统之乎一形",均由阴阳一气所派生,道即在器之中或称道不离器,他的观点使"器以载道"成为当代人认识和解释道器关系的基础。近代以来,这种道器关系论常常被用于设计领域中,虽然谁先谁后的问题依然悬而未决,但道器一体、道器合一作为一种普遍性的共识已经被广泛接受下来,也成为马克思辩证唯物主义思想中的物质与意识辩证统一关系的一种表现。

## 二、"道象器"理论的提出及其思想内涵

在中国传统文化中，人们对"道"的理解离不开老子《道德经》中的那句名言："道可道，非常道。名可名，非常名。"这里作为一种具有认识论本体意义的"道"不是具体的物质实体，但却真实存在，主导着宇宙天地的实际运行且融于其中。现代哲学中，"道"不是生活中用于行走的道路之道，而是代表着无形无相的规律和准则，属于抽象的理念世界，包含着万物之理、事物运行的基本法则、规律等意义，具有本体论、认识论和实践论的三方面的意义。无论在社会实践活动，还是艺术设计活动中，"道"都是人们应该尊重和遵循的法则和规律，如物之道、人之道、事之道、艺之道等。"器"是有形有相的具体事物和名物制度，代表着具体的物质世界，包含各种现实之物，是各种社会实践活动中具体而微的物，或称载体。中国传统道器观认为，道器一体、道融于器、器以载道，世界万事万物是道与器的统一，即抽象的理念世界与具体的物质世界的统一。这也是一种一元论的世界观，有助于我们理解和解释"天人合一"这一概念。一方面，"天人合一"意味着人是自然界的一部分，人的存在和发展与自然界的存在与发展是相辅相成、合二为一的关系，自然之道存在和融于人的存在与发展过程之中，人的存在与发展必须秉承自然之道；另一方面，人也成为自然之道的载体，是人与自然这个整体中不可分割的一部分。在这种"道器"观和"天人合一"思想的指引下，"衣以载道"成为当代中国时尚设计界一个响亮的口号和时尚宣言。不过，"衣何以载道"却是一个非常模糊、尚无定论的问题，所以在回答这个问题之前，我们有必要追问"器何以载道"？对于这个问题古人给出的答案是"立象以尽意"。这句话出自《易经·系辞上》："子曰：书不尽言，言不尽意。然则圣人之意，岂可不见乎？子曰：圣人立象以尽意，设卦以尽情伪，系辞焉以尽其言……"意思是说，文字和语言不能完全表达圣人心中所想事物的义理，于是他创立卦象辅助语言一起来反映事物的真伪、传达心中之意与事物之理。"立象以尽意"意味着作者将"象"和文字语言并列起来，作为传"道"的一种载体和媒介。王弼在《周易略例·明象》中说"象生于意，故可寻象以观意"。这里的"象"是心物交融的产物，既不纯粹是客观世界的如实再现，也

不是主观世界的自我表现，而是两者的统一，重在表现万事万物的内在本性与其运动变化的微妙之处。由此可见，"象"这个概念成为解答"器何以载道"的关键，同时也是我们理解"道象器"理论的核心。

"道象器"理论的提出者和阐释者是当代知名学者庞朴先生，他在《一分为三——中国传统思想考释》一书中以中国古代哲学家就"言可尽意"与"言不尽意"之间的争论为出发点，对"道、象、器"三者之间的关系进行了细致剖析。首先，庞朴先生认为在言、象、意三者之间的关系中，三者各自独立，意为根本，但"象"绝非可有可无，它同"言"一样，都是尽"意"的必要条件。两者联手，才可以穷尽"意"之全义。这是因为言之所以无力尽意，很大原因在于其"舍象性"，象的存在和出现恰好弥补了这个缺点。❶这就决定了在表意过程中象对于言的辅助与支撑作用。

那么究竟什么是"象"呢？庞朴先生认为，象可以简单分为两大类：客观的象与主观的象。前者属于宇宙论，后者属于认识论。作为中国哲学的一个基本范畴，"象"是在《周易》中首先得到确认的。在《易传》中有大量属于宇宙论的客观的象，也有属于认识论的客观的象，如在"天垂象，见吉凶，圣人象之"这句话中，前一个"象"就是宇宙自然的客观之象，后一个则是人的主观认识之象。"前者是后者的原本，昭然于天下者；后者是前者的肖像，摄像于前者而生"。❷等到本体论兴起的时候，客体的自然宇宙之象又泛化为与本体相对而言的"现象"，代指事物内在本质的外在显现。当然，随着哲学、文学、艺术等人文学科的发展，"象"的指代对象也在不断发生变化，所包含的意义也日益丰富起来，成为不同领域中的核心概念和范畴，如想象、图像、形象、意象、影像、镜像、现象等，这些概念和原初意义上的"象"有着密切的亲缘关系，或者说具有"家族相似性"。对于时尚而言，我们常说的时尚现象，就可以理解为与时尚这一核心理念相关的事物内在本质的外在显现，这里的时尚是一个既具有本体论也具有认识论意义的范畴。

对于象与道、器之间的关系，庞朴先生认为，三者之间呈现为梯形关系：道无象无形，但可以悬象或垂象；象有象无形，但可以示形；器无象有形，但形中寓象寓道。还可以说，象是现而未形的道，器是形而成理的象，道是大而化之的器。如果按照常人简化的思维习惯，以"形"为坐标，就是前面

❶ 庞朴.一分为三：中国传统思想考释[M].深圳：中国海天出版社，1995：228.
❷ 庞朴.一分为三：中国传统思想考释[M].深圳：中国海天出版社，1995：229.

引用过的《易经·系辞上》中的那句话："形而上者谓之道、形而下者谓之器。"
然而，在中国传统的道器合一观、言意二分法中，这个处于上下之中、道器
之间的"形"哪里去了呢，庞朴认为这个"形"就是被隐匿了的"象"。庞朴
先生认为"象"实际上遭到了上下其手的厄运，被遮蔽隐藏起来了，失去了
其应有的地位，他的研究就是要恢复被遮蔽的"象"在传统道器观中的地位，
将其完善发展为"道、象、器"三者各自独立又紧密结合的完整状态。对此，
他从文学艺术理论中的形象思维入手，通过对《诗经》中六义——赋、比、
兴、风、雅、颂——进行分析，指出所谓的"比义"就是取物之性为象；"比
类"则是取象于物之形。《诗经》中用"如金如锡"比喻君子道德高尚，金
锡为象以其性，性属于本质，本质是内在的，内在的东西"显现"为象，本
质而可"感"，就是人们常说的质感。质感首先是人的感觉，但就认识形式来
说，则是一种认识观念，或者称为"表象"，在这个意义上，可以说某物给人
以某种质感。不过这种质感和道德高尚联系起来，还需要诗人来完成。庞朴
先生认为，诗人的高明之处，在于能"切象"，即通过以己体物、以物拟人的
反复揣摩比勘，出人意料地抓住物之象，准确贴切地托以己之情；使自己的
情意形象化，使外物的形象情意化。所以，在诗歌中"意象"成为一个言意
之间、词与物之间的一个中转站，或称媒介、中介等。由此，庞朴先生得出
结论，"道——象——器"或"意——象——物"的图式，是诗歌形象思维法
的灵魂。❶自此，"象"之存在打破了传统道器观中道器合一的认识论和本体论
特征，呈现出一个更加完整的"道象器"三位一体的认识论模型，这一理论
无疑为我们理解包括时尚在内的世界万物提供了一个新的视角。

　　需要补充说明的是，"象"作为一个重要的、具有哲学本体论和认识论双
重意义的概念，其重要性从未被忽视过，从古至今的中国哲人一直没有停止
过对于象的认知和把握，老子在《道德经》中就对"象"的存在进行了描述：
"孔德之容，惟道是从。道之为物，惟恍惟惚。惚兮恍兮，其中有象；恍兮惚
兮，其中有物。窈兮冥兮，其中有精；其精甚真，其中有信。"有学者认为老
子将"象物精信"综合运用，作为认识道的主要途径，其中的"象"来自天
地阴阳运行之玄，象的根本在于玄，是物之运行的本质性的反映，也是认识
天道、构建天道的重要因素之一，更是宇宙运行实质的体现、宇宙运行和世

---

❶ 庞朴.一分为三：中国传统思想考释[M].深圳：中国海天出版社，1995：234-235.

间万物相互关系的体现以及宇宙和世间万物生命的体现。"象是认识道的唯一入口，物以象，玄以象，信以象，精以象，阴阳亦以象。象又是物、精、信之纲，识物、识精、识信亦须通过象。"❶ 所以，对自然万物的直接观察所得为"状"，对自然进行比类取象的智慧提取为"象"。由于人们不能直接观察道，老子采用"象物精信"的认识和思维方式，透过"形而下"的物的层面，发现和认识"形而上"的道。❷ 在认识道的四个重要因素"象物精信"中，象居其首，其重要性可见一斑。庞朴"道象器"理论的意义在于将道器合一的一元论世界观还原为更接近世界本源真相的"道象器"三位一体的一元论世界观。这一理论为处于困顿和争议中的时尚研究提供了一种全新的认知与研究模式，为我们从时尚之道、时尚之象和时尚之器三个维度出发分析考察时尚现象，认识和把握时尚概念、时尚生成和运作规律、显现方式等问题提供了理论基础。

# 第二节　时尚之道

## 一、概述

根据中国传统文化中对道的理解，我们可以将时尚之道定义为时尚发生、发展及运作的规律与原则。本书在前文中提到的各种关于时尚生成的学说，如模仿说、集体选择说、符号说、制造说等，都是不同时代、不同政治经济、社会文化发展条件下，研究者在观察和思考那个时代时尚现象的基础上对时尚的发生、发展及其运作规律做出的判断、认知与解释。不过，时尚之道的运行不是孤立的，不能脱离自然之道、社会之道、人生之道等更大的道而存在；同时，时尚之道也是自然社会人生之道的一部分，一方面要顺从和符合自然、社会、人生运作发展的规律，另一方面也要体现、反映和承载自然之道、社会之道、人生之道。所以研究时尚之道，必须将其置于更广阔的自然、社会和人生的世界中去。

---

❶ 肖起国. 老子天道论 [M]. 北京：九州出版社，2013：25.

❷ 肖起国. 老子天道论 [M]. 北京：九州出版社，2013：24-28.

近几十年来，全球范围内的政治、经济、文化、科技等各个领域都发生了很大变化，网络化时代、信息化时代、多元化时代、全球化时代、后现代时代、超现代时代、后人类社会时代、景观社会、世界图像时代（或称读图时代），这些五花八门的称谓足以反映出当代社会的复杂性和多元性特征。事实上，影响时尚生成、发展和运作规律发生变化的因素很多，政治、经济、社会、文化、艺术、心理、科技等方面的因素都有，但是不同社会历史条件下肯定有些因素是主因，有些因素就不那么重要，如模仿说的流行与贵族和精英阶级占据统治地位的等级社会关系最为密切，社会阶层之间的流动成为时尚模仿论成立的前提；20世纪60年代，西方大众文化的兴起、波普文化的流行为街头时尚走上高级时尚秀场提供了必要条件，时尚的产生和传播途径也由以往自上而下的"滴流"变为自下而上的"上行"或者平行流动，重要的是这改变了人们一贯认为的由上层精英阶级引领、下层民众跟风模仿的时尚之道。所以，这里要追问的是，在有着众多时代称谓的当下社会中，哪些因素对于时尚的生成及运作规律的影响更为明显和直接？并能称之为主因而不容忽视呢？主因理论是雅各布森为了阐释传统与现代主义艺术不同的身体表征提出的。他认为，主因就是制约、决定和改变作品内容的东西，它保证了结构的整一性，决定了作品的特殊性。❶笔者这里借用"主因"一词来界定当代社会中影响时尚生成的主要因素。除了本书中已经提到的各种制约时尚生成的社会、经济、文化和心理因素外，笔者认为当下时尚生成的主因更多地与后现代消费社会及全球化时代个体生存的无意义化、碎片化、不稳定感及焦虑感有关，受到时尚主体内部建构自我主体性的欲望和自我图像化冲动的驱使，这些因素成为当代制约和决定时尚生成的重要驱动力。

## 二、时尚之道一：建构自我主体性的欲望与需求

### 1. 社会条件

20世纪两次世界大战以后，随着工业化水平和现代科学技术发展迅速，西方国家率先进入了后现代消费社会。这一时期，各国逐渐积累起大量社会财富，整体社会环境相对和平、稳定和富足。由于社会管理制度日益完善，

❶ Roman Jakobson, *Poetry of Grammar and Grammar of Poetry* [M]. The Hague: Mouton, 1981: 751.

各种国家机器渐趋完备，政府对社会控制稳步增强。在这样的社会背景下，人们有了更多闲暇时光享受生活，对于无聊、空虚、人生短暂、生老病死的磨难的感知也愈发强烈；同时，也感受到一种强烈的为物所役、身不由己的感觉。于是如何打破权力、知识和物质世界的诱惑与规训，成为个体建构自身过程中面临的一个重要问题。20世纪后半叶，在以解构主义为代表的各种后现代思潮影响下，尤其是在形形色色的以"颠覆、反叛、否定、拒绝、抵制、打破"为目标的主义中，整体性、理性、主体性等以前人们所秉承、信任与追求的价值观、人生观、世界观都发生了变化。有些人开始听任感性的支配，放任自我、随波逐流，成为碎片化的人。游戏人生、娱乐至死甚至成为一种生存方式。21世纪初，后现代消费社会的种种弊端还未清除，全球化时代、多元化时代的大幕就徐徐拉起，随之而来的是地缘冲突、种族或民族争端日益增多，资源和环境问题愈发严峻，教育、就业等领域中的竞争压力日益增大，这些问题给人们带来的不安全感、焦虑感、不稳定感也与日俱增。

面对变化的世界，人们的主体感受和心理愿望也发生了变化，并开始希望重建碎片化的人生，为自我的存在找个理由，为无聊、无常、压抑、充满焦虑和不确定性的生活找寻意义。这种情况下，人们的身体意识、自我意识再次高涨，建构自我主体性的欲望和需求越发明显和强烈。此外，在西方资本主义社会中，社会阶层日益固化，生活安定富足的人们的阶级意识逐渐淡化，这些也直接或间接导致了个体自我意识和主体性意识的增强。

2. 时尚与自我主体性

那么，如何让空虚短暂、充满焦虑，以及缺乏安全感、主体意识、存在感的人们找到生活的价值和生命的意义呢？每个人的选择不同，理想、艺术、知识、工作、金钱、权力似乎都是候选项，不过没有一个候选项能够和时尚一样几乎把生活中的每一个体都裹挟进去。时尚与自我主体性之间的亲密关系首先得力于时尚与身体之间的关系，即时尚的具身性特征。时尚的具身性指时尚服饰对身体的嵌入，通过这种方式时尚获得了和身体共在的地位，不仅能够保护身体，而且具有了定义、装饰、展示以及遮蔽身体的作用；同时，时尚在塑造个体外观形象方面更是具有无可替代的作用。时尚通过这些方式参与个体自我主体性的建构。

　　毋庸讳言，时尚的每一次更新都可以为主体塑造一种新的形象，带来一种新的生命体验。从某种意义上来说，时尚的每一次轮回都是对无聊空虚的人生的一次刺激和鼓舞，人们在一次次时尚轮回中感知个体生命的存在与退场、成长与衰老、拥有与放弃、束缚与解脱。时尚一方面成为个体彰显和表达个体认同、强化个体身份最为直接和显在的媒介与途径；同时也是个体感知自我存在、宣泄情感、焕发生命力的重要中介和载体。因此，时尚与主体成长之间的密切往来使得时尚成为个体建构主体性的必要条件，反过来，这种欲望和需求也成为促使时尚生成的重要的内在驱动力。这里有必要指出，在个体建构主体性的过程中，时尚不是唯一的因素，但绝对是不可或缺的一个重要元素。换言之，个体建构自我主体性的欲望，可能从时尚中得到满足，也可以从对权力、知识、艺术等其他方面的追逐中得到满足。

　　3. 时尚与主体之间的交互建构及动力之源

　　西美尔认为时尚外在于个体，时尚向个体展现的易变性是个体自我稳定感的对照。在对照中，个体的自我感意识到自身的相对持续性。或者说，时尚以其自身的不稳定性、易变性反衬出自我的延续性、统一性和完整性。然而在后现代消费社会和以多元化为主要特征的当代社会，时尚与主体之间呈现出一种交互建构的关系，而不仅仅是一种对照关系。首先，在强大的科技手段和传播媒介的帮助下，时尚能够从文化和审美两个方面帮助生命主体远离平庸、克服焦虑感，赋予个体充满自信的外在精神气质和积极向上的精神风貌，从而有助于确立一种令人艳羡、引人注目的个体形象。时尚的个体形象会和普通的个体形象形成强烈反差，使个体从中获得优越感、满足感。为了让这种感觉不断地延续、重复出现，个体就会不断地追逐时尚。当然，反过来说，如果没有生命主体的多方参与、精心培育和滋养，也不会有时尚大潮的风起云涌。时尚主体以其内在的生命力创造时尚、滋养时尚、支撑时尚，赋予时尚以生命和存在的意义，使其具有了超越物本身的能力。具体来说，如果把时尚的"生命"理解为时尚从诞生到消亡的整个过程，那么这个过程绝对离不开时尚建构过程中不同阶段（如设计研发、生产制造、行销推广、消费传播等）不同群体（如时尚设计师、时尚领袖、时尚生产者、时尚传媒及消费者等）的参与。事实上，这也是众多主体在不同阶段将各种文化和意义符码赋予时尚的过程，也是各种文化和意义符码不断流动和逐渐丰富的过程。在这一过程中，时尚不是被动的、等待命运安排的"孤儿"，而是不断提出问题、需要被精心照料、细心打理的"公主"。

对于时尚消费者来说，穿戴和使用这些时尚之物的过程就是时尚展示其意义符码和文化价值的过程，不管是夏奈尔小黑裙的性感魅惑，还是迪奥"新风貌"的优雅动人，抑或中国风的内敛含蓄，都离不开穿着者身体、相貌、内在精神和外在气质对时尚风格的演绎与赋值。总之，时尚世界首先是一个被主体赋予了意义和价值的世界，如果没有来自设计、生产、营销、穿着、使用等过程中相关生命主体的参与，这些意义、价值、时尚流行周期以及时尚的各种文化表征就无从谈起。

从另一个层面来说，过程性、阶段性、差异性是时尚与主体之间交互构造的基本特征。时尚主体只是众多主体身份中的一种，而且会随着其他主体身份（如性别、年龄、职业、受教育程度等）的变化不断发生改变，这就意味着个体的主体性建构是一个处于不断变化之中的过程，会随着主体身份、时代精神、经济发展等各方面因素的变化发生调整。所以为了满足不断发生变化的主体性需求，时尚必须不断更新、变换新的形态来适应这种变化，从而表现为一个又一个时尚周期的更替。从间性理论的视角来看，无论是时尚对时尚主体形象的塑造和建构，还是主体对时尚的设计生产和消费传播，都不是单独发生的事件，而是彼此交织在一起的。时尚与主体之间的关系是一种相互蕴含、相互奠基的关系。时尚主体的诞生是两者交互构造的结果，其动力来自主体意向性、主体间性及其超越性。具体内容详见本书"实践篇"中"论时尚与主体之间的交互构造"一文。

## 三、时尚之道二：自我图像化的冲动

### 1. 图像化时代与图像主因型文化的产生

人类历史上有两个非常重要的图像化时代，一个是文字还没有被发明出来的史前文明时期，目前世界各地尚存的岩洞壁画或图像告诉我们，图像在早期人类生活中曾经占据了何等重要的地位；另一个就是从19世纪二三十年代照相术发明至今的时代。这段时间，在现代科学技术的带领下，人类进入了一个崭新的图像时代，大规模机械化制造与复制、数字化模拟、虚拟成像、3D打印等造像、拟像技术的完善与成熟，使得各种图像、影像、物象逐渐充斥于人们的日常生活之中，以至于有学者说"我们正处于一个图像生产、流通和消费急剧膨胀的'非常时期'，处于一个人类历史上从未有过的图像资源富裕乃至'过剩'的时期。"❶由此，图像滥觞之状不必多言。对于正在或者已经被彻底视觉化的世界，海德格尔早在《林中路》一书中就预言了"世界图像时代"的到来，认为世界图像时代的本质不是意指一幅关于世界的图像，而是指世界被把握为图像了。"如若我们来沉思现代，我们就是在追问现代的世界图像。"❷居伊·德波则选用"景观社会"一词来概括后现代图像化社会的本质特征。

　　随着世界图像时代、景观社会、读图时代等概念作为一种共识被普遍接受和认同，人们对于图像在当代社会中的作用也有了越发清晰的认知，似乎真实与真理之间的距离，与听觉、触觉、味觉等比较起来，只有通过视觉来呈现才更加真实。图像化已经成为一种生存方式。在《视觉文化的转向》一书中，周宪教授从视觉文化的角度分析了文学、影视、媒体等领域中出现的图像霸权，认为在"读图时代"图像成为人们"阅读"的主要领域，图像成为阅读和观看的主角，文字反而成为配角。"读图时代"的主要特征和罗兰·巴特在相关文章中表述的图像现象是一致的，即"文字和形象，或文本与图像的传统支配关系现在被颠倒了，不再是文字或文本支配图像，而是相反，图像获得了前所未有的'霸权'。其结果是，图像的'霸权'不但对文字或文本构成威胁，还使之成为依附性和边缘化的媒体。"❸以此为基础，作者得出结论，"从浅层看，读图时代的标志是确立了图像的霸权；往深层看，这一时代的出现则昭示了一个从语言主因型文化向图像主因型文化的深刻转型。"❹所谓图像主因型文化就是指图像成为很多社会文化现象背后的主导性因素。图像主因型文化意味着现代社会中以图像和视觉观看为主的视觉文化的兴起，也意味着图像的大量生产已经影响到在现代社会中的每个个体，渗透到每个人的日常生活之中，关系着每个人当下的生存方式和未来的生活图景。那么，在图像化时代，图像和自我主体之间、图像与时尚之间的关系是否发生了变化？并具有哪些特征呢？

───────────

❶ 周宪. 视觉文化的转向[M]. 北京：北京大学出版社，2008：5.

❷ [德]马丁·海德格尔. 林中路[M]. 北京：商务印书馆，2018：96.

❸ 周宪. 视觉文化的转向[M]. 北京：北京大学出版社，2008：183.

❹ 周宪. 视觉文化的转向[M]. 北京：北京大学出版社，2008：192.

### 2. 自我图像化的冲动

艾美利亚·琼斯在《自我与图像》一书中频繁使用"自我图像化"一词，她认为图像就是艺术家主体自我的一种表现方式，艺术家通过将自我投射到绘画图像之中的形式来慰藉人生，获得某种非现实的超级永恒性。例如，一幅完全抽象的杰克逊·波洛克的油画可以被想象为杰克逊·波洛克的一种表现方式❶，换言之，波洛克的油画就是他的自我投射。她在书中探讨了作为自我图像化的艺术观念的发展轨迹，在西方文化背景下视觉再现与各种自我概念之间复杂的内在关联，并在前言中指出，"并不是所有这些图像和作品都是传统意义上的'自我肖像'，它们全部都是在视觉和表演艺术（包括电影、录像以及数字媒体）的背景下表现着自我（而且，它通常就是艺术家或他本人）。所有这些归入我称之为'自我的图像化'——以各种再现技术或者通过各种再现技术进行自我的表现。"❷可见，在她看来，图像就是在各种再现技术的帮助下艺术家表达个体欲望的方式和结果，而这里的"自我图像化"主要用来概括和分析存在于绘画、电影、电视等艺术创作领域中各种视觉再现与自我概念之间的交互关系。但是在图像化时代，我们要研究的不仅是绘画、电影、电视为代表的艺术创作者在创作中的自我投射和欲望表达，也要关注和研究日常生活中的个体，尤其是时尚个体作为图像制作者、接受者和消费者与图像之间的关系。日常生活中的时尚个体同样在制造图像、接受图像、使用图像的过程中，将自我想象和建构中的形象、身份、主体性投射和融入到图像中，希望在图像的助力下完成或完善自我形象、主体性及身份建构，在建构时尚主体形象和主体身份的过程中主动寻求图像的支持与庇护。这一过程不仅赋予了图像以生命，而且将生命主体也转换为一种图像，在图像与时尚主体互构共在的模式中寻求慰藉，在一次次时尚的周期性循环中获得某种形式的永恒性。对于个体而言，图像化时代最大的影响在于造就了自我图像化的冲动。这也是笔者要论述的自我图像化的核心内容。

图像自古有之，但是没有一个时代像如今一样如此的生动逼真、丰富多彩，这些图像的功能更多是用来展示，而非如古代或者中世纪那样用来朝拜和供奉，它们是日常生活中的装饰品或者纪念物，在日常生活审美化过程中

---

❶ [英]艾美利亚·琼斯. 自我与图像[M]. 刘凡，谷光曙，译. 南京：江苏美术出版社，2014：21.

❷ [英]艾美利亚·琼斯. 自我与图像[M]. 刘凡，谷光曙，译. 南京：江苏美术出版社，2014：13.

扮演着重要角色。当下,生活中的很多物品都是经过精心设计出来的,值得仔细观瞻、玩味和赏识。人们生活在一个由科学技术和艺术为之打造的充满图像、影像和物象的环境和氛围中,以至于拜倒在这些图像的面前。有学者认为,传统的"商品拜物教"在"读图时代"已经转变为一种新的"图像拜物教"❶。可见,图像似乎已经拥有了一种神奇的魅力和强大的欲望——要"粘住"我们,与我们合为一体。这里用"魅化"一词似乎都不足以阐释图像的力量,因为在人们看来,图像已经分明是一种被灌注了欲望的生命,那么这种欲望到底是什么呢? 在米歇尔看来,"图像想要价值连城;它们想要被欣赏、被赞美;它们想要得到许多爱好者的溺爱。但是,最重要的是,它们想要以某种方式控制观者。"❷通俗一点说,就是想通过吸引观看者的注意力成为观看者的主人,达到控制支配观看者的目的。那么图像是如何做到这一点的呢? 和《自我与图像》一书的作者类似,米歇尔也是深入到绘画艺术领域来讨论问题,尤其是从图像中所没有和缺乏的东西入手来谈论图像的欲望。例如,他认为抽象绘画是不想成为图像的图像,是想要从图像制作中解放出来的图像。但这种不想表现欲望的欲望,仍然是欲望的一种形式。❸

笔者认为,日常生活中的图像(如时尚图像)和艺术作品中的图像一样,同样具有欲望与冲动,不同的是,前者想要的不光要控制支配观者,还要融入观者的生活和身体,甚至让观看者产生把自身也活成图像的冲动,而这一点也成为产生"图像拜物教"的诱因之一。图像化时代,在众多图像的诱惑下,很多事情好像没有被图像化,就没有存在过一样。图像成为人与世界之间的中介,人通过图像了解世界,图像使世界变得可以想象。所以,图像不仅成了人的一种生存方式,人甚至逐渐产生了一种强烈的、将自身变成图像的冲动,似乎只有通过图像化才能证明自身的存在。

在图像被"魅化""图像拜物教"盛行的图像化时代,图像不仅成为人的一种生存方式,人的生命似乎也在图像中以另一种形式得到了延续,甚至是某种形式的永生。图像之所以能做到这一点,客观地讲,是和图像所具有的再现生活、储存记忆、虚拟造像等功能分不开的。拿储存和再现记忆这一点

❶ 周宪. 视觉文化的转向 [M]. 北京:北京大学出版社,2008:196.

❷ [美]W.J.T.米歇尔. 图像何求? [M]. 陈永国,高焱,译. 北京:北京大学出版社,2018:36.

❸ [美]W.J.T.米歇尔. 图像何求? [M]. 陈永国,高焱,译. 北京:北京大学出版社,2018:46.

来说，图像、影像、物象是储存记忆的最好方式。过去的美好记忆、当下的美好生活、对未来的想象憧憬都可以用图像、影像、物像来想象、设计、模仿、记录、再现、保存。图片、录音、录影、各种手绘等都可以把珍贵的、真实的、美好的、丑陋的、抽象的、具体的，或者无法用语言描述的个体记忆、民族记忆、文化记忆、国家记忆统统照原样或者你想要的样子保存下来，也可以把个体对于未来的想象和构想通过各种图像、影像或者物象的形式制作出来，而且保存到一张小小的芯片上就足够了。显而易见，在大规模工业化复制技术、数字模拟、数码成像、3D打印等先进科学技术的支持下，图像、影像、物象成为普通个体唾手可得的、绝佳的个体形象和个体记忆的存储方式，也是一种延续生命的形式。图像的力量如此强大，诱惑着现代社会中每个个体，让他们无法不为之动心，拍照成为手机、电脑等电子设备的必备功能，用手机自拍、录像大概是所有现代个体都会做或者常做之事。毋庸置疑，当下社会中的个体已经进入了一个图像化生存的状态。

综上所述，当代社会个体自我图像化的冲动与图像化时代图像自身强大的魅力和欲望有关，也与人们对图像化生存状态的认可、对永生的渴望、永恒的追求与向往有关，是个体希望通过图像获得永生和图像企图控制观者这两种欲望的结合。当然，这一切的背后离不开当代日新月异飞速发展的科学技术的支撑。不过，自拍只不过是个体自我图像化冲动的部分外在表现，时尚才是其直接显现和表征，或许也是最大的受益者。

3. 自我图像化与时尚的生成

周宪教授在《视觉文化的转向》一书中提出当代世界文化的三种发展趋势：首先，视觉性成为文化主因；其次，图像压倒了文字；第三，对外观的极度关注。❶上述三种趋势从侧面说明了自我图像化与时尚生成之间所具有的内在关联。作为视觉文化的重要组成部分，时尚与图像紧密结合在一起。时尚由图像构成、显现为图像，以图像为媒介传达、表征或模糊意义。其次，时尚所具有的直观性和具身性发挥了重要作用。时尚的直观性和视觉性联系在一起，是时尚的本质性特征，这种特性使人们省略许多语言文字方面的麻烦，直接用时尚图像表达心中所思所愿所爱所恨，如穿一件印有偶像头像的

---

❶ 周宪. 视觉文化的转向 [M]. 北京：北京大学出版社，2008：6-9.

文化衫就足以表征穿着者对他们的喜爱、支持或者崇拜之情。有时也可以把身体变成绘画或者雕刻对象,通过身体彩绘、穿孔、文身等身体技术来表达某种旨趣或观念。时尚的具身性前文中已经提到,主要指时尚服饰对身体的嵌入及其与身体共在的过程中对于身体的保护、定义、展示、遮蔽、伪装等作用。时尚这种强大的具身性优势使得个体可以非常简便轻松地直接用服饰本身的色彩、造型、服饰上的图像、文字及其他装饰品来表达其胸中之意,"辞不尽意,立象以尽意"这句话用在这里是完全合适的。当下社会中,由于社会习俗、文化惯例、道德法律、政治立场、意识形态等各方面的差异和约束,很多个体潜意识中的、想表达却不知如何表达的、或者根本不能表达的思想理念、意见观点,可以借用时尚图像所蕴含的诸种引申意义、比喻意义、象征意义、甚至是无意义加以表达。因此,时尚所具有的直观性和具身性特征为个体释放自我图像化的冲动提供了必要条件,成为自我图像化的首要选择。

人们建构自身形象的过程是反思"我是谁"的过程,主体形象是人在意识到自身存在的过程中要求自我确证的产物。主体形象主要包括以身体服饰外观为主的外观形象和以文化修养、趣味学识为主的精神形象两个方面,两者共同作用打造完整的主体形象。对生活中的普通个体来说,时尚形象是主体外观形象建构的重要组成部分,同时也有助于主体精神形象的建构。在某种程度上,所有创造时尚、追求时尚的个人或群体都是在为打造主体的时尚形象而努力。不过,各种时尚形象的确立,如端庄优雅、简约大气、清新自然、内敛含蓄、英俊潇洒、轻盈飘逸、冷艳傲娇、绅士风范、放荡不羁等,都离不开时尚图像的参与。可以说极具视觉性的时尚形象是以各种材质、造型、色彩、图案以及风格内容的时尚图像为基础的,时尚首先是一个图像化的物质存在,这一点是毋庸置疑的。个体时尚形象对时尚图像的这种依赖关系,也决定了时尚是个体自我图像化的不二之选。

总之,自我图像化的冲动来自个体企图通过图像获得存在感和永恒性的欲望和图像要控制观者的欲望的叠加,个体必须找到一个合适的路径和载体,释放这种冲动、满足和实现这些欲望和心愿。时尚以其直观性、具身性、图像化存在等特征,为个体满足和实现自我图像化的欲望提供了必要条件。时尚是图像欲望的表达,图像生命的延伸、重生与绽放,也是主体欲望的重要表达方式和生产场域之一。当代社会中,图像的欲望与主体生命的欲望在时尚场域中汇聚涌动，成为时尚生成、发展和创新的内在驱动力。

从根本上来讲，个体自我图像化的需求是没有穷尽的，因为建构自我形象、最大化地保存自我记忆、通过图像获得存在感和某种意义上的永生可以是人一生的追求。有了这种冲动和需求，个体和时尚图像之间的游戏就会随着时代精神的变迁、个体的成长、图像的不断衍生而持续进行下去。时尚主体在时尚浪潮的推动下一次次摆脱旧事物的束缚，不断用图像表达个体欲望、把握理解世界，融入新的时代、体验新的人生，也制造和保存新的记忆，设计和想象新的未来，最终成就的不仅有生命主体的蜕变与成长，还有时尚的生生不息。

### 4. 自我与图像

作为自我图像化的衍生物和重要表征形式之一，时尚形象并不完全等同于主体自身，这一点是非常清楚的，时尚形象所定义和塑造的时尚主体只是主体众多身份中的一种，对于其他主体身份而言——如社会阶级、经济地位、文化水平、性别、年龄、民族、国别等，时尚可以起到展示、象征、伪装、遮蔽等作用，但是不一定具有决定性作用。尽管自我主体的呈现任何时候都不能独立于个体所穿着的服装服饰，我们也不能将时尚形象、时尚装扮等同于主体自我。对于个体来说，有了时尚图像的建构作用，个体拥有了一个新的身份才是最重要的。这个身份成为主体的一个标签、一种优势地位以及一种重要的文化资本。行走于世界这个大舞台上的时尚个体，无论拥有其他多少身份，无论他们是在游戏或者表演，时尚都是他们重要的文化资本，值得拥有和珍藏。

当然，对于图像与自我主体之间的关系，也有人表示反对和批评，以女性与时尚图像之间的关系为例，有学者一方面认为女性用时尚图像来建构身份，通过图像游戏于当代图像文化的动态学中，把日常生活中的艺术、政治和戏剧缩减为图像游戏，而不重视个人身份和个性构成中与他人之间的交流、承诺、团结和关怀的角色。同时又因为时尚为女人提供游戏身份的机会而赞美它，认为："在理性化的工具性文化（Rationalized Instrumental Culture）中，女性的特权之一就是审美的自由，可以在身体上任意变化外形、色彩，采用不同的风格和外貌，通过这些来展示和想象虚幻的可能性。这样的女性想象解放了可能性，因为它推翻、搅乱了理性支撑统治的世界中受尊重的功能合理性的秩序。"❶笔者认为，从这种自相矛盾的论述中可以看出时尚与女性之间关系的复杂性给学者们带来的困扰，时尚图像在女性主体建构过程中具有的积极意义与负面影响让他们一时间无所适从，难以找到一种确定的能够说服自己和他人的观点，最后只好采取一种模棱两可、自我矛盾的态度。当然，从这种态度中，也可以看到时尚图像对于时尚主体身份之外其他身份的影响正在增强，已经或正在成为一股不容忽视的社会文化力量。

# 第三节 时尚之象

## 一、时尚之象的定义

前文中已经提到了"象"这个概念，"象"可以是客观存在之象，也可以是主观认识之象。从这个角度思考，时尚之象包括客观存在的时尚物象，如使用穿戴或展示中的服饰等流行之物，也可以是这些时尚之物或真实、或抽象、或两者兼有的草图、照片、图片、影像等资料；同时还有各种时尚现象，如人们对于时尚之物的喜爱、追逐、竞购、炫耀、嫌弃或鄙视等。相比时尚的客观存在之象，时尚的主观认识之象要更加丰富多彩，其中包括人们对于各种时尚风潮和时尚风格的辨别评述、对各种抽象或具象的时尚图案、时尚色彩、时尚造型、时尚符号的意义解读，也包括影视文学作品及流行文化中的时尚形象、人文社科领域对各种时尚现象的学理分析（或称理论化的时尚）等内容。不过，如果抛开主客观这样的视角，单从"象"的表征方式来看，时尚之象就是一个汇聚了各种与时尚相关的物象，图像、影像、偶像、形象、现象、意象及想象的大家族，其中有视觉之象、感知之象、想象之象，也有本源性的存在之象。所以，时尚之象是一个将主观之象和客观之象融合在一起的范畴，具有认知论和本体论的双重特征。不过这一特征只是我们分析时尚之象的起点，这里想要探讨的是时尚之象的存在方式，其次是在时尚之象这个大家族中，物象、图像、形象以及元图像之间的关系，最后讨论时尚之

---

❶ Young, I.M. Women Recovering our Clothes[M].*On Fashion*. S. Benstock and S. Ferriss (eds).New Brunswick, NJ: Rutgers University Press. 1994: 197-210.

象在时尚之道与时尚之器之间的媒介与桥梁作用。这些问题的探讨将有助于我们更为深刻地认识和把握时尚之道，更好地观象制器、以器载道。

## 二、时尚之象的存在方式：显现

在庞朴先生对中国传统形而上学的分析中，对于事物本体论的区分是一分为三的"道、象、器"，三者中"象"并非一个实体性存在，而是介于"道"和"器"之间的一种动态显现，具有很强的居间性，既可以指居于心灵之外的物理对象，也可以指居于心灵之中的想象对象、意识对象，换句话说，既可以是"眼中之竹"，也可以是指"胸中之竹"。彭锋教授曾经在绘画艺术的研究中解释过这个极具模糊性的"象"的概念，他认为这里的"象"不能简单地理解为形象、形式或者轮廓。"象"不是事物本身，不是我们对事物的认知或者事物在我们的理解中所显现出来的外观。"象"是事物的兀自显现、兀自在场。"象"是"看"与"被看"或者"观看"与"显现"之间的共同行为。如果要用一句话来概括的话，可以说"象"即"显现"（Appearing）"❶。

"显现"是德国美学家马丁·泽尔在《显现美学》一书中提出的一个美学概念，彭锋教授认为这个概念与中国传统美学思想中的"象"最为接近。泽尔用"确在（Being-so）"强调事物的不变性，即可以用概念来描述，从而形成关于事物的命题知识；用"显现"一词表示不能用概念来描述，从而不能形成关于事物的命题知识；用"外观（Appearance）"一词表示一般人朴素地认为事物确实存在的那种样态。这三个概念中，前两个是最重要的，这两个词表明事物有丰富的特征，其中有些特征是可以确定下来用概念来描述的，有些是不能确定因此不能用概念来描述的。这种区分有点类似于洛克所说的事物的第一性质和第二性质的区分。"确在"属于事物的第一性质，"显现"属于事物的第二性质。第二种情况不是对事物的性质做平行的区分，而是对事物的状态做层次的区分。事物在未被我们认识的情况下可以说是"确在"，事物透过概念显现出来就成了"外观"（表象或者知识）。"显现"处于"确在"与"外观"之间，是事物在被概念固定为"外观"之前的活泼状态，是事物处于"显现"为"外观"的途中。正因为"显现"是在途中，因此它是动态的过程，而不是最

---

❶ 彭锋.意境与气氛——关于艺术本体论的跨文化研究[J].北京大学学报：哲社版.2014(4)：25.

终的结果。"确在"和"外观"都可以被当作结果，但"显现"总是处于幻化生成之中。"确在"和"外观"都可以不依赖观察者而存在，但"显现"依赖观察者的在场。一旦观察者缺席，事物的"显现"就蜕化为"确在"或者"外观"。❶这就是马丁·泽尔的"美在显现"这一美学命题的基本内容。在笔者看来，"显现"不仅是一种美的存在方式，也是时尚之象的存在方式，换言之，时尚之象是一种动态的显现，始终处于从某种确在之物到成为时尚之象的途中，而不是最终的结果，因为时尚之象一旦成为某种常在的、普通人习以为常的外观或形象，就意味着这种时尚的生命周期行将结束。

由于现实中的审美经验往往超出当下，会出现幻觉、想象、理解与反思，为了应对现实中复杂的审美经验，马丁·泽尔将美学中的显现进一步分为三种：纯粹显现、气氛式显现与反思。又以另一组概念来应对这三个概念：凝神式显现、交互式显现和想象性显现。当然这两组显现概念之间具有对应性，但是这并不意味着其他概念之间没有交叉存在的可能性，在同一种对象身上，三种显现都有可能发生，而且三者之间也完全可能相互交叉、重叠，从而显示出审美的开放性。❷笔者认为，时尚之象的动态显现更类似于气氛式显现和交互式显现的对应。首先，时尚之象的显现是时尚之象与时尚主体交互建构的产物，与身体的具象性、直观性以及主体的精神性存在有关，是前面诸多因素叠加、交汇以及共同作用的结果。在时尚之象动态显现的过程中，时尚主体会散发出一种独特的时尚感（或称为气场、氛围、气氛），这种时尚感类似于中国传统诗词、书画中讲求的"气韵"以及西方古典绘画艺术中追求的"灵韵"，能够在时尚个体周围形成强大的气场。这种气场不仅为主体增添魅力，而且具有吸引力和传染性，能够被周围的人感知和效仿，会影响到周围人的心情与对待时尚主体的态度。于是时尚主体无形中自带"主角光环"，相较其他个体，会得到更多关注、艳羡或追逐，从而极大地满足个体虚荣心、增强自信心。所以，时尚感是时尚之象动态显现过程中散发出来的独特气韵，具有强大的魅力、生动性和生命力。随着时间的推移，时尚感会因时尚之物材质的褪色、磨损以及主体精神气质的变化逐渐消散。不过不用担心，这时自会有新的时尚之物取而代之，继续履行时尚的使命，与时尚主体结合一起散发时尚感，形成新的气场和神韵。

❶ 彭锋. 意境与气氛——关于艺术本体论的跨文化研究[J]. 北京大学学报: 哲社版.2014(4): 25-26.
❷ [德]马丁·泽尔.显现美学[M].杨震，译.北京: 中国社会科学出版社，2016: 8.

其次，时尚之象的显现需要主客体的在场，或者说时尚是一个主客体交互存在的场域，一个需要参与者在场的场域。没有人追逐艳羡的时尚，就如同无人路过的池塘中自开自落的荷花、少女独自"对镜贴花黄"的落寞，只是时尚之物或是时尚的外观模样。只有在众人欣赏和追逐的目光中，时尚才显现自身，称之为时尚。所以，时尚之象的显现与时尚的交互主体性有关，依赖于时尚主体的在场，也依赖他人的关注、模仿与追逐，否则只能是时尚之物而非时尚之象。

由于"显现"是一种不能用概念描述，从而不能形成关于事物的命题知识，也从侧面说明了为什么时尚是一个非常难以定义的概念，所以有人干脆说时尚是一个与时俱进的概念，充满各种可能性。时尚之象这种"显现"的存在方式让我们看到了时尚之象的居间性特征——承载着时尚之道，没有前者它就没有意义；同时依赖于时尚之器，没有前者它就无法显现自身。时尚之象在时尚之道和时尚之器之间发挥着媒介和桥梁作用。从狭义的服饰时尚的视角来看，时尚之象包括时尚设计过程中设计师大脑中的想象，设计过程中电脑或设计图纸上呈现出来的图像，生产营销、宣传推广阶段呈现的物象与形象，消费者使用过程中呈现和塑造出来的形象，最后是以元图像为基础模仿、想象、创造和建构而成的生命图像。

## 三、时尚之象的图像与形象

英文中的"图像"和"形象"可以用不同单词来表示，如"Picture""Image""Icon"这几个词在不同语境下都可以指"图像"或"形象"；汉语中"图像"和"形象"两个词的用法很少混淆，"图像"一词常常被用来强调"象"的物质性、材料性及其在二维、三维空间中视觉上的可感性，各种形式的图画、雕塑、照片及其物质形象、影像都可以列入图像的范畴。形象常常用来指存在于意识、想象和精神中的画面或者图像。在米歇尔的图像学研究中，形象可以作为图像的一部分进行研究。图像不仅可以指物质层面上的图像，也可指存在于意识、想象和精神中的画面或者形象，如人们常说的精神图像。米歇尔在《图像何求》一书中指出："图像是以某种特殊支撑或在某个特殊地方出现的形象。这包括精神图像。如汉斯·贝尔廷所说，精神图像出现在身体、记忆或想象中。"❶因此,米歇尔对于形象的研究是其图像学研究的一部分。对于图像与形象之间的关系,他认为形象是高度抽象的、用一个词就可以唤起的极简实体,给形象一个名字就足以想到它——即进入认知或记忆身体的意识之中。形象是图像中引发认识、尤其是重新认识的元素,即"这就是它"的那种识别。形象可以是一个非物质实体,一个幽灵般的、幻影般的显现,依靠某种物质支持浮出地表或获得生命。他还从克隆羊"多莉"的形象与其照片复制的图像形象中得到启发,认为形象与图像之间的关系还可以用家族相似的识别逻辑加以说明,这个逻辑把形象建构成一种关系而非一个实体或实质。在米歇尔的分析中,他将图像和形象之间的关系划分为三个层次:第一,形象等同于图像,都是物质性的实体;第二,形象是获得了生命的图像,是非物质性的实体;第三,形象可以是一种非实体性的关系。

以此为基础,我们可以从三个层面分析时尚之象,第一种是时尚之物在物质层面呈现出来的,与材质、色彩、外观、风格等有关,具有视觉可感性的时尚之象,即时尚的物象,包括时尚的服装配饰等直接与身体相接触的时尚、直接塑造身体外观的时尚之物象,还包括日常居家生活、工作学习、休闲旅游等环境中的时尚之物及其环境氛围;第二种是依赖于时尚之物的支撑在精神、气质、文化、道德等层面呈现出来的非物质实体的抽象之象,即时尚形象。这两种图像之间的联系和区别在于,后者依赖前者的支撑拥有了生命。时尚的物象在物质层面呈现出来的图像是没有生命的形象,而时尚形象是将生命灌注于其中的、充满活力的图像。第三种则是时尚的元图象。

那么图像和形象有什么关系呢?米歇尔认为,图像就是形象加上它的支撑物,是非物质形象在物质媒介中的表象。❷图像与形象的区别在于图像有可感的材料性、物质性。图像是可以悬挂的,形象则不能。形象是"一种幻影般的、虚拟的或幽灵般的存在"❸。换句话说,形象是意识的产物,没有物质性,同一个形象可由不同媒介呈现。所以,形象是图像的本源性的东西,要研究图像的本体性,那要深入到形象中;同理,要研究形象在文化实践中的

---

❶ [美]W.J.T.米歇尔.图像何求? [M].陈永国,高焓,译.北京:北京大学出版社,2018:xii.

❷ [美]W.J.T.米歇尔.图像何求? [M].陈永国,高焓,译.北京:北京大学出版社,2018:92.

❸ [美]W.J.T.米歇尔.图像何求? [M].陈永国,高焓,译.北京:北京大学出版社,2018:92.

表现形式，就要关注可感的图像世界。❶以此为基础，我们可以通过研究时尚中具体可感的图像来理解"形而上"层面的形象问题，也可以通过研究时尚形象探究图像的本体性。从形而下的层面来说，时尚是一种由各种图像组成的视觉性物理存在，同时这些图像也随时准备着和个体结合在一起，转化为一个可以言说、行动、有欲望的主体，实现主客体的融合；从形而上的层面来说，时尚是一种由各种图像共同建构起来的文化形象、文化景观和主体性存在。在某种程度上，无论对于时尚的设计者，还是时尚领袖及其追随者，时尚图像都可以看作是他们自我认识的手段，也是观者的一种心灵镜像和自我投射的屏幕。

米歇尔认为"图像转向"是20世纪人文科学与文化公共领域继"语言学转向"之后出现的新转向。这不是说图像完全取代语言，而是强调人文科学开始重视图像表征（非语言表征），同时也指文化公共领域中，新的图像生产技术制造了"图像景观"，并引发了人类对图像的恐惧与抵制。❷然而，时尚图像建构的图像景观却有着不同的意义，显示出极大的包容性和颠覆性，即使是日常生活中一些非常令人恐惧的图像（如骷髅、怪兽等图案）也能在时尚图像中流行起来，非但不会引起人们的恐惧，反而有助于人们直面恐惧、克服恐惧。此外，时尚图像还具有强大的去神圣化和跨界性。任何文化、种族、宗教以及地域之间严苛的疆界都可以因为一幅时尚图像的流行而变得轻松、亲切、容易接近或者可以理解接受。在此我们不妨说，"轻浮"的时尚让一切严肃的事情瞬间变得轻松起来，不再沉重。时尚图像的力量也随之让人刮目相看了。

## 四、时尚之象的元图像

元图像是米歇尔图像学研究的另一个重点，他将其列为形象科学的四个基本概念之一进行论述。在他看来，生活中的元图像并不难以理解，当一个形象出现在另一个形象之中时，一个图像呈现一个描绘的场景或一个形象时，如一幅画出现在影片中的墙上，或电视节目中展示某一布景时，元图像就出现了，并由此得出结论：任何一个图像一旦被用作表现图像本质之手段，都

---

❶ 郑二利. 米歇尔的"图像转向"理论解析 [J]. 文艺研究. 2012(1): 31.
❷ 郑二利. 米歇尔的"图像转向"理论解析 [J]. 文艺研究. 2012(1): 30.

可以成为元图像。❶因此，元图像就是图像的图像，是关于图像的图像，也是自指的、自身解释自己的图像。就是说图像在讲述自己的故事。理想的元图像能够像主体那样提出欲望讲述行动。此外，米歇尔还以鸭兔图、柏拉图的洞穴隐喻分析现代哲学中的元图像，认为"元图像"可以是视觉上、想象上或物质上得以实现的超形象的形式。❷

那么时尚中的元图像是什么呢？笔者认为身体就是时尚的元图像，首先身体总是与时尚形象结伴而行，没有身体的参与，时尚形象就只能是一堆没有生命的图像。其次，身体是各种时尚图像的原型，是时尚图像时时刻刻从视觉上、想象上甚至材料上都想去模仿、征服和超越的对象。再次，时尚之图像（包括时尚设计中的图像、时尚之物的图像、时尚图像与时尚主体共同呈现出来的时尚形象等）想要表达的都是身体的本质，身体的本质不仅包括先天的、生物学意义上的本质，也包括后天的、文化意义上的身体本质。最后，还有一种身体的本质试图超越前面两种意义，即表达一种超越身体形象之外的、想象中的身体图像可能会是什么样子，这种身体的本质更近似一种哲学意义上的人们对于自身境遇、自我存在样态的追问和理解，人们从时尚塑造身体及自我主体形象中获得的不仅包括生物和文化意义上的我"是"什么样子，还包括超出两者之外我还"能"成为什么样子。换句话说，时尚图像要模仿和呈现的不仅是生物意义和文化意义上的身体，还想要以图像的形式追问和呈现一种可能的、超越身体形象之外的存在形式。这种对于自身身体图像的超越成为个体依赖图像又超越图像的一种生存方式。这一点可以理解为作为元图像的身体图像的反思性，也可以理解为身体以时尚图像的方式讲述自己的故事。这种元图像（或称超形象）始终存在于千变万化的时尚图像和时尚潮流的背后，在追求时尚的过程中，时尚主体在这种超越中获得极大的自由。相对于人们从权力、金钱、成就感中获得的自由，从追逐和塑造时尚形象中获取自由的方式更容易被多数人拥有，更具有自发性，驱使人们无条件地、甚至盲目地服从时尚、追随时尚，最终引发时尚潮流生生不息，奔涌向前。

❶ [美]W.J.T.米歇尔.图像何求？ [M].陈永国，高焓，译.北京：北京大学出版社，2018：xiv.

❷ [美]W.J.T.米歇尔.图像何求？ [M].陈永国，高焓，译.北京：北京大学出版社，2018：xv.

## 五、时尚的生命图像

生命图像在米歇尔图像学研究中也非常重要，在他看来，克隆羊的诞生意味着"以我们自己的形象"复制生命形式和创造活的有机体的观念已经把神话和传奇中预言的一种可能性变成了现实。[1]其实，一种时尚风格的出现，就意味着一种时尚形象的诞生，同时也是一种生命图像的诞生，这种时尚风格流行、传播的过程，不仅是一种风格的模仿，更是一种生命图像被模仿、复制的过程，而这不正是时尚能够生生不息的原因之一吗？

时尚形象就是时尚图像与时尚主体的结合，其中主体赋予时尚图像以生命，时尚图像赋予主体以意义，时尚形象中我们可以看到图像的生命，也可以看到主体生命的图像，图像与主体生命融为一体。对于时尚主体而言，时尚图像不仅是我们生活世界的一部分，也是我们生命的一种存在方式，让身体绽放、让生命绽放。主体内部世界以这种方式向世界敞开，通过时尚的图像把自己活成一幅自己想要的图像，把自己的生活装扮成自己希望的图景，把生活世界变成理想中的世界图景的一部分，在这种意义上时尚甚至成为诗歌，换言之，时尚为我们的存在开启了一个充满诗意的世界，从而符合了海德格尔在哲学上对世界图景的期待。

当然，也有人会指责时尚有时会伪装成主体想要的世界图景，有时也会遮蔽真实的世界图景。对此，笔者认为，无论是伪装的世界图景，还是遮蔽真实世界的图景，只要是时尚主体想要的，就实现了图像存在的价值与意义。20世纪50年代兴起于英国伦敦的青少年亚文化群体"泰迪男孩"，是一群受摇滚音乐影响的、具有强烈叛逆精神的工人阶级子弟，他们模仿20世纪二三十年代英国贵族的装扮混迹于街头，虽然他们的时尚形象根本无法改变他们的社会地位，但是这身装扮、这种时尚形象毫无悬念地表达了他们内心想要的东西——过上有充满尊严和荣誉感的上层阶级的生活。这些时尚形象也记录了他们的青春时代，成为他们人生中一段美好的记忆，直到现在仍然不时出现在各种时尚教科书中，成为人们津津乐道的话题。难道我们能因为这些时尚的存在未曾带来任何哲学启示、道德提升或者无助于达成某种政治目标就认为其毫无存在、研究和关注的价值吗？

---

[1] [美]W.J.T.米歇尔.图像何求？ [M].陈永国,高焓,译.北京:北京大学出版社,2018:xvi.

# 第四节　时尚之器

## 一、时尚之器的定义

在传统的道器观看来，器就是载道之物；依据庞朴先生的道象器理论，器与道、象之间存在着复杂的交互关系：道无象无形，但可以悬象或垂象；象有象无形，但可以示形；器无象有形，但形中寓象寓道。还可以说，象是现而未形的道，器是形而成理的象，道是大而化之的器。因此，道、象、器三者是三位一体的关系。这种理解和阐释很符合中国传统思想中天人合一的观念，不过也使得"道、象、器"的概念变得模糊，难以分辨。在时尚的道、象、器研究中，时尚之器也常常与时尚之象混杂在一起。例如，时尚的元图像就是身体，从这个层面上看身体也是时尚之象的范畴；然而，作为被时尚塑造的身体或者成为时尚之载体的身体就是载道之物了，也就是时尚之器。再比如，时尚之器退去其实用功能之后可能被遗弃，也可能作为昔日的时尚之像陈列摆放在博物馆里。

时尚之器与时尚之象之间存在的这种交叉与重叠关系，让我们充分认知到时尚之器的复杂性，这里不妨借用媒介学的一些概念来定义和理解时尚之器。法国思想家、媒介学家德布雷认为，"精神只有通过在一个可感知的物质性（话语、文字、图像）中获得实体，通过沉淀于一个载体之上才能作用于另一个人。没有这种客观化或发表，任何思想都不能成为事件，也不能产生俘获力或抵消力的作用。"❶在德布雷看来，载体和思想及文本本身是紧密结合、不可割裂的。媒介学就是要考察精神转化为物质的过程中媒介的功能性作用，它提供了一种综合性、整体性视角，也被德布雷称之为"社会思想的物理学"。德布雷对于媒介的定义为我们定义时尚之器带来了启示，既然媒介是形象和物体、虚拟表象或幻想与物质支持之间的结合，是令图像通过图片形式存在于世界上的一整套物质实践，我们不妨将时尚之器定义为：一种将寄寓着时尚之道的时尚之象呈现出来的物质性媒介或客观化实体，这一客观化实体的存在有赖于时尚之象（如时尚物象、时尚形象、时尚生活方式等）

---

❶ Régis Debray. *Cours de médiologie générale*, éditions Gallimand. 1991：314.

可感知的物质性。根据这一定义时尚之器有如下三个主要特征：客观化实体、可感知的物质性、一种物质性媒介。当然，前文中已经提到作为客观化实体存在的身体不仅是时尚之象，也是时尚之器的重要组成部分。身体是塑造时尚形象、体验和建构时尚生活方式的必要条件之一，没有身体的参与，时尚形象和时尚生活方式都无从谈起。

其次，如果说时尚之象是一种生命图像，那么时尚之器就是时尚之道借助生命图像得以显现生命的媒介或者时尚生命的栖息地。从功能性方面来看，时尚之器的作用具有双重性，一方面是对道的物化，也就是传统意义上对道的承载，论及服饰时尚，我们可称之为"衣以载道"；另一方面，是对象的有形化，或者说赋予无形的、外在的和内在的"象"以外在可感的形，论及服装时尚我们可称之为"衣以立象"。这两点从最基础的层面为我们论述时尚之器与时尚之道、时尚之象之间的关系提供了切入点。

为了更好地说明时尚之器与时尚之道、时尚之象之间的关系，我们可以根据本书《前言》部分对时尚研究对象的划分将时尚之器也分为三类，首先是核心层的时尚之器，指以塑造个体和群体时尚形象为主、与身体密切相关的时尚之物，如服饰、美容、美发、美体用品等；其次是扩展层的时尚之器，指除去时尚服饰之外的休闲时尚用品，如日常居家生活中的时尚之物、电子电动产品以及影视、动漫、手游之类的休闲娱乐产品等。这些时尚之物的目的在于为各种私人及公共空间营造时尚的生活方式、创造时尚的生活环境或氛围；再次是衍生层的时尚之器，指所有遵从时尚的运作规律和逻辑的商业营销、经济运作及各种社会文化现象。现代社会中，很多人文社科领域中的现象及事物，都已经或多或少成为时尚的俘虏，在有意无意之中按照时尚的逻辑运作和发展。

## 二、衣以载道

前文中讨论"时尚之道"的时候已经指出，时尚之道的运行不是孤立的，不能脱离自然之道、社会之道、人生之道等更大的道而存在。同时，时尚之道也是自然社会人生之道的一部分，既要遵从和符合自然、社会及人生之道的运作和发展规律，也要体现和反映自然、社会及人生之道。就是说，时尚之道既包含时尚生成和运行的法则，也包含对于自然社会人生之道的遵从、体现及反映。对于时尚之器来说，所承载和遵循的道就包括上述两个方面——时尚之道和自然社会人生之道。时尚之器对于时尚之道和自然社会人生之道的承载不是分开的，很多时候都是合二为一的，就时尚之器的核心层和扩展层来说，所承载和遵从的时尚之道。首先，是时尚生成运作的规律和法则，如时尚模仿说、集体选择说、上行说、符号说、幻境说、制造说等。其次，时尚之器也要遵从和符合更高的自然社会人生之道的指引，要有文化、有品位、有思想，更要有良知，有对人类生存意义、价值及其前途的考量。这些是时尚之器的研发设计、生产行销及消费传播过程中要遵循的更高的道和根本指南。

1. 鉴于服饰时尚与身体之间的密切关系，时尚之器首先要符合和遵从人生成长之道

纵观人的一生，不外乎童年、少年、青年、中年、老年这几个主要阶段。每个阶段，人们的相貌、体型、外观和心理需求都有所不同，会发生各种变化。时尚之器要做的事情就是尽量顺应和满足个体在不同阶段的需求。首先，是个体美化身体外观的心理需求。个体对于外表美的追求是始终存在的，任何时候都不能忽视，如何让时尚美化身体、弥补身体的缺陷是时尚之器必须考虑和解决的问题。举一个最简单的例子，多数情况下，人到中年体型就会发胖，然而在以瘦为美的主流社会审美观的要求下，个体就会要求服饰时尚既要舒适合体，又不能突显身体的肥胖。其次，个体求新求异、与众不同的心理需求。对此，时尚之器要思考的是如何在不降低时尚功能性和舒适性的前提下传达新异之感。现代社会中，个体对于时尚表征自我身份、个性、个人风格等方面的要求越来越高，这时时尚之器就应该思考如何让服饰更好地表征个体身份，成为个体自我表征的符号。

不过，前面这些个体的心理需求只是时尚之器应该遵循和服从的人生成长之道的一部分。人的成长不仅包括身体、心理的变化与成长，还包括道德观、人生观、世界观、价值观的成长与变化。在这方面，对于从事时尚之器的设计研发、生产行销和消费传播相关工作的人士来说，首先，对人生不同阶段应该具有哪些良好正确的道德观、价值观和人生观要有清醒的认识；其次，要思考如何让时尚之器遵从和体现这些思想和价值观；第三，要注意如何让时尚之器尽可能回避和杜绝不良的思想理念、价值观点的影响和侵蚀。

例如，性感美是很多年轻人的追求，那么在时尚服饰中，就该思考如何让服装既体现身体的性感之美，又杜绝过于裸露引发色情联想，从而导致道德的败坏。这些都是时尚之器要遵从和守护的人生成长之道的重要内容。

2. 时尚之器要遵从和符合社会发展之道

社会发展之道涉及的内容非常广泛，政治、经济、文化、科技、民族、国家等方面的发展变化都会影响到时尚之器，时尚之器的存在与发展要遵循这些领域的规范和法则。在这些社会因素中，文化、政治、经济、科技的影响最不容忽视。以科技为例，时尚发展史上每一次重大变革都离不开科技的影响，甚至就是科技发展的产物。1764年珍妮纺纱机的发明大大提高了纺织品的生产效率，成为英国工业革命的序曲。近现代发展起来的化纤面料，降低了纺织业对自然面料的依赖，增强了服饰用品的舒适性、功能性和高感性，也一定程度上改变了时尚的面貌和发展方向。当下，3D打印面料、光学纤维面料、纳米纤维面料以及各种可以阻燃、防水、保温、除臭、抗菌、发光、变色的高科技含量面料的问世，无疑代表了当代和未来时尚之器的发展趋势，如何把握住这些科技发展提供的契机，让时尚之器顺应科技发展之道，是我们这个时代时尚发展的重要课题之一。

再以文化为例，全球化时代，世界上很多国家、民族都意识到了传承以及保护本国传统文化、民族文化的重要性。对于中国时尚产业和时尚文化研究界来说，时尚之器的问题就不仅仅是如何顺应时尚运作规律的事情，而是时尚之器如何对中国传统文化，尤其是服饰文化、器物文化进行传承与创新的问题。时尚的革新很大程度上是与时尚有关的器物文化的革新。所以，时尚的革新首先是继承的问题，不能背离传统文化精神；其次是创新，就是要让时尚之器符合人们新的生活方式、趣味爱好以及时代精神。复古时尚是时尚依赖传统、继承传统又革新传统的良好范例，同时也证明了时尚的发展有利于传统的继承、传续、发展及创新。"让民族的成为世界的"这句话对于当下中国时尚界来说，就是要设计打造具有中国风格特色、能够传达中国优秀的文化思想，呈现充满文化自信的中国形象的时尚之器。只有这样，中国时尚才能走向世界，得到世界上其他民族文化的认可与尊重，自信地成为世界多元文化大家庭中的一员。

政治也是时尚之器必须面对的问题之一。从历史上来看，时尚与政治之间的关系并不复杂，多数情况下，时尚都在政治的严格管控之下。1485年法国查理八世颁布禁奢令常常被人们用来证明政治对时尚的绝对影响力。然而，当代民主社会中，时尚与政治之间的关系也随之发生了变化，两者之间开始呈现相互介入的关系。更准确地说，是时尚开始介入政治，这主要是由于时尚拥有强大的视觉性、直观性、图像化、具身性等特征，促使时尚之器经常被个人或群体用来表达政治立场、支持社会正义、批评社会问题，甚至公开或含混地对一些社会或政治问题表达抗议。不过，时尚对于政治的介入始终是受到严格约束、限制和审查的。这些审查一方面来自国家和政府相关部门，一方面来自由时尚媒体、时尚协会、时尚集团等组成的时尚界（或称时尚圈），也就是川村由仁夜所说的时尚把关者。过去几十年来，坚守和保持政治正确的立场已经成为时尚界普遍遵守的一条重要法则和行业规范，这意味着在时尚之器的设计、行销及消费过程中尽量避开敏感的政治话题，对于政治意见的表达力求含蓄、模糊，保持克制。不过，这种规则并没有被很好的遵守，有些时尚品牌为了营销需要，在设计或推广时尚产品的过程中故意触碰一些敏感的政治话题，引发争议造成轰动效应，纵使事后会对品牌形象造成不良影响不得不道歉也在所不惜。例如，近年来一些西方时尚品牌常常违反政治正确这条基本的行业规范，肆意冲撞中国国家和人民的政治底线。所以，他们这种枉顾事实的行为，最终被代言明星解约、受到消费者抵制也是咎由自取。当然其根本问题还在于没有遵循社会发展之道，忽视了政治问题的敏感性，尤其是忽视了中国人民的民族情感和维护国家形象的决心。

### 3. 时尚之器要遵从和符合自然存在之道

自然存在之道意味着整个地球的生态发展和自然环境的变迁。近年来，温室效应带来的全球变暖、自然资源过度开发造成的资源匮乏以及人类生产生活过程中带来的环境污染已经成为全人类不得不共同面对和急需解决的问题。毋庸置疑，时尚之器与这些问题息息相关，因为时尚产品的原材料——无论是天然面料还是化纤面料——都离不开大自然的供给，前者是各种棉麻等植物产品，后者是石油化工产品，在种植或者生产加工过程中都会污染环境；此外，织物的生产及印染过程中会使用大量的水资源，排放出来的废水如不经过处理会直接给自然环境造成污染；还有很多化纤面料不能降解，在废弃过程中会加重地球负担。因此，时尚之器的设计研发、生产消费等各个环节都必须遵循自然存在之道，让可持续时尚（也称绿色时尚、生态时尚、道德时尚）成为时尚业的主流。可持续时尚意味着时尚服饰的设计研发和生产消费过程中必须充分考虑可能带来的环境问题、消费者的身体健康以及时尚从业者的工作环境、医疗保险等因素，尽量将这些因素的不良影响降到最低或者可控范围内，最终根据人类对环境的影响和社会责任创建一个可以无限期支撑下去的良性循环体系。具体来说，一方面，要从生产材料的源头抓起，增加可再生材料的开发与利用；另一方面，时尚消费者在使用过程中也应该尽量选用环保产品，延长时尚之器的使用寿命，避免不必要的更新和浪费现象。只有这样，才能够符合人类文明发展的自然生存之道。

不得不指出，过去很长一段时间里时尚受到社会批评的原因之一，就是时尚之器在设计研发、生产营销及传播消费过程中没有遵循自然存在之道，造成了极大的资源浪费和环境污染问题，给整个人类赖以生存的自然生态环境带来严重破坏。目前，尽管时尚之器的存在与发展必须遵循自然存在之道已经成为世界各国时尚界的共识，鉴于其中复杂的技术和人为因素，可持续时尚的设计生产、推广普及还面临很多问题，尚需时间来解决。

## 三、衣以立象

时尚之器具有双重作用，一方面是对道的物化，也就是传统意义上对道的承载，论及服饰时尚，我们可称之为"衣以载道"；另一方面是对象的有形化，即赋予无形的或有形的、外在的和内在的"象"以外在可感的形，论及服装时尚，我们可称之为"衣以立象"。汉语中的"衣"字是个象形字，在甲骨文、金文和小篆中的"衣"看起来就像一幅古代衣服的简笔画（图9-1~图9-3），字形的上面部分示意"插入"这个动作，中间部分表示两臂插入两袖，下面部分是两襟互掩的样子，综合起来意思是"两臂插入两袖、穿起上装"。在时尚之"象"的大家族中，"衣以立象"中的"象"主要包含三种含义，首先是时尚之物的存在之象，即"衣之象"，包括实物及其图像和影像，属于"衣以立象"最基本的层面，与时尚之物的研发设计、生产制作、市场营销、媒体传播及大众消费关系最为密切。其次是"人之象"，即时尚服饰装扮出来的美好的或引人注目的身体外观以及由此塑造出来的富有时尚魅力的个人形象和团体形象，这一点有赖于时尚与主体之间的交互构造。最后是

"国之象"，是前面两种时尚之象结合到一起共同塑造和展示出来的民族和国家风貌。这层含义是"衣以立象"最重要的意义和价值所在。塑造积极向上、充满时代活力、时尚魅力和本民族文化精神的民族形象和国家形象是"衣之象"的最高追求，只有这样，才能让时尚助力本民族、国家在国际上树立先进、优秀的民族和国家形象。这一点也是时尚提升个人魅力、增强团体凝聚力、提高民族自信心和国家文化影响力的奋斗目标。

图9-1　甲骨文　　　　　图9-2　金文　　　　　图9-3　小篆

时尚之器的功能之一是以各种外在可感的具体形式将存在于思维、想象、记忆及现实中的以抽象或具体形式存在的形象、想象显现出来，同时以其实用性或装饰性为消费者服务，成为消费者建构自我形象、团体形象和日常生活方式的重要组成部分。个体和团体时尚形象的建构过程十分复杂，与时尚科技的发展、时尚设计师的审美和设计水平、时尚匠人的细心打造、时尚领袖的引领、时尚媒体的大力助推以及时尚与主体之间的交互构造等因素都有关系。尤其是时尚与主体之间交互构造的特性决定了"形象"的显现或建构是一个动态的过程，始终处于变化之中，是塑造时尚形象的外部力量（如社会、经济、文化、政治等因素）与主体建构自身形象的内部需求（如自我图像化的冲动）之间不断整合的过程，是两者共同作用的结果。

时尚的个体形象是时尚的团体形象、民族形象和国家形象的基础，对于这些形象的塑造和建构具有奠基作用。尽管时尚形象只是个体、团体、民族、国家形象构成中的一个组成部分，在其中也无法起到决定性作用，但是因其强大的视觉性、直观性和具身性等特征在这些形象建构过程中也发挥着不可替代的作用。有时，一个或几个时尚的个体形象就能够代表或反映整个团体、民族或国家的文化气质与精神风貌。总之，在时尚的研发设计、生产制造、营销传播、日常消费等每个环节中，无论是时尚设计者、制造者还是消费者，都要将打造时尚的个体形象作为出发点，全面考量个体的身体特点、性别年龄、兴趣爱好、消费水平等基本要素，同时也要考虑个体所属的团体、阶层、民族、国家、甚至地域因素，以充分展示个体、团体、民族、国家的个性气质、精神风貌、文化品位为主要目标，为打造充满个人魅力和强大时尚领导力的团体、民族或国家形象奠定基础。

下篇

# 实践篇

# 第十章 时尚与个体

## 论时尚与主体之间的交互构造

### 一、时尚与主体

从哲学意义上讲，主体与客体相关，是用以说明人的实践活动和认识活动的哲学范畴。主体既是实践活动，也是认识活动的承担者，换言之，人既是认识论主体，也是实践论主体。自笛卡尔以来的西方传统哲学注重主体研究，强调自我意识和主观能动性对于主体建构的影响，而以胡塞尔等人为代表的现代语言哲学则注重研究主体间性，强调主体和客体之间的交往互动对主体建构的作用及影响。从主体概念的历史发展进程来看，主体概念经历了从古希腊的实体主体到近代的认知主体，再到现代的生命主体，体现了哲学从本体论到认识论，再到人本学的转向。本文中要探讨的时尚主体，首先是一个现代的生命主体，一个以肉身为基础建构起来的精神和文化存在，具有自我相关性和社会相关性；其次，时尚主体是人格自我与个体肉身在心理物理学基础上的统一，是自我被动的和主动的意向性的统一；时尚主体也是时尚与主体始终处于交互构造过程之中的主体，是一个崭新的生命共同体。两者之间的交互构造是交互主体性的一部分。

交互主体性又称主体间性，主体间性强调的是人的主体性在主体间的延伸；"交互主体性"的表述包含了"主体性"的基本含义，同时又强调其"交互"的特征，即主体与主体相互承认、相互沟通、相互影响。两者在本质上仍然是一种主体性。❶然而，众所周知，无论是个体的主体性建构，还是交互

---

❶ 郭湛. 论主体间性或交互主体性 [J]. 中国人民大学学报, 2001(3): 35.

主体性构造，都是非常复杂的问题，时尚主体不过是个体复杂多变的主体身份建构过程中的一个方面而已。其次，时尚与主体之间的交互构造不同于服装与身体之间的交互构造，身体是一个生理学上的概念和存在，服装与身体之间的交互构造很容易理解，人们常说的"服装是身体的第二层肌肤"便是服装构造身体的最好注解。服装可以满足人体的保暖、透气、遮羞、舒适等基本需要，好的服装不仅可以让身体更美，也可以掩饰或者弥补身体的缺陷。身体对于服装的重要性也是不言而喻的，身体是服装存在的基本条件，两者之间是互相依赖的关系。

　　不过，时尚不同于服饰，主体更不等同于身体。人们谈到时尚与主体之间的关系时，除了上面提到的身体这个着眼点之外，最常用的另一个视角就是身份。在以往的时尚文化研究领域，学者们似乎更注重研究阶级、权力、文化等各种社会要素在主体身份建构过程中的作用和影响。例如，苏珊·凯瑟在《时尚与文化研究》一书中认为"保持现有身份"和"改变现有身份"是时尚主体构成中两个交替出现的过程，并将时尚主体的建构置于由"生产、分销、制约、消费"组成的文化循环模式中进行讨论，分析主体的阶级、国别、种族、民族、性别、性取向等主体身份在时尚主体建构过程中的作用及影响。❶另一位英国社会学家乔安妮·恩特维斯特尔在《时髦的身体：时尚、衣着和现代社会理论》一书中探讨了时尚与身体、身份之间的关系，强调时尚是对身体的表达，提供关于身体的话语，认为"衣着或饰物是将身体社会化并赋予其意义与身份的一种手段"❷。鲍德里亚的消费社会理论中，时尚物品不仅成为一种符号编码，更是一种没有深度的符号象征，而主体在时尚面前则完全失去了主观能动性，沦为不折不扣的时尚跟随者，一切对时尚的反抗与批判都是徒劳，因为时尚一旦达到自身的饱和状态，就会自我爆发、自我消解。在当代多元文化社会中，时尚似乎又成为个性的代言人。很明显，这些研究几乎都忽视了时尚与主体之间的内在关联，没有关注时尚对主体意识和精神方面的影响以及主体对时尚构造的主观能动作用，从而未能揭示时尚与主体之间的交互构造关系。

　　笔者认为，在个体建构主体性的过程中，时尚不是唯一的因素，但绝对是不可或缺的一个元素。作为建构主体性的重要因素之一，时尚与主体之间

❶ Kaiser, Susan B. *Fashion and Cultural Studies*[M]. London, New York: Berg, 2012: 14-20.
❷ [英]恩特维斯特尔, 乔安妮. 时髦的身体[M]. 郝元宝, 等译. 桂林: 广西师范大学出版社, 2005: 2.

是一种交互建构的关系，彼此成就对方，共同构建一个具有生命力和存在意义的时尚主体。这一问题的研究对于我们更好地理解现代民主社会中复杂的主体性建构及主体间性问题具有重要的理论和现实意义。

## 二、时尚对主体的构造作用

我们可以从狭义、广义和引申义三个层面上理解时尚。从狭义的时尚定义来看，时尚就是流行的服饰及其风格，也是时尚理论的主要研究对象。不过，流行的服饰及其风格只是时尚的外在表现，而非时尚的本质，时尚的本质是永恒的变化与更新，"时尚易变，风格永存"是时尚本质最言简意赅的表达。每一次或长或短的时尚周期都是时尚生命历程中的一个阶段、一次旅行。变化与更新既是时尚的本质、存在方式，也是时尚生命得以延续的秘诀。时尚在永不衰竭的变化和更新中具有了生命力，也具有了影响主体身份构造的能力。因此，时尚对于主体的构造不仅在于改变身体的外在物像，满足身体保暖、舒适、遮羞、修饰等基本需求，更重要的是赋予身体以活力、新鲜感和时代气息，提升主体的内在精神气质和外在精神风貌，使时尚主体的工作生活变得更加充盈和美好。在时尚的帮衬下，生命主体不仅会呈现出各种如高端大气、低调内敛、优雅端庄、风度翩翩、雍容华贵、朝气蓬勃、清新朴素等外观风格和风度，还会因为自身的时尚风采而自信满满、精神焕发。因此，时尚在赋予身体以意义的同时，实际上首先完成了对主体精神气质的培养、呵护以及构造，其次才是对穿着者身份地位的彰显、个性品位的表达。这些都是建构个体主体性的基本内容，也是主体心理及精神建构的重要组成部分。

从最通俗的层面来讲，流行的肯定是当下的或前卫的、可以引领潮流的事物，都会受人艳羡、被人追捧，且具有时代气息。时尚可以从最基本层面出发建构主体形象、构造主体精神气质。

时尚对主体的构造作用，还表现在时尚对主体所具有的缓解焦虑（如异装行为对同性恋文化焦虑症的缓解作用❶）、激发、引领、改变和超越现状的作用，这种作用可称之为时尚领导力。时尚有如此魅力，主要是因为时尚的本质切合了主体生命的本质——厌恶平庸，害怕被忽视，渴望被关注和认同，

---

❶ Kaiser, Susan B. *Fashion and Cultural Studies*[M]. London, New York: Berg, 2012: 153-155.

喜欢冒险、刺激、新奇，期待超越。时尚的力量在于标新立异、常变常新以及对庸常乏味的抛弃。时尚用一次又一次的涅槃重生，帮助生命主体远离平庸，克服年华易逝的焦虑感，赋予生命以新奇感、生命力和永不放弃的力量。简言之，时尚不仅可以让主体生命充满自信，也可以用自身的魅力、新奇的样式和大胆的突破影响生命主体的存在状态及其对世界和自我的认知，让主体，充满活力。具体来说，时尚对主体的建构作用可以从科技、文化、审美等几个层面来考察。

首先，现代科学技术的发展，如材料科学、虚拟成像技术等为时尚的创新提供了技术方面的支撑和物质层面的可能性，其中既包括不断面世的科技含量很高的新型材料、面料，也包括声、光、电等现代科技手段对时尚产品外观的打造，还包括先进医疗和整容手段对身体外观的改造。事实上，时尚的身体首先是技术的身体这一点在乔安妮·恩特维斯特尔的《时髦的身体》一书中已经进行了详细论述，本书不再赘述。这里想说的是，时尚主体的构造同样离不开技术的支撑，技术成为构造时尚主体的基本条件，为时尚主体的建构提供了物质基础。

其次，文化层面是时尚构造主体的必要条件之一，为技术构造的主体赋予意义和价值。如果说文化是一种生活方式的话，那么时尚在文化层面对主体的塑造就在于为主体提供了一种生活方式。每一种时尚风格都代表了一种生活方式，以流苏、长裙、繁复的配饰、浓烈的色彩为主要特征的波希米亚风有助于抒发主体自由、放荡不羁的情感，可以让时尚主体拥有和体验一种摆脱都市喧嚣之后回归自然的休闲而又洒脱的生活方式。当下时尚圈里流行的中国风运用各种中国传统文化元素，如水墨、立领、对襟、刺绣等打造一种皈依中国传统文化，端庄、内敛、含蓄又不失优雅自然的生活方式。时尚风格对时尚主体的塑造是潜移默化的，时尚主体对某种时尚风格的选择可能是有意为之，也可能是无意的，但都意味着主体对时尚所代表的生活方式的选择与认同。

不同时代有不同的美学追求，就身体层面来说，我国唐代以胖为美，过去几十年以瘦为美成为大部分人对美的共识，当下瘦而不失健美、骨感间杂丰满似乎受到更多人的青睐。美是时尚构造主体的重要环节之一，时尚构造的主体必须是符合当下流行美学标准的主体，符合时代审美的身体外观是生命主体最需要的，也是最珍视的。所以时尚在用自己所代表的生活方式潜移默化地影响主体构造的同时，还必须用符合时代流行美学标准的美的形式来构造主体。简单来说，时尚之美主要表现在造型之美、色彩之美、图案之美、搭配之美、意象之美等方面，这些美学元素共同构成时尚的风格之美。美是每一个生命主体穷其一生都不会放弃的生活理想，同时也是时尚从未放弃的追求之一，不能让主体感受到美的时尚注定不会长久，不能让主体获得美感认同的时尚很难长久流行下去。符合时代流行美学标准的时尚可以使生命主体更加自信、更加有勇气面对纷繁复杂的社会，继而构造一个自信满满的生命主体。

　　总之，时尚在强大的科技手段的帮助下，从文化和审美两个方面帮助生命主体远离平庸、克服焦虑感，赋予个体充满自信的外在精神气质和积极向上的精神风貌，参与并完成对主体外观的构造，呈现和打造出一个令他人羡慕、让自己充满自信的时尚形象。当然，更重要的是，时尚赋予身体的是作为自然身体所不曾拥有的意义，是一种崭新的生活方式，一种美的存在。这种美的存在表现出强大的自信、强烈的意向性、生命的充盈和新鲜的活力。这才是时尚构造主体的意义和价值所在。

## 三、主体对时尚的构造作用

　　在时尚与主体交互构造的过程中，使用和穿戴时尚的主体会赋予时尚以鲜活的生命。但不是每个人都能驾驭时尚，都能把时尚穿成时尚，与时尚相搭配的首先是合适的身体，其次是拥有这个身体的主体气质（或者说气场）和精神风貌，后者同样决定了这件服装能否称之为时尚。多数情况下，主体的精神气质都是后天培养的。在时尚发展初期，贵族和上层阶级的穿搭能够影响时尚潮流的发展方向，其中不可忽视的原因还包括贵族和上层阶级拥有优越的社会地位、精致的生活方式、无上的权力，这些都决定了他们是充满自信和强大个人精神意志的存在，这种强大的气场无形中赋予他们的服饰以权威性和先进性，从而有资格成为时尚领袖。所以，一个拥有强大自信心和意志力的生命主体更容易够赋予时尚强大的生命力，从这里也能反映出昔日时尚领袖的诞生机制。在阶级身份日益弱化的现代民主社会中，主体的内在气质是成为时尚领袖的必要条件之一，时尚的光辉需要生命主体多种形式的滋养。一个人内在的学识教养、言谈举止会影响到他的外在气质。"腹有诗书气自华"说的就是内在气质对主体外观形象的影响和塑造作用。对于时尚使用者和穿戴者来说，穿戴和使用这些时尚之物的过程就是时尚展示其意义符码和价值的过程，不管是夏奈尔小黑裙的性感魅惑，还是迪奥"新风貌"的优雅动人，抑或中国风的内敛含蓄，都离不开穿着者身体、相貌、内在精神气质对时尚风格的演绎与赋值。

如果把时尚的"生命"理解为时尚从诞生到消亡的整个过程，那么这个过程也绝对离不开时尚设计者、制造商、分销商、广告商以及消费者的设计规划、生产制造、营销管理、推广传播、发现认同、追逐拥有等一系列过程，这一过程也可被视为时尚意义从文化世界到商品世界，然后再回到文化世界的流动过程。在时尚发展初期，时尚设计者是时尚意义的领导者，继而时尚的制造商、分销商、广告商纷纷加入，将各自对于时尚的理解注入到时尚产品中，成为时尚意义生产群体中的一员。当代社会，时尚设计师的工作已经和制造商、营销商密不可分。在这一过程中，时尚传媒起到了重要作用，首先是以时尚刊物、报纸、影视及各种时尚教育机构为主体的较为传统的传播媒介；其次是以手机、电脑为主要载体的各种新媒体时尚传播网络，如网红和各种时尚资讯平台等。目前，后者的作用和影响似乎已经大大超过前者。随着全媒体时代信息源的多样化和泛化，不仅以往的时尚精英，如时尚媒体编辑、时尚记者、时尚撰稿人、时尚观察家和评论家及研究时尚的专家学者们能够在阐释和研究时尚产品、时尚风格、时尚潮流的过程中把自己对于时尚的文化和审美内涵、意义、价值等观念渗入到相应的时尚产品和时尚潮流中去，而且来自微博、微信等自媒体的网红、流量明星、时尚达人也在发挥同样的作用，最终时尚的意义流动到消费者群体，影响到他们对于时尚产品的选择、时尚意义的接收与理解，同时在社会上呈现新的时尚文化、时尚潮流，完成时尚意义的生成、流动和转化，并在潜移默化中达到塑造时尚主体的目的。可以说，时尚的商业化传播在时尚意义流动过程中发挥了至关重要的作用，是时尚意义被不断丰富的过程，也是其文化和审美价值被不断赋值的过程。没有这一过程中众多主体的参与，时尚流行周期以及时尚的各种文化表征、意义内涵、审美价值都无从谈起。在这一过程中，时尚不是被动的、等待命运安排的孤儿，而是不断提出问题、需要被精心照料、细心打理的公主。总之，时尚主体的构成既是一个主体不断自我赋值的过程，也是一个众多主体不断为其赋值的过程。换言之，是众多生命主体共同努力的结果。

对于时尚个体来说，时尚主体的构成离不开其他主体身份的作用和影响，是多重身份主体共同作用下的产物。前文中说过，使用和穿着主体对时尚的发现、选择、追逐和遗弃是主体构造时尚的主要途径和方法，然而这种选择与追逐又不全是主体自由意志的选择，而是社会多重因素共同作用的结果。众所周知，社会中的每个人都是生命主体，这个生命主体从诞生之日起就有性别、种族、国别及阶级差异，在家庭、学校和社会中接受不同形式的培养、熏陶、教导，从而形成不同的气质、性格和身份，所有这些都使得他们在成为一个时尚主体之前，就已经拥有了其他主体身份，其他主体身份对于时尚主体身份的构造不会无动于衷，而是从各自的立场出发对这一过程施加影响。苏珊·凯瑟在《时尚与文化研究》一书中对此进行了多方阐释，认为时尚主体的构成是个体通过"风格—时尚—装扮"来驾驭交叉性的过程。❶交叉性指不同的主体地位，如性别、种族、国别、阶级、性取向等因素之间相互交织、彼此互动的关系。这种观点充分考虑了主体构成的复杂性，是对本质主义者只关注一个主体地位、忽视其他主体地位做法的纠正。在苏珊·凯瑟看来，时尚主体是多重身份主体共同作用下的产物，唯一不同的只是在不同情境或社会环境下，各种主体身份发挥作用的程度不同而已，不仅具有含混性，而且彼此之间始终处于不断商讨协调、交织缠绕的较量中。总之，对于时尚个体来说，其时尚主体身份是不同主体身份之间交互作用和影响的结果。

综合前文中时尚与主体之间的交互构造作用，我们可以将其总结为：时尚在技术、商业、文化和审美等因素的联合作用与支撑下帮助生命主体远离平庸、克服焦虑感，赋予生命主体以充满魅力和自信的外观气质、精神风貌以及不竭的生命活力，激发主体勇于突破和改变现状的勇气；而生命主体则以其内在的知识、气质、技艺及生命力滋养时尚、支撑时尚，赋予时尚以生命和存在的意义与价值。尽管时尚主体只是主体众多身份中的一种，而且会随着其他主体身份（如年龄、性别等）的改变而发生变化，但是在某种程度上，主体对于时尚的选择权常常能够左右时尚潮流的发展方向。所以，为了满足主体的需求，时尚必须不断更新、变换形态，以适应不同时代主体态度和需求的改变，继而表现为一个又一个时尚周期的更替。从间性理论的视角

---

❶ Kaiser, Susan B. *Fashion and Cultural Studies*[M]. London, New York: Berg, 2012: 35.

来看，无论是时尚对主体的构造，还是主体对时尚的构造，都不是单独发生的事件，而是彼此交织在一起的。时尚与主体之间的关系是一种相互蕴含、相互奠基的关系。时尚主体的诞生是两者交互构造的结果。

## 四、时尚与主体之间交互构造的过程性、阶段性和差异性

时尚与主体的交互构造不是截然分开的，也不是一蹴而就的，两者之间达成默契成为一个整体是一个非常复杂、不断变化的过程，也是一个互相发现、不断成长的过程，要不断磨合之后才能成为一个统一的生命共同体。从发展的角度来看，过程性是时尚与主体之间交互构造的一个重要特征。这是因为主体始终是一个变化中的主体。在主体的众多主体性特征中，与种族、民族有关的主体身份最难改变；国别、信仰、性别等主体身份发生改变的概率不是很大，但是一旦发生改变，对于时尚与主体之间的交互构造就会造成影响；年龄、教育程度、职业等主体身份的改变较为频繁，与时尚之间的关联也最为紧密。时尚符号所表达的文化意义和内涵同样具有可变性。例如，在传统性别文化视域中，抹胸、低领、露背装、吊带装、超短裙等服饰都被看作是低俗的，难登大雅之堂。然而随着社会的进步和发展，女性社会和经济地位的不断提高以及人们思想观念的变化，同样的服饰现在已经具有了完全不同的文化含义，成为女性性感、自信的象征，女性可以穿着这些服饰参加社交活动。因此，研究时尚与主体之间的交互构造，必须注意主体和时尚两方面始终处于变化之中，这种变化决定了两者之间的交互构造是一个不断发生变化的过程，表现为阶段性和差异性。

就阶段性来看，时尚与主体之间的交互构造和人生的重要成长阶段是一致的，基本上可以分为幼儿时期、青少年时期、青年时期、中年时期和老年时期。在幼儿和青少年时期，生命主体的时尚观基本上属于被塑造阶段，童装、校服、学生装、运动装是最常见的着装选择，主体的时尚选择、时尚观念更多受到父母等家庭成员以及学校老师的影响，对社会上各种流行时尚风潮还处于懵懂阶段，在时尚面前基本没有选择权，自我主体意识对时尚的构造作用较弱，两者之间互相构造的张力较小。青年时期是人一生中人生观、价值观、世界观以及时尚观逐步确立的时期，主体感情、职业、思想、身份等各方面都会发生较大变动。这一时期，在经济条件、政治权力、文化规范、

知识水平等社会话语的联合作用下，时尚与主体之间频繁互动，两者交互构造的特征最为明显，充满张力，不断调整变化。到了中年时期，随着主体涉世程度的加深，对于各种权力、文化规范及其他社会话语的作用有了较为客观清晰的认知（从开始的拒斥到容忍直至习以为常），逐渐拥有了较为稳定的人生观、价值观、世界观以及时尚观。不同时期的人生拥有不同的时尚。多数情况下，中年和老年时期主体的时尚外观与精神气质会较好地融合在一起，形成一个完整的生命共同体。因为这个阶段多数生命主体历经生活的磨难、岁月的洗礼，逐渐克服青年时期的懵懂、莽撞和冲动，拥有成熟的气质、淡定的心态，也逐渐找到适合自己的时尚风格，时尚与主体之间的交互构造也变得相对稳定，具有较长的持续性。

时尚与主体之间交互构造的过程还会因主体的性别、身份、职业等方面的不同而具有差异性。例如，时尚与女性主体之间的互动和构造作用表现得非常明显和活跃，追逐时尚几乎是每个女性一生的梦想，在女性人生的各个阶段几乎都有所表现，尤其是青年和中年时期，表现得最为活跃和显著。同时，时尚对于女性个体性别和身份的塑造作用也很重要。在时尚发展史上，女性时尚风格层出不穷，不同时代的女性时尚也各具特色，塑造着不同时代女性形象和身份。然而，男性时尚与主体之间的交互构造作用在男性一生的各个阶段表现都不是十分活跃，社会上流行的男性时尚明显缺乏变化，单调乏味。当然，这并非意味着男性主体和时尚之间没有互动，而是通过另一种方式——反时尚的方式表现出来。男性反时尚风格的历史可以追溯到法国大革命时期。18世纪，随着资本主义的萌芽和发展，男性放弃了服装中各种鲜艳的色彩以及华美、精巧且多余的饰物，将这些完全留给女性使用。直到现在男装时尚依然保持着传统三件套形式，将服装的角色降到基本需求的程度。然而男性主体的反时尚态度以及男性反时尚风格的持久性恰恰为男性塑造了一种不随潮流而动、阳刚、坚毅、果敢的时尚形象，出色地完成了时尚与主体之间的交互构造。同时也表明了男性所独有的不需要以服饰取悦他人的性别和身份优越感，在一定程度上巩固了父权思想及其统治地位。

时尚与主体之间的交互构造具有过程性、阶段性和差异性的特点，这也意味着时尚主体不是某一时空交叉点的偶然事件，而是一个受到多种内部和外部因素制约的复杂活动。这一点是由生命主体建构过程的复杂性所决定的。

如前所述，生命主体从出生到暮年会受到来自家庭、学校、社会等各方面的影响和塑造，不仅时尚与主体之间，主体与主体之间也时刻处于交往互动的状态，从而构成了主体间性。时尚与主体交互构造形成的时尚共同体成为诸种主体间性中的一种重要的表现和存在形式。

## 五、时尚与主体之间交互构造的动力之源

时尚与主体之间的交互构造之所以成为可能，与主体意向性、主体间性和超越性密不可分。"意向性"（Intentionality）这个概念最早由德国哲学家、心理学家布伦塔诺提出，他认为意向性具有两种功能：一方面，意向性指意识可以包含实际上不存在的内容；另一方面，意向性指意向活动与对象之间的关系。❶胡塞尔在《逻辑研究》一书中剔除了意向性的心理含义，接受并发展了布伦塔诺意向性的第二种含义，用意向性指主体意识活动的指向性和目的性，认为意向性是意识的本质和根本特征。外部世界被主体意识的意向性光芒照亮之前是一片黑暗、一片混沌，没有意义和秩序，只是当意识的意向性投射于外部事物，外部事物成为意识的对象时，它们才有了意义和秩序，也才使得世界上自我存在之外的一切具有了客观有效性。主体意识意向性的存在使得时尚与主体的交互构造成为可能。人作为意向性的主体，其意识活动必定指向某种意向活动的对象，在时尚与主体交互构造的进程中，时尚成为主体意向投射和再构造的目标。

胡塞尔在《沉思》（1931年）一书中将"交互主体性"规定为由主体与他人群体化而产生的共同体。后来在《危机》（1938年）一书中多次论及"交互主体性"问题，并将之定义为所有人的"同一世界的意识""一个共同的世界统觉""一个唯一的心灵关联"等概念，可见他强调的交互主体性是各种主体意识的共通性和统一性。❷在论述主体间性问题时，胡塞尔认为每一个人与具有世界意识的他人进行交往时，同时也意识到这是个具有他人特性的他人。自己的意向性以令人惊异的方式延伸到他人的意向性之中。与此同时，自己的存在有效性和他人的存在有效性，也以一定的样式相互结合在一起。❸正是

❶ 栾林.胡塞尔发生现象学研究[M].北京:中国社会科学出版社,2016:141-142.
❷ 雷德鹏.自我、交互主体性与科学[M].北京:人民出版社,2015:203.
❸ 雷德鹏.自我、交互主体性与科学[M].北京:人民出版社,2015:211.

在主体意向性相互结合的基础上，主体之间的交互构造才得以完成。胡塞尔对交互主体性构造的论述与本文中时尚与主体之间的交互构造似乎存在差异，因为时尚不是具有生命个体的"他人"，然而时尚是使用和穿着时尚的主体与众多时尚主体之外的生命主体集体创造的结晶，作为技术、商业、文化、审美的产物，时尚的背后有着设计师、制造商、营销商、广告商、消费者等一系列主体存在，所有这些主体对于时尚的诞生都投入了各自的意向性，才使得时尚成为一个具有技术性、商业性、文化意义和审美价值的多样化存在。因此，作为一个从多方面被赋予了意义和价值的存在，时尚既可以被视为主体间性的一个组成部分，也可以被视为主体之间交互构造的媒介。

从交互主体性的视角来看，使用和穿着时尚的主体的意向性与时尚本体之间的交互构造，从本质上看也是主体的意向性与被灌注到时尚本体中的诸种意向性之间的一种磨合、碰撞、相互修正和支撑，直至彼此接纳，最后形成一个崭新的生命共同体——时尚主体。从整个人类文化世界的构造来看，时尚与主体之间的交互构造实际上也是更大范围内生命主体间交互构造的一部分，是时尚与设计、生产、营销和消费时尚的一系列主体之间的交往互动和交互构造，是多个生命主体意向性的交织与主体意识的统一与融合。当然也可以被视为人类交互主体性的一种表现形式和载体。时尚之所以能够以一定的流行周期流行开来，成为一种有一定生命周期的文化现象，与这个时尚主体背后发生作用的群体化意向性有关。单一主体意识的意向性很容易受到周围群体意向的影响，从而加速单一时尚与主体之间交互构造的速度，扩大其规模，最后形成特定的时尚群体及时尚风潮。

此外，时尚与主体之间的交互构造也依赖于生命主体的主观能动性和超越性。生命主体的超越性就是主体意向性的延伸，意味着作为生命主体的人能够超越人与物、动物与植物之间的界限，将其有效性延伸至非物质的境界。正是这种外在超越性，使得生命主体能够赋予时尚以生命和活力，也使得时尚对主体的构造成为可能。换言之，这种内在超越性赋予了时尚本身所没有的构造能力，超出了时尚原有的势力范围，使其成为建构生命主体的重要内容之一。当然，也成为时尚自身生生不息的动力之源。

现代民主社会中，随着时尚的阶级性特征日益模糊和街头时尚的高歌猛进，时尚与主体之间的交互构造似乎不难达成。庸碌世间，不是每个人都能过上被人仰望的生活、诗意的生活、无忧的生活，但是过上时尚的生活却是普通个体不难实现的愿望。时尚是现代社会中每个普通人都有望拥有的一种生活方式。

# 时尚与身体、性别及其观念演变

## 一、身体观念的改变

身体观念就是人们对于自身身体的认识和理解，几种常见的身体观念包括自然的身体、文化的身体、社会的身体、规训的身体和技术的身体。过去人们秉承的是自然论的身体观，认为身体是固定的、先天的，中国古代《孝经》所说："身体发肤，受之父母，不敢毁伤。"现代社会人们的身体观念、自我与身体的关系、时尚与身体的关系都发生了变化。人们更多从社会和文化的视角看待身体，强调身体的社会建构性，认为身体和其他一切人类文化造物一样，可以被改造和建构，而非固定不变。

在理论方面，福柯的身体理论对自然论的身体观念冲击最大，他将身体视为权力规训的产物，认为身体从来都是社会文化力量争夺的对象，是被塑造的东西，绝非自然的实体。詹妮弗·克雷克在《时装的面貌》一书中认为身体从两种意义上来说是被"建构"出来的——既被身体技术所建构，又通过习惯性表现方式或具体生活得到表现。时装是一种以服装为社会行为标记的"身体技术"。❶随后她转引其他学者的观点，认为这种技术并非由外力自上而下以缓慢的形式所强加，而是体现了集体的和个人的实用逻辑及其获得的能力。在"为追赶时髦而进行模仿"的过程中，人们借用他人的动作、行为、手势和举止来形成一系列成规化的身体技术。在她看来，时装并非消费主义文化的现象，而是一种文化移入的普遍措施。对于时尚与身体之间的关系，乔安妮·恩特维斯特尔在《时髦的身体》❷一书中着重指出"装饰"与"服饰"

---

❶ [英]克雷克.时装的面貌[M].舒允中，译.北京：中央编译出版社，2000：6-13.

❷ 该书的英文名称是 *The Fashioned Body*，"fashion"一词在英文中除了做名词有"时尚"的含义外，还可用做动词，意思是"制造、制作"。所以这本书还可以翻译为《被塑造的身体》，而且这种翻译更符合作者书中对身体的理解和阐释。

都具有人类学的血统，因为人类学在寻找一种表达人类对身体所做的一切事情的术语，时尚能够比"服饰"和"装饰"更为精确地表达西方社会的特性。她认为时尚与身体有关，人们透过时尚的身体知晓身体不是一个自然和自由的身体，而是被有意为之的"文化的"身体，即时尚是一种文化现象，而文化代表着意义的分享和交流，时尚因此被定义为现代的、西方的、有意味的、爱交流的身体的服饰或装饰，同时也被理解为一种深刻的文化现象。❶人们对"技术的身体"和"文化的身体"的信仰催生了现代社会中各种健身热潮，并始终保持着发展前进的势头，持续不退。

现代医学医疗技术的发展，则彻底改变了人们的身体观念和对待身体的态度。在外科整容手术、变性手术、器官移植等先进技术的助力下，各种塑身方式（如文身、刺青、穿孔等）以及各类整形美容手术（如隆鼻、隆胸、拉皮、整腹术、激光美容等）逐渐被社会接受。不仅一些身体部位可以整形，甚至性别、肤色等都可以改变。最终"身体发肤，受之父母，不敢毁伤"的观点被人们彻底抛弃，"人们可以通过医疗手段获得自己想要的外观。身体完全成为一个可以按照个体意志加以塑造之物，一个需要不断加工、完善的对象。"❷当代社会中人工智能的发展已经让人机结合成为可能，技术的身体早已不仅仅是用技术化的时装塑造、装饰、消费和利用身体那么简单，技术在直接改变人的生存方式，但是技术永远无法改变的是人们对于时尚身体外观的追求和热爱。此外，无论健身还是塑身，都只是时尚潮流发展过程中的表面现象，在这浩浩荡荡身体时尚大潮背后，是人们时尚观念和身体观念的改变，及其所呈现出来有别于传统社会性别观念的思想意识。

## 二、时尚与女性身体

鲍德里亚在《象征交换与死亡》一书中论述了不同社会发展阶段服装与身体、时尚与性别（尤其是女性）之间的关系，认为在后现代消费社会中，时尚有效地中和了身体，妇女和时尚之间的亲缘关系也逐渐中断了。离开了女性这一特殊载体，时尚向所有人开放，身体则被托付给时尚符号，失去了性魔力的身体成为"模特"。然而，时尚与女性身体之间的关系非常复杂，解

❶ 周进. 服饰、时尚、社会—大师的理论研究 [M]. 上海：东华大学出版社，2013：7-9.
❷ 陶东风. 消费文化中的身体 [J]. 贵州社会科学，2007(11)：43.

放和展示身体、塑造和装饰身体、消费和利用身体尤其成为时尚与女性身体关系中不容忽视的内容。

1. 解放和展示身体

无论在中国古代封建农耕社会、西方中世纪宗教神权社会，还是现代化工业社会，都存在不同程度的禁欲主义传统，身体是被压抑和束缚的对象。在禁欲主义传统中，身体及其欲望被看作是危险的、肮脏的、不守规矩的非理性欲望和激情的载体，堕落的根源。❶ 随之也产生了一系列严格甚至残酷的束缚和抑制身体欲望的工具或措施，在服饰方面广为人知的有西方女性的紧身胸衣和中国女性的裹脚布。然而，随着20世纪以来女权主义运动在世界范围的迅速发展，女性时尚也开始被赋予了解放女性身体的功能，或者说承担起解放女性身体的任务。保罗·波列、可可·夏奈尔等人就是这个时期女装改革的代表人物。

保罗·波列推出了高腰身、回归自然的希腊风格，摒弃了300年来束缚女性身体的紧身胸衣，同时一反欧洲传统束腰、紧身的衣着方式，大胆吸收了阿拉伯地区妇女服装的宽松、随和样式，使解放了的身躯和精致的丝绸共同产生一种轻松和优雅的美，给欧洲女性带来了自由的风尚。夏奈尔则为女装功能化、男性化做出了有益的探索。她敏锐地意识到了那个时代人们生活方式和生活态度的变化，认为男性对于女性"性"的欣赏立场不应作为女性时装设计考虑的中心。她使用男性内衣的毛针织物制作女装，设计出针织面料的女套装、长及腿肚的裤装和平绒夹克，在裙装设计中降低了腰线的位置，这样的服装穿着不仅为身体带来舒适感，方便运动，同样能够展示女性的优雅身姿。

时尚对身体的解放不仅在于把身体从层层束缚中解放出来获得舒适感，还在于将其从封建伦理和神学道德的禁欲桎梏中解放出来，或者说通过大胆地展示身体，时尚彻底攻破了禁欲主义的堡垒。抹胸裙、高开衩裙、迷你裙、包臀裙、透视装、吊带裙、露背装等性感时尚的出现和流行让压抑了几千年的身体获得充分展示自身魅力的机会。以前人们不得不用服装刻意遮挡和包裹起来的身体，在时尚的帮助下重获新生。

---

❶ 陶东风. 消费文化中的身体 [J]. 贵州社会科学, 2007(11): 43.

### 2. 塑造和装饰身体

身体从来不是简单的物理存在，也是技术、社会、文化的存在。时尚对于身体的塑造，首先在于从外部对身体进行塑形，如过去的紧身胸衣、裹脚布对身体进行的畸形塑造，以及现在通过各种整形美体手术打造出来的明星脸。高跟鞋、胸罩、腰带等时尚配饰从造型到轮廓改变着女性自然的身体外观。其次，通过服装服饰的各种造型来改变身体外观，在各种服装造型的包裹和衬托下，时装不仅是身体的第二层肌肤，而且成为身体的延伸和绽放。以如迪奥设计的"新风貌"造型为例，这种裙装用宽肩、收腰和宽裙摆的造型来塑造女性身体外观，凸显女性的丰满、纤细和柔美。早期的女性吸烟装强调宽肩线、窄裤脚，呈现上宽下窄的倒三角形，塑造出女强人强悍的形象，也衬托出女性身体挺拔健美的一面。常见的时装造型还有钟型、S型、A型、H型、O型等，这些都是时尚塑造和装饰身体外观的表征。此外，时尚对身体的塑造和对身体的装饰是分不开的，通常情况下，服装的色彩、图案、配件（如荷叶边、流苏、蕾丝、蝴蝶结、缎带等）及配饰（眼镜、鞋帽、领带、腰带、围巾、手表、包包、珠宝首饰等）等都对身体外观发挥着重要的装饰作用。

### 3. 消费和利用身体

20世纪80年代，随着后现代主义思潮的兴起，西方女性主义在理论界和媒体界出现了一种新的理论和实践趋向：一些研究者认为，以"女性解放"为目标的女性主义思潮已完成其历史任务，取而代之的是有别于以往女性主义思潮的后女性主义。曾经的激进女性主义者认为女性应当克服自己的女性气质。她们反对婚姻，认为女性要得到彻底解放就必须消除家庭和婚姻。后女性主义则注重女性与实际生活的联系，认为激进女性主义剥夺了女性的许多快乐，重新强调基于男女平等的婚姻和家庭的价值。[1]于是，很多女性主义者收起了先前傲人的姿态，对着家庭、孩子扮幸福陶醉状。在这样的后女性主义思潮影响下，西方女性时尚及其对于女性身体的塑造也发生了诸多变化。

首先，时装模特成为女性塑造身体的楷模，追逐时尚的女性纷纷以模特为标准来保持体形、化妆美容，甚至学走猫步，以至于鲍德里亚认为，"整个

---

[1] 易连英.抵抗与差异：反思后女性主义背景下的女性新形象[J].北方文学,2012(5):94.

社会开始女性化了"。如果说现代社会早期女性身体获得了解放，那么到了20世纪80年代以后，女性身体作为时尚符号获得了解放。不过，在这种解放中，女性不是把自己当作男人的凝视对象，而是将自己的身体作为性感和魅力的符号展现出来，且这种展示已然成为一种时尚，一种独特的身体时尚。悖论的是，这种自由展现女性特质的身体时尚并没有引领女性进入更加自由和独立的境界，而是成为消费社会的一部分，解放了的身体变成了被消费的身体。波伏娃在《第二性》中曾经这样写道：

"女人在今天比以前更懂得通过运动、体操、沐浴、按摩和保健食品去开发身体的快活；她可以决定自己该有多重的体重，该有什么样的体型以及什么样的肤色。现代美学观念使她有可能把美和活动结合起来：她有权锻炼肌肉，她拒绝发胖；她通过体育把自己肯定为主体，在一定程度上摆脱了她的偶然性的肉体束缚；但这种解放也很容易重新陷入依附性；好莱坞明星虽然战胜了本性，但她同时也变成了受制片商操纵的被动客体。"❶

这种"被消费的身体"在社会名流、影视明星、流行歌手、网红群体中体现得最为明显，这些人在演出、直播以及其他各种公开场合的着装和造型总能和他们参与的活动一样引人注目，成为各类媒体报道的内容或人们茶余饭后的谈资。20世纪80年代的流行偶像麦当娜作为典型的后现代女性主义时尚代表，身穿紧身胸衣、搭配短裙和渔网丝袜的性感形象常常出现在各大宣传海报上。1990年金色旋风之旅的演出中，她身着让·保罗·高缇耶设计的锥形胸衣，被认为是颠覆传统女性时尚的典型。她用这种大胆前卫时尚性感的时尚装饰着自己的身体，成为前卫性感的偶像，同时也宣告"天生的"女人已经过时了。当然，最重要的是在铺天盖地关于麦当娜的报道中，时尚所塑造和包装的身体已经全然成为大众消费的目标和对象。

在当前各类时尚文本中，电影、杂志、网络媒体以及街头广告牌上充斥着很多有名无名的、或古典、或现代的美女形象，她们光彩照人、体态优雅、苗条性感。然而，这些为时尚产品代言、为时尚消费推波助澜的身体图像和生活中真实的女性身体是有距离的。美国时装模特卡梅伦·鲁塞尔曾为多个世界顶级名牌代言，她在TED演讲中谈及自己在 *Vogue* 杂志上的一张封面照时说："图像是强大的，但同时又是表面化的……这不是我自己的照片，是

---

❶ [法]西蒙娜·德·波伏娃.第二性(第二卷)[M].陶铁柱,译.北京:中国书籍出版社,1998:602.

由一群专业人士制造出来的图像，他们是发型师、化妆师、摄影师以及造型师，他们制造了这些，那不是我。"她的这番话道出关于女性身体的另一种真实存在，即这些女性身体是后现代消费社会制造出来的产品，同时也是消费品。不过，时尚文本与消费文化共谋，制造出来的是一种脱离现实的神话美，女性永远达不到的美，而"身体变成了一种永远也不能达标的东西"❶，这种落差进而在心理上内化为女性对自身的不满，从而不停地购买时尚商品装扮自己，或者通过健身、瘦身、做整形手术等手段对身体加以改造以不断接近这种美。那些经过润色加工的流水线美女让成千上万的女性对自己的长相和身材感到自卑，同时也潜移默化地影响了时代的审美观和价值观，现在有多少人感叹——这是一个看"脸"的世界，这里的"脸"包括了时尚塑造的整个身体外观。受到这种身体观念的影响，当代社会中身体时尚和服饰时尚一样，已经成为很多女性生活中的一部分，不仅为了永葆美貌与青春，也是女性改善自身境遇、提高身份地位的重要方式和媒介。

## 三、20世纪以来女性身体美标准的变迁

20世纪初，人们喜欢丰满、高挑，具有曲线美的女性；20世纪20年代，女性美的标准被聚焦在一种像俏皮男孩子的体型外观上——身材娇小、瘦瘦平平的酥胸、双腿细长笔直。20世纪30年代的女性崇尚性感美，B罩杯的胸围、细腰、臀部微翘。第二次世界大战之后，胸部和臀部又开始变得丰满起来，人们开始崇尚成熟美，就像玛丽莲·梦露一样，拥有极度凹凸有致的身材、丰满的酥胸、纤细的腰围、胖瘦适中的体重。

到了20世纪60年代，随着时尚的发展人们又开始对瘦平的身体产生极大兴趣。英国超模崔姬成为20世纪60年代身体美的象征和标准：1.67米的身高、体重只有41公斤，她以短发、大眼、偏瘦、充满小女孩般的天真无邪形象成名。从她开始，纤瘦成为标准的模特身材。70年代，理想化的身材仍然是纤细苗条而朝气蓬勃的。90年代英国时装模特凯特·莫斯将这种纤瘦风推向了极致，开启了西方大众称之为"海洛因时尚"的颓废风格。不像80年代的名模，拥有魅力四射的身体轮廓和曲线美，莫斯以富有魅力的消瘦外形、光怪

---

❶ [挪威]史文德森.时尚的哲学[M].李漫,译.北京：北京大学出版社,2010:82.

陆离的流浪儿形象成为90年代女性美的理想和性感标准，以至于她成为"一个超越她个人之外的形象，对许多人来说是一种具有象征意义的符号。"**❶**神学家米歇尔·玛丽勒温所说，"对许多女性和女人来说，女模特的身体是'圣灵'，指引着她们通向超越或建构一个女性苗条的神话：一种近乎宗教的幻想，通过一个瘦的身体予以实现。"**❷**但是，很多人认为那种吸引设计师和消费者的身体是一种看起来似乎被毒品和病痛肆虐的身体，这种身体并不是多数成年女性想要得到的身体，因为那并非一种健康的身体。

或许是物极必反吧，21世纪初的女性身体审美发生了巨大转变，人们对女性美的理解日益宽泛。千禧年里，女性的平均腰围增加了四英寸，人们开始追求像吉赛尔·邦辰和布兰妮·斯皮尔斯那种充满健康美的体形，没有一点儿赘肉的腹部令很多女性艳羡不已。对当今世界的许多女性来说，对美的要求是健康和强壮，她们不但积极追求女性体态的优美，也开始渴望男性健壮的体魄，努力让自己的外表和内心一样变得强大起来。以美国为例，过去的大多数女性都以柔和的身体线条作为女性美的标志，但现在，很多女性却以肌肉结实作为奋斗目标，女性健身运动风靡世界各地。她们采用和男性同样的健身方法，对身体进行高强度训练。瘦骨嶙峋的身材不再受人推崇，女性对于身体的健康意识似乎从未像现在这样强烈过，瘦而健美的身体成为新的宠儿和人们艳羡追逐的标准，近年来风靡于健身场所的"马甲线"，甚至"怀孕腹肌"都是这方面的明证。

## 四、时尚与性别及其观念的演变

和身体具有自然的身体和文化的身体两种理解上的分歧一样，一直以来性别问题也存在着"生物决定论"和"社会建构论"之间的争执，即在多大程度上性别是天生赋予的，是生物因素决定性别，还是后天的社会文化因素塑造了性别。英语中用"Sex"一词指称生物学意义上的性别，用"Gender"一词指称社会和文化意义上的性别。女性主义生物学家安妮·法奥斯托－斯特林提出，性别不仅是与生俱来的"硬件组合"（Hard-assembly），还是一种"软件组合"（Soft-assembly），一种身体、时间、心理和文化空间的综合表达

---

**❶** Persis Murray, Dara. *Kate Moss:Icon of Postfeminist Disorder*[J]. Celebrity Studies, 2013, Vol.4: 14-32.

**❷** Persis Murray, Dara. *Kate Moss:Icon of Postfeminist Disorder*[J]. Celebrity Studies, 2013, Vol.4: 14-32.

方式。性别主体形成过程中可能会出现一些极为不稳定的阶段，其后则是相对稳定的时期。❶在这种观点看来，作为"软件组合"的性别是一个连续统一体，而非某种固定的本质属性，其意义在于帮助我们摆脱性别认知过程中的二元对立思维，开启从多元视角思考性别问题的道路。目前，多元化性别论已经成为国际学术界看待和思考性别问题的一种流行观点，按照这种观点，生理性别和社会性别之外，还有一种心理主导并因之而变化的性别，这种性别始终根据个体的外部社会环境和心理需要处于不断变化之中，即在变化中适应和满足外部社会环境和个体心理对性别身份建构的需要。除去生物性别之外，社会性别和多元化性别都属于个体身份建构的社会化过程的一部分，与时尚有着密不可分的关系。换言之，任何时候，时尚都是个体性别身份建构不可或缺的积极参与者。

具体来说，时尚对性别的作用于影响主要体现在如下四个方面。

### 1. 凸显与强化

"粉色属于女孩""蓝色属于男孩"大概是非常早能够说明时尚与性别之间关系的论断，不过，用这样的论断来阐释当下时尚与性别的关系未免有些幼稚。尽管如此，时尚对性别身份的凸显和强化作用一直存在，从未消失或停止。苏珊·凯瑟在《时尚与文化研究》一书将时尚与性别之间的关系解释为"赋予、取消和重新赋予"（Marking，Unmarking and Remarking）的过程。这里的"赋予"就是指时尚对于性别的强化和突显作用。通常情况下，蕾丝、胸罩、高跟鞋、荷叶边等女性化元素和各类长短不一的裙装本身都是女性性别身份的标志。对于男装而言，西装三件套是典型的男性服饰，对于男性性别起到标志性作用。直线造型、方形或者倒梯形为主的廓型，成为男性阳刚、坚韧、有力形象的标配。色彩以黑色、灰色、深蓝色为主，表现出男性稳重、严肃、理性的气质。

### 2. 模糊与调节

时尚对于性别身份的模糊和调节作用主要体现在女装男性化、男装女性

---

❶ Fausto-Sterling, Anne. The Problem with Sex/Gender and Nature/Nurture[C].*In Debating Biology:Reflections on Medicine:Health and Society*, ed. Simon J. Williams, Lynda Birke, and Gillian A. Bendelow. London：Routledge. 2003：123-32.

化两个方面。女装男性化就是在设计女装的时候借用男装元素，如20世纪二三十年代美国社会流行的"男孩风貌"（又称小野禽风貌），60年代伊夫·圣洛朗设计的女性吸烟装，80年代阿玛尼推出的权力套装，都是女装男性化的典型。这些服饰风格塑造出来的女性形象要么带有男孩子的顽皮可爱，要么让女性穿着者显得英俊潇洒，有助于打造女强人的社会形象。不过，男性化的女装虽然让女性穿着者拥有了部分男性气质，多数情况下并不妨碍社会中对女性身份的认知。通常，男装女性化指男装在设计中借用女装元素，常常使用较为鲜艳明亮或相对柔和的色彩、各种印花或抽象条纹的图案、较为夸张的造型和柔软的面料，有助于表现男性刚柔相济的品质，不过有时也会让男性穿着者带有女性气质，被认为"女里女气"而遭受嘲讽和轻视。当然，在性别模糊的程度上，无论是女性化的男装还是男性化的女装都很少会妨碍人们对穿戴者性别身份的辨认。所以，这两种风格都具有模糊和调和性别身份的作用，可以对过分花哨的女装或单调枯燥的男装进行适当调节，并对原本界限分明的男女两种社会性别身份起到模糊作用，有助于男女两性在气质和性格等方面相互补充，促进两性间的和谐相处共同发展。

## 3. 消抹与中和

在各种时尚风格中，中性风时尚对于男女两性性别差异的消抹与中和作用最为明显。从风格方面来看，中性风追求清晰雅致、简洁利落、随性不拘，常常运用黑、灰、白、金、银这五种多数人都接受的中性色彩，简素平和，知性得体，让人感觉轻松、沉稳、低调、踏实。既拥有男性造型中清爽利落、自在随行的要素，又拥有女性造型里优雅娴静、柔美清新的味道，很值得玩味和拥有。职场一贯是中性风最流行的地方，以西装为代表。运动夹克、风衣、卫衣、牛仔装、T恤衫等运动休闲类的服饰中也有大量中性风。在性别身份的塑造方面，中性风是一种尽量消抹性别差异的风格，人们从外观上很难分辨时尚穿着者的性别身份。其意义在于通过最大限度地取消性别差异，在外观方面实现了两性间的性别平等。这里需要指出，中性风对于身体性别身份的塑造与身体自身具备的条件，如五官长相、肤色、胖瘦、高矮、身材比例以及个体的性取向如同性恋、双性恋等因素都有很大关系。当然，个体的身体条件和性取向是任何时尚外观对身体和性别进行装饰、塑造的基础，何种情况下都不能忽视。

### 4. 跨越性别障碍

时尚有助于个体跨越性别障碍，这一点在同性恋时尚和异性恋的异装行为中表现得最为突出。在学术界，同性恋时尚并不是什么禁忌的话题，苏珊·凯瑟在《时尚与文化研究》一书中对这个问题进行了深入探讨。她认为，同性恋个体通过"风格—时尚—装扮"形成了属于自己的一整套服饰符号话语，通过这些服饰符号话语进行沟通，彼此认同，并与异性恋区分开来。❶以奥斯卡·王尔德为例，他身穿天鹅绒外套、及膝短裤、长筒丝袜及长斗篷的形象，曾一度成为男性同性恋群体身份的象征性符号。由于同性恋身份比较隐秘，日常生活中并不容易通过服饰辨认，不过在群体内部还是可以通过服饰辨认的。例如在服饰和妆容方面都很讲究，常常选择一些色彩较为鲜亮、有图案或套色的服饰，给人以优雅、帅气、精致之感。鉴于先天的身体条件和社会环境的制约，多数人在服饰穿着上并不刻意选择女性服饰装扮自己，而是用一些细节来表明自己的性取向。对他们来说一个小小的细节就足以帮助他们跨域性别障碍，成为这个群体中的一员。比如，在服装色彩的选择上，带有白色、银白、黄白或银灰等亮色图案的服饰比较受欢迎。在服装搭配方面，可能会为一套普通男装搭配一顶红色的帽子、一双色彩鲜艳的袜子、一双粗高跟鞋、一条颜色鲜亮的领带或围巾、一只精致的手包等。美国知名时装设计师马克·雅可布和同性恋人在一起的时候，常常穿着白色或黑色的半裙，在一张二人合影上还曾穿过一条艳粉色的短裤。对于女同性恋者来说，相同和相异之间的相互作用成为一种重要的象征性主题。一些女性同性恋者会选择情侣装，或者穿着款式色彩几乎一样的服装，以此强调彼此之间特殊的亲密关系以及与社会上其他人群之间的差异；有时也会创造属于自己的迥异外观。在社会上身着男装的女性并不像身着女装的男性那样令人诧异，女性身上由此所散发出的男性气质反而给人以自立自强的感觉，甚至是一种绅士风度。总之，对于同性恋群体来说，服饰时尚是他们跨域性别障碍、构建身体外观、获取彼此认同的重要方法和手段之一。

异装行为也是时尚有助于跨越性别障碍的一个典型范例。异性恋群体中有一个特殊群体，喜欢选用异性服饰装扮自己的外观，这种改换性别装束的

---

❶ 史亚娟,但穆霖. 时尚·性别·性取向——读苏珊·B·凯瑟的《时尚与文化研究》[J]. 装饰,2015(5): 65-67.

行为被称为异装行为，这类群体则被称为异装者。有时，异装行为是个体为抵制生来赋予的社会性别角色采取的手段，如异装者试图从这种行为中寻求一种暂时的解脱；有时是为了戏剧演出的需要，如京剧中的男旦；或者出于对身穿"禁服"带来的情色愉悦的渴望。还有些女性异装行为是为了生计和经济利益的需要，身着男装是她们在男权社会中谋生、获取生存资源的手段。异装行为也可能是一种心理和精神疾病的表现，所以这些异装者被称为异装癖患者。总之，异性恋的异装行为或者异装癖患者是时尚塑造性别身份的一种表现，和同性恋群体中选用异性服装来塑造性别身份的目的有所不同，但效果却是一样的，都会模糊穿着者的外观呈现和性别认同。

异装一族中有一个非常特殊的群体——坎普（camp）。苏珊·桑塔格在《关于"坎普"的札记》中认为，坎普是那种兼具两性特征的风格的胜利。[1]她的观点明确指向了性别领域中，女性化的男子或男性化的女子。坎普群体中的成员不一定是同性恋，只是喜欢在大众面前穿着异性的装束，摆出一副同性恋的做派。在日常生活中，这个群体成员的性取向并不神秘，很可能是单纯的异性恋者（也可能是同性恋）。其特殊之处在于他们喜欢、擅长或者满足于在公众场合把自己装扮成异性的样子，故意在公众面前混淆自己的性取向，让自身充满神秘感，用各种充满戏剧性、夸张或滑稽的形式吸引社会和众人的关注，寻找存在感和乐趣。

西方有学者认为异装行为代表了社会性别话语中的"类属危机"，是一种新（第三种或更高级别）的性别可能性空间，也代表了一种构成并打破文化类属概念的"可能性空间"，虽然具有挑衅意味，但是却形成并表达着文化焦虑，所以应该关注而非审查流行文化及日常生活中的异装者。[2]在具体的跨性别实践中，异装行为遵从的是男性霸权原则，男性和女性之间具有显而易见的不平等，从男性到女性的异装行为比之反方向的从女性到男性的异装行为可能会引发更多的关注和焦虑，这是因为性别权力关系处于不断变化之中，具有不稳定性。女性在挪用牛仔裤、短裤、T恤衫、夹克、棒球帽等男性符号时并没有感觉不适或痛苦；反过来，异装男性如果穿戴各种女性服饰，则要在引人注目的同时，承受来自自身及社会的各种压力及焦虑。

---

❶ [美]苏珊·桑塔格. 反对阐述[M]. 程巍，译. 上海：上海译文出版社，2018(2020.4重印):335.
❷ Kaiser, Susan B. *Fashion and Cultural Studies*[M]. London，New York：Berg. 2012：132.

# 女性主义与西方时尚

## 一、西方女性主义发展的三次浪潮

女性主义也被称为"女权主义""女性解放""性别平权（男女平等）主义"。女权主义是女性主义初级阶段的历史用语，两者并没有本质上的区别。国内有学者将西方女性主义的发展划分为三个历史阶段：女性主义的第一次浪潮、第二次浪潮和第三次浪潮，其中前两次浪潮被称为女性主义时期，第三次浪潮被称为后女性主义时期。❶西方女性主义的源头可以追溯到18世纪，法国大革命被视为西方妇女解放历程中的重要事件，在这一时期，自由、平等的思想唤醒了欧洲大陆的妇女。1792年，英国现代女权主义奠基人玛丽·沃斯通克拉夫特的《女权的辩护》一书出版，她在书中主张女性的权利同男性的权利应该是平等的，呼吁给予女性同男性一样的教育权、工作权和政治权。不过女性真正获得政治上的普选权、受教育权、工作权、堕胎权还是20世纪的事情。

女性主义的第一次浪潮出现于19世纪中叶，一直延续到20世纪20年代末，其结果是西方主要资本主义国家通过了一系列法律法规，给予女性多项与男性平等的政治和法律权利。1920年美国女性取得了选举权；1928年英国女性获得了选举权。第二次世界大战期间，许多妇女响应国家号召，开始走出家庭，进入工厂。战争结束之后，她们又被国家号召返回家中，把工作机会让给从战场归来的男性。政府对待女性的态度激怒知识女性阶层，迫使女性不得不重新思考男性与女性的权利关系及其性别角色的内涵。1949年，法国女性主义代表人物西蒙·波伏娃出版了《第二性》一书，该书英文版1952年在美国出版，在社会上引起巨大反响。在这本后人称之为"女性主义的圣经"的书中，波伏娃提出"女性不是天生的，而是被塑造出来的，女性主义要求消除两性差异，使两性趋同，而这种差异是造成女性从属于男性地位的基础。"❷在这样的历史背景下，20世纪六七十年代掀起了女性主义运动的第二次浪潮。1963年，美国女性主义者贝蒂·弗里丹出版了《女性的迷思》一

❶ 王淼. 后现代女性主义理论研究 [M]. 王淼. 北京：经济科学出版社，2013(7): 19-22.
❷ 西蒙·波伏娃. 第二性 [M]. 陶铁柱，译. 北京：中国书籍出版社，1997: 34-35.

书，标志着第二次女性主义浪潮的开始。与第一次女性主义浪潮相比，这一次的女性运动更为激进，它不再是在现有制度上通过修改立法促进社会改良，而是主张彻底变革社会制度，为妇女解放创造必要条件，向社会发起全面的挑战。其诉求不仅是政治权利的问题，而是从政治、经济、文化和教育等诸多领域消除性别歧视，在社会、经济、文化等方面获得全面平等。激进女性主义是这一时期女性主义的重要派别之一，美国作家、艺术家凯特·米利特是其代表人物，她的《性政治》（1970年）一书成为激进女性主义的代表作。

第三次女性主义浪潮也被称为后现代女性主义时期。前两次浪潮产生了传统女性主义的三大理论流派，即自由主义女性主义、社会主义女性主义（包括马克思主义女性主义）、激进主义女性主义。在女性主义的三大派别长达百年的论争之后，西方国家进入后工业化的进程，在后现代主义、后结构主义、后殖民主义、后马克思主义等后学思潮的影响下，20世纪八九十年代后女性主义（或后现代女性主义）应运而生。伊丽加莱是另一位重要的后现代女性主义思想家。她主张打破男性气质与理性、普适性的联系，发出"女性"自己的声音。她质疑自觉的理性主体，认为理性是西方男性的单性别文化，女性的差异在男权符号秩序中并没有体现出来，女性的利益也没有得到法律上和语言上的服务。她强调并且高度评价性别差异，主张创造一套女性符号。在差异性问题上，自由主义女性主义忽视生理差异；激进主义女性主义强调女性差异的正面价值，而后现代女性主义与这两个流派的观点都不相同，它强调差异的不同意义，认为差异是文化的，而不是生理的。

在女性主义和后女性主义浪潮的冲击下，女性时尚及其着装观念、身体观念都发生了很大变化，下面从女性主义者的服饰风格开始解读女性主义思潮影响下的西方时尚。

## 二、西方女性主义者的时尚风格

一直以来，对于渴望在政治、经济、教育等各方面都与男性获得平等权利的女性主义者来说，服饰是一种非常便利的传达自身政治理念的工具和手段，从1850年倡导并第一个穿着灯笼裤的布鲁默夫人开始，历代的女性主义者都会在自己的外观装扮上下功夫，让自己的服装打扮符合自己的身份，为女权思想代言。

20世纪六七十年代，西方的女性主义者常常穿着从旧货市场淘来的二手服装或者一些复古风格的服装，并因此成为当时"古着热"的倡导者。除此之外，她们服装搭配上也很有创新性。例如，印花短裙搭配粗呢骑马外套、软呢帽、旧式的手织毛衫，这些小众风格的服饰很快被主流时尚看中并模仿，成为主流时尚的一部分。同时，一些女性主义者从自身的女性主义政治立场出发，讨厌裙装和高跟鞋，喜欢像男性一样身着工装风格的吊带裤或者连衫裤、马丁靴。这些都是工人阶级男性或者下层民众的工作或者日常服装。这样的服饰除了有助于表达性别平等，还有助于女性避免被性骚扰。此外，还有一些女性主义者拒绝裙装，从不使用化妆品，并热衷中性风格的服饰和品牌。有些人喜欢彩虹色和手工染绘的靴子，或者用各种饰品，如羽毛、珍珠或金属做成亮闪闪的长形耳环装饰自己。和这些装饰一起引人瞩目的还有她们闪亮飘逸的头发。可见，女性主义者虽然放弃了服装时尚对身体的装扮，却选用了饰品对身体加以装饰，这一点从侧面说明了女性主义者在拒绝时尚装扮方面的含混立场，也意味着让女性彻底拒绝时尚基本上是行不通的。

众所周知，吊带裤、连衫裤早已成为女性流行时尚的一部分，所以，在某种程度上可以说，这些女性主义者也是女性时尚的引领者。当然，不同于其他时尚领袖，她们的初衷不是为了引领或打造时尚，而是借用服饰符号表达自己的女性主义观点、意见或主张。在这一点上，她们和20世纪六七十年代欧美嬉皮士、朋克等青少年亚文化时尚风潮的初衷和结局有类似之处，即用服饰表达个体的政治立场，最终被主流社会接纳收编，成为主流时尚的一部分。

## 三、第一次和第二次女性主义浪潮影响下的西方女性时尚

对女性来说，第一次女性主义浪潮后的重要收获除了政治方面的普选权以外，就是外出工作的权力，同时也有了更多机会外出参加各种社交和娱乐活动，如各种舞会、宴会或是体育活动等。为了便于工作、运动以及社交，女性时尚设计开始注重机能性和实用性，前文提到保罗·波列、可可·夏奈尔等人通过服饰设计解放了女性身体，加速了传统女性走出家庭、承担起更多社会责任的步伐。男装曾是权力的象征，而女装男性化、中性风开始成为潮流则标志着男性权力的出让和转移。这些事实也清楚告诉我们，时尚并非是无足轻重的，它揭示了社会前进的方向。

1926年，夏奈尔推出了一件式小黑裙，彻底颠覆了一向花花绿绿、繁复累赘的女装，赋予了女性一种全新的自由，成功塑造出亦刚亦柔的独特女性气质，展现了传统既定规范外的另一种女性美。小黑裙之所以在西方时装史上具有如此重要的地位，主要是因为在这之前只有修女和在一些表达哀悼的场合女性才会穿戴黑色服饰，小黑裙一经面世就大受欢迎，以至于人们用当时最好卖的美国福特汽车的名字来称呼它，叫它"福特裙"。西方服饰文化史上称之为女装历史上的优雅革命。

20世纪60年代是西方女性主义第二次浪潮风起云涌的年代，这一时代的时尚女装相比以前更加性感、强势，充满现代气息，带有反叛意味。在时代气息的感召下，时装设计师们自是不甘寂寞，伊夫·圣洛朗、玛丽·匡特等时尚先锋们以自己独特的方式扛起女性主义这面大旗。吸烟装本来是指上流社会的男士在晚宴结束后，脱下燕尾服坐在吸烟室里抽烟时换上的一种黑色轻便装。伊夫·圣洛朗在1966年设计了第一件女性吸烟装，这是一套由男士礼服的经典设计和细节（如修长收身西服、领结、马甲、铅笔裤等）与女性高雅、柔美等元素（如皮手套、褶皱的长丝巾、粗高跟鞋等）完美结合的中性风格。吸烟装塑造出一种强悍的女性形象，意味着女性迈入了男性统治的专业领域，从此被视为女性解放和独立的象征，其开创性意义已经远远超过时尚本身，同时也预示着80年代女性权力套装的流行。60年代初，玛丽·匡特和她带领的"活力集团"推出了迷你裙，更是在1965年将超短裙下摆进一步提高到膝盖以上四英寸，成为国际性的流行样板，受到年轻女孩的狂热追捧。随后安德烈·库雷热、伊夫·圣洛朗等设计师先后推出了风格各异的迷你裙，解放了女性性感的双腿，有效地衬托出女孩子高挑的身材比例。更重要的是，在摩登族、嬉皮士等青年亚文化流行的60年代，为年轻女性融入青年亚文化提供了一种充满反叛意味的时尚表达方式。

## 四、第三次女性主义浪潮影响下的西方女性时尚

西方后女性主义影响下的时尚呈现出多元化倾向。20世纪60年代以后，各种后现代理论相继崛起，使原有的女性主义理论受到前所未有的挑战。通过与各种后现代主义理论的相遇、碰撞，彼此渗透，在全面反思女性主义理论的基础上，后现代女性主义对文化和思想意识领域内的男女平等观点进行

了重新审视和挑战，它不仅要颠覆父权秩序，而且还要颠覆女性主义三大流派赖以存在的基础。首先，后现代女性主义者挑战性别范畴的传统两分法，认为它们并非固定不变的，主张生物性别、性取向还是社会性别，都是变动不居的多元范畴。其次，他们强调多元性和反功能主义倾向，拒绝统一的或单一的女性概念，注重女性之间的个体差异。这种强调差异和个人主义的后现代女性主义受到越来越多的欢迎。❶在后现代主义的启迪下，女性主义一改往日那种拒男人于千里之外的冷漠，甚至是充满仇视的面孔，开始以宽容之心和以柔克刚的、独特的、女性化的表达方式，将女性主义的信仰和行动逐步渗入到人们现代生活的各个方面，女性主义在后现代话语中得到了拯救。

相比于第二次浪潮中的女性主义，后女性主义对先前的本质主义有所修正，不再特别强调对抗性，而是展现女性自身的快乐体验和感受，此时的女性甚至转而回归家庭，主动接受女性的先天特质，强调女性的愉悦而不是伤害。另一方面，90年代发展起来的"酷儿理论"试图解构生理性别与社会性别的对立，该理论的提出者巴特勒认为，从定义上来说，我们将看到生理性别其实自始至终就是社会性别❷。不过，巴特勒在解构生理性别和社会性别的同时，也解构了异性恋占据主导地位的社会秩序。

在这样的理论风潮影响下，西方女性时尚开始向多元方向发展，再也不可能只有一种潮流或一种风格独领风骚，许多不同的、甚至相反的时尚风格被用来传达和表现不同立场、不同情境中女性的心理需求及主体地位，并主要表现在如下三个方面。

### 1. 从权力套装到优雅女权

20世纪80年代，女性已经成为职场上不可忽视的重要力量，出现了许多强势且优秀的女性，新的社会环境、文化思想赋予女性新的生活状态和精神追求，女性自身也更加渴望获得经济和人格上的独立地位。这种精神和思想诉求反映到女性时尚方面，就是权力套装的兴起。权力套装是意大利时装设计师乔治·阿玛尼在1980年推出的，不仅有男款，也有女款，而且尤其引人瞩目，因为这款吸纳和借鉴男士西装特点设计的女装颠覆了传统的女装风格，

❶ Genz, Séphanie, Brabon, Benjamin, *Postfeminism:Cultural Texts and Theories*[M]. GBR：Edinburgh University Press，2009. ProQuest ebrary，Web.4 December 2018：106-118.
❷ 杨道圣. 时尚的历程 [M]. 北京：北京大学出版社，2013：186-202.

以宽大而圆润的肩垫为显著特色，加上西装式翻领、松身的结构、单调的基本色和阔脚长裤，勾勒出洒脱自然又略带几分豪气的新时代女性形象。随后，垫肩、皮手套、宽腰带等细节大量出现在女装设计中，一种"大女人"形象开始频繁出现在电视、电影以及其他娱乐领域。20世纪80年代著名美籍黑人模特兼歌手格雷斯·琼斯对这种宽肩、超大廓型和强硬线条的权力套装进行了完美演绎和宣传，使极具魅惑与野性、充满力量感的女性形象大受欢迎。一时间权力套装受到众多职场女性的追捧，除了影星之外，还有很多政界女性精英也成为权力套装的拥趸。

　　不过，进入21世纪之后，女强人们转而以内养外，追求内心强大，外观上开始回归传统，变得优雅温柔起来。向来对时代风潮格外敏感的时尚设计师们明显接收到这一信息，肩线变得更加圆润，高腰裤、柔软皮革、花瓣腰等时尚设计开始出现在T台上，大气不失女性柔美的时尚开始受到追捧。女装在注入男装风格和元素的同时，不忘与各种女性时尚元素结合起来。如法国一向以娇柔著称的"莲娜丽姿"2014春夏系列选取了19世纪末的男装风格，灰色的男式晨装外套搭配细细的缎子领巾，大量褶皱堆积在领口，大号男式衬衫短裙，夹杂着蕾丝与薄纱，雪纺与印花，优雅浪漫的气息呼之欲出，如图10-1所示。所以，随着女性的身体意识及其对于身体与时尚关系的认识日益成熟，这个时期的西方女性时尚开始有意识地摒弃明显的男性化装束，取而代之的是女性化的回归，即便是中性风格也不会放弃优雅。

图10-1　"莲娜丽姿"2014年春夏作品

## 2. 从简约中性风到无性别风

20世纪90年代西方时尚进入多元发展时代，在各种风格百花齐放的年代，简约中性风的出现无疑是最令人瞩目的，海尔姆特·朗与吉尔·桑达在90年代用朴实的剪裁、中性的色彩以及清新自然的整体形象引领了一场时尚革命，给风靡80年代的夸张与戏剧性设计画上了休止符。被称作"极简女王"的设计师吉尔·桑达追求简单中的奢华，为女性带来经久不衰的基本款式与低调内敛的优雅风格。在她所提倡的设计理念中，最为重要的就是"没有伪装，简单、实穿、优质。"自那以后，从20世纪90年代风行的极简主义到近年由"赛琳"的前任设计师菲比·菲罗❶所引领的摩登现代又具有舒适感的设计风格，退去浮华、内敛低调的设计从不曾离开人们的视线，一路朝着去除性别的方向发展，从高级秀场走入了商场和普通消费者的衣橱。

从2014年年初开始，一股新的潮流悄无声息之间出现在秀场内外的T台与街拍中。最令人匪夷所思的是，这股潮流没有一款特别的设计、醒目的颜色或新颖的廓型——普通、平凡是这一潮流的主旨。衬衣、深色毛衫、休闲裤装、平底鞋……听起来好似每个上班族会选择的基本款被时尚人士拿来当作自己出街的行头。这种风格就是"Normcore"，代表了当下不刻意、反潮流的穿衣理念，出其不意地在2014秋冬时装周期间走俏，成为推特上的关键词。"Normcore"最初由科幻小说家威廉·吉布森创造，经由纽约潮流趋势预测机构K-Hole借用并引申，给时尚圈带来了一个全新的概念。它是指让"常规"（Normal）风格无限接近平淡，从而变得超越常规，赋予常规造型一种"硬核"（Hardcore）表达。概括起来，就是以实用而舒适的穿着为前提，以"故意穿得很单调、无特色"为宗旨，在降低品牌辨识度的同时，让自己的穿搭处于一种平凡自在且不失格调的状态，代表了一种看似平凡的不凡，不故作深奥的高段位。不过，"Normcore"风格并非寻求成为独立个体的自由，它所讲的是低调的精致与不刻意的美。在2015秋冬季的T台上，除了有菲比·菲罗各式修长线条的针织设计，马克·雅可布与斯特拉·麦卡特尼的舒适松垮的全身针织造型，克里斯托弗·勒梅尔深蓝色紧身毛衫搭配驼色高腰宽松裤也体现了"Normcore"风格的低调内敛。"Normcore"的另一个重要元素是运动。无论是腰部系带的宽松运动裤演化成的裤装还是运动鞋，以及套头运动衫，

---

❶ 2018年开始，"赛琳"的首席设计师是艾迪·斯理曼(Hedi Slimane)。

都是舒适又不失品位的装扮。

"性冷淡风"是"Normcore"的另一个名字。这一称呼准确道出了这种风格的视觉效果以及对于穿着者性别身份的影响——极简与克制。然而,极简并不意味着什么都没有表达,也可能代表着历经世事沧桑变幻后的宁静,一种任由外物纷扰我自岿然不动的镇定与自信。克制则是一种大智慧,预留出引人思索探寻的深层想象空间。同时,从外观上来看,这种平淡至极的风格外观不具任何挑逗性,拒绝强调任何性别特征;而其带来的社会效果则是男性和女性之间性别身份的模糊,甚至是消失。也许正是由于上述几种原因,2018 年"无性别风"大行其道。在一些时装面前,尤其是青少年服装或者运动款服装面前,消费者不得不开始怀疑自己的眼睛,到底这是男装还是女装?从销售人员那里得到的答案则是——"男女都可以穿!"那么这种因时尚而引起的从外观到性别身份的模糊具有哪些深刻意义呢?

笔者认为,"无性别风"的流行首先意味着外观方面男女性别平等意识的进一步加强,女性无须通过性别差异来展示存在,如刻意显露女性特有的柔美气质或具有性吸引力的身体部位来换取关注或重视。而男性在无性别服饰的外观作用下,也感受到了一种前所未有的自由与解脱。一方面,他们终于走出了暗淡、沉重的男装色彩的压迫和包裹;另一方面,摆脱了严肃的男装对于男性身体的束缚,似乎也让他们获得了一种可以暂时放下社会和传统赋予男性的责任、义务和性别特质的感觉。其次,"无性别风"的流行和女性社会、经济、教育、文化等各方面素质和地位的提高也有着必然联系,西方发达国家自不必说。在改革开放几十年之后的中国社会中,接受过高等教育具有一定经济基础的女性越来越多,女性的自我认知发生了很大变化,自信、自立、自强、不做男人的附庸、女为悦己而容等观念已经深刻影响到新一代女性的成长,内心的强大从她们身体的姿态、面部表情以及眼神中流露出来。对这些女性来说,选择"无性别风"就是强大的内心和自信的表现。再次,"无性别风"能够在运动装中流行开来和21世纪以来全球范围内发展势头有增无减的健身热潮有关系,健身房里,男、女都一样为了健美的体魄挥汗如雨,性别似乎并不是什么值得需要格外关注或予以区分的事情。

3. 新女性主义时尚

21世纪以来,后现代女性主义影响逐渐式微,一批"新女性"悄然出现,她们不像过去的女性主义者那样狂热而激进，也不再是一副百毒不侵的面孔，但是她们拥有以前任何时代的女性所没有的潇洒魅力。她们深深懂得，那种将柔软的内心世界潜藏在强硬外壳之下的行为，是一种毫无韧性且无意义的坚强，与女性真实的内心世界相差太远。她们清楚自己内心的渴望，独立、清醒地做出自己的人生选择，"我不需要你作为我的偶像，人人都可以成为时代ICON"。人们将其称之为"新女性主义"，这是一种取悦自己、展示自己，拥有强大灵魂和坚强内在的新时代女性的人生态度和生活方式。这种态度反映在穿着上就是穿得合身舒适又不失女性魅力和女人味。"索女"就是这种新女性的代表，她们既拥有美貌，又拥有卓越的才华和能力，能够以强大的内心力量驾驭人生和事业。

"新女性主义"主张回归女性特质，强调"性感"，但这种"性感"已不再是遵循男性的单一视线，而是指由女性自己所主导的多元化诱惑，即女性的个人魅力。从否定女性、压抑女性特质以追求所谓的"男女平等"，彻底过渡到通过弘扬女性特质来推翻男女不平等的局面，甚至借此开始拥有驾驭男性的能力。

新女性主义思想很快在时尚界得到了回应，一股"新女性主义"风格席卷时尚圈，以约翰·加利亚诺为代表的一大批世界顶尖时尚设计师嗅到了这股思潮的变化，不再以传统的男性视角和审美观念来审视女性，而是将充分展现女性的个人魅力和女性的自我欣赏作为时尚设计的首要目标。2015秋冬几乎每个品牌都在强调贴身剪裁与腰身，因为它们最能显示出女性特征及魅力。纪梵希、杜嘉班纳等品牌将正式的西装上衣进行改良，路易·威登、汤姆·福特等品牌将普通上衣做了同样的处理，掐腰的同时让下摆呈现出花苞的挺括感，搭配裙装和裤装都能显出好身材。在2016春夏时装周上，这种趋势尤为明显。缪缪（MiuMiu）2016春夏秀场上柔美的荷叶边和帅气的机车夹克混搭出率性而又古灵精怪的新女性形象。不过这种新女性形象是从2015秋冬季延续而来。与以往强势女人爱用的中性化或男性化元素不同，2015秋冬大秀上，彻头彻尾的女性化依旧是主打风格：收腰提臀、紧身掐腰、高跟鞋，强调女性特征；但其中有了一些不同，女性化的飘逸荷叶边变得挺立，有了性格，细高跟鞋变换成了方跟，增加了舒适性。在这些时尚设计中，对于"强势"的关注已经回归到了对"人"和"自身"的关注，更加强调细节和自身的体验，而不是以往简单的"大女人"概念。女性越来越独立，越来越强势，这在某种程度上给人一种角色转换的错觉：真正强势的女人来了！但这并不意味着强势的风格回归了。其实，在"新女性主义"的旗帜下，穿得美貌、穿得舒服才是其精髓。

## 五、矛盾、困惑与出路

传统男权思想认为，"男尊女卑"不仅是普遍存在的，也是不可改变的，因为它是自然形成的；但女性主义者却认为它并非自然形成，而是人为建构起来的。因此，从建构方面来探讨女性主体性十分必要。福柯认为，权力是通过话语关系网络来对主体进行控制和塑造的，女性想要掌握权力，就必须改变"他者"的位置，改变女性话语体系的边缘性特征。那么，女性主义者的任务就是像后现代主义者试图颠覆逻各斯中心主义文化传统一样，解构和颠覆男性的统治话语，建构女性自己的语言。后女性主义强调，女性的话语言说权力从来不是受谁恩赐的，要靠自己对话语权力的自觉与掌握，女性要倾听自己内心的声音，依靠自身，让自己真实的经验、感觉和思维进入语言，这样才能对女性的智慧与体验、理性与痛苦进行最酣畅淋漓的表达。❶

不过，自从20世纪下半叶西方进入后现代社会以来，如同后现代主义理论本身一样，时尚和身体之间的关系充满了矛盾和悖论，有时候很难将时尚与女性主义联系在一起，因为妇女运动中关于服装的意识形态从未明晰过。人们发现，大众媒体频频讽刺女性主义者是烧掉内衣的"妇女解放主义者"，她们痛恨男性，但又穿得像个男人。有些女性主义者认为应该对有助于滋生性别歧视和女性刻板印象的精英主义时尚文化进行大力谴责，尤其是带有"暴力""色情"意味的部分；然而也有一些民粹自由主义者反对精英主义者的观点，因为后者认为多数女性喜爱的消遣娱乐活动，甚至是穿着时髦的衣服都是低俗的大众文化的衍生物。其次，强调时尚与"自然"之间的联系，倡导时尚"本真性"，认为时尚应该回归自然的功能主义者将本真、自然和舒适视为时尚的根本要义，主张身体要摆脱服饰时尚的束缚，回归自然、表达真我；与之相对的另一种声音则强调时尚的"现代性"，认为人类从来就不是"自然的"，而是文化建构的产物，现代化时尚技术和时尚广告对人体的塑造

---

❶ 王琛. 女性话语主体的建构及其可能性——福柯话语权力下的女性主义 [D]. 郑州：郑州大学，2011：21.

作用不能被忽视，功能主义者所追求的时尚"本真性"会为女性带来压迫感和虚假意识。此外，女性主义内部对时尚与消费主义之间关系的理解也非常矛盾，有些人一方面谴责时尚是消费主义的毒药，另一方面又赞扬时尚有助于女性表达个性，实现个体价值。❶那么时尚与女性之间到底是何种关系呢？它是压抑自我还是创造自我呢？自然的、健康的身体与时髦的、被现代化手段塑造出来的身体之间，到底哪个更真实、更重要呢？这是一种成人游戏抑或空洞的消费主义文化，还是服装符码相互斗争的场域呢？这些问题依然有待我们深入思考。

让·鲍德里亚在其后的著作中曾经赞美时尚，认为时尚已经成为狂热崇拜外貌的景观社会的象征。时尚沉迷于创造图像，毫不掩饰它的虚假本性。但他并没有意识到这等于默认了广告业对人们时尚观的影响，正是广告工业促使人们，特别是女性，依照外貌而不是行为来进行评判❷。同时他也忽视了对外观的强调重新造成了对女性的压制，即认为女人的自信和成功更多地依赖于她们的外貌而非成就，就如"穿出成功"之类的口号或某些书籍中所明确引导的，结果是让追逐时尚取代了女性自我实现的其他形式。因此，鲍德里亚对外貌至上的自我概念不加批判的赞颂，这对于女性来说极具破坏性，也导致后女性主义影响下的新型性别体制中，女性虽然在名义上似乎脱离了父权制的统治，很多时候不再为了取悦异性而追随时尚，却又在消费社会的引导下，自觉接受了时尚文化对她们身体的规训和统治。

除此之外，后现代女性主义肯定消费，认为时尚文化中的女性身体并不是深陷男权陷阱的"性客体"，这种观点实际上启发并引导了女性通过消费对自己的身体进行"呵护、打造、塑形"，以达到对自我身份的认同。她们在自我装扮上深受大众媒体宣扬的美容、美体及各种时尚观念的左右，并将这些观念内化为女性的自我束缚，用健身、美容、美体、服饰继续塑造改变自己的身体，成为时尚、文化和商品共同建构的身体，唯独不是自然的和自由的身体，无拘无束的身体。或者还可以这样问，这样塑造出来的女性身体就能摆脱现代社会中依旧占据统治地位的父权制社会的管控与钳制吗？似乎在两

---

❶ Elizabeth Wilson. Feminism and Fashion[C]. 西方时尚理论注释读本. 史亚娟主编. 重庆：重庆大学出版社，2015：124.

❷ [美]卢埃琳·内格林. 作为图像的自我——对后现代时尚理论的批判性评价[J]. 苏怡欣译. 艺术设计研究，2011(2)：12.

性社会中，这是永远办不到的事情。

　　面对种种困扰，毋庸置疑的是，在后现代消费社会中，女性时尚与身体的关系发生了从解放身体、塑造身体到消费身体的巨大变化。后现代消费社会与后女性主义一起成功促成了女性对自我身体的规训，但并没有给女性身体带来自由，从"女为悦己者容"到"女为悦己而容"的女性时尚观依然面临诸多挑战和困境。对此，笔者认为，在无处可逃的商品化消费社会中，新时代的女性在追求时尚和时髦身体的同时，还要拥有健康的心态，在穿得美且舒适的同时，尽量避免卷入消费主义的漩涡、成为消费社会的牺牲品。

# 第十一章　时尚与艺术

## 时尚与艺术之间关系的多重阐释与认知

时尚是艺术吗？这是一个看似简单却始终没有明确答案的问题。很多时尚界的知名人士，如可可·夏奈尔、缪西娅·普拉达、卡尔·拉格菲尔德、马克·雅可布、川久保玲以及《时尚芭莎》的主编格伦达·贝利等人，都认为时尚是艺术。当然包括很多时尚设计师在内、不认同时尚是艺术的声音也一直不绝于耳，且非常强大。随着时代的变迁，前者的声音似乎愈发响亮起来，尤其20世纪后半期以来，时尚在全球化浪潮的裹挟之下一路高歌猛进，从西方发达国家扩散到世界各地，从高级定制的秀场和上流社会的会客厅走上了街头、走进了百姓的日常生活，也走进了博物馆和大学——时尚教育成为很多综合类大学或艺术类院校中的重要学科，将时尚视为一种艺术现象进行研究的学者们也越来越多。在这样的背景下，我们该如何审视时尚与艺术之间的关系呢？在参阅国内外相关文献的基础上，本文尝试从如下几个方面回答这个问题。

### 一、时尚与艺术之间的关系

第一种观点，强调艺术与时尚之间的差异性，对时尚持批评态度，认为时尚不属于艺术。例如，曾任美国版《时尚芭莎》和 *Vogue* 的编辑、大都会博物馆时装部前顾问戴安娜·弗里兰坚持认为，时尚不是艺术。"艺术与精神生活相关，是某种卓越非凡之物。这才是艺术之所是，时尚所不是的东西。

时尚与日常生活有关。时尚表明的是身体的活力，而艺术的活力是不可触知的。"❶弗里兰将时尚定义为公众一时的心血来潮；人体装饰，是匠人的技艺；当设计师寻找创作冲动时，艺术常常给时尚带去灵感。❷另一种典型的反对将时尚纳入艺术范畴的观点认为，时尚与艺术的主要差异在于其商业性。艺术高于商业，艺术是为了自身而存在，具有重大意义。时尚是轻浮的、微不足道的。❸

　　第二种观点，强调艺术与时尚之间的共性，认为时尚已经拥有了艺术的属性，是艺术界的有机组成部分。在这方面，理查德·马丁在一篇文章中针对社会上流行的时尚不属于艺术的观点进行了针锋相对的反驳。首先，对于时尚主要从艺术中寻找灵感一说，马丁认为，在时尚发展的早期，基本上都是时尚到艺术中寻求灵感，然而，20世纪六七十年代以来，随着新艺术形式的不断涌现，如时尚摄影的流行，艺术家开始到时尚中寻求灵感，时尚开始为艺术家提供创作媒介和主题。这时艺术界再也不能忽视时尚的存在了。伟大的时装设计师和伟大的画家一样，能够让织物说话。尽管有些时尚是在复制艺术，但当设计师找到机会将艺术作品纳入时尚创造的时候，时尚就会拥有和艺术一样的感性特征。这样的例子很多，德尔斐褶皱裙（图11-2）就是其中之一，这是一条精美的丝绸连衣裙。1907年由意大利设计师福图尼以古典希腊雕像——《德尔斐的战士》（图11-1）为灵感设计创作而成。从艺术家的作品中寻找设计灵感在古琦、普拉达、川久保玲等人的时尚作品也屡见不鲜。2015年秋冬系列中，夏奈尔推出了用花呢布缝制的红黑格子套裙，其灵感来自奥托·迪克斯的画作 *Portrait of the Journalist Sylvia von Harde*（图11-3）。2019年米兰时装周，莫斯奇诺2020春夏秀场以毕加索的画作为灵感（图11-4），大胆的立体主义印花融入浓郁的地中海风情，成为时尚与艺术的完美结合。

　　理查德·马丁认为，时尚的生产、评价和艺术的生产、评价过程已经十分相似，甚至可以用基于视觉艺术的标准来评价时尚。他认为所有的艺术包括时尚在内，都有实用性需求和标准，因为崇高和绝对的艺术在现实中是不存在的。在这一方面，持类似观点的还有伦敦都市大学荣誉退休教授、著名时尚研

❶ Vreeland, Diana; Zelenko, Lori Simmons. Is Fashion Art?[J]. *American Artist*, Vol. 45. June 1981：12.

❷ Vreeland, Diana; Zelenko, Lori Simmons. Is Fashion Art?[J]. *American Artist*, Vol. 45. June 1981：12.

❸ Boodro, Michael. Art and Fashion[J]. *Artnews*, Sept. 1990：120-123.

图11-1 《德尔斐的战士》　　　图11-2　德尔斐褶皱裙　　　图11-3　夏奈尔女装

究学者伊丽莎白·威尔逊，她认为我们应该将时尚视为"一种视觉艺术，一种以可见自我作为媒介的形象创造活动"❶。

对于时尚的商业性，马丁暗示所有的艺术都有自己的市场和特定的消费群体，并非只有时尚如此。尽管艺术界通常不喜欢时尚的商业性特征，但这却是其明显的优势，时尚由于具有了这一内在优势，公

图11-4　毕加索的画作

众对于时尚的兴趣和了解才超过艺术。对于时尚的易变性，马丁认为20世纪的艺术史证明了艺术同样具有显著的时尚特征，所以光凭时尚易变无常这一条无法将时尚排除在艺术之外。至于时尚肤浅琐碎之说，马丁认为时尚的首要功能是伦理方面的。服装的功能在于卫生和生活实践的需要。时尚并不琐碎，而是我们日常生活中，尤其是离开家之后须臾不可分离之物。但是其他视觉艺术或者音乐却不一定如此。因此，时尚和其他艺术范畴一样，是一种有价值的审美范畴、一种实在的社会文化和审美现象。所以，时尚批评不应

---

❶ Wilson, Elisabeth. *Adorned in Dreams*[M]. Berkeley：University of California Press.1987：9.

该代表伪学术得到发展，而应该作为一种美学范畴加以思考。❶

　　第三种观点，认为时尚与艺术分属不同的领域，但是认为时尚与艺术的距离正在消弭，在审美、趣味、时代精神、商业化等一系列社会文化因素合力作用下，两者都不再刻意保持各自的独立性，相互欣赏、借鉴，最终走向融合。澳大利亚时尚研究学者珍妮弗·克拉克就是这种观点的拥趸，她在《时尚：关键概念》一书中提出，时尚与艺术之间是一种共生的关系，彼此互为灵感的源头。时尚和艺术圈的参与者关系密切且彼此交叉，是艺术体制不愿意在艺术领域为时尚留出一席之地，而非时尚和艺术的践行者和创造者。不过，20世纪末以来，艺术圈已经将时尚作为一种具有独特审美特色的艺术形式予以接受，除了前文中提到的时尚摄影外，在建筑、室内设计等领域都能够看到时尚美学的影响，在安排筹划现代生活方式和日常生活品位方面时尚也正发挥权威性作用。因此，尽管存在差异和保留，时尚必须被视为一种基本的艺术形式和具有自身理论、语言、语法和话语模式的审美范畴受到认可。❷

　　第四种观点，认为两者没有太大差异，甚至认为艺术是时尚的一部分。如北京服装学院的杨道圣教授认为，"时尚与艺术之间存在着极为复杂的关系，两者之间内在精神气质的一致，时尚在艺术中的表达，以及时尚与艺术相伴而生都让艺术家对于时尚的贬低以及艺术史对于时尚的拒绝变得特别的荒谬。追溯时尚和艺术的历史会发现艺术不仅不能离开时尚，而且艺术本身就是时尚的一部分。"❸对此，他给出了自己的理由。首先，从美学的角度来看，时尚表明了美的广大的领域，而艺术却将美限制在一个非常狭窄的领域内。时尚表明了美的领域所具有的统一性，而艺术却生硬地将这种统一性分割开来，将一部分称之为高雅的，而另一部分称之为低俗的。从历史上来看，对于上层阶级而言，艺术曾经就是时尚中的一部分，绘画和雕塑与服饰家具给他们提供的是同样的愉悦，也都是对他们特殊社会地位的表达。此外，艺术史上一些重要的先锋派运动逐渐使艺术同美之间的距离越来越遥远。美不再是艺术的光环，什么可以称为艺术，什么不能称为艺术，谁也不能给出一个明确的标准。似乎只要是表达了某种新观念的物质形式甚或行为，都可以称之为

---

❶ Martin, Richard. A Case for Fashion Criticism[J]. *FIT Review*. 3.2 1987：25-29.

❷ Craik, Jennifer. *Fashion:The Key Concepts*[M].Berg Publishers，2009：189-190.

❸ 杨道圣. 时尚与艺术[J]. 装饰，2011(4)：131.

艺术。在这种意义之下的艺术与时尚就没有什么差别了。❶

在列举了上述几种观点之后，很多人都会问，面对同一个问题，为什么存在如此之大的分歧呢？笔者认为，主要原因在于回答问题的人从不同的艺术概念出发观照、审视时尚问题，自然得出了不同的结论。因此，要弄清存在争议的原因、找到满意答案，必须首先厘清各种观点背后的艺术观。

## 二、传统艺术观念下的时尚与艺术

第一种观点认为，时尚不属于艺术，因为艺术是永恒的，与精神生活相关，是某种卓越非凡之物。持这种观点的人多是参照和指代康德、黑格尔等人定义的传统艺术观。康德认为美的艺术是天才的创造，具有独创性、自然性、典范性等特征。❷黑格尔在《美学》一书中在对各种艺术所使用的媒介（即感性材料）进行分析的基础上，对艺术加以分类，确定了艺术等级的高低，从低到高依次为：建筑、雕刻、绘画、音乐和诗。最高级的艺术是诗，因为诗歌不凭借任何物质材料，而只借助于语言符号来表达丰富、广阔、明晰的精神内容，既见景、见物、见人，又直达人的心灵。康德和黑格尔的艺术观奠定了象征型、古典型和浪漫型的传统艺术在西方艺术史上不可动摇的地位，也成为西方艺术史和艺术理论的基础，影响极为深远。从此以后，美的艺术一直在人们心目中拥有崇高的地位与影响，是令人崇拜的偶像。象征主义、古典主义和浪漫主义的艺术理念也一直被艺术理论界和艺术家们奉为金科玉律。艺术自带光晕，至高无上，代表了永恒和人类对于终极价值的关怀与追求，担当着审美救赎的大任。

然而，与建筑、雕刻、绘画、音乐、诗歌等传统艺术的呈现方式相比，时尚类产品多数依赖棉麻、丝绸、皮革、纤维之类的物质材料，这些材料不利于长久保存；其次，时尚是人们日常生活中常见的事物，很难让人产生面对传统艺术时的崇高和敬畏之情。当下，传统艺术观依然具有强大的影响力和号召力，并没有因为现代主义和后现代主义艺术在20世纪的狂飙突起而退出历史舞台，所以人们从这种艺术观出发来看待时尚也是情理之中的事。

---

❶ 杨道圣. 时尚与艺术 [J]. 装饰, 2011(4): 132.

❷ 张秉真, 等. 西方文艺理论史 [M]. 北京：中国人民大学出版社, 1997: 243-259.

### 三、后现代艺术观念下的时尚与艺术

熟悉西方艺术史的人都知道，19世纪末以来西方先后兴起的现代艺术和后现代艺术存在很大差异，呈现出不同的特征和发展趋势，如机械化复制技术导致艺术失去了"光晕"，审美资本主义的发展导致艺术商业化现象日趋严重，艺术自主性的泛滥导致艺术边界的丧失。在这种情况下，人们对待艺术的态度和认知也发生了变化，产生了新的艺术观念，如精英艺术和大众艺术、先锋派艺术与通俗艺术、自主性艺术和商业化艺术等，前文中提到的第二种论及时尚与艺术关系的观点——时尚属于艺术，参照的就是19世纪末以来变化了的艺术观，尤其是20世纪六七十年代以来的后现代主义艺术观，而非康德、黑格尔等人定义的传统的、自带光晕的、高度自律的艺术观。以这些新的艺术形式和艺术理念为参照，理查德·马丁给出了时尚属于艺术的理由：时尚和艺术互为灵感、时尚标准和视觉艺术标准具有相似性、艺术和时尚一样具有实用性和商业性。

理查德·马丁的时尚态度在珍妮弗·克拉克的书中得到了重复和进一步深化，也就是前文中提到的第三种观点，这种观点强调时尚与艺术分属不同的领域，但实质上两者之间的距离正在消弭。克拉克认为，随着时尚与艺术之间的关系愈发密切，互为灵感源头，时尚圈与艺术圈的参与者关系密切且相互交叉，这样的例子在西方时装史上有很多，如艾尔莎·夏帕瑞丽常常从超现实主义绘画中吸取灵感，伊夫·圣洛朗以蒙德里安的新造型主义绘画《红、蓝、黄构图》为灵感设计了蒙德里安裙。很多人开始扮演双重角色，如20世纪早期法国艺术家索尼娅·德劳内、日本当代艺术家草间弥生和曾经推出"熊猫时装秀"的中国艺术家赵半狄，他们都在不同时期扮演着艺术家和时尚设计师的双重角色。

在当代形形色色的艺术形式中，如视觉艺术（如电影、戏剧、舞蹈等）、装饰艺术（除了服饰设计外，还有家居设计、环境设计等）、建筑艺术、可穿戴艺术中，时尚似乎已经占据了不可或缺的地位，作为一种重要的艺术形式得到了业内认可。重要的是，从20世纪80年代开始，时尚开始进入博物馆，被收藏或者展出，且一发不可收拾。以纽约大都会博物馆服装部为例，近年来先后举办的时尚展有1997~1998年的纪梵希时装展、2011年的《麦昆：野性之美》时尚展、2015年的中国风时尚展、2016年的"手作×机器：科技时

代的时尚"、2017年的川久保玲的居间艺术展等。国内著名的杭州中国丝绸博物馆也专门开设了时装部，两个常设展包括"更衣记——中国时装艺术展（1920s—2010s）"和"从田园到城市——四百年的西方时装"展。以外，还经常举办各种临时性时尚展，如2018年10月举办的"大国风尚——改革开放40年时尚回顾展"。

众所周知，传统博物馆的藏品和展品往往具有历史性、恒久性、无争议性，富有艺术价值和纪念意义。然而，当2017年12月美国纽约当代艺术博物馆举办题为"物品：服装是否现代？"时尚展的时候，策展人安托妮莉坦言，此次展出的想法源于博物馆总监，后者在看到她准备的永久藏品清单上的白T恤后认为，缺少了"重大时尚瞬间"的当代设计史是不完整的。❶时尚之物（如时装、配饰等）进入博物馆本身就意味着对其价值的确认，这种价值不在于其恒久性、不变性，而在于时尚之物的转瞬即逝和易变无常本身也同样寄予着人们对于生命、生活和世界的情感、思考与认知，也同样能够反映某一特定年代的时代精神和审美意趣，其作用绝不亚于塞尚送进博物馆展出的男用小便池。

此外，所谓"时尚与艺术之间边界的消弭"，还可以从艺术终结论的视角加以理解。该理论是美国已故哲学教授、艺术评论家阿瑟·丹托在20世纪80年代根据现代艺术和后现代艺术的主要特征和发展状况提出来的。他认为，艺术是不断朝向自我认识发展的目标进化的；20世纪的艺术最终实现了它的目标，因此艺术的历史走到了它的终点。今天的艺术处于它的"后历史"阶段，由于艺术的所有可能性已经被实践过了，今天的艺术实践只是对历史上曾经出现过的各种艺术形式的重复，它已经不可能再给人以惊奇的效果。❷尽管丹托不是第一个提出艺术终结论的学者，且他的观点也未必无懈可击，但确实为理论界思考、解释后现代艺术和当代艺术的特征与发展状况提供了一种思路。从这种艺术定义、态度和解释来看，失去创造性、以重复自身为主要特征的后现代艺术意味着艺术的终结，随着艺术商品化、日常生活审美化成为司空见惯之事，随着生活中的任意之物都可以成为艺术品加以欣赏和使用，将时尚视为艺术也就不存在任何争议了。然而，被解构和消弭为日常平庸之物的艺术还是艺术吗？这种艺术意义上的时尚还是时尚吗？或许时尚不

---

❶ Friedman, Vanessa. 继纽约大都会博物馆之后，MoMA 也要办时尚展了 [EB/OL]. 2016.5.

❷ 彭锋. 美学导论 [M]. 上海：复旦大学出版社，2011：255.

会答应，艺术也不会答应。

当然，艺术不会终结，究其原因有很多，彭锋教授认为，没有人能阻止艺术的存在，在黑格尔做出艺术终结的预言之后，艺术仍然蓬勃发展；尽管丹托在20世纪60年代以后的纽约看到的多是观念艺术，但在世界上不同地方仍然存在大量其他艺术形式，而且即使是观念艺术也是艺术，而不是哲学。❶对于艺术是否已经终结，周宪教授也通过艺术边界清理从侧面回答了这个问题，认为艺术本来就没有边界，所谓的艺术边界不过是现代性的产物，也是艺术批评家、理论家以及美学家们多方阐释的结果。他首先指出，艺术边界的问题是启蒙运动时期率先在西方语境中提出来的，并且指向现代性。启蒙运动时期的哲学家、艺术家、科学家、教育家个个抱负远大，有着强烈的边界意识，要为一切人类活动和知识领域划出界线。如我们前面提到的黑格尔给美的艺术进行的定位。在那个知识和观念经历巨大转变的时期，搞清边界是一件合乎逻辑的思想冲动。划清边界既是区分不同的事物、知识、对象，也是现代性的核心观念。在周宪教授看来，艺术的自身合法化是艺术从现代性那里得到的最大奖赏"，而（美的）艺术是现代性的产物。首先，现代性的分化使艺术作为一个独立自主的价值领域出现，从此艺术也就逐渐摆脱了宗教和伦理的束缚，开始成为一个有着自身合法性和清晰边界的独立王国。❷不过艺术家从来没有停止拓展艺术的边界，并如韦伯所指出的，现代性也是一个不断分化或区分的过程。20世纪现代主义和后现代主义艺术的蓬勃发展充分说明了这一点，其中值得一提的就是各种极端艺术实验的出现，如杜尚送入博物馆展览的男用小便池以及沃霍尔倡导的波普艺术，这些艺术形式的出现既是对传统艺术价值、规范、观念和惯例的挑战，也是对艺术边界的挑战，既然什么都可以成为艺术品，艺术的边界也就不攻自破了。随后商业化和市场向艺术领域的渗透使得艺术在摆脱了宗教与伦理的束缚后又落入了资本宰制的窠臼。"我们有理由认为，资本的法则在艺术内部内爆了艺术边界，将艺术推入了危险的困境，艺术越来越像一个充满诱惑的'超级商品'。"❸可见，艺术和商品之间已经没有界限了。就这样随着中产阶级的急剧扩张，大众文化的全面渗透，资本致命渗透导致的商品化，多元文化论的流行，加之后现

---

❶ 彭锋. 美学导论[M]. 上海：复旦大学出版社，2011：255-256.

❷ 周宪. 艺术理论的文化逻辑[M]. 北京：北京大学出版社，2018：88-89.

❸ 周宪. 艺术理论的文化逻辑[M]. 北京：北京大学出版社，2018：100.

代艺术的广泛去分化，美学家的"立法者"资格被取消，最终沦为了艺术现象的阐释者。❶从这两个层面上，周宪教授得出了艺术无边界的结论。

不过，似乎问题并没有解决，既然艺术本无边界可言，从事艺术创作的人们和博物馆都已经在潜移默化中认可了时尚的艺术地位，究竟是何种原因导致时尚一直遭到艺术的排斥呢？归根结底，还是前文中提到的珍妮弗·克拉克的观点：是艺术体制不愿意在艺术领域为时尚留出一席之地。换句话说，不是时尚和艺术的践行者不愿意承认时尚的艺术地位，而是当下的艺术体制迟迟不愿接纳时尚进入艺术界。这也是下面要论及的问题。

## 四、艺术体制中的时尚与艺术

对于艺术体制问题，必须明确的是，不同时代存在着不同的艺术形式和艺术观念，所以也存在着不同的艺术体制。根据社会学家鲍曼的看法，文艺复兴以来，美学家们曾风光一时。他们一度作为艺术家的"立法者"出现，之所以这样是由于他们在理论上论证了艺术的正当性和合法性，确立了艺术和非艺术的边界，厘清美的价值标准和批评的原则，建构良好趣味的准则等。❷康德、黑格尔等人就是早期艺术体制的制定者。那么在21世纪的今天，谁又是艺术的立法者，谁又为艺术设定边界、对艺术品进行资格认定呢？对此，丹托把艺术品获得资格的体制性环境称为"艺术界"，具体而言就是"一种艺术理论的氛围，一种艺术史的知识"❸。国内有学者认为，在19世纪中期，艺术界共同体主要由批判的公众和个性化的艺术家组成，他们共同建构了批判性的文学公共领域。20世纪第二次世界大战以后的艺术共同体主要来自中产阶级和学院派阵营，同时也与商业化的资本逻辑逐渐渗透到作为公众的私人领域有关。❹

从以上国内外学者对于艺术体制的论述中可以看出，在当下的艺术体制中，由艺术史家、评论家和理论研究者为主组成的专家共同体成为公认的立法者，当然更是理论氛围的制造者。这个专家共同体代替批判性的公众，不

❶ 周宪. 艺术理论的文化逻辑[M]. 北京：北京大学出版社，2018：102-103.

❷ 周宪. 艺术理论的文化逻辑[M]. 北京：北京大学出版社，2018：102.

❸ Danto, Arthur C. "The Artworld". *Aesthetics:The Big Questions*[M]. Ed. Carolyn Korsmeyer. Cambridge：Blackwell, 1998：40.

❹ 周计武. 艺术的祛魅与艺术理论的重构[M]. 北京：北京大学出版社，2019：171.

仅成为企业或政府机构的代理人，更重要的是他们作为业界权威人士承担着编撰艺术史、阐释艺术法则和理论的责任，从而也成为艺术规则的制定者和艺术品资格的审查者。丹托明确指出，"在艺术的后历史阶段，没有什么东西是艺术，也没有什么东西不是艺术，其中起决定作用的不是艺术自身，而是艺术意识、艺术态度、艺术解释，是一些与艺术有关的、无法用感官来识别的"理论氛围"。❶所以，时尚是否被纳入艺术范畴，和当前艺术体制中的理论氛围有很大关系。作为一种非常复杂的社会现象，时尚在艺术界遭到的冷遇由来已久，笔者翻阅了国内外近年来出版的艺术学研究著作，绘画、雕塑、音乐、舞蹈、建筑、电影、书法、摄影、设计都被归入了艺术门下，但没有一本书将时尚作为一个艺术门类或者艺术形式进行讨论，最多将其放在艺术设计的次门类中一笔带过。事实上，这与当下时尚在艺术界的地位是很不相符的，本文开头就已经提到，国内外很多艺术院校或者一些综合大学都开设有与时尚相关的专业。这就难怪珍妮弗·克拉克将矛头直接指向当下艺术体制对时尚的漠视。当然不容忽视的事实是，随着博物馆——这一艺术体制的重要组成部分——向时尚敞开大门，时尚被当下艺术体制完全接纳或许也指日可待了吧！

## 五、时尚运作逻辑制约下时尚与艺术之间的关系

下面再来分析一下第四种观点：时尚与艺术之间没有太大的分歧，甚至艺术还是时尚的一部分。这种观点和前面分析过的第三种观点有重合之处，即都认为两者之间的距离正在消弭。不同之处在于后者强调时尚对于艺术的影响，试图提升时尚的学术和研究价值。对此杨道圣教授主要从美学、历史、先锋派运动等几个方面进行论证。首先由于时尚比艺术展现了更广大的美学领域，可以将艺术视为时尚的一部分。其次先锋派运动的兴起拉大了艺术和美之间的距离，使得艺术失去了明确定义自身的标准，"似乎只要是表达了某种新观念的物质形式甚或行为，都可以称之为艺术。"❷这样一来，在艺术与时尚之间就找不出明显差别了，把时尚视为艺术是顺理成章的事。

笔者认为，这种观点的提出主要以后现代艺术为参照，和丹托提出的艺

---

❶ 彭锋. 美学导论[M]. 上海：复旦大学出版社，2011：255.

❷ 杨道圣. 时尚与艺术[J]. 装饰，2011(4)：132.

术终结论有着很大关系。鉴于该问题前面已经谈到，也已经指出艺术不会终结，也不可能终结，这里就无需赘述了。不过，这个命题的前半部分——即"将艺术视为时尚的一部分"却是一个值得继续探讨的话题，因为它牵涉到长久以来艺术界一直将时尚拒之门外的一个重要原因——即时尚自身的复杂性和矛盾性。

到目前为止，何为时尚一直没有标准答案，很多时尚研究方面的书或者论文都要在开篇定义一下什么是时尚。例如，珍妮弗·克拉克在《时尚：关键概念》一书中首先引用英文字典中给出的"时尚"定义：一种在服装、礼仪或程序方面流行习惯或风格。接着又将"时尚"定义为一种与作为个体和群体成员的自我感觉规定性密切相关的文化实践。❶ 而在她在《时装的面貌：时尚文化研究》一书中则将其定义为一种以服装为社会行为标记的"身体技术"，同时也是一种文化移入的普遍措施。❷ 另一位美国艺术史教授戴维·孔兹在《时尚与恋物主义》一书的开篇将"时尚"定义为"在文化上占主导地位的服饰模式"❸。此外常见的时尚定义还包括生活方式、审美趣味等。问题是，这些定义仍然无法解决人们在思考时尚问题时所面对的困扰，因为除了与服饰文化及艺术相关之外，时尚问题与心理学、美学、哲学、传播学、社会学、经济学、甚至科学都有关系。这才是时尚研究的艰深之处，或许也是艺术界迟迟不肯接纳时尚的一个原因。艺术界的专家们清楚知道，承认时尚的艺术地位——如归入设计艺术、视觉艺术、装饰艺术或造型艺术的范畴——并不难，难的是时尚研究所牵涉的问题太多，远远超出了艺术学所能把握、观照和阐释的范围。

除了上述原因外，还有一点有必要指出来，那就是艺术的发展似乎也无法摆脱时尚法则或者时尚逻辑的牵制，说艺术应该归入时尚的研究范畴之内并非没有道理。在此，我们可以参照鲍德里亚对时尚循环再生逻辑的阐述。鲍德里亚认为，时尚是一种依据循环逻辑存在的社会现象，使得在启蒙和工业革命所形成的线性时间之外，时尚作为后现代模型之一演绎出一种全然不同的后现代的再循环逻辑。其原因主要在于"时尚能把任何形式都转入无起

❶ Craik, Jennifer. *Fashion:The Key Concepts*[M].Berg Publishers, 2009: 2-3.
❷ [英]珍妮弗·克拉克. 时装的面貌 [M]. 舒允中，译. 北京：中央编译出版社，2000: 13.
❸ [美]戴维·孔兹. 时尚与物态主义 [M]. 珍栎，译. 生活·读书·新知三联书店，2018: 14.

源的反复。"❶鲍德里亚认为这是时尚特有的现实性，不是现实的参照，而是即时的完全再循环。这种再循环依赖的是时尚的悖论性非现实，即某种时尚形式的消失意味着它即将以某种新的抽象形式回归，时尚符号用这种回归的全部魅力对抗结构的变化，从而开始新一轮的时尚循环。

显然，在鲍德里亚看来，时尚机制的运作逻辑就是一种死亡和再生交替出现、死亡也是再生的再循环逻辑。时尚与现代性并非背道而驰，相反时尚始终都是现代性的标志性代码，并将这种意义上的时尚逻辑和时尚边界扩展到人们所能够想象的任何社会领域之中，从此种意义上来看，包括艺术在内的很多社会和文化现象都无法逃离时尚循环再生逻辑的摆布。事实上，目前的学术研究本身也存在着明显的时尚化特征，国内有学者曾专门撰文分析过这一现象，认为学术研究也和时尚一样，不仅学者们跟风模仿，而且具有"时尚的冲动"，也要追求"野蛮的直接社会性"；有些学术会议和"时装"发布会一样，向人们宣告下一季度的学术流行色是什么。❷以艺术学理论研究为例。在时尚界，让时尚设计师最为头疼的事情就是预测下一个季度的流行趋势，从事艺术理论研究的学者、理论家们不也常常为下一个理论热点或增长点而苦思焦虑吗？因为找准了便可以引领学术潮流，甚至在短期内成为艺术规则和标准的制定者或"立法者"。但是按照时尚的循环再生逻辑———一种时尚的诞生就意味着它开始走向没落和死亡，但是死亡也意味着新的时尚潮流即将来临———来看，各种学术潮流的兴起和消失也具有周期性，各种学术热点也和各种时尚流行趋势一样来来往往，有些流行起来形成一定规模的潮流，但最终难免消退被新的学术热点取代。近年来学术潮流的流行周期也越来越短，有些热点流行很短一段时间就会消失，有些则会如时尚中的复古现象一样在时隔数年后被重新提出，如艺术终结论，该理论并非丹托首次提出，他不过是根据20世纪西方的艺术发展态势重复了黑格尔的艺术终结论罢了。那么，如果艺术理论的发展也服从于时尚的逻辑、法则或者变化规律的话，是否更可以说艺术从属于时尚了呢？难道这才是艺术理论界不愿意将时尚纳入艺术研究范畴的更深层原因吗？

❶ [法]让·鲍德里亚. 象征交换与死亡[M]. 车槿山，译. 南京：译林出版社，2012：116.
❷ 王晓升. 论学术"时尚"———从鲍德里亚对时尚的分析说起[J]. 哲学动态. 2013(7)：20-25.

## 六、结论

美国纽约时装技术学院的日裔学者川村由仁夜主张建立一门独立的时尚学，认为应该将时尚研究与衣着研究区分开来，把时尚研究列入社会科学、人文科学的研究范围内，研究时尚系统运作的社会过程。❶时尚始于服装，但是走向了广大的社会，但是长期以来时尚和服装作为一个学术课题并没有在学术界推广开来，其背后的原因是复杂的。笔者认为这个问题对于理解时尚与艺术之间的关系带来些许启示，或许建立一门以广泛的学科交叉为基础的时尚学更有助于解决时尚与艺术之间纠缠不清的关系。然而，在当代倡导学科交叉、打破学科边界的大趋势下，与其费心论证建立一门独立的时尚学，还不如鼓励不同专业领域中的学者们从本学科角度（如社会学、心理学、传播学、艺术学、经济学等）出发积极参与到时尚的研究中来，让时尚研究成为一门真正的交叉性学科，而非独立的时尚学研究，这或许更符合当下学术研究的现状和发展趋势。由此，笔者认为艺术和时尚应该分属不同的领域，两者之间不存在谁属于谁或者谁将取代谁的问题，但两者之间会有交集和重叠；可以从艺术的角度研究和创造时尚，也可从时尚的角度研究和打造艺术。事实上，已经有学者对当代社会中时尚的艺术化和艺术的时尚化两种不同倾向进行了分析，认为时尚和艺术是非同一存身界面的两种存在，时尚艺术是两者在同一现场现世之际暧昧相拥的产物，既意味着时尚的艺术化，亦意味着艺术的时尚化，当然更意味着两者高度叠合的创意生成。这种创意生成既可以看作时尚界面的延展，亦可以看作艺术界面的延展，但切切不能看作是对时尚抑或艺术既有进程的否定和颠覆，而应看作接续性新的肯定形式与拓值性更多的补充内容，是两者从介质合谋到本体变异的文化后果。❷所以，艺术和时尚既是彼此独立、具有不同社会和文化价值的审美范畴，也是彼此相关、有着相似之处的社会、文化和审美现象，而且两者正在以自己的方式以前所未有的速度接近对方，取长补短，借鉴融合。

---

❶ [美]川村由仁夜《时尚学：时尚研究概述》前言 [J]. 窦倩，张恒岩，译. 艺术设计研究，2010(2)：16-23.
❷ 王列生. 时尚艺术：介质合谋与本体变异 [J]. 艺术百家，2014(4)：81.

# 反时尚现象及其动因分析

## 一、反时尚现象概述

在时尚研究领域，和纷繁复杂的时尚现象一样，反时尚现象同样是一个复杂且难以界定的存在，维基百科给出了这样的定义——"反时尚是各种明显迥异于当下流行式样的服饰风格的总称。"❶同时还指出反时尚有时也被用来指代一些知名度很高的时装设计师的作品，他们鼓励或者打造与当下主流时尚不一致的时尚潮流；反时尚传递出一种冷漠的态度，出于政治或现实需要而把时尚放到次要位置。对于反时尚问题，时尚理论大师西美尔认为，时尚为我们提供了物与人之间的一种结合，这种结合不仅是个性化与社会化的混合，更像是操控感与服从感的混合。极端地追求时尚所获得的这种结合，反过来通过反对时尚也可以获得。于是，人们在对时尚的纯然否定中得到了那种感觉。如果摩登是对社会榜样的模仿，那么，有意地不摩登实际上也表示着一种相似的模仿，只不过以相反的姿势出现。❷可以说，西美尔的看法一针见血，读后非常令人信服。不过对于复杂的反时尚问题，似乎并不是三言两语就能概括的，美国独立服饰研究专家安妮·霍兰德认为，反时尚不应被定义为时尚的对立面，而应该被视为服装史上某种具有周期性的时尚态度。❸

美国加州大学洛杉矶分校的社会学荣誉教授弗莱德·戴维斯认为，反时尚主要指现代社会中不同人群对时尚的抵制。根据反时尚现象在不同人群中的表现，他把反时尚现象分为如下六种情况进行阐述。第一，有些人出于实际经济利益或功利目的反对人们接受时尚，认为时尚会导致浪费、轻浮、不切实际、虚荣、不公、浮躁无常等社会现象。美国经济社会学家凡勃伦就是这种观点的代表人物。第二，反时尚传递了自然主义者主张女装改革的呼声。他们反对传统女装对女性身体的束缚，倡议女性穿戴便于身体活动、让身体感到舒适的服装从而进一步回归自然。第三，反时尚代表了一些女性主义者的时尚观，她们认为现代时尚赋予男性更多的自由，证明了时尚在为男权统

❶ 参见："Anti-fashion" 英文维基百科网. 访问时间：2018.1.22.

❷ [德]齐奥尔格·西美尔. 时尚的哲学[M]. 费勇等，译. 广州：花城出版社，2017：106.

❸ Anne Hollander, *Seeing Through Clothes*. Berkeley：University of California Press, 1988：350.

治服务，因此要求女性拒绝时装，甚至穿着与男性相同的服饰。第四，反时尚表现形式指向保守的怀疑论者。他们止步于已有的既定风格，不愿接受新的时尚。第五，少数族裔群体拒绝接受主流时尚。这个反时尚群体的宗旨十分明确，就是通过服装及其他行为将自己与社会主流文化人群区别开来。以坚持独有的着装风格这种方式守护遭受主流社会贬低、排斥的少数族裔文化、传统和习俗，并从中找到自豪感。第六，反对主流文化的反时尚人群。这一群体不仅试图通过服饰风格来反抗社会主流文化及其群体的约束、训导和规范，而且想通过服饰确立自我定义的、与众不同的身份，获取新的自我认同和群体认同。20世纪50~70年代英美等国先后出现的披头士、嬉皮士、朋克等都属于这类反时尚群体。❶

在西方学者关于反时尚的各种论述中，比较有代表性的还有邦尼·英吉利在《20和21世纪时尚文化史：从T台到街头》一书中给出的分析。她将西方时尚史中各种威胁到社会等级秩序、具有抵抗和僭越意义以及背离既定社会区隔的服饰和时尚现象都归入反时尚现象的研究范畴，并称之为"僭越的时尚"（Deviance of Fashion），比如裤装、朋克时尚和一些表达鲜明政治态度的时尚（如生态主义、反种族主义、反对性别歧视等）等。同时，她还指出反时尚常被定义为一种虚无主义，在很大程度上类似于美术史上为传统艺术带来革命性突破的反艺术潮流，但是一旦这种服装的僭越行为被主流时尚认可、接纳，成为主流时尚的一部分，其先锋性也随即消磨殆尽。❷

从西方学者对于反时尚现象的论述中不难发现"反时尚"的内涵及表现方式十分丰富，不仅涉及时尚设计、消费者的时尚选择和时尚穿搭，也和社会文化潮流、传统、习俗等内容息息相关。

## 二、反时尚现象动因分析

笔者尝试从如下六个方面对反时尚现象及其动因进行梳理和总结，争取对这个问题有一个更为深入和明晰的理解与透视。

❶ Fred Davis, "Antifashion: The Vicissitudes of Negation" Barnard, Malcolm. Ed.*Fashion Theory:A Reader*[M]. London and New York: Routledge, 2007: 89-102.
❷ Bonnie English, *A Cultural History of Fashion in the 20th and 21st Centuries:From Catwalk to Sidewalk*. 2nd Revised Ed. London, New Delhi, New York, Sidney: Bloomsbury, 2013: 111.

1. 用非主流时尚风格表达对某种生活方式的选择或某一文化传统的守护

有观点认为，反时尚就是去除物质化让生活回归平实。当下社会中，常见的反时尚风格很多都和生活方式有关，即人们出于对某种生活方式的选择和推崇而选择反时尚的服饰风格。弗雷授分析反时尚问题时提到的保守的怀疑论者和少数族裔群体，这些人之所以拒绝接受新的时尚，止步于已有的既定风格，实际上是对他们既有的生活方式的守护和选择，对于他们来说，接受新的时尚风格就意味着接受新的生活方式，而接受新的生活方式则意味着舍弃传统，会带来一系列文化认同、身份认同的危机。因此，保留自身的时尚风格、拒绝改变成为维护自身文化传统和主体身份的标志性举措和明智之选。

现代生活中，出于某种生活方式的需要选择反时尚的例子很多，以田园风为例，简约、大气、时髦的现代都市时尚风格曾经是许多青年人心向往之的时尚生活方式，然而都市生活的嘈杂、喧嚣、紧张繁忙、激烈竞争都给人们造成巨大的精神压力，也让在这里生活久了的一部分人开始向往田园生活的明快清新、自然随意、朴素恬淡，他们主动选择离开繁华的都市中心，到郊区、乡村甚至山林中过一种相对冷清的生活。在穿衣方面，喜欢版型相对宽松、肥大和便于活动的服装，面料方面喜欢易于打理的棉麻织物。这种风格不同于结构更为合身、款式较为正式、色彩更加暗淡、面料以化纤和毛料为主的都市时尚风格。对于那些没有条件离开都市过田园生活的人群来说，这种风格的时尚穿着便成为这种生活方式的替代品和象征物，受到越来越多都市青年的追随和喜爱，成为都市时尚风景线中的一道优雅景观，发展到最后，起初的反时尚也变为了时尚。这个案例和前面案例的不同之处在于，前者反时尚是为了守护旧有的生活方式和文化传统，后者则为了拥有一种新的生活方式，是对一种新的生活方式的选择与认同。

2. 拒绝主流时尚文化的影响、表达政治诉求、争取社会关注

反时尚也是一种争取权力、获取社会认同、表达抗议或进行社会抵抗的方式。在这方面，20世纪六七十年代流行于英美等国的青年亚文化时尚风潮提供了典型案例。这一时期，英美青年亚文化时尚风潮以嬉皮士和朋克的奇装异服为主要风格特色，青年人用反时尚的形式抵制社会主流文化、表达社会边缘群体的政治诉求，争取社会关注。王受之在《世界时装史》一书中称

之为"反时装运动"❶。英美学者弗莱德·戴维斯和邦尼·英吉利等人在他们的研究中也提到了这一点。

20世纪60年代美国的嬉皮士从20世纪50年代的垮掉派中演化而来，在当时的美国属于中下阶层，美国学者艾伯特·古德曼在《女士们、先生们——兰尼·布鲁斯!!》一书中提到嬉皮士是一种典型的下层阶级中的花花公子形象，打扮得像个坏蛋，常常做出一副冷酷而理性的姿态。❷他们认为美国是一个被惯例和陈规所充斥的世界，技术高度发达、物质极度丰裕，但人的精神却受到控制。为了有效地进行反抗，他们提出了"回到史前"的口号，希望在史前时期寻找精神力量，认为只有无为而治的简朴社会，才能保证公民个人的尊严和自由。为此，嬉皮士一族选择了公社式的、流浪的生活方式，在外观装扮方面他们放弃了当时的主流时尚风格，从异域文化或民族服饰中获取灵感。典型的嬉皮士风格以五颜六色的土耳其长袍、阿富汗外套、异域风情的印花图案、彩色的串珠为主要特色，配上反潮流而动的喇叭裤、二手市场淘来的旧军装、花边衬衫、金丝边眼镜等，借此表达其内心反体制、反传统、反对工业社会以及反越战的政治立场，以及希望逃离现代社会、回归原始状态的生活态度。所以，反时尚风格的服饰成为当时的青年亚文化群体批评西方中层阶级的价值观、抗议社会、表达个体政治立场的一种重要方式。

与20世纪60年代的嬉皮士相似，20世纪70年代中后期兴起于英国的朋克一族也是通过抵制和抛弃主流时尚风格来达到抗议社会、表达其政治立场的目的。第二次世界大战以后随着西欧各国工业经济的逐步恢复和科学技术的迅速发展，英国工党和保守党的政客们自信地宣称，英国社会正迈入一个极度富裕、人人机会平等的新时代。但是，阶级在英国依旧存在，只是人们感受阶级存在的方式发生了变化，或者说阶级体验在文化中的表现形式发生了戏剧性的转变❸。20世纪60年代，随着英国传统生活方式的瓦解，工人阶级社区面临着解体和消失的命运，许多来自工人阶级家庭的青少年直接感受了这种危机的存在。在对各种青年亚文化进行诠释时，英国文化研究伯明翰学

---

❶ 王受之.世界服装史[M].北京：中国青年出版社，2002：140.

❷ [英]迪克·赫伯迪格.亚文化：风格的意义[M].陆道夫，胡疆锋，译.北京：北京大学出版社，2011：60.

❸ [英]迪克·赫伯迪格.亚文化：风格的意义[M].陆道夫，胡疆锋，译.北京：北京大学出版社，2011：94-95.

派的学者菲尔·科恩认为，亚文化是对被瓦解的整个伦敦东区社区发生的各种变化所做的区域性适应❶。因此，从五六十年代的无赖青年、摩登族、光头族到70年代的朋克，青年人都在用独特的兴趣爱好、行为方式（如摇滚乐、打架斗殴等）和新潮外观吸引社会关注、表达对主流社会价值观的抗拒与不满、对自我主体身份的焦虑、对父辈生活方式的叛逆与嘲讽及其对无政府主义思想的推崇等。

在服饰和外观装扮方面，朋克一族表现出鲜明的风格性。西装革履、温文尔雅、一丝不苟、完美匀称的绅士、淑女形象向来是英国上流社会时尚的标签，也是中产阶级的身份标志。朋克一族却主动放弃了一切主流时尚所欣赏的稳重感和贵族气，把各个时期的时尚元素结合在一起形成独特的时尚符码和特立独行的时尚风格，以一种与主流时尚截然不同的外观风貌行走在城市街头：男性会留着标志性的、色彩鲜艳的鸡冠头；而女性则剃掉头发露出青色的头皮，涂上哥特风格的黑色眼影和指甲，戴上造型夸张的耳钉、鼻环、戒指，穿着紧身皮夹克、瘦腿裤、色彩鲜艳的高筒网眼丝袜、笨重的马丁靴等。对此，有学者认为"朋克将时尚、图形和行为作为挑战主流意识形态和资本主义的策略，是一场视觉和社会的革命。"❷

无论是20世纪60年代的嬉皮风还是70年代的朋克风，从根本上来说都是反社会主流时尚潮流而动的，这些青年人用迥异于时代主流时尚的风格发泄对社会的不满和抵触情绪，通过服饰确立自我定义的、与众不同的身份，同时也成为他们内在痛苦和深切渴望的外在表现形式，暴露和反映了社会问题。尽管这种抗议很大程度上是一种仪式性的，没有多少实质性的效果，但"在象征的层面上，同时也向阶级和性别的刻板印象的'不可避免性'和'自然性'发起挑战。"❸在现代西方民主社会所容忍的各种反时尚风格中，青年亚文化风格在利用时尚表达政治诉求、争取社会关注方面最具象征意义，也最有效力。然而，没用多久，这种街头青年时尚风格得到了高级时装业和成衣业的关注，成为时尚设计师的灵感来源和都市街头中一股新的时尚潮流，并很

❶ 转引自：[英]迪克·赫伯迪格.亚文化：风格的意义[M].陆道夫,胡疆锋,译.北京:北京大学出版社,2011:98.
❷ [澳]亚当·盖奇,[新西兰]维基·卡拉米娜.时尚的艺术与批评[M].孙诗淇,译.重庆:重庆大学出版社,2019:26.
❸ [英]迪克·赫伯迪格.亚文化：风格的意义[M].陆道夫,胡疆锋,译.北京:北京大学出版社,2011:110.

快走俏于国际服装市场。英国时尚设计师维维安·韦斯特伍德在时尚设计方面的重要贡献，就是把改良的街头亚文化时尚风格搬上了时尚T台，这些原初的反时尚潮流之作很快成为主流时尚的一部分。不过，在有了追随者并逐渐成为一种街头时尚的时候，这些亚文化时尚风格起初所具有的反时尚意义和作用也开始发生变化，最初所传达和表现的抵抗态度和反叛意义已经荡然无存了。因为这时的嬉皮风和朋克风更多地成为一种美学元素、文化标签或者符号而存在和发挥作用。亚文化时尚风格的追随者喜欢的可能是这种风格在审美方面带来的震撼、与众不同的个性表达和感受，也可能只是将其作为一种抒发怀旧情绪的方法和手段。当然，当这种反时尚风格逐渐被社会认可，人们见怪不怪的时候，这股反文化、反体制的时尚风潮也就进入了衰退期，暂时隐退等待时机以复古的形式再次回归潮流。

当下社会生活中，已经很少有像20世纪六七十年代这种大规模的具有社会抵抗性的反时尚潮流，取而代之的是各种别出心裁、凸显个体的另类时尚或者街头时尚。这些时尚风格一旦被越来越多的人追随，也会形成反时尚潮流的逆袭，成为流行，继而丧失其先锋性特征。

3. 对主流时尚设计方法和理念的抵制与解构

反时尚也可能是某些时尚设计师的设计风格的一部分，他们有意选择和利用非主流时尚的设计手法、技巧和元素，如一些具有民族或地方特色的技法和元素。然而这其中多数人的最终目的还是为了成为时尚，不过有意反其道而行之。如果说活跃于社会运动和文化思潮中的嬉皮士和朋克的反时尚风格更多是为了发泄对社会和政府的不满，希望改变和提升个体社会地位的话，那么时尚设计界的反时尚行为不是为了反对时尚和背弃时尚，而是为了成为时尚。换言之，他们旨在通过彰显其反时尚的态度和设计理念成为时尚的先锋。这种反时尚现象在时尚设计中主要表现为用某种时尚风格来表达反对时尚的态度。日本著名时尚设计师山本耀司就是其中的典范。

山本耀司是国际时装界一个独一无二的存在，也是反时尚设计风格的代表人物。他的反时尚态度主要体现在其设计理念和设计风格中。在他进军巴黎时尚界的20世纪80年代，西方主流时尚设计界一方面流行线条硬朗的时尚，另一方面着眼于如何用紧身衣裙来体现女性的优美曲线。山本耀司与此背道而驰。他将东方的服饰穿着理念融入时尚设计之中，尤其是受和服的穿着方式启发，通过色彩与材质的丰富组合来传达时尚理念，用不规则、不对称、层叠、褶裥、拼搭等解构主义设计手法尽显时装的飘逸之美，从而与西方主流时尚风格形成强烈反差。他被时尚界奉若神明，却称自己是"反时尚"的："我对时尚并无兴趣，我只对怎么剪裁感兴趣。"他将布料做旧、撕裂、破坏其平衡，挑战着人们对"美"的认知，他声称"完美是丑陋的。在人类制造的事物中，我希望看到缺憾、失败、混乱、扭曲。"❶吊诡的是，这种鲜明的反时尚态度为他吸引了足够的注意力，一举成为20世纪80年代巴黎最耀眼的时尚明星之一。

除了鲜明的反时尚态度外，在20世纪西方时尚发展史上，还有一些时尚设计师通过反时尚的设计风格和设计理念将反时尚转变为时尚，从而成功晋级为知名时尚设计师，川久保玲、三宅一生、马丁·马吉拉、卡拉扬等人都是其中的佼佼者。他们的设计全面打破了既有的时尚设计原则和理念，如对称、规则、协调、统一等。三宅一生在20世纪70年代推出了采用直线式、无省道、无分割线裁剪的"一块布"系列作品，看似直接把一条毯子披在身上，毫无时尚界长期以来流行的贴身结构可言。最终用"无结构"设计直接消解了传统服装的结构性特征。凭借这些风格迥异的时装，有些时尚设计师一时间名声大噪。2017年5月，美国纽约大都会博物馆以"Met Gala（五月首周一）"大型慈善晚会为契机推出了川久保玲个人主题时尚展——"反时尚"，展出了她从20世纪80年代早期开始设计的150套时装。博物馆用"居间性——边界之间的空间"为主题来介绍这个展览，并将所有展品分为八个主题展区：时尚/反时尚、设计/非设计、单一模式/多元模式、高雅/低俗、自我/他者、客体/主体、服装/非服装。对于自己的作品和反时尚设计理念，川久保玲在展览的前言中提到，多年来她一直通过否定既有的价值观、传统和已经被接受为规范的事物来追求一种新的设计思维方式。对她来说最重要的表达方式是融合、打破平衡、未完成、抹除和没有意义。川久保玲的设计及其成功经验再次证明了时尚和反时尚之间没有明确的界限。

4. 对后现代艺术形式及其反审美思想的认可与追随

与现代主义艺术相比，各种流行于20世纪后半期的后现代主义艺术形式，如波普艺术、解构主义艺术，其最突出的特征就是意义的缺乏和深度感

---

❶ [日]山本耀司. 做衣服：破坏时尚 [M]. 宫智全整理，吴迪，译. 长沙：湖南人民出版社，2014：43.

的消失，人们以一种游戏的心态对待艺术，不仅提倡非理性、非和谐，而且提出反艺术、反审美，全面否定传统、标新立异。最早提出"反艺术"概念的是"达达主义"。达达主义者认为"达达"并不是一种艺术，而是一种"反艺术"，他们在创作中追求"无意义"的境界。杜尚将男用小便器送入博物馆展览意味着生活中的普通之物也可以成为艺术品，借此消解了艺术一贯自诩的高雅、趣味及和谐之美。这与传统艺术的追求是背道而驰的，因为传统艺术强调审美创造性或者原创性，原作是在时空上的一种独一无二的存在，是永远的"在场"，具有权威性、神圣性、不可复制性，从而具有崇拜价值、收藏价值。所以，反艺术是对传统精英主义艺术观念的一种消解、颠覆和重构，人人都可以成为艺术家，日用品可以成为艺术品。在反艺术者看来，审美价值与非审美价值开始互渗，审美与生活趋于统一。反审美意味着打破所有现成的审美规则、教条、派别和主义，彻底消解传统审美价值形态的确定性和封闭性，审美文本的界定变得飘忽不定、悬而未决。从现实意义上来说，反审美为艺术的大众化开辟了道路。在这样的艺术思潮的影响和裹挟之下，反时尚艺术潮流的出现也就不足为奇了。

反时尚艺术潮流主要体现在20世纪60年代波普艺术影响下的大众时尚的兴起和八九十年代解构主义时尚风格的流行。首先来看波普艺术影响下的大众时尚的兴起。波普艺术是一种典型的反艺术风格。从积极意义上来讲，波普艺术拓宽了艺术的概念，丰富了艺术的表现形式和表现手法，冲破了艺术和生活之间的界限。波普主义大师安迪·沃霍尔将波普主义的观念嫁接到服装设计中，用纸、塑胶和人造皮革等不同材料拼凑在一起，运用艳丽大胆的色彩，并在衣服上用丝网印制波普艺术影响下的俗艳花纹，这种设计理念直接打破了20世纪50年代那种追求完美、简洁、高雅的设计风格。在这种思想的引领和影响下，服装设计领域很快就出现了一大批反常规的设计。其中最有名的就是波普主义时装设计师伊夫·圣洛朗、玛丽·匡特等人，他们直接从街头文化中汲取设计灵感，将之运用到高级时装的设计中去，改变了时尚惯有的自上而下的传播路径，形成了自下而上的反时尚传播路径。他们的设计也吸引了新潮的年轻人，与高端时尚相对立的大众时尚和街头时尚就此诞生。

其次，20世纪80年代，在后现代解构主义文化思潮的影响下，解构主义时尚应运而生。在时装设计中，设计师有意运用反艺术、反审美的设计理念和解构主义手法，并借此表达他们对后现代主义艺术的认可和推崇。《国外后现代服饰》一书从四个方面分析了解构主义时尚设计的主要特点：第一，对服装传统意义的解构。在这方面，设计师完全背离服装为人所穿的概念，完全从设计一件独立的艺术品的角度去设计时装，考虑的是"时装"本身而非与人体发生关系的时装。第二，对时装结构的解构。这一点主要指设计师将传统的时装衣片重新切割组合，对某些服装部位进行非常规改造，呈现出与传统服装样式截然不同的造型效果。第三，对图形的解构。后现代社会是一个图像泛滥的世界，各种内容不相干的、与传统服饰纹样大相径庭的图像被运用到时装设计中来，使时装成为意义混乱或者缺失意义的场所，有待服装穿着者和观看者自行解读。第四，对传统材料的解构。即使用与传统面料迥异的材料，如木头、塑料、金属铰链等来制作服装。❶

　　为了更好地理解解构主义反时尚设计理念及其风格特点，这里不妨以马丁·马吉拉的解构主义时尚设计为例进行说明。他在时装设计过程中有意将线迹、线头暴露在外，或者将时装衬里外翻，将其毫无保留地展示出来，公开展览经过风吹雨淋，被细菌严重侵蚀风化后脆弱不堪、面貌全非的服装。此外，他对传统时装进行破坏性的改造，通过消解服装固有的结构，解除常规的链接方式，最后把凌乱的"零件"自由地拼凑起来，没有规范，没有束缚，拼凑之后的作品甚至长得不太像一件衣服。通过服装本来面目的客观性展示，他的作品鼓励人们去深层次思考服装的现实意义、真实意义以及深层意义，而不要仅停留在人们已经司空见惯的高雅、精致、完美、精英等意义层面上。这种设计理念明显和后现代主义艺术中的反审美理念高度一致，因为后现代主义艺术中的"反审美"意味着反对传统审美的固定化、权威化和精英化，旨在以个人的风格、方式对各种传统审美方式进行自觉反抗或消极解构，从而重新表达对美、世界以及生活的体验与认知。

　　5. 男装中的反时尚现象

　　男装中的反时尚现象也是一种重要的值得我们关注和思考的反时尚现象。18世纪法国大革命之后，随着新型资本主义社会的萌芽与发展，男性在着装中主动放弃了各种鲜艳的色彩、繁复的造型以及华美、精巧甚至多余的饰物，将这些完全留给女性使用，转而专注于实用性和功能性。男装从整体上变得

---

❶ 包铭新，曹喆. 国外后现代服饰[M]. 南京：江苏美术出版社，2001：72-76：.

单调、黯淡、缺少变化。然而，男装并没有退出时尚舞台，以西装三件套为代表的男装一直是男装时尚的中坚力量，在时尚界独占鳌头。

男装反时尚现象与性别、权力和功利主义立场有关。首先，这种现象有助于维护父权制社会中男性的主导权和霸权地位，表达对父权制社会的认可与尊崇。男装之所以能以鲜明的反时尚态度成为时尚流行中的神话，主要在于男装将时尚让渡于女性，并尽可能规避服装中出现女性服装形制和样式。这些做法在有意无意中定义和强化了男性特质：坚定、谨慎、理性、干练、稳重、值得信任，从而与随潮流而动、变化多样的女性时尚形成鲜明对比。相比之下，在有意无意中突出了柔弱、感性、易变、无常的女性特质，而这些特质也是父权制社会一直在精心塑造的男女性别差异和不平等地位的最好说辞。艾瑞克·德·奎裴尔曾经说过："男性采用反时尚的态度，使其成为自身的根本价值，他们认为这是让自己与女性抗衡的有力方式，而女性被认为是完全融入了时尚。"❶可见，男性用反时尚的方式捍卫了男权社会。

因此，男装中的反时尚现象在很大程度上是对两性关系中男性霸权的维护，也是对父权制思想的恪守和推崇。这个案例与之前案例的不同之处在于，山本耀司的反时尚风格以及各种后现代主义艺术影响下的反时尚风格属于时尚设计师的时尚态度与创意思维的一部分，是用一种非主流设计理念对抗主流设计理念，对其进行颠覆，从而成为新的流行时尚。而男装中的反时尚立意来自时尚穿着者出于群体利益进行的集体选择。由此可见，时尚穿着者和时尚设计师都在反时尚现象形成过程中扮演了重要角色。当然，两者也和田园风、保守派、少数族裔的反时尚立场有所不同，因为后者更多地着眼于一种反时尚的生活方式或者对于某种文化传统、文化身份的守护。前文中还提到了一些激进的女性主义者提出的反时尚观点，她们主张女性要拒绝时尚，穿戴和男性一样的服饰，这种反时尚观试图通过服饰抹平男女之间在社会地位方面的不平等。这种思想和做法在一定程度上等于默认了男性主导的父权制社会秩序。

我们也可以从功利主义的立场理解男装中的反时尚现象。功利主义代表人物、哲学家杰瑞米·边沁在《道德与立法原理导论》（1789年）一书中阐释了功利主义思想，之后功利主义作为一种独立的理论体系。作为一种哲学

---

❶ 艾瑞克·德·奎裴尔. 如果一切都是时尚，那么"时尚"发生了什么事？ [C]. 时尚的力量—经典设计的外延与内涵. 娜达·凡·登·伯格主编. 北京：科学出版社，2014：104.

理念，功利主义关注行为的结果是否有助于行为当事人实现幸福总量最大化，并视其为是否合乎道德的标准。功利主义与男装反时尚现象之间的关系，主要体现在男性在服装选择方面倾向于遵循传统和既定的服装编码体系。服装编码体系是指在一个稳定的社会环境中，人们穿着服装的样式、质地和颜色及其相对稳定的意义体系。这个体系能够指导人们日常生活中的穿搭，同时也会禁锢人们进行服装创新。从功利主义的角度来看，对于服装形制、结构、色彩、搭配等方面的创新往往存在"侵犯"既定服装编码体系的风险，因为追逐新颖时尚的服装往往涉及颜色、质地、款式等多重选择，一件混搭的服装自然会挑战以往的穿着风格，进而引起非议和文化焦虑，这是功利主义者不愿意看到的。也使得多年来男装以一种稳定的姿态遵循传统的服装编码体系，不敢对服装编码体系有所逾越。

现代社会中，阶级与政治对服装编码系统的影响渐渐弱化，但是一向遵循功利主义的男性以风险最小化原则作为自己的服装选择标准，传统男装稳定的形式所象征的坚毅、低调、朴素等品质依然被整个社会和绝大部分男性认同，表面上看起来人们具有服装选择的自由，其实服装文化用一种更加隐形的方式控制着人们的穿着。

有些情况下，男装中的反时尚现象也和对社会上男性同性恋身份的恐惧有关。"同性恋"这个术语是1888年出现的，这个词语最早是作为科学和医学用语被创造出来的，当时的性学家需要这种词语帮助人们理解人类的性取向，但是，同性恋从出现就被认定为某种精神和心理疾病，被建构和表征为反常且不自然的事情，之后关于同性恋的争议就没有断过，直到20世纪70年代，人们才将同性恋从精神和心理疾病的名单中移除出去。除此之外，再次回顾历史可以看到，无论是法律层面还是道德层面，人们对于同性恋始终持有不友好的态度。1871年的德国曾在法典中明确规定男性之间的非自然性行为属于违法行为。同样，翻看以往的美国法律，各州法律中都能够找到禁止同性恋的法律条文。时至今日，依然有很多国家将同性性行为认定为非法。然而，男性对于时尚的追逐、对于偏女性气质服装的借用，往往也会引起性、性别、性取向的混淆。所以，鉴于大环境下对于同性恋群体较为排斥的态度，多数男性在服装选择上小心翼翼，回避穿戴任何可能模糊性取向、引发性别误会的服饰，给自己的工作、生活带来困扰和焦虑。可以说，正是这种对同性恋身份的恐惧，使得男装在借用异性服装元素时非常谨慎、缩手缩脚，从而也在一定程度上促成了男装反时尚现象的产生。

### 6. 对社会主流价值观做出回应

作为一种社会现象的反时尚不仅涉及亚文化、艺术潮流、时尚的穿搭与设计、消费者的选择，时尚的生产、营销、品牌策划与传播等领域也同样存在着反时尚现象，其中常被人们提到的就是从"快时尚"到"慢时尚"的转换。这种反时尚现象与时尚界对社会主流价值观作出的积极回应有关。

"快时尚"源自20世纪的欧洲，自21世纪初在世界范围内迅速流行开来，被称为"Fast Fashion"，在美国人们称之为"Speed to Market"，其生产营销模式不同于传统模式之处在于，时尚产品在设计、采购、制作、物流等环节进行整合，上货时间快、平价、款多、量少、样式紧跟时尚潮流；以"快、狠、准"为主要特征，带动全球时尚潮流，同时赚取高额利润。因为速度快，快时尚服饰绝大多数的产品都在当季生产，库存周转率可以达到每年十多次。它用最快的速度将成衣推向市场，保证了快时尚的竞争力。当然快时尚也加速了时尚更新的速度，增加了消费者的时尚选择，丰富了消费者的时尚生活。

然而，快时尚为社会带来的不良效果也很快显现出来。首先，质量无法得到保证。褪色、开线、不经洗等各种质量问题层出不穷，随着产品质量的下降和消费者不加思考购物行为的激增，一件衣服的平均使用寿命一般只有三年左右。其次，快时尚来得快去得也快，造成了严重的资源浪费和环境破坏。在全球资源紧张、环境污染日益严重的当下，保护环境、确保环境和资源的可持续发展已是当务之急。由此，可持续性产品的设计与研发也成为国际时尚界的共识和主流价值观，针对这种情况，慢时尚概念应运而生。这是一种与快时尚相对立的时尚设计、生产和营销理念。

"慢时尚"模式提倡打造美观又具可持续性和环保意识的时尚品牌，主张停止生产或采购不可回收的材料，采用有机的、可循环利用的环保材料，保证纤维面料等纺织品在生产过程中的无污染，或者把对环境的污染降低到最小限度，其生产标准必须通过全球有机纺织品标准（Global Organic Textile Standard）认证，从而让时尚生产从先前的线性经济模式向循环经济模式发展。GOTS是从生态与社会和谐的角度出发，调节、认证、控制天然纤维生产的准则。这样就能保证织物生产链更加透明，消费者只要看到标签就可以找到原料产地和工厂，并证明这是无化学肥料、杀虫剂和转基因的产品。其次，在设计环节中，"慢时尚"理念提倡运用零浪费的设计方法。例如，一些时装学校拓展了与生态相关的课程，鼓励学生从时尚设计层面减少浪费，珍惜资源，爱护环境，弘扬有道德和环保意识的时尚观，鼓励学生们参与以保护环境为宗旨的非营利组织。Redress就是这样一个致力于结束酷刑并为全球幸存者寻求正义的慈善组织，由中国香港非牟利环保团体组办，每年都会举办"Redress设计大赛"，并设立倡导零浪费的"生态时尚设计奖"（EcoChic Design Award）。第三，针对快时尚背后的"血汗工厂"问题，"慢时尚"主张增加自身产品生产或者用代工的费用来改善和提高时尚产品加工生产过程中的工人待遇、规范生产等问题，尽管这样做会相应提升"慢时尚"产品的销售价格也在所不惜。第四，"慢时尚"倡导人们体验简单的生活、丰富自己的内心，通过改善衣橱中服装的质量而非提高数量，来打造一个属于个人的环保而健康的生活系统。目前看来，虽然慢时尚产品的价格因为对环境、循环利用及规范生产的要求较高而高于快时尚品牌，但从保护有限的自然资源、促进社会和谐发展的长远视角来看，它还是不错的选择。

"慢时尚"这个概念也不是无源之水，而是和"慢生活"这种生活方式的提出有着密切关系。慢生活指由"慢食运动"发展出来的一系列慢生活方式，目的在于提醒人们日常工作生活中要适当地放慢速度，停下来关注心灵、环境以及传统文化。所以，"慢时尚"概念的提出既是为了应对和解决快时尚所带来的一系列环境污染、资源浪费等问题，也是"慢生活"这种生活方式在时尚方面给出的积极回应。

## 三、反时尚现象的思维模式及其理论探源

"少即是多（Less is more）"是欧洲现代主义建筑大师路德维希·密斯·凡德罗的名言，也被认为是极简主义（miminalism，也译为简约主义）的核心思想，这种设计理念是一种明显的逆向逻辑思维模式，在这一设计思想指导下，极简主义时尚从20世纪八九十年代流行起来以后，在时尚界长盛不衰。逆向思维就是改变常规思维方法，打破既定的规范和规则，用"反其道而行之"的方法，从事物属性的相反方向进行思考。逆向思维充分反映了人类思维的灵动性和主观能动性。正是有了这样的思维模式，现代社会中人们的生活才

更加丰富多彩，时尚设计师和时尚弄潮儿们才能在时尚的大潮中屹立不倒。

从历史的角度来看，反时尚现象的大规模流行也是整个人类反潮流观念发展历程中的一部分，尤其是对20世纪后半期西方后现代反审美、反艺术文艺思想做出的直接回应和应用发展。反时尚现象的成因非常复杂，社会、政治、经济、文化、艺术等领域思想潮流的变化都会折射到时尚领域，成为反时尚的动力和诱因。以柏拉图的理式概念为核心的西方理性主义哲学传统一直是西方社会科学理论的基石，然而，理性主义的发展和演变一直伴随着源远流长的怀疑论、相对主义和各种反理性主义思想的成长与壮大，其中常被人们提起的有欧洲的浪漫主义、民族主义、多元主义及许多唯意志论的流派。在西方哲学领域，马克思、海德格尔、萨特等理论家都相继提出了反本质主义的哲学思想。第二次世界大战以后，民族主义和多元文化主义更是在全球范围内得到了发展，东方文化、黑人文化、青年亚文化、少数民族文化、地方文化等，这些以前被主流文化所忽视、排斥或者看不入流的文化形态、文化传统、文化元素等都纷纷从边缘走向中心，得到主流社会和文化学术界的关注和研究。

20世纪五六十年代以后，各种强调多样性、多元化、个体性、不确定性、反建制、去中心化的反理性主义思想向强调唯一性、总体性、普遍有效性的理性主义观念发起了挑战，逐渐形成了对当代艺术文化具有强大影响的后现代思想。深受后现代思想影响的后现代艺术与文化工业、大众传媒合谋，让艺术品沦为商品，打破了艺术自律性的边界，失去了深刻的作者意图，驱逐了浪漫主义以来的天才美学范畴，终结了传统的和现代的美学体制，波普艺术、解构主义等各种反传统、反审美的艺术形式逐渐成为主流。作为反审美的具体形式实践，反艺术主要指利用传统的非艺术物品进行艺术实践的行为及其价值形态。反审美可以理解为对传统审美方式的有意反抗或者形态消解。反艺术和反审美并非是要否定艺术和审美，而是对传统审美方式和艺术表达展开自觉的消解行动。它反对传统审美的确定化形式，力图以个人的方式重新表达对美的体验和认识，往往因其与传统审美的巨大反差而造成强烈的体验。❶前文中提到的青年亚文化时尚风格以及山本耀司、川久保玲、马丁·马吉拉等人的反时尚设计理念中都暗含了这种反时尚美学思想。因此，在一定

---

❶ 王一川. 新编美学教程(修订版)[M]. 上海：复旦大学出版社，2011：108.

程度上，反时尚现象不过是这些反潮流观念、反审美、反艺术思想在时尚领域的回应。其后果如何呢？国内学者认为以否定理性和经验为主旨的时装设计抛弃了比例、人体、协调、线型等基本要素，而传统的时装业正是以这些审美要素为基础发展起来的，因此，时装正在失去优劣的标准。❶不过，尽管如此，反时尚的出现还是极大丰富了时尚的表现形式，拓展了时尚的意义表达空间，为追求生活多样性和更加宽容的社会理想的现代人提供了广阔的舞台和无尽的表现机会。

　　第三，反时尚现象的形成符合否定的辩证法。德国社会学家阿多诺对于否定的辩证法的论述主要基于他对生命的不断自我否定性的发现和认可。阿多诺认为，生命的自由本质就在于它本身永不停止地自我分化、自我差异化和自我更新。在每一个生命的瞬间，生命自己既是它本身，又不是它自己；不断地自我否定，不只是在时间连续结构上的自我否定，而且也包括同时刻的自我否定，这构成了生命存在的基本动力。❷依照辩证否定的原理，否定是事物的自我否定，是事物矛盾运动的结果。反时尚就是时尚为了自身发展进行的自我否定，时尚在不断自我更新、自我否定中完成自身的蜕变、演进和发展。自我否定是时尚易变尚新、保持持久生命力的重要原因之一。此外，如果把时尚从出现到消失的流行周期看作时尚生命的话，那么这种生命不是普通意义上的有气息的生命存在，而是通过时尚与主体之间的交互构造获得的一种有意义、有价值的生命存在，在不断自我否定中寻求新的发展和生存契机。

　　有学者认为，"追逐'新颖性''独特性'是时尚诞生的内在动因，也是时尚的内在本性。"❸事实上，任何反时尚概念的提出，一方面符合人类想要从穿衣装扮中找寻归属感、身份感的需求和被社会他人关注的本性；另一方面也符合人类追逐新异、拒绝乏味和平庸、渴望新奇体验的内在需求。当然反时尚也代表了人类为了摆脱平淡生活、打破季节性时尚轮回魔咒而做出的不懈努力。反时尚不是时尚的反动，而是时尚生命的一种独特表现形式，是其有益补充和平衡机制。反时尚让时尚的每一次更新都更值得期待并超乎人们的想象，和时尚一起共同构建有意义、有价值、有品位的时尚主体。

---

❶ 包铭新，曹喆．国外后现代服饰[M]．南京：江苏美术出版社，2001：36.

❷ 转引自：高宣扬．后现代：思想与艺术的悖论[M]．北京：北京大学出版社，2013：180.

❸ 颜翔林．论审美时尚[J]．求索，2017(6)：7.

# 第十二章　时尚与现代性

## 时尚：现代性的第六副面孔

### 一、引言

《现代性的五副面孔》是美国印第安纳大学比较文学教授马泰·卡林内斯库现代性研究方面的一部力作，该书在众多现代性研究著作中独树一帜，从美学角度分析了现代性的五种表现形式：现代主义、先锋派、颓废、媚俗艺术和后现代主义。这本书成为审美现代性的一次全面总结。对于时尚与现代性之间的关系，很多西方时尚理论家也有所论述。西美尔认为，时尚"总是处于过去与将来的分水岭上，结果，至少在它最高潮的时候，相比其他的现象，它带给我们更强烈的现在感。"❶在布鲁默看来，时尚的现代性就是时尚时刻在寻求与时代保持一致，时刻对它自身所处的场域、临近场域及更大的社会世界中的发展变化保持敏感。不过，有趣的是，从现代性概念的早期提出者波德莱尔到法国思想家让·鲍德里亚，都认为现代性就是时尚。基于绘画作品中人物的服装、发型和仪态的研究，波德莱尔在《现代生活的画家》一文中认为"现代性就是过渡、短暂、偶然；它是艺术的一半，另一半是永恒与不变"。❷鲍德里亚认为消费时代的逻辑是一种时尚的逻辑，因为消费社会的文化逻辑就是现代性，所以现代性也是时尚。显然，时尚是现代性问题研究过程中一个不容忽视和绕过的重要课题。作为一个由具有强烈家族相似性的不同面孔组成的大型复合体，现代性具有多重化身和多种内涵，时尚以其鲜

❶ [德]齐奥尔格·西美尔.时尚的哲学[M].费勇,等译.广州:花城出版社,2017:102.
❷ [法]波德莱尔.波德莱尔美学论文选[M].郭宏安,译.人民文学出版社,1987:485.

明的审美现代性、文化现代性及强大的生命现代性也是这个家族中的重要一员，甚至可以比喻性地称之为现代性的第六副面孔。为此，本文将从现代性的基本概念以及时尚与现代性五副面孔的家族相似性出发，揭示时尚的审美现代性及其独有的生命现代性。

## 二、现代性的概念及相关研究

现代性是一个包含了巨大的争议性、包容性和含混性的概念，具有多元、多义和多重阐释等特点。这个概念最早出现于17世纪的欧洲，自那时起学者们对于现代性概念的考察就没有停止过。当下学术界对"现代性"的理解众说纷纭，除了前文中引用的波德莱尔的名言以及卡林内斯库的现代性研究外，尧斯、哈贝马斯、霍尔、斯温伍德、伯曼、卢卡奇、鲍曼、贝尔、詹姆逊、吉登斯等很多西方哲学家、社会学家都曾从不同学科立场出发对现代性进行过研究，其中有些观点具有一定代表性，得到了普遍认同，且具有相对稳定和清晰的内涵。

在人文学科领域，很多西方学者着重从社会、历史、文化、审美等角度考察现代性，提出了社会现代性、审美现代性、文化现代性等概念。在霍尔看来，现代性是一个复杂的多重建构过程涉及四个主要社会进程——政治、经济、社会和文化，它们的交互作用构成了现代性。这四个进程各有独特性，又彼此影响。英国社会学家斯温伍德从文化社会学的角度来界定现代性概念，认为主要存在三种现代性：作为文学—审美概念的现代性、作为社会—历史范畴的现代性和作为一个涉及整个社会、意识形态、社会结构和文化变迁的结构概念的现代性。不过，美国学者卡林内斯库倾向于把现代性看作一种时间——历史概念，一种把现时与过去或传统区别开来的概念，认为现代性的历史就是"历史现代性""文化现代性"或"审美现代性"之间截然不同却又剧烈冲突和对抗的历史。

作为文明史的一个阶段，"历史现代性"是19世纪上半叶以来科学进步、工业革命和资本主义带来的全面经济社会变化的产物，这种现代性包括了种种现代观念和学说，相信进步，相信科学技术造福人类的可能性，关注时间，歌颂理性，相信在抽象人文主义框架中得到界定的自由理想，具有实用主义和崇拜行动与成功的定向等。审美现代性是作为美学概念的现代性。这种现代性促使了先锋派产生的现代性，秉承了浪漫主义激进的反资产阶级态度。它厌恶中产阶级的价值标准，通过极其多样的手段来表达这种厌恶，从反叛、无政府、天启主义直到自我流放。这种现代性表现为对资产阶级现代性的公开拒斥，以及强烈的否定激情。两种现代性之间具有无法弥合的分裂。❶在某种程度上，正是这两种现代性之间的冲突与分裂导致了现代性的危机。

哈贝马斯的现代性理论又对文化现代性和审美现代性进行了分化，认为文化现代性是广泛的表意实践活动，涵盖了科学技术、道德伦理和文学艺术等诸多领域；而审美现代性作为文化现代性的一部分，主要指和文学艺术相关的那一领域。❷然而，对于审美现代性而言，就像"现代"一词本身就有"摩登、时髦"的意思一样，在审美层面上不可避免地指向对新事物、新观念和新技术的追逐。贡巴尼翁强调："现代传统是以作为价值标准的新之诞生而开启的，因为'新'在过去从来就没有被当作过价值标准。但是，'新'这个词本身就令人困惑，因为它属于历史叙述的某种特殊类型，也就是现代类型。现代历史以其希冀达到的结局来言说自己。它不喜欢摆脱其情境的种种悖论，而是要在批判性的发展中来解决悖论或消解悖论。它以含有传统和决裂、演变和革命、模仿和创新之意的概念为基础来书写自身。"❸所以逐'新'和前文中提到的波德莱尔定义的"过渡、短暂、偶然"都是现代性的本质性特征。

当代英国著名社会学家吉登斯从社会学视角出发解释现代性，将其作为一种现代社会的政治经济制度以及一种作为"后传统的秩序"❹进行分析和阐释。在《现代性的后果》一书中，吉登斯认为"现代性指社会生活或组织模式，大约17世纪出现在欧洲，并且在后来的岁月里，在世界范围内产生着不同程度地影响。"❺同时，在这本书中他提出现代性是一种与前现代传统的断裂，而造成这种断裂的力量来自哪里呢？为此吉登斯分析了现代性的动力机制问题，将其简略地总结为三点：时空分离、脱域（或译为"抽离性"）和知

❶ [美]马泰·卡林内斯库. 两种现代性[C]. 顾爱彬，李瑞华，译. 文化现代性读本. 周宪，主编. 南京：南京大学出版社，2010：140-141.
❷ [德]于尔根·哈贝马斯. 现代性对后现代性[C]. 周宪，译. 文化现代性读本. 周宪，主编. 南京：南京大学出版社，2010：183.
❸ [法]安托瓦纳·贡巴尼翁. 现代性的悖论[C]. 许钧，译. 文化现代性读本. 周宪，主编. 南京：南京大学出版社，2010：293.
❹ [英]安东尼·吉登斯. 现代性的后果[M]. 田禾，译. 北京：译林出版社，2000：3.
❺ [英]安东尼·吉登斯. 现代性的后果[M]. 田禾，译. 北京：译林出版社，2000：1.

识的反思性运用。吉登斯的分析得到了学术界的普遍认可，彰显了现代性作为一种社会规划所具有的更为宽泛的意义，充满着一位关注社会历史变化的社会学家的理性思考。此外，吉登斯的现代性论述有助于我们分析理解时尚所独具的生命现代性，这一点在后文中会再次谈到。

还有些学者从主体体验或者说从心理学角度来考察和解释现代性。从客观方面看，认为现代性是一个急剧变化和动态的社会历史事实；在主观方面看，现代性呈现为某种主体心态或体验。卡林内斯库把现代性解释为科学的心智结构与知识态度，美国学者、社会学家伯曼认为现代性是一种主体面对危机的世界所产生的某种危机体验。❶这种现代性和本文后面要论述的时尚所体现和传达的生命现代性具有内在关联。

南京大学周宪教授认为，现代性是一个不断延伸、发展和变迁的概念。现代性总是包含了当代。❷因此，历史发展到今天，无论前人对现代性问题已经做出了多少论述，它依然是一个不断变化着的、持续丰富自身的概念，具有未完成性和不确定性。同时，作为一个在社会、历史、经济、文化、艺术及审美等各方面都有着很强存在感的文化现象，时尚对于现代性的表征同样具有丰富的涵盖性。这一点为我们分析时尚的现代性问题预留了空间和深入讨论的维度。

## 三、时尚与现代主义

在卡林内斯库对现代性家族的研究中，现代主义排在第一位。这是因为从时序上说现代主义在现代性发展历程中较早出现，也由于现代主义是20世纪上半叶西方社会最为流行的文学艺术潮流，在建筑、绘画、诗歌、小说等方面都有着突出表现。我们可以将其分为两大类，一是建筑和设计领域中倡导功能主义美学的现代主义；二是绘画、小说和诗歌中的现代主义，如绘画中的印象派、后印象派、超现实主义、达达主义、抽象主义，小说和诗歌中的象征主义、意识流等。时尚与现代社会生活的很多方面都有着不可分割的密切关系，在上述两类现代主义表现形式中都不难发现时尚的身影。

❶ 周宪.文化现代性读本[C].南京：南京大学出版社,2010：8.
❷ 周宪.文化现代性读本[C].南京：南京大学出版社,2010：27.

### 1. 功能主义时尚美学

卡林内斯库在《现代性的五副面孔》一书中用大量篇幅梳理了不同学者对英语和西班牙语文学中现代主义特征的研究和阐释，通过20世纪20年代的欧美文学、尤其是诗歌中的现代主义来思考现代性问题。总结出现代主义文艺对审美现代性的表达主要集中在求新、求变和对纯粹性的追求三个层面。尽管这三点是从文学研究中得来的，但同样能够表达现代主义美学的主要特征，并与时尚中的现代主义美学追求不谋而合，因为新颖、变化和纯粹性同样被时尚界奉为圭臬，孜孜以求。

时尚对于新颖性和变化性的追求基本上人尽皆知。法国已故著名时尚设计师夏奈尔有一句名言"时尚易变，风格永存"。这句话深刻总结了时尚易变的特质。一百多年来时尚的迅速发展已经充分证实了这一点，时尚潮流的变化速度越来越快，早已从早期的十年期变为三年期、又到现在的几个月就是一个流行季。逐新性、偶然性、短暂性、易变性成为时尚的显著特征，潮来潮往、一个又一个时尚流行季装点了人们的生活，也记录着人们生活中那些短暂的、稍纵即逝的新奇与美好。然而，无论时尚的潮流如何变幻不定，时尚的风格性却不会改变，风格就是时尚的个性，是时尚与众不同、脱颖而出、让人耳目一新的独特气质。对时尚来说，易变的是时尚的形式，不变的是时尚求新、求变、求异的个性品格。时尚之所以短暂正是由于一旦时尚被大多数人接受，成为多数人的共性之后，就会失去这种与众不同的个性。所以为了保持个性风格，时尚必须不断变化。正是这种易变与不变之间的张力赋予时尚以活力，成为时尚的生命力之源，也成为现代主义时尚美学最显著的特征之一。要指出的是，永恒变化是世界万物存在的规律，不过在时尚之中体现得最为真切和鲜明。

时尚对于纯粹性的追求，更多时候体现时装及各种时尚生活用品的功能性（或称机能性）和简约性等方面。时尚的功能性、简约性与西方国家的现代化进程是同步的。一向被认为是现代男装经典、男装永不落伍的时尚——西装可以追溯到18世纪法国资产阶级大革命时期的"无套裤汉"（即平民，也指新兴的资产阶级）服装，以及随后由英国小资产阶级代表——"花花公子"布鲁梅尔倡导的"三件套西服套装"（即西装上衣、马甲和西裤）。西服之所以能够流行开来，得到新兴资产阶级的青睐，与其合体修身、简洁硬朗的功能性有关，适合在各种商业或者公务场合穿着，相比先前贵族阶级华丽、繁缛和过度装饰的服饰，更能满足资产阶级日益繁忙的生活和工作需要。在女性时尚方面，更是明显地走出了一条功能性和简约化的道路。20世纪初，法国服装设计师保罗·波列设计出直筒型服装，提高腰节线，衣裙狭长，较少装饰，整体造型趋于简洁、轻松，尤其是一改新艺术运动时期"S"型女装的矫揉造作，同时他还率先将女性从紧身胸衣中解放了出来。波列曾说："我致力于减法，而不是加法。"所以西方服装史学家称他为简化造型的"20世纪第一人"。20世纪二三十年代，夏奈尔把男装面料直接用到女装上，为女装功能化、男性化做出了有益的探索。在设计中她一贯奉行"服装的优雅，在于行动的自由""少即是多"等现代主义设计理念，设计出小黑裙、小香风外套。

众所周知，"少即是多"是现代功能主义美学思想的核心，由现代主义建筑的开拓者、美国建筑师凡德罗在1928年提出，在这种设计理念的指导下，他用钢铁和玻璃表现现代技术的完美，成为现代摩天大楼的开创者。他认为"少"不是空白而是精简，"多"不是拥挤而是完美。纵观20世纪以来的时尚发展史，时装设计从未放弃对于功能性和简约性的追求，注重功能性和纯粹性的现代时尚在20世纪下半叶时常回潮，再次成为时代主流时尚的一部分，如60年代流行起来的牛仔裤、T恤衫，80年代再次流行的运动风，90年代的极简主义时尚（代表性设计师有吉尔·桑德和海尔姆特朗等人）再度回潮，21世纪初以来风行的中性风以及性冷淡风几乎将时尚设计中对于纯粹性的追求推到了无以复加的程度，极力追求简洁利落的造型、单一的色彩、去除装饰物，突出功能性。这些都可被视为现代功能主义时尚美学的表现。

2. 超现实主义时尚美学

作为一种几乎与资产阶级一同出现，并同时发展起来的独特的社会经济和文化现象，时尚饱受现代主义文化思想及其美学精神的影响与渗透，除了与建筑和设计中的功能主义美学有关外，也深受20世纪现代主义艺术运动中超现实主义的影响，时尚中的超现实主义和绘画中的超现实主义一样引人注目，成为人们表达和体验现代性的重要形式与载体。

超现实主义是20世纪20年代开始于法国的文学艺术流派，源于达达主义，对视觉艺术有深远的影响力。受到弗洛伊德的精神分析理论影响，超现实主义致力于发现人类的潜意识心理，主张放弃以逻辑、有序的经验记忆为基础的现实形象，呈现深层心理中的形象世界，尝试将现实观念与本能、潜意识与梦的经验相融合，认为只有这种超越现实的"无意识"世界才能摆脱一切束缚，最真实地显示客观事实的面目。达利认为艺术家要将潜意识的形象精确记录下来，他采用"具象"手法精确地复制非正常逻辑思维产生的幻象，把毫不相干的事物全部组合在一起，使画面中充满戏剧效果，带给人视觉与心灵的震撼。

1989年出版的《时尚与超现实主义》(*Fashion and Surrealism*) 一书，论述了超现实主义和时尚之间互为灵感、相互影响与激发的关系，记录了20世纪20年代巴黎以达利等人为代表的超现实主义艺术家，不仅从时尚中获取艺术创作的灵感，也和当时有名的时尚设计师，如艾尔莎·夏帕瑞丽等人合作，鼓励设计师们从超现实主义、艺术思想和绘画中获取设计灵感，将时尚从一种流行风格提升为一种重要的文化表现形式。艾尔莎·夏帕瑞丽和达利在时尚设计方面的合作一直被人们津津乐道。20世纪30年代，两人合作设计出了"破烂装"，达利还为夏帕瑞丽设计了一个电话机形状的手提包。在达利及其超现实主义思想的影响下，夏帕瑞丽为温莎公爵夫人设计了著名的"龙虾裙"，与此风格近似的设计还有高跟鞋形状的帽子、装有办公桌抽屉式口袋的外套、蜻蜓形状的围巾等。

超现实主义艺术思想为时尚设计师打破传统服装形制和惯例提供了理论基础和方法。在这种艺术思想的指引下，夏帕瑞丽倡导一种艺术化的时装设计理念，对传统服装拘谨的造型、色彩和图案进行了大胆改革，将戏剧性、异国情调等诸多设计理念融入服装设计之中，着眼于营造震惊的视觉效果，而非服装的机能性。她还主张用时装再造人体的曲线和轮廓，而不是让时装去适应人体，从而以时装为媒介改变了身体的廓型和象征意义，实现了身体的艺术化。夏帕瑞丽不仅在造型方面做了很多天马行空的设计，在图案设计和运用方面也有很多新奇的创意。她把超现实主义、未来主义画家们的作品，非洲部落的图腾等图案都作为纹样印在面料上，甚至将报刊上有关自己的文章剪下来，设计成拼图，印在围巾、衬衫和沙滩装上。在色彩方面，她喜欢运用罂粟红、紫罗兰、猩红等一系列炫酷、醒目的颜色，被当时的人们称为"惊人的粉红"，打破了夏奈尔黑色套装一统天下的局面。

在随后的年代里，时尚中的超现实主义依然十分活跃，并于20世纪80年代再次回归。1985年，拉格菲尔德设计完成的"蛋糕帽"和"安乐棱帽"堪称超现实主义时尚的杰作。总之，超现实主义时尚美学忽视功能性，追求艺术化、多元化、反传统，和前文中分析过的现代功能主义时尚美学一起组成了现代主义时尚美学，成为人们表达和体验时尚审美现代性的重要部分。

## 四、时尚与后现代主义

卡林内斯库认为，后现代主义不是用来意指一种新的"现实"或"心智结构"或"世界观"的一个新名称，而是一个视角，借助这个视角，人们可以就存在于多重化身中的现代性提出问题。在现代性的语汇中，后现代主义较其他术语有着更鲜明的质疑本性，或者说在现代性的诸副面孔中，后现代主义也许是最好探寻的：自我怀疑却好奇，不相信却求索，友善却冷嘲。❶在卡林内斯库看来，作为现代性多重化身中的一种，怀疑是后现代主义最鲜明的特征，这种怀疑以一种温和的方式指向自我，且这种自嘲和否定自我的过程充满了不确定性和不稳定性。这一点也是后现代主义美学与现代主义美学最大的不同之处，因为后者致力于打破旧传统、建构新规范，具有强烈的建构性。而后现代主义美学思想影响下的后现代主义时尚、艺术、文学、建筑、设计等都显现出强烈的打破、否定、颠覆及走向其反面的特点。所以，在后现代主义哲学及美学思想的影响下，20世纪后期的西方时尚呈现出与现代主义时期截然不同的风格特征、美学追求及社会意义，并主要表现在如下三个方面：

1. 高级时尚一统天下的局面被打破，以街头时尚为代表的大众时尚加入社会主流时尚的大潮中来

20世纪60年代街头时尚兴起的背后有很多原因，最主要的是西方工业化社会的成熟与发展，大规模机械化生产结束了手工制作服装的历史，廉价而易得的成衣获得民众的喜爱，也间接导致了欧洲英、法、意等国许多高级时装屋的破产和倒闭。不过除了经济和技术方面的影响外，街头时尚的兴起与后现代主义波普艺术风格的流行有着很大关系。波普艺术一直被艺术界认为是现代主

---

❶ [美]马泰·卡林内斯库. 现代性的五副面孔 [M]. 顾爱彬，李瑞华，译. 北京：商务印书馆，2002：299.

义向后现代主义转变的标志，20世纪60年代，由安迪·沃霍尔首创并推广开来。沃霍尔把那些取自大众传媒的图像（如坎贝尔汤罐、可口可乐瓶子、美元钞票、蒙娜丽莎像、玛丽莲·梦露头像）作为基本元素使用丝网印刷技术进行复制和重复排列，取消了艺术创作中手工操作因素，在印刷技术的帮助下所有形象都可以无数次地重复。沃霍尔用无数的复制品取代了原作的地位，于他而言，没有"原作"，所有的作品都是复制品。同时，重复无聊的复制不仅取消了原作，也取消了画作中应有的情感色彩和个性萌动。那些色彩简单、整齐单调的图像，反映出现代商业化社会中人们无可奈何的空虚与迷惘。在设计方面，波普艺术追求大众化，强调设计趣味的新颖与奇特，充满了对传统艺术的反叛精神。英国画家理查德·汉戴尔顿曾把波普艺术的特点归纳为：普及的、短暂的、易忘的、低廉的、大量生产的、年轻的、浮华的、性感的、骗人的玩意儿、有魅力和大企业式的。然而，通过直接借用产生于商业社会的文化符号，波普艺术也升华了艺术的主题，拓宽了艺术的概念，丰富了艺术的表现形式和表现手法，打破了艺术一向遵循的高雅与低俗之分，冲破了艺术与生活的界限。

在波普艺术的影响下，时尚设计师们放弃了20世纪50年代那种追求完美、简洁、高雅的设计理念，时尚设计和创新走向发生了质的变化，开启了时尚大众化、市场化和商业化之路。安迪·沃霍尔亲自操刀，将新的艺术手段与观念嫁接到服装设计中。他将纸、塑胶和人造皮革等不同面料进行拼凑，使用艳丽大胆的色彩，在衣服上用丝网印制出波普艺术影响下的俗艳花纹。这种试验给整个20世纪60年代的服装设计带来了巨大冲击。从此，重复复制、剪辑拼贴的大众化艺术风格被广泛运用到时尚设计之中，在各种现成元素的拼贴中展现个性与风格。现在街头和秀场流行着的众多个性十足的服饰与穿着，很多都有赖于这种创作手法，在风格迥异的元素碰撞中传达出新奇和与众不同的趣味。同时，大规模工业化生产和机械复制节约了成本、降低了价格，使得时尚在艺术创造上获得了更大可能性，在商业上也获得了巨大成功，加快了时尚从现代主义时期的精英阶层走向社会普通民众的步伐。最终，波普艺术以其独特的表现形式为服装设计师提供灵感，并影响到普通民众的日常着装打扮，大众化街头时尚开始和精英阶级占主导地位的高级时尚一起成为社会主流时尚的一部分。

提到波普艺术影响下的时尚风格，伊夫·圣洛朗也是一个必须提到的名字。作为20世纪60年代公认的波普风时装设计师，他从荷兰风格派画家皮特·蒙德里安早期创作的抽象主义绘画《红黄蓝构图》中获取设计灵感，在1965年设计推出了"蒙德里安裙"系列。该系列以抽象几何为特色，将平面色块重新剪裁使之适合身体线条，简洁大方、层次分明，具有超强的艺术感染力，被誉为当代艺术与时装的完美结合。此外，伊夫·圣洛朗也非常注重从街头流行中汲取高级时装的设计灵感，将通俗文化元素成功地推广到高级时装上，以此吸引新潮的年轻人。水手外套、吸烟装、嬉皮装、狩猎装、透视装等都是他在这方面的经典之作。"灵感来源于街头，却从不舍弃那种优雅的质感。"是安迪·沃霍尔对他的评价。可以说，圣洛朗的时尚设计在高雅艺术和时尚设计、精英时尚和大众时尚之间搭建了一座桥梁，具有重要的社会文化意义，为生活艺术化、时尚化以及时尚大众化、商业化开辟了道路。

2. 注重装饰性的后现代主义时尚受到追捧，与注重功能性和纯粹性的现代主义时尚风格分庭抗礼

哈桑在1971年发表了"后现代主义：一份超批评书目"一文，文章标题醒目地标明了"后现代主义"是一个与"现代主义"存在分歧但又相互关联的概念。在随后十年中，他继续撰文探讨形形色色的后现代主义文学艺术现象，提出后现代主义的本质特征是"不确定性"与"内在性"的结合，认为后现代主义主要是对现代主义的反动，但也有继承的一面。哈桑之所以提出这种看法，离不开20世纪60年代以后西方各国纷至沓来的、与现代主义风格迥异的后现代主义建筑、文学、文化和艺术。60年代中期，美国著名建筑师、批评家罗伯特·文丘里批评现代主义建筑过分注重纯正形式与功能，反对设计中拘泥于"少即是多"的极简主义原则，明确提出"少令人烦"的观点，要求恢复风格的多样化，尤其是巴洛克和洛可可风格。从此，被有意排除在现代主义禁欲式美学之外的令人愉快的事物，得到了后现代主义者全面的重新评价❶。这种变化不仅发生在建筑或艺术领域，也发生在时尚领域，时尚设计中致力于"做减法"的现代主义设计理念开始受到挑战。这一时期，自从资产阶级大革命以来倍受压抑和排斥的装饰主义风格开始回潮，直接反映在变化不定、潮来潮往的时尚风格之中。

❶ [美]马泰·卡林内斯库. 现代性的五副面孔[M]. 顾爱彬，李瑞华，译. 北京：商务印书馆，2002：305：.

从历史上来看，时尚中的装饰主义可以追溯到现代主义早期的新艺术运动，该运动是从19世纪末20世纪初在欧洲掀起的一场影响面非常大、内容广泛的设计运动。从1880年到1910年延续时间将近30年，影响到欧美等其他国家，从建筑、家居、产品、首饰、服装、平面设计、书籍插图，扩展到雕塑和绘画艺术都受到了影响。新艺术运动中的设计强调自然中不存在直线，没有完全的平面，在装饰上突出表现曲线和有机形态；同时也强调一种新的美学观念：形式是由功能来决定的。❶ 在时尚领域中，20世纪初期由保罗·波列、可可·夏奈尔等人开创的现代主义时尚风格一方面继承了新艺术运动时期设计对于功能性的强调，另一方面由于这种风格对纯粹性的关注，也使其走向了装饰主义的反面。然而，在后现代主义运动时期，随着装饰主义在建筑、艺术等领域再度受到重视和提倡，时尚中的装饰主义也悄然回归了。当然后现代时期的装饰风格与新艺术运动时期的装饰风格有着很大不同，相比而言，从1890年开始席卷欧洲和美国的"新艺术"运动所推崇的装饰性的、手工业的方法依然是陈旧的，只是试图在艺术和手工艺之间找到一个平衡点，虽然采用了装饰、自然主义的风格，但其目的还是为豪华、奢侈的设计服务的，也就是为少数权贵服务的。❷ 后现代时期设计中的装饰主义更多是为了给社会中的普通消费者创造一种更具艺术气息的生活方式和更独特的个性表达形式，这种设计理念和方法在时尚设计也多有体现。

第一，服装造型多样化，出现了各种充满曲线、漩涡、畸形、不规则等各种非对称、非直线、非几何状的造型，以及各种不具任何功能性的装饰性色彩和配饰，具有很强的视觉吸引力，从效果上来看这些设计和新艺术运动时期的装饰艺术有着异曲同工之处。日本时装设计师三宅一生、川久保玲的很多时尚作品都是这方面的杰作。约翰·加利亚诺、亚历山大·麦昆等人也是西方时尚界装饰风格的佼佼者。

第二，服装面料和图案多样化，通过各种材料的混搭和丰富多彩的印花纹样达到装饰目的。随着材料科学的不断进步和发展，除了棉、麻、丝绸、皮革等传统面料之外，各种化纤、混纺或高科技面料（具有防水、阻燃、保温、抗静电、防紫外线等功能）不断被研发出来。同时面料的印花和纹样也突破了传统纺织面料设计对于图案的理解，设计师们突破了时间和空间的界

❶ 王受之. 世界现代设计史 [M]. 北京：中国青年出版社，2015：90-92：.

❷ 王受之. 世界现代设计史 [M]. 北京：中国青年出版社，2015：111.

限，也突破了不同领域、行业、民族、文化、国家、性别及种族的界限，无拘无束、天马行空地从历史及当下的各种物象中汲取灵感，将其转化为时尚符号或者时尚图案，最终达到装饰的目的。

第三，时尚配饰的装饰作用在时尚界的地位日益凸显，甚至走到了时尚前沿。鞋履、帽饰、箱包、珠宝、香水、化妆品、眼镜等时尚配饰几乎成为时装秀场上的必备品，让时尚秀场成为衣香鬓影、熠熠生辉之地；同时也成为人们日常穿搭、工作生活中的随身之物，随时随地装点着人们的日常生活、休闲、娱乐及工作环境。时尚配饰在时尚艺术、时尚设计、时尚产业、尤其是奢侈品行业中也具有不可替代的作用，几乎国际上所有知名时尚品牌都开发了与配饰相关的副线产品，如香水、眼镜、手包等，成为其重要的利润来源和品质保证。世界各地的商业中心、旅游度假胜地以及大中小城市的街头都少不了各种经营服装配饰的店铺，在美化生活、活跃市场、提振经济等方面发挥着越来越重要的作用。从总体效果上来看，后现代时尚美学对错综复杂的形式和清晰透明的多样性的钟爱，使得后现代主义时尚足以和西方16世纪的矫饰主义以及19世纪末的装饰艺术媲美。最重要的是，这种时尚美学不再仅仅为社会上层精英阶级推崇、喜爱和享有，也成为大众日常生活中的一部分，同样传达和表述着社会中下层普通民众对于当下的体验和感受。

3. 致力于挑战边界、打破重组、折中综合的后现代解构主义时尚被广泛接受

相比于前面提到的后现代主义时尚具有的大众化和装饰性两个主要特征，时尚中的解构主义美学在后现代主义时尚设计中更为引人注目，对现代主义时尚美学也最具挑战性。后现代主义哲学思想中对本质主义的质疑、对既有形式和传统的颠覆、对固有边界的挑战和跨越，都在解构主义时尚中得到了完美体现，既是其指导思想和理论基础，也是其应用与实践的一部分。

我们可以从如下三个方面来剖析解构主义时尚的特征、社会文化意义及其对于现代性感受和体验的表达。

第一，解构主义时尚突破了传统和现代为时尚确立的所有规范，实现了对服装结构、材质、图案、设计手法及设计理念的全面颠覆和解构。

前文已经提到，20世纪上半叶受到来自建筑、设计等领域功能主义美学思想的影响，现代主义时尚注重功能性、纯粹性、整体结构和造型。在后现代主义时期，在后现代哲学的启发下，后现代解构主义风格的时尚在打破传

统服装结构、形制和惯例方面向前迈进了一大步，直接解构了服装本身。根据服装史记载，服装的结构大致出现于13世纪的哥特时期，省道的出现帮助服装实现了立体化，出现了所谓的结构，东西方服饰就此产生分野，走上了两条截然不同的发展道路。解构主义思想是由法国哲学家德里达等人提出来的，被认为是对现代主义正统原则和标准的批判与颠覆。"解构时尚"（Deconstruction Fashion）一词是1988年一位时尚作者在参加了美国现代艺术博物馆（MOMA）举办的解构风格建筑展之后提出来的。因为建筑和时尚拥有一些相同的概念，如结构、形式、质地、构建、制造等，共同的语言使两者之间形成对话，从而将解构思想运用到服装设计中。❶

时尚中的解构主义常常与时装设计方法、设计理念有关，如T台上那些"未完成的""被拆解的""循环利用的""透明的"或者"垃圾一样"的服装❷。服饰时尚中的解构主义设计理念指在设计中运用拆解的概念和方法打碎、叠加、重组，重视个体和部件本身，反对总体统一，致力于打造一种支离破碎和不确定的感觉，不仅从逻辑上而且从实践上打破、否定传统的基本设计原则和设计理念，制造产生新的意义或者走向无意义，具有非服装性、模糊性、未完成性、破坏性、偶然性等后现代主义特征。

20世纪七八十年代，代表性的解构主义时尚大师有三宅一生、川久保玲、山本耀司、马丁·马吉拉、让·保罗·高缇耶等人。在具体的设计实践中，这些解构主义大师各具特色，用不同的设计理念和方法来诠释解构主义时尚的内涵与特色。三宅一生、川久保玲等人在设计中提倡从结构到无结构之解构。三宅一生在70年代推出的"一块布"设计系列和后来推出的"一生褶"系列就是这种设计理念的最好诠释。他在设计中坚持东方服饰特有的平面和二维的设计理念，整体把握住东方服饰，尤其是和服的宽衣特点，通过回到"一块布"这种服装源代码或者利用新材料（如三宅一生参与研发的褶皱面料）的特性，来颠覆西方主流时尚设计一贯强调服装的感官刺激（如性感）和塑形功能（丰胸、束腰、凸臀等）的主张，去除了服装的结构，保留了服装的内部空间，把服装和身体的关系处理得恰到好处。人体在服装的包裹之下，不仅多了一丝安全感和神秘感，也带有明显的后现代主义调和与中

---

❶ 史亚娟主编. 西方时尚理论注释读本 [C]. 重庆：重庆大学出版社，2015：244.

❷ Gill, Alison. Deconstruction Fashion: The Making of Unfinished, Decomposing and Re-assembled Clothes[C].*Fashion Theory:A Reader*.Malcolm Barnard. Ed. London and New York: Routledge, 2007: 489.

庸的味道。

与三宅一生等人这种从立体到平面、从结构到无结构的解构主义设计理念和方法不同，以马丁·马吉拉为代表的"安特卫普六君子"一方面对服装的立体结构进行了从里到外的破坏性解构，一方面直接解构了时尚本身。马丁·马吉拉故意保留打版时在面料上留下的辅助线条，将不经拷边的线头与缝褶暴露在外，服装制造背后的一地鸡毛被粗暴地展示在观众面前；在T台上展示衬里朝外翻穿的服装，除了破坏了成衣的构造之外，服装的整个骨架像骷髅一样被展示出来。这种展示强化了服装与时尚史之间的联系，尤其是与日常服装自身历史的联系，同时使得一件新旧混合的时尚服装得以完成，既体现了服装循环再利用的生态理念，也解构了设计师对时尚的专有性及其与日常服装之间的等级关系。

《国外后现代服饰》一书中对后现代艺术风格进行了总结，认为风格泛化、折衷与综合是其重要特征，戏拟与反讽是其常用的表现手法。风格泛化主要指风格的游离性、无深度性。设计师游离于各种风格之间，得到的是无风格的风格。"折衷与综合"指当后现代艺术将各流派、各民族、各地区的样式堆砌到一起的时候，艺术家做的就是一个折衷的工作。样式在综合后以一种新的有机形式展现出来，而折衷的结果是风格的丧失。❶可以说，后现代解构主义时尚在设计手法和风格呈现等方面都与这种后现代艺术风格保持了一致，不过，在"创造性的破坏"（即构成个性化和形成的时间世界，一种破坏统一的过程）和"破坏性的创造"（即破坏虚幻的个性化的世界，一种涉及对统一的反应的过程）❷方面，解构主义时尚设计不仅是两者的结合，而且在"破坏性的创造"方面走得更远，这一点实际上是有悖于解构主义的初衷的。众多周知，解构主义从诞生之日起就避免被理论化，一直试图始终保持其思想和行动上的先锋性姿态，可是解构主义时尚风格从前卫和先锋起步，却并未走向毁灭和解体，而是依赖解体过程中产生的巨大破坏性力量进行重新整合。在这个过程中，解构主义时尚显示出强大的建构力，让破坏成为一种新的创造，成为时尚主体显示自我、证实自我的媒介，表达出自我对当下、对充满了流动和变化、短暂与分裂的现代社会生活的感受、体验和认知。最终，解构主义时尚成为主体表达现代性的重要途径和手段之一。

❶ 包铭新，曹喆. 国外后现代服饰[M]. 南京：江苏美术出版社，2001：83.

❷ [美]戴维·哈维著. 后现代的状况：对文化变迁之缘起的探究[M]. 阎嘉，译. 北京：商务印书馆，2013：25.

第二，借助于自身强大的易变性、展示性、表演性等特征，时尚开始突破各种边界，对传统服装的意义和价值进行了解构。

在传统观念中，服装是人体的第二层肌肤，其意义主要体现在功能性和装饰性方面。后现代主义时期，设计师开始背离服装为人所穿的概念，将时装作为一件独立的艺术品去设计，考虑的是"时装"本身而非与人体发生关系的时装，尝试让人体去适应服装，而非一味让服装去取悦人体。在这种时尚理念的影响下，甚至出现了一个新的艺术分支——可穿戴艺术；在高级时尚设计中，时尚早已成为一种艺术追求；在日常生活中，时尚则是一种艺术化的生活方式；时尚之物也从物品、商品进入博物馆成为展品。与此同时，很多艺术院校开始增设与时尚设计、管理、传播等相关的专业，显然时尚已经成为艺术领域中一个重要的分支学科了。

在时尚艺术化的同时，时尚的个性化特征也日益凸显，开始思考围绕在服装设计、生产、穿搭过程中的意义和思想如何通过服装进行传递，进入到人们的生活空间和思想意识中来，从而认识和领悟时尚介入个体生活、自我成长、主体建构的方式及彼此之间的交互关系。在这种时尚观的影响下，人们穿戴时尚、追随时尚的过程中，更注重表征个体的身份、个性、感受、品味、意见、文化信仰、生活方式、政治立场等内容，传达和折射出现代生活中个体对于当下社会的感受、体验和认知。时尚对于主体个性的表征作用，一方面有助于时尚主体获得一种与众不同的优越感，另一方面有助于时尚主体获得一种强烈的归属感。这两种感觉的交叉和并存赋予了时尚无穷魅力，成为众人角逐的对象。时尚对于个体的阶级、国别、种族、民族、性别等主体身份的表征作用，已经超出了时尚对于个体职业身份或家庭身份的表征。同时，鉴于各种身份之间的交叉性和重叠性，时尚也不断突破和跨越各种主体身份之间的边界。1976年开始登上时尚舞台的法国时尚设计师让·保罗·高缇耶为例在20世纪80年代后期设计了一条裤腿与另一条裤腿重合的男性用裙子，有意模糊了男女服装之间的界限，打破两性服饰之间的差异，从而用时尚这种形式对传统的性意识和性别观念提出了强烈质疑和挑战。这方面，美国时尚研究专家苏珊·凯瑟在《时尚与文化研究》一书中进行了详细论述。现代社会中时尚既是表征个体身份的载体，也是跨越和连接不同文化身份的媒介和桥梁。

打破固有的人类学或者社会学概念的边界，不仅意味着对大众传媒中有关性别、地位、经典等固有套路的解构，也意味着对人类数千年文明史中的正统原则以及正统标准的批判和解构，以及新的诠释模式的诞生，这一点使得解构主义时尚具有深刻的社会意义。

总之，在解构主义思想的影响下，时尚艺术化、个性化趋势日益增强。时尚不仅突破了艺术的边界，而且打破了传统服装意义所设定的与国别、阶级、种族、民族、国别以及性别等领域的边界，对传统服装的意义进行了解构。

第三，以复古时尚为契机，从线性发展的现代主义走向以曲折和循环发展为特征的后现代主义。

20世纪后半期以来，随着信息化通讯和传媒技术的不断突破，时尚传播和发展变化的速度也越来越快，时尚周期越来越短，这种快速周期性的更替发展模式一方面符合某些现代主义者所倡导的"现代，必须绝对地现代"的直线型发展模式，同时也以复古时尚的流行为契机展现出后现代社会曲折和循环发展的重要特征，打破了现代主义线性不可逆的时间观念。前文中分析后现代解构主义时尚的时候已经提到，折衷和综合是后现代时期时尚的重要特征之一，后现代建筑研究者詹克斯认为，20世纪60年代之后的建筑是"晚期现代主义"和"后现代主义"两种风格的并存。在他看来，后现代主义既不同于现代主义，也不同于晚期现代主义，实质上是现代主义与历史主义在风格上一种"激进的折衷主义"，是通俗与精英、新与旧的混合。在后现代建筑风格、尤其是这种风格所蕴含的后现代思想的影响下，时尚设计同样走向了大众与精英、新与旧的混合，前者主要体现在这一时期时尚发生和流动的方向发生了变化，改变了现代主义时期从社会上层和精英阶级向社会下层群体的流动方向，反其道而行之，大众时尚开始影响高级时尚秀场。

在形式众多的大众时尚流行风潮中，复古时尚（也称"古着风"）可看作是其中最具代表性和典型性的一个范例。复古时尚既是一种时尚设计风格，也是一种时尚穿搭风格，主要指时尚设计中对昔日流行时尚元素的重复使用，也指穿搭使用过去时代的衣着和饰品，或者在穿着中故意将过去时代的衣着和饰品夸张地与当代服饰混搭在一起。20世纪70年代中期，法国作家们在评论当时一些艺术家、设计师、电视及电影制作人的艺术潮流时，回眸过去寻找灵感，希望复兴那些还未走远的风格，促使复古成为一种时尚。现在，该词指一种过去的、已经过时或者老旧的风格、潮流或式样，无论在功能还是在外观方面又重新成为时下流行的标准。

20世纪六七十年代的复古风潮中，具有代表性的有"祖母风貌"（Granny Look）和泰迪男孩（Teddy Boy）的爱德华风格装扮。年轻女性穿着祖母一代的服饰表达对女权主义运动的支持，力图突破以男性为中心的社会结构和价值观念，构建一种平等、自由的女性身份；泰迪男孩穿着爱德华样式的服装是为了模仿上层贵族阶级的生活方式，也宣告了英国工人阶级社区传统生活方式的没落。这一时期的复古时尚承载了跨越时空的文化记忆，给予穿着者丰富的文化想象空间，也参与了时尚穿着者身份和性别的建构及阶级流动。尽管开始时只是作为一种即兴的反时尚风格出现，但随着流行范围日益广泛，复古时尚成了一种有利可图的商业风格，时装评论家们称之为"怀旧产业"。复古风逐渐和一种戏谑的、后现代怀旧情绪结合在一起，在这种时尚氛围中，昔日风格成为时尚的宝库。人们开始使用过去的设计和风格，不带任何感情色彩，一视同仁。昔日风格的光环鼓动着人们去狂欢而非充满敬畏。因此，可以将复古视为一种把历史融入时尚和潮流的怀旧叙事，不过，其显著特征还是打破了启蒙时代以来人们所理解的那种持续进步的、合目的性的、不可逆转的时间观念。

20世纪80年代以来的西方复古风更像是一种拼贴，更多关注"昔日"的时尚感和嬉皮特质，而不关心其历史背景。在国内，前两年时尚圈正在流行的、又大又丑、散发着"老土味"的老爹鞋，也是一款复古风产品，该词的英文直译过来就是"蠢鞋"。这本是一款20世纪80年代的服饰单品，现在成了00后一代青年人的新宠。在一众明星的追捧下，这种鞋头圆滑、带有加厚气垫和品牌标识的单品不仅不土气，还散发着时尚的气息，复古风的魅力由此可见一斑。

文化理论家瓦尔特·本雅明认为时尚能力就是大踏步回到过去，攫取昔日的风格并将之挪用到现代风格中来，在重新表达的过程中焕发新的生命力。❶对于和弗雷德里克·詹姆逊站在同一立场的后现代艺术评论家来说，复古风意味着创造的深度缺失；对其他人而言，则代表着使用一种全新的创造性标签充满讥讽地重回过去。无论如何，复古时尚一方面间接反映和体现了后现代社会虚无主义的时代精神，另一方面则打破历史惯有的连续性，用充满"现实性"的相关过去来替自己助威，以此展现后现代主义曲折变化、循

---

❶ Benjamin, Walter.Theses on the Philosophy of History[C]. In *Illuminations*, ed. Walter Benjamin, with an introduction by Hannah Arendt, trans. Harry Zohn. New York: Schocken Books, 1968: 253-264.

环发展的时间观，用生动的形象告诉人们——现在就是过去，现在也曾是过去的人们曾经向往的未来，所以拥有现在就是拥有了过去与未来。

## 五、时尚、先锋派及媚俗艺术

### 1. 时尚与先锋派

在《现代性的五副面孔》一书中，卡林内斯库之所以将先锋派视为现代性的重要表征形式之一，主要是由于先锋派不仅以它自身的现代性为特征，而且以同它相反的那种特定类型的现代主义为特征。❶先锋派和现代主义，从起源上说都有赖于线性不可逆的时间概念，其结果是，它们都得面对这样一种时间概念所涉及的所有无法克服的困境与矛盾，即走向困顿与死亡。❷在这里，先锋派比起一般的现代主义艺术更少灵活性，对于细微差别更不宽容，当然也更为教条化和自以为是，最终不可避免地走向自我毁灭。时尚则不然，时尚遵循的是周期性循环发展的逻辑，更为灵活、宽容，从而能够克服先锋派与现代主义的困境和矛盾。在这种情况下，时尚具有显著而充分发展的现代意识。那么时尚是如何做到这一点的呢？

卡林内斯库认为，先锋派实际上从现代传统中借鉴了它的所有要素，但同时将它们加以扩大、夸张，并置于最出人意料的语境中，最后往往使它们变得面目全非，走向灭亡。因此，任何真正的先锋派运动（老的或新的）都有一种最终否定自身的内在倾向。象征地说，当再也没有什么好破坏时，先锋派迫于自己的一贯性会走向自杀。先锋派并没有宣扬某种风格；它自己就是一种风格，或者不如说是一种反风格（Antistyle）❸。正如莱斯利·菲德勒在"先锋派文学之死"一文中所认为的，先锋派之死是因为它在大众媒介的帮助下从一种惊世骇俗的反时尚变成了一种广为流行的时尚❹。因此，从反时尚也是一种时尚的角度来看，先锋派的死亡也遵循了时尚的逻辑，是时尚循环发展过程中的一个环节。

事实上，不仅先锋派艺术的发展遵循了时尚的逻辑，时尚中也有着先锋

---

❶ [美]马泰·卡林内斯库.现代性的五副面孔[M].顾爱彬，李瑞华，译.北京：商务印书馆.2002：80.

❷ [美]马泰·卡林内斯库.现代性的五副面孔[M].顾爱彬，李瑞华，译.北京：商务印书馆.2002：104：.

❸ [美]马泰·卡林内斯库.现代性的五副面孔[M].顾爱彬，李瑞华，译.北京：商务印书馆，2002：128-135.

❹ [美]马泰·卡林内斯库.现代性的五副面孔[M].顾爱彬，李瑞华，译.北京：商务印书馆，2002：131.

派的身影，且和后现代主义时尚中的很多风格流派密不可分。两者之间的差别在于，与艺术中的先锋派大多以走向自我毁灭、以死亡为归宿不同，时尚中的先锋派多数以其鲜明的反时尚特征又再次成为时尚，实现了自身的成功转型和自我升华。20世纪70年代英国反文化运动中的朋克，为了表达生活在既定社会之外的叛逆之情、对自身生存状况的焦虑和对一些社会问题、政府政策的不满，用奇装异服和怪异发型打造出与社会主流时尚迥异的先锋性外观。这种外观既深刻表达了他们真切的社会体验，也成功吸引了社会的关注，最终在维维安·韦斯特伍德、吉尔·桑德等时尚设计师的推动下被主流社会所理解和接纳，成为主流时尚的一部分。

究其原因，卡林内斯库认为，艺术中先锋派的死亡是由于他们一直迷恋和践行一种艺术上的死亡美学。❶与此不同，时尚中的先锋派不仅追求彻底毁灭的先锋精神，也践行一种"破坏就是创造"的先锋精神和后现代解构主义实践美学。换言之，纵然具有毁灭性，时尚中的先锋派却从历史上的反潮流运动、反审美艺术思想汲取灵感和养分，最终不是走向自我毁灭，而是在诸种时尚理念、风格、材料、技术的混搭和碰撞中走向了时尚的多元化和全球化，得以重生、再生，最终形成无止境的周期性循环发展。在这一过程中，时尚及其主体所拥有的生生不息的审美现代性和生命现代性也得以彰显。

## 2. 时尚与媚俗艺术

媚俗艺术最早出现于19世纪下半叶德国慕尼黑的艺术品市场，开始时只是廉价且粗俗的艺术品或工艺产品的代称，现在主要指文学、艺术、文化等领域中一些缺乏艺术独特性、专为讨好市场而生产的平庸之作。不过，在卡林内斯库看来，如果一件艺术作品完全出于商业目的而被工业化复制，仅仅是这样一种意识就能使其形象媚俗艺术化。❷随着现代社会科学技术的进步，尤其是大规模工业化复制技术的普及和提高，很多媚俗艺术品已经具有很高的艺术水准了。为了迎合市场，有些媚俗作品致力于诗情画意般的幻觉构建，有些则追求惊悚、情色甚至僭越道德的纯粹感官刺激。

---

❶ [美]马泰·卡林内斯库. 现代性的五副面孔 [M]. 顾爱彬, 李瑞华, 译. 北京: 商务印书馆, 2002: 135.

❷ [美]马泰·卡林内斯库. 现代性的五副面孔 [M]. 顾爱彬, 李瑞华, 译. 北京: 商务印书馆, 2002: 277-278.

　　媚俗艺术从出现到现在，一直是个备受关注的现象。时尚与媚俗艺术，在动机目的、功能效果、社会意义等各方面都存在差异，但又有所交叉和重合。首先从传播方式来看，时尚和媚俗艺术都是以商业化传播为主；从生产动机来看，都追求经济收益，遵循市场法则。但是除去商业和利润诉求之外，媚俗艺术生产者的主要动机是以艺术之名抓住一切机会迎合、讨好市场和消费者，在从众性方面表现突出，或者说媚俗实际上是在利用和迎合消费者"从众"的社会心理。从众的深层次心理是确保自己不犯错误，以及在通行规则下通过他者的认可确立自己的社会地位，符合民主社会发展和美化、改善大众日常生活的需求❶。这一点与时尚逻辑中的从众法则是一致的。不过，尽管时尚的流行依赖的也是消费者的从众心理，但时尚生产者的动机则包括制造和引领时尚潮流，要与众不同，需在区分性方面表现得更为显著。

　　动机不同必然引发不同的社会效果，媚俗艺术的蓬勃发展导致艺术泛化、高雅艺术和通俗艺术之间距离的消弭、日常生活审美化程度越来越高，并高度彰显、表征和发展了审美现代性。与之不同的是，时尚不是为了媚俗而时尚，而是为了时尚而时尚，是积极地投入，在无意义中找寻生命的意义、赋予无聊乏味的生活以生命的活力和存在感。因此时尚的发展最终导致的是身体美学的日臻完善、现代个体生命体验和感受的深化及其表征手段的丰富，彰显的是现代社会中的生命现代性。这一点是两者之间最大的分歧。尽管如此，有学者认为，在中国，先锋艺术的冲动却正在衰竭，并在某些方面显现出大众文化的样态，其实质越来越趋向于一种媚俗的时尚。在眼花缭乱的形式变换中，以一种外在的先锋性掩盖了其内在的媚俗特征。❷那么到底应该如何理解时尚与先锋派、媚俗艺术在审美现代性方面的关联呢？

　　在《现代性的五副面孔》一书中，卡林内斯库认为"媚俗艺术是现代性的典型产品，对时尚的依赖和迅速过时使得它成为可消费"艺术"的主要形式。它和经济发展之间的联系是如此之紧密，以至于可以把媚俗艺术在"第二"或"第三"世界的出现看成"现代化"准确无误的标志。"❸这段话部分道出了媚俗艺术与时尚之间的内在关联，即媚俗艺术的流行有赖于时尚的传

---

❶ 吴洋洋. 媚俗艺术的理论诠释及其他：以《现代性的五副面孔》为中心 [J]. 外国问题研究，2013(4)：65.

❷ 陈谷香. 先锋艺术与媚俗时尚 [J]. 装饰，2005(1)：102.

❸ [美]马泰·卡林内斯库. 现代性的五副面孔 [M]. 顾爱彬，李瑞华，译. 北京：商务印书馆，2002：242-243.

播，然而受到时尚周期性循环更新作用的影响，媚俗艺术的流行注定是短暂的。其次，媚俗艺术是靠商业传播的，具有明显的商业化特征和"可消费"性，无独有偶，时尚同样具有明显的商业性和大众消费特征。再次，如果说媚俗艺术在"第二"或"第三"世界的出现是这些国家"现代化"标志的话，那么时尚在"第二"或"第三"世界的出现和流行又何尝不是这些国家走向现代化的明显标志呢？以20世纪80年代改革开放时期的中国社会为例，喇叭裤、蝙蝠衫、棒针衫、蛤蟆镜等新潮服饰的出现和流行完全可以被视为那个时代正在迈向现代化的中国社会的标志。从以上三点来看，时尚和媚俗艺术在传播方式、媒介和对审美现代性的表征方面具有明显的内在一致性，不妨说与媚俗艺术一样，时尚也是现代性、尤其是审美现代性的典型产品。然而，对于作为现代性典型产品的时尚和媚俗艺术之间的关系，上面的简单类比，除了从侧面说明时尚也是审美现代性的一种重要表征方式之外，并不能深入说明什么。因此，为了更清楚地认识时尚在审美现代性表征形式中的独特性及其所发挥的重要作用，我们有必要将时尚与先锋派、媚俗艺术放在一起考察。

### 3. 时尚、先锋派及媚俗艺术

媚俗艺术与先锋派之间的关系一直是学术界热衷讨论的一个话题。多数学者认为，和先锋派一样，媚俗艺术也是工业革命的产物。媚俗艺术与先锋派艺术一起在20世纪西方工业化、城市化、现代化、大众化浪潮中发展起来，两者相伴而生、对立发展，存在一种既相互依赖、又彼此对立的辩证关系，而且这种关系内在于现代性的内在逻辑之中❶。1939年，美国艺术评论家克莱门特·格林伯格在著名的《前卫与媚俗》一文中所说：哪里有前卫，通常我们就会发现后卫。从历史上看，先锋派是对唯美主义的反抗，将艺术作为解救现代性危机的努力；在当代文化中，先锋派在追求一种自律的自由审美创作立场的同时，关心社会和人的生存状况，具有政治意味、颠覆性、批判性和明显的忧患意识与终极关怀。然而"由于先锋艺术追求不断地变革和创新，经常首创一些观念、方法和形式，其形式上的创新和内容上的艰深晦涩往往导致作品远离广大受众，演变成布尔迪厄所说的'有限生产场'，或者是阿多

---

❶ 吴洋洋. 媚俗艺术的理论诠释及其他：以《现代性的五副面孔》为中心 [J]. 外国问题研究, 2013(4): 62.

诺概括的'自恋的艺术'，这便容易形成某种文化上的'异端'性"❶。就此很多人都认为，其结果使得先锋派艺术最终走向终结或者死亡。不过这种观点实际上是值得商榷的，因为很多情况下，先锋派的死亡并不意味着完全消失，而是被世俗化了，失去了先前的政治色彩、颠覆性和批判性，或者说先锋派的死亡只是意味着其颠覆性和批判性的退场。世俗化了的先锋派艺术变成了服务于市场和大众日常生活的装饰艺术的一部分。先锋派世俗化的过程在很多艺术精英及其评论家的眼中是一种"媚俗"的行为，即有意讨好、迎合大众的喜好和市场的需要。

笔者认为，从先锋派艺术到媚俗艺术的转换不是轻而易举的，离不开如下三个法则的助力：第一，市场的法则；第二，后现代折衷主义法则；第三，时尚的法则。这三种法则之间是彼此交织、相互补充的关系，分别为先锋派艺术转换为媚俗艺术奠定了经济、美学和广泛传播的基础，提供了强大的内驱力、实用的方式方法以及具有足够诱惑力的传播媒介与思维方式。

首先，市场的法则为先锋艺术转化为媚俗艺术奠定经济基础，意味着艺术的商业化，而这种商业化直接来自艺术家的生存需求。艺术品的创造必然内含着利益，即使单纯基于唯美主义艺术创造观的艺术很多时候也是面对市场的，区别只在于这种艺术品的收益是否远远大于其成本。"利益远远大于制作者的投入成本时，这就是媚俗艺术。"❷其次，媚俗艺术的商业化以大规模机械复制时代的到来为契机，在当代高度发达的"仿象"技术或"超真实"技术的帮助下发展到鼎盛时期，虽然依然缺少经典艺术品独一无二的"光晕"，却也不再粗俗不堪，有些甚至非常精美，肉眼看上去几乎和真正的艺术作品没有区别。再次，市场的法则就是必须不断推出新的产品，满足消费者需求，没有需求也要创造需求，引领需求，从而谋取最大的利益。在这方面，媚俗艺术就是要千方百计地让艺术成为商品的卖点和附加值，讨好市场和消费者，在满足和引领消费者需求的同时获取最大利润。由于遵循这样的市场法则，媚俗艺术远远背离了先锋派艺术对于现实的批判性和反思性及其审美救赎的社会功能，一直以来饱受诟病、批评和指责，被认为善于编造美的假象，具有欺骗的本质。例如，赫尔曼·布洛赫将媚俗定义为"极端之恶"，

❶ 陈谷香. 先锋艺术与媚俗时尚 [J]. 装饰, 2005(1): 102.

❷ 彭成广. 现代性的审美消费之维：论媚俗艺术的生成、表现及本质[J]. 当代文坛, 2017(2): 31.

恩斯特·布罗赫将之喻为"溃疡装饰"❶，而阿多诺则认为媚俗艺术是典型的、市场导向的大众文化，具有商品交换逻辑、标准化生产及"伪个性主义"等特征❷。

"媚俗艺术作为一种风格根本上是折衷主义的。"❸这是卡林内斯库在《现代性的五副面孔》中对媚俗艺术的风格和创作手法进行的总结。卡林内斯库认为，为了打动和取悦那些即将购买艺术家作品的均等消费者，媚俗艺术家会自觉不自觉地运用一种"平庸原则"，以此来确保作品被大多数消费者欣然接受。这一原则意味着媚俗艺术家要用先锋派的非常规性技法（如拼贴、复古、解构等）为其美学上的从众主义服务，并在这一过程中去除先锋艺术或者高雅艺术中鲜明的前卫性、批判性及其与日常生活、普通大众的疏离性，只保留其在视觉和美学上易于为大多数人所接受的风格和特点，最终成为一种适于生活中装饰和摆放的艺术，具有很强的亲切感。在这种意义上，折衷主义法则为先锋派艺术转化为媚俗艺术提供了实用的技巧和方法，为媚俗艺术的发展奠定了美学基础。在卡林内斯库看来，这种折衷主义意味着商业上的可得性，同时使得大多数媚俗艺术品具有奇怪的符号学含混性，这些艺术品有意显得既像真品又像手段高明的仿造品。这种自相矛盾的特质无非是一方面借用真品的艺术性和魅力来诱惑消费者，另一方面又利用明显的仿造标志驱散真品由稀罕和独一无二性引发的优越感，展示其商业上的可得性和愉悦大众日常生活的亲和力。

国内有学生认为，"先锋派、时尚、媚俗艺术作为审美现代性的三个主要艺术表征，凸显着自启蒙现代性以来审美救赎艰难的回转历程。时尚以其所具有的普遍大众性和独特个性相结合的特性，充当先锋派和其所生存的社会的中介，但是现代技术、工具理性和资本逻辑不仅破坏了时尚本应有的制衡作用，还给时尚内部带来了诸多矛盾。先锋派艺术逐渐失去批判锋芒而转向媚俗艺术……"❹。不难看出，文章将先锋派艺术逐渐失去批判锋芒转向媚俗艺术的原因归咎于时尚没能充分发挥其应有的作用，才致使先锋派艺术沦为

❶ 李明明.关于媚俗(Kitsch)[J].外国文学评论,2015(1):222.
❷ 彭成广.现代性的审美消费之维:论媚俗艺术的生成、表现及本质[J].当代文坛,2017(2):32.
❸ [美]马泰·卡林内斯库.现代性的五副面孔[M].顾爱彬,李瑞华,译.北京:商务印书馆,2002:268-269.
❹ 黄宗喜、朱宝洁.先锋派、时尚与媚俗艺术——审美救赎的现代性悖论及其反思[J].中外文化与文论,2018(2):377.

了媚俗艺术，笔者认为这种结论似乎有些牵强，或许应该说在先锋派转化为媚俗艺术的过程中，部分地遵循了时尚的逻辑和法则（如模仿、区分、从众等），时尚在其中扮演了中介的角色。换句话说，受到市场法则的驱使下，先锋艺术运用后现代折衷主义的技术技巧、遵循时尚的逻辑法则最终转化为媚俗艺术。在转化过程中，从媚俗艺术的生产者及其消费者的角度来看，他们都是在利用"艺术品"对于身份、地位、品位的象征作用以及艺术品本身所具有的补偿性的比附功能。不过，对于媚俗艺术的消费者来说，他们更看重的是媚俗艺术所归属的符号体系，这一点在消费社会中显得尤其重要。媚俗艺术也是艺术，一定程度上也代表着较高的社会等级和高级趣味，具有一定的社会区分功能，能够有效补充较低社会等级在追求较高符号体系过程中文化价值的匮乏，这一点与时尚所具有的社会区分功能是一致的。

研究时尚的人都知道，按照西美尔的时尚观，在阶级社会中，较低社会阶层在炫耀和从众心理的作用下，会争先恐后地模仿精英阶级的时尚服饰。不过，一旦较低的社会阶层拥有了和社会精英阶层同样的时尚服饰，迫于要通过时尚服饰保持自身优越性的压力，精英阶级就会放弃原有风格，创造出新的时尚风格，从而引发新一轮的时尚风潮。时尚就在这种力量的驱使下不断更新。同样，先锋艺术以及其他高雅艺术被转化成为媚俗艺术的过程遵循的也是这样的逻辑，不过在后现代消费社会表现得更为复杂而已。按照鲍德里亚的理解，媚俗艺术就是用一种社会等级的意识形态装饰商品的交换价值，并且赋予其超越使用价值的"符号价值"，这些符号与美无关，而是具有社会功能，也就是前面提到的身份、地位、品位等具有补偿性的比附功能。这时的媚俗艺术品或者商品是一种包含差异的符号体系，这种产品的消费就不再是单纯的物质性实践，而是揭示了社会关系的差异结构，具有象征意义。在这种意义上，媚俗不仅是一种艺术表现手段，而且是一个文化范畴，它产生的前提就是在一个流动的社会里，经济和民主社会的发展使大部分人达到了更高的地位，继而对文化和品位提出了较高要求，希望拥有表达和界定自身的独特符号体系，媚俗艺术就是这样一种有助于炫耀身份地位的符号体系的一部分，直白地说就是借用艺术之名，谋求自身地位身份的改变。这和时尚中的模仿论非常相似，在追求自身符号体系的过程中，本身价值贫乏的媚俗文化遵循的是一套"模拟美学"，即模拟高等阶级数量有限的稀缺符号，这种模拟只会导致数量的倍增，而无品质的飞跃。正如鲍德里亚所言，"这种模拟美学是与社会赋予媚俗的功能深刻相关的；这一功能便是，表达阶级的社会预期和愿望以及对具有高等阶级形式、风尚和符号的某种文化的虚幻参与。"❶众所周知，在时尚的模仿法则中，较低阶级对于精英阶级的模仿永远是滞后的，就是说，这种虚妄的文化参与永远停留在符号层面，最终的社会效应不是阶级的更替，而是时尚的更新发展、生生不息。

那么，在市场法则、后现代折衷主义法则和时尚逻辑法则的共同作用下，媚俗艺术的社会意义难道只是备受指责的"溃疡装饰""伪个人主义"吗？对此，卡林内斯库认为，媚俗艺术除了与追求地位相关，它还具有让人虚幻地逃避日常生活的沉闷乏味与无意义性的功能，它试图去平息对于空虚的惧怕，从心理学上说这种功能更重要。"媚俗艺术是对于现代普遍的精神真空感的回应：它以"快乐"和"兴奋"来填满空虚的闲暇时间，它以无数千差万别的"美的"表象来"幻化"——如果我们可以及物地使用这个动词——虚无的空间。"❷卡林内斯库的这些话清楚表明媚俗艺术在一定程度上也承担了某种艺术救赎功能。正如莫斯莱对媚俗艺术的论述所言，在一个资产阶级社会中，以及更一般地说，在一个贵族社会中，穿越媚俗艺术的通道是达到真正艺术的正常通道。媚俗艺术对于大众社会的成员来说是令人愉快的，而通过愉快，它允许他们达到有较高要求的层次，并经由多愁善感达到这种感觉。媚俗艺术本质上是一个大众交流的美学系统。❸其实，无论是在贵族或帝王占据统治地位的封建社会、资产阶级社会，还是在大众文化蓬勃发展的现代民主社会中，媚俗艺术的社会功能及其心理作用与时尚带给每一位现代个体的现代性感受和影响在某些方面是重合的。两者都有助于个体规避日常生活中的循规蹈矩、单调乏味和空虚无聊，也有助于消费者主体审美趣味的完善与提升。无论这种满足、提升和救赎貌似多么虚假和短暂，它也能够代表时尚和媚俗艺术的社会意义。

此外，在从风格上说，当代时尚分享了媚俗艺术的特征，如两者都具有后现代折衷主义风格特色；在品位的表征和培养方面也值得比较一番，通常情况下，人们认为时尚培养和表达的是一种高雅的、与众不同的品位，而媚俗艺术则常常让人联想到低俗的品位，甚至是"坏"品位的代称。然而在大

---

❶ [法]让·鲍德里亚.消费社会[M].刘成富，全志钢，译.南京：南京大学出版社，2006：82.
❷ [美]马泰·卡林内斯库.现代性的五副面孔[M].顾爱彬，李瑞华，译.北京：商务印书馆，2002：271.
❸ [美]马泰·卡林内斯库.现代性的五副面孔[M].顾爱彬，李瑞华，译.北京：商务印书馆，2002：278.

众文化日益普及的现代社会中，在相对主义思想观念的影响下，品位的高雅与低俗之间的界限日益模糊，很难界定。有学者认为时尚的出现往往是在品位的标准发生变化的时候，时尚的发展阶段与品位的发展阶段相对应，审美品位的变革事实上就是通过时尚的不断变化实现的。❶

## 六、颓废与时尚的现代性表达

在《现代性的五副面孔》一书中，卡林内斯库通过引述不同学者，如孟德斯鸠、波德莱尔、龚古尔兄弟、波尔热、魏尔伦、尼采、普列汉诺夫、阿多诺等人的论述，对西方历史上的颓废主义运动、文学艺术中的颓废派与现代性的关系问题进行了分析。其中有些分析对于理解颓废与时尚的现代性表达很有启发意义。孟德斯鸠认为，社会经济的繁荣同颓废之间存在着悖论——繁荣导致颓废，经济越是繁荣，社会越是接近于颓废。这一点在时尚中也是有所体现的，"裙长理论"（Hemline Theory）是1920年美国经济学者乔治·泰勒提出来的，该理论认为，女人的裙长可以反映社会的经济状况，裙子愈短，经济愈好；裙子愈长，经济愈糟。风行于在20世纪60年代西方国家的迷你裙就是一个很好的例子，在詹姆斯·拉韦尔撰写的《服装与时尚简史》一书中，英国时尚设计师玛丽·匡特被认为是与迷你裙关系最为紧密的设计师❷。很快，这种以名模崔姬为时尚偶像、颠覆传统限制与禁忌、长度短至膝上5厘米的裙长款式就风靡英国及欧美各国。迷你裙的流行和第二次世界大战后西方经济的复苏，尤其是第三次科技革命带动的经济迅速腾飞有着深刻联系。随着战后出生率的激增，"婴儿潮"一代顺利成长为"年轻风暴"中的新生代和20世纪60年代时尚消费的主力军。以裙长为代表的时尚设计和穿搭风格与经济发展社会繁荣之间彼此呼应的关系并非偶然，不过这种关系与经济繁荣引起的消费力增强有关系之外，还与不同经济状况下人们对于现代性的感受和体验有关。经济繁荣、科技进步和现代化程度提高带来的现代性体验除了欢欣舒适之外，还有个性张扬、做事豪放以及自我膨胀、享乐主义、颓废、甚至腐化奢靡等，短裙、尤其是性感十足的超短裙恰好有利于这些情绪和感受的抒发与表达；在经济状况不是很好的年代，人们

❶ 杨道圣. 时尚的历程[M]. 北京：北京大学出版社，2013：245.
❷ [英]詹姆斯·拉韦尔. 服装和时尚简史[M]. 杭州：浙江摄影出版社，2016：250.

的生活会更加节俭、自我克制、行为不事张扬、低调含蓄，在压力之下也会有较强的进取心，这种情绪和感受用低调优雅的长裙来展示确实是再合适不过了。

颓废主义美学对于时尚风格的影响之所以值得关注，不仅源于时尚对颓废这种现代性体验和感受的表达，其他方面也值得研究。波德莱尔认为颓废的主要特征是打破不同艺术间传统边界的系统化努力。❶法国作家保罗·布尔热将颓废视为一种风格的成熟哲学和美学理论，在他那里，"现代性的相对主义导致了理论上无羁束、无政府的颓废个人主义，这种个人主义虽然有着破坏性的社会后果，在艺术上却是有益的。颓废风格只是一种有利于美学个人主义无拘无束地表现的风格，只是一种摒除了统一、等级、客观性等传统专制要求的风格。如此理解的颓废同现代性在拒斥传统的专暴方面不谋而合。"❷这种颓废主义美学思想在潮流的时尚设计、人们的时尚选择、时尚态度等方面都有所体现。20世纪90年代流行的"垃圾摇滚风"（也称Grunge风）和由英国名模凯特·莫斯一路引领、充满病态的颓废风都是颓废与时尚相结合的典型范例，也是颓废主义美学在时尚中的表征和实践。90年代由"混搭女王"凯特·莫斯引领的颓废风将这种风格推向了病态的极致。身高168厘米的凯特·莫斯在模特中算是矮个子，平胸、骨瘦如柴、带着黑眼圈、脸色苍白、喜欢吸烟，甚至走台的时候都夹着烟上场，从外观上看就像一个发育不良、吸烟成瘾的人。她用近乎病态的身体和充满叛逆的时尚风格完全颠覆了20世纪80年代人们对魅力四射的身体轮廓和曲线美的追求，偏离了人们对传统女性美的理想和性感标准的设定，带着朋克、颓废、摇滚、反传统、甚至是离经叛道的顽皮，凯特·莫斯一跃成为时尚界耀眼的明星，最后时任美国总统的克林顿不得不站出来抨击这种极其不健康的形象，才稍稍遏制了这种颓废时尚风格继续蔓延。

不过，颓废主义风格的时尚在20世纪末的流行与19世纪末流行于西方文学艺术界的现代意识极强的唯美主义艺术所表达的情绪和感受是一样的，都传达了生活于不同历史状况下的人们对于世纪末现代性体验的排解、宣泄和展露。在19世纪末期有一些唯美主义画家，如奥布雷·比亚兹莱，品读他的绘画作品，我们会发现其间充满着古怪、色情、非道德的倾向，用极其精妙

---

❶ [美]马泰·卡林内斯库. 现代性的五副面孔[M]. 顾爱彬，李瑞华，译. 北京：商务印书馆，2002：177.
❷ [美]马泰·卡林内斯库. 现代性的五副面孔[M]. 顾爱彬，李瑞华，译. 北京：商务印书馆，2002：183.

的装饰性技巧再现了19世纪末期英国资产阶级社会生活的黑暗、堕落以及维多利亚时期的伪道德，同时宣泄了世纪末的情绪：颓废、焦虑、荒淫、罪恶和神秘。这些带有浓浓世纪末颓废情调的作品使比亚兹莱成为"颓废派"的灵魂代表人物。❶同样，20世纪末期颓废主义时尚风格宣泄和排解的也是这种世纪末的情绪和体验，只是形式不同而已。

卡林内斯库认为，作为一种主体性文化，颓废主义意味着自我的扩张，意味着自我逾越其固有的传统边界，在无意识的冒险性发现中去追踪自我❷。在这种意义上，颓废主义时尚美学一方面有助于世纪末情绪和体验的宣泄与排解，另一方面有助于人们从各种现实压力中超脱出来，寻找自我，走向新生。在后现代社会一片主体性日益衰落的黄昏暮色中，带着强烈的生命现代性，时尚在21世纪又显露出勃勃生机。

## 七、时尚的生命现代性

### 1. 三种表征方式

前文中分析了时尚与现代性家族中其他五种艺术形式的相关性、差异及其审美现代性，然而真正让时尚区别于现代性家族中其他"五副面孔"还在于时尚的生命现代性，这种现代性在波德莱尔谈论现代性既具有"过渡、短暂、偶然"又具有"永恒与不变"的特性时，就已经寄予其中了。

首先，时尚的生命现代性体现在时尚所具有的持久的变化性与变化的永恒性之间的张力，在这种张力的作用下，时尚用周期性的循环再生完成了自身生命的更迭。在这一过程中，时尚对于不同历史时期和不同民族文化背景中各种文化元素和图像的借鉴、继承、拼贴、解构、复古和混搭，为时尚保持旺盛的生命力提供了源源不断的给养和动力，同时这些设计方法的运用也成为时尚周期性循环再生过程中不可或缺的路径和手段。其中，复古的手法不仅展现了后现代主义曲折变化、循环发展的时间观，也表达了对昔日美好时光的缅怀和对美好未来的向往，或许还包含了对当下现状的些许不满。混搭让平庸和惯常之物难有容身之地，有助于时尚打破事物之间的既定疆界和呆板迟滞的思维方式，为不同文化风格之间的碰撞与交融、借鉴与吸收打开

❶ 穆薇.世纪末的颓废情调——论比亚兹莱装饰绘画的唯美主义[D].扬州：扬州大学，2009：1.
❷ [美]马泰·卡林内斯库.现代性的五副面孔[M].顾爱彬，李瑞华，译.北京：商务印书馆，2002：237.

方便之门。就这样，时尚在持续变化和不断丰富自身的过程中，总是处于未完成的状态，具有明显的不确定性，从而保持旺盛的生命力不断演化前行。

其次，时尚的生命现代性体现在时尚对于主体当下体验和感受的呈现与传达。本文开头已经提到，有些学者从主体体验或者说从心理学角度来考察和解释现代性。从客观方面来看，认为现代性是一个急剧变化和动态的社会历史事实；从主观方面来看，现代性呈现为某种主体心态或体验。卡林内斯库把现代性解释为科学的心智结构与知识态度，美国学者、社会学家伯曼认为现代性是一种主体面对危机的世界所产生的某种危机体验。而时尚的生命现代性在很大程度上和时尚主体对于当下社会生活的体验和感受有关，与注重身体装饰性、个性表达、身份表征的审美现代性不同，时尚的生命现代性着重于对时尚主体的情感、体验、感受、态度和可能性等方面的呈现和传达。例如，前文中在分析颓废与时尚现代性之间的关系时就明确指出，以裙长为代表的时尚设计和穿搭风格不仅与社会经济的发展繁荣或停滞衰退之间有彼此呼应的关系，而且与不同经济状况下人们对于现代性的感受和体验相关。

第三，时尚是时尚主体社会和文化心理的重要载体，在表征和缓解时尚主体的心理焦虑、抑郁不快等情绪方面也发挥着不可忽视的作用。在《时尚与文化研究》一书中，苏珊·凯瑟分析了异装行为在表达和缓解性别焦虑方面所具有的不可替代的作用。她认为，异装行为不仅是个体为抵制生来赋予的性别角色或从中寻求一种暂时的解脱，而且还包括戏剧化演出，身穿"禁服"带来的情色愉悦。还有学者认为异装行为（或者异装癖）代表了文化性别话语中的"类属危机"，这种行为构成了一种打破文化类属概念的"可能性空间"，因此应该关注而非审查流行文化及日常生活中的异装者：把异装行为看作一种新（第三种或更高级别）的性别可能性空间；这是一个具有挑衅意味的空间，因为它形成并表达着文化焦虑。❶ 对于异性恋的异装行为引发的自身及社会方面的文化焦虑，苏珊·凯瑟给出的答案是利用"风格—时尚—装扮"进行调节与疏导，而这种做法本身就是对时尚生命现代性的认同和最好诠释。

当下时尚界非常强调时尚对于时尚主体可能性的传达，用尽一切科技手段、设计方法以及装饰技巧来突破人们对于时尚的理解，打破时尚与主体

❶ Kaiser, Susan B. *Fashion and Cultural Studies*[M]. London, New York: Berg. 2012: 132.

（尤其是人体）之间的域限，清除时尚与外在世界的所有障碍，以穷尽时尚表达的所有可能性为目的，从而充分体现出时尚旺盛的生命力，同时也赋予时尚主体以生命和力量。这一点为时尚与主体之间的交互构造奠定了基础。

现代性与主体性之间的纠葛一直以来都是人们热衷谈论的话题，几乎构成现代性研究的主要潮流，笔者认为后现代时期时尚的快速发展，在一定程度上克服了后现代解构主义思想泛滥造成的现代性主体的衰落、碎片化、虚无化等现象，时尚生命现代性所具有的勃勃生机使得时尚主客体之间的交互构造成为可能。一方面，时尚从文化和审美两个方面帮助时尚主体远离平庸，克服焦虑，赋予生命主体以充满自信的外在气质和精神风貌；另一方面，生命主体以其内在的生命力滋养时尚、支撑时尚，赋予时尚以生命和存在的意义。时尚主体的诞生是时尚与主体交互构造的结果，其动力来自主体意向性、主体间性及其超越性，而这些都可以作为时尚生命现代性的表征方式和有力支撑。

### 2. 动力机制

时空分离、脱域和知识的反思性运用是吉登斯提出的现代社会制度现代性的动力机制。笔者认为这三个要素同样是时尚生命现代性得以生成的动力机制，为时尚的周期性循环再生提供了必要条件。首先，时间与空间的分离及其在形式上的再组合离不开时间和空间的虚化。时间的虚化是空间虚化的前提，而时间的虚化体现为时间从空间中的分离。具体说来，就是人们不再依赖"什么地方"来确定"什么时候"，而是依靠时钟提供的尺度统一且精确的计时，对诸如"工作时间"之类的事情加以确定。在前现代，空间与地点总是一致的，因为对于多数人来说，他们的社会生活空间总是受"在场"的支配，也就是受特定地域性的支配。这在很大程度上限制了人们对事物的认识。现代性的到来改变了这一状况，人们在"缺场"的情况下同样可以进行某种形式的活动和思考。❶

对于时尚而言，全球范围内工业化、信息化、网络化社会的发展给予了时尚迅速跨越时间和空间域限的能力，可以在短时间内成为一种全球范围内备受瞩目的现象。以前人们常说巴黎时装周刚刚推出的时尚款式，不出三天

---

❶ 陈嘉明. 现代性与后现代性十五讲[M]. 北京：北京大学出版社，2006：239.

就能出现在中国香港街头，现在人们几乎在一夜之间就能在淘宝网上找到同款产品。对于时尚风格、文化、品牌等方面的传播而言，时空之间的距离早已不是障碍，而在17世纪资本主义发展初期，一个时装娃娃从巴黎被转卖到美国大约要几个月的时间。时尚传播速度的加快意味着时尚周期性循环时间的缩短，越来越短的时尚周期给现代人带来的现代性体验和感受是复杂多样的。一方面，是应接不暇的新鲜感和刺激，但是多了就会导致审美疲劳和迅速厌倦，甚至在心理上发生从追逐时尚、热爱时尚到抗拒时尚、抵制时尚的转变，从而失去对时尚的兴趣；另一方面，时尚周期的频繁更迭会让人不知所从，有些人则会患上选择焦虑症，无形中增加了对于生活世界不确定性和不稳定性的感知。

对于吉登斯来说，时空分离的意义在于它构成了社会系统"脱域"过程的条件。"脱域"指的是"社会关系从彼此互动的地域性关联中，从通过对不确定的时间的无限穿越而被重构的关联中'脱离'出来"❶。吉登斯区分了两种包含于现代社会制度中的脱域机制，第一种为象征标志的产生，第二种为专家系统的建立。高速发展的现代化信息社会中，时空分离给时尚带来的就是从先前简单的社会系统中分离出去，进入到一个广泛的彼此互动的领域中去，分化为多个具有专门功能的系统，而这些系统之间既彼此独立又相互关联，构成一个复杂且庞大的时尚网络。具体而言，就是从早期的时装屋和高级定制体系开始分化，逐渐出现了专门化的纺织服装加工厂、代工厂、分包商及其日益复杂完善的纺织服装工业化系统，以及从金融到市场的商业化时尚运作模式、从纸质到数字化媒体的时尚传媒系统，具有时尚设计、生产和营销等多重功能的现代化国际时尚集团，与保护环境密切相关的时尚生态系统，完备的时尚教育教学体系和学科研究等。所有这些专门化的、高度细分的、既具有符号性又有很高技术含量、且由各种专家系统组成的时尚体系都与现代化社会中强大的"脱域"动力有关，赋予时尚现代性动力机制以强大的离心力和革新作用。不过，时尚在审美、文化、历史等方面的多重现代性特质又使得这种动力机制拥有强大的向心力及统合功能。换句话说，庞大的时尚网络，一方面以时尚为核心、以现代化科学技术和市场化为基础进行运作；另一方面又以把握和体现诸种现代性（审美、文化、历史、技术、生命

---

❶ [英]安东尼·吉登斯. 现代性的后果[M]. 田禾, 译. 北京: 译林出版社, 2011: 18.

等）的本质为目的。在这个庞大的时尚网络中，各种时尚体系相互交织渗透，彼此支撑助力，在最大程度上为时尚本体生命的延续提供滋养和活力，成为时尚不断更新的动力之源，也为时尚与主体之间的交互构成创造和提供了最大可能性和必要条件。当然，这个过程也是时尚的生命现代性得以实现的过程。可以说，正是对于生命现代性的体现和表达，使得由各种时尚体系共同构筑的庞大时尚之网拥有了一个共同的、高于纯粹商业目的或者审美装饰目标的追求和着力点。

此外，吉登斯还认为，由脱域唤起的图像能够更好地抓住时间和空间的转换组合，这种组合对社会变迁和现代性的性质都很重要。❶笔者认为，时尚的生命现代性在很大程度上得力于图像在摆脱了时间和空间的束缚后获得了极大的自由，从而在最大程度上滋养着时尚的生命。更多内容可以参看本书"理论篇"第九章相关内容。

现代性的内在反思性是吉登斯列举的现代性的第三个动力之源，指的是多数社会活动以及人与自然的现实关系依据新的知识信息而对之作出的阶段性修正的那种敏感性。"❷国内有学者认为，吉登斯用"反思"这一概念突出的是"知识信息"在修正、调整社会活动中的作用。他所使用的"反思"概念含义相当宽泛，包括社会实践、社会生活方式的不断再认识和再思考、知识的生产等很多内容。重要的是，他强调现代性之所以具有今天的状况，是人类对社会理解的产物，人类按照自己的预期与构想，造就了今天的现代性社会，所以现代性是人们在运用知识的过程中构建起来的。❸对于时尚来讲，现代性的内在反思性为时尚的生成和转化提供了重要的动力机制。首先，这种反思性有助于时尚脱离科技现代性的线性发展模式，为其形成周期性循环发展模式提供内在动力，在复古时尚风格、反时尚风格及其潮流的形成方面作用最大、表现最为显著。其次，这种反思性为时尚从业者广泛深入地从人类文明史、自然发展史等不同领域寻找灵感，并用时尚这种独特的形式表达对于过去、现在及未来的认知、思考、体验、想象等社会和心理活动提供了强大的推动力。再次，时尚的生成与建构离不开时尚主体对外在社会文化和内在自我主体的反思。这是对自身生活环境、制度、文化氛围等外在因素的反思。在不同情境下，时尚可能

---

❶ [英] 安东尼·吉登斯. 现代性的后果 [M]. 田禾，译. 北京：译林出版社，2011: 19.

❷ [英] 安东尼·吉登斯. 现代性与自我认同 [M]. 赵旭东，等译. 北京：三联书店，1998: 22.

❸ 陈嘉明. 现代性与后现代性十五讲 [M]. 北京：北京大学出版社，2006: 242.

是时代精神或者当下生活体验的表征与映射，可能是对未来世界和生活的想象与设计，更有可能传达当下对古老文化传统的认知、理解与再创造，或者是怀旧心理作用下对旧日美好时光的纪念与缅怀。现代性的内在反思性是现代个体自我理解、自我确证的过程，所以时尚的生成和建构过程也离不开个体对于自我的反思、认知、理解、想象及其建构。换言之，时尚的生成和建构也是时尚主体自我感知、自我理解、自我想象等心理活动的外化，这一切都是在反思性动力机制的作用下完成的。

## 八、结论

综上所述，不难看出时尚既是现代性家族中一种重要的表征方式，也具有极强的审美现代性和生命现代性特征。现代社会中时尚的影响无所不在，不仅在日常生活使用和穿着等实践层面上离不开时尚，在社会、经济、文化、艺术、思想、政治、哲学等多领域中也无法脱离时尚逻辑的影响。周宪教授在"现代性研究译丛"的总序中提及，"现代化把人变成为现代化的主体的同时，也在把他们变成现代化的对象。换言之，现代性赋予人们改变世界的力量的同时也在改变人自身。"❶笔者认为这句话道出了现代性的终极意义，即现代性对于世界和人的塑造作用，而这一点也是现代性和时尚在意义价值层面最接近的一点。

尼采认为，现代确实是一种生气勃勃的力量，是对于生存和权力的意志，是在无序、混乱、破坏、个人异化与绝望的大海里游泳。❷尼采的话不无偏激之处，却也形象地道出了现代社会中人的生命体验。这种现代性张力体现在时尚方面，就是短暂、轻浮、琐碎、易逝等呈现于人们眼前、烙印于人们心中的刻板印象，这种刻板印象使得人们往往忽视时尚本身所具有的蓬勃旺盛的生命性力量，没有意识到这些表象正是时尚为了应对分裂、短暂与混乱的变化等带来的压倒性感受所采取的必要手段和途径。同时也忽视了现代性危机所带来的另一面，那就是人与生俱来的生存意志，混乱、迷茫和充满不确

❶ [美]戴维·哈维. "总序". 后现代的状况：对文化变迁之缘起的探究[M]. 阎嘉，译. 北京：商务印书馆，2013：4.

❷ [美]戴维·哈维. 后现代的状况：对文化变迁之缘起的探究[M]. 阎嘉，译. 北京：商务印书馆，2013：24.

定性的现代体验也会激发人们去反思、发现、改变和创造。所以无论在现代生活还是在现代艺术中都充满了意义的摇摆，朝着相反方向的努力。人们试图从对短暂的拥有中把握永恒，在对永恒的追求中体验着当下的短暂、分裂、易逝、偶然与任性。正是这种对于生命意义和价值的永恒追求与当下体验的短暂性和易变性之间的冲突和斗争赋予了时尚以源源不断的生命力和现代性。

# 时尚的迷思：现代、后现代还是超现代

在《现代主义与时尚》一文中，科特·柏克认为现代主义时尚的主要特征之一是利用服装的结构形式消除视觉和语言之间的差异，将先前服装中被刻意隐藏起来的接缝、线迹等部分暴露出来，换言之就是公开服装的内部结构来吸引人们的关注，宣布"这才是服装"。❶出生于塞浦路斯的英国时尚设计师侯赛因·卡拉扬曾经运用拉链来改变服装的形式和结构，这一做法在许多评论家看来是典型的后现代主义服装设计。可是如果依照科特·柏克对现代主义时尚的定义，卡拉扬的设计也是现代主义的，因为这种设计同样把人们的注意力吸引到服装的结构上，这又应该如何解释呢？其实，这只是目前时尚界对于现代主义时尚和后现代主义时尚混乱认知中的一个小小的纠纷。对此，英国视觉文化理论家马尔科姆·巴纳德在一篇文章中对西方时尚领域中人们对现代主义时尚和后现代主义时尚的认知和理解中存在的各种混乱现象进行了全面总结，用典型的时尚设计案例表明某些大家公认的后现代主义时尚实际上也是现代主义的，或者说，一些通常情况下符合现代主义设计理念和原则的时尚风格同时也具有后现代主义风格特色。以侯赛因·卡拉扬的2000年秋冬系列"随后（Afterwords）"为例，秀场中间摆放着桌椅等家具，身穿简单内衣的模特们在T台上将椅套桌布穿戴在身上，将家具折叠变成手中的公文包或者手提箱，甚至将茶几变成裙子穿上（图12-1、图12-2），整个秀场不像是T台，倒像是一幕舞台剧。卡拉扬因此获得英国年度设计师大奖。有学者认为这是典型的后现代主义时尚设计（或简称后现代时尚），是后

❶ Back, Kurt W. "Modernism and Fashion: A Psychological Interpretation" [C].*Fashion Theory:A Reader*. Barnard, Malcolm. Ed. London and New York: Routledge, 2007: 405.

现代表征危机的完美再现。秀场中的各种"形象"没有传达任何清晰明确的意义，观众可以随意发挥想象、解释意义，这是一种意义的悬置，也是典型的后现代艺术风格特点。[1]然而也有一些西方学者，如马尔科姆·巴纳德认为，舞台上服装和家具的组合是一种隐喻，设计师通过模特无声的模仿和表演再现了难民的体验、探讨了难民家庭的处境，其意义表达十分明确，就是要表现战争以及恐怖主义造成的流离失所，因此整场秀是现代主义风格的。[2]这个案例让我们看到了学者们对现代主义时尚和后现代主义时尚的认知存在很大差异，那么这种差异到底是如何发生的？我们该做何解释呢？

图12-1　卡拉扬秋冬系列秀场作品　　　图12-2　卡拉扬秋冬系列秀场作品

## 一、现代时尚与现代主义时尚

因为"现代"一词的含义本来就非常复杂，所以"现代时尚"也成为一个难以界定的概念。首先它可以指代一个纯粹的时间概念，这种情况下"现代

❶ Khan, Nathalie.Catwalk Politics[C]. *Fashion Cultures:Theories:Explanations and Analysis*. Bruzzi, Stella and Church-Gibson, Pamela.Eds. London, Routledge, 2000：121.
❷ Barnard, Malcolm. *Fashion Theory:An Introduction*[M]. Rutledge：London and New York, 2014：158-159.

时尚"就是当下、最近一段时间或近几十年内流行的时尚，不管其风格是现代主义的还是后现代主义的。其次，从历史的角度来看，"现代"代表了一种与时代相关的概念，一种有别于古代传统社会的社会形态，在西方指与传统中世纪社会不同的社会形态，人们通常认为工业革命作为西方现代社会的开端。从文艺理论的视角出发，"现代"指特定历史时期出现的某种文学艺术风格，与古典相对立，如现代艺术、现代诗歌等，这一范畴中的"现代"常常和"现代主义"混用。那么"现代时尚"（或称现代主义时尚）就可以指具有现代主义文化精神和艺术风格的时尚，尤其是受到20世纪上半叶西方现代主义文化思潮影响的时尚，这一时期发展起来的流行风格都可以称为现代主义时尚。英国学者马尔科姆·巴纳德对于卡拉扬2000年秋冬系列的解读就是从这一立场出发。这样看来，时尚的内涵依赖于使用者的视角和所持的立场。

目前，多数学术文章中提到的现代主义时尚，主要是指西方现代主义文化思潮和相关艺术风格影响下的时尚及其风格。现代主义文化思潮兴起于20世纪初的西方文艺界，以颠覆传统艺术形式和观念，表达现代体验、碎片化、含混无意义，强调断裂、破碎、错位、不确定性等类似风格的作品竞相出现在文学、绘画、雕塑、音乐、电影、建筑等各个艺术领域。这种艺术形式却有着比较一致的文化精神和价值取向，那就是运用与经典美学形式和标准背道而驰的艺术手法打破艺术与生活的边界、拉近艺术与大众的距离，表达现代工业社会中人的真实体验和感受，从而对现代工业社会中人异化为机器、人与人之间愈加疏离、战争频发、资源紧缺、自然及社会环境日益恶化等一系列问题进行反思和控诉，并以此呼唤建立一个更加进步且符合人的生存需要、全面发展的现代社会。所以，从根本上来看，现代主义艺术风格和表现手法多种多样，但是其背后的价值取向和精神诉求是积极向上的，具有建构性特征。

在此基础上，现代主义风格的时尚设计运用一些反传统的设计方法强调服装的功能性和结构性，表达的思想和精神具有进步性和完善自主性，相信精英社会和总体性原则，对社会流动及未来发展持乐观态度。如夏奈尔女装设计中大胆吸收男装设计元素，彻底将女性从"五花大绑"的服饰中解放出来，她在20世纪20年代设计的一系列作品赋予了女性一种全新的自由，展现了传统既定规范外的另一种女性美。事实上，当代社会中的许多时尚设计依然是现代主义风格的，具有强烈的建构特征，即使表现形式支离破碎、充满歧义，但无不传达出时尚设计师及其消费者希望通过服装时尚来促进社会的和谐发展与进步，建构自身主体性或者"通过努力建构连贯清晰的自我身份，强调自己与社会团体的关联性和重要性。"❶ 但是，由于20世纪中后期各种后现代主义文化思潮的迅猛发展，尤其在解构主义思潮的影响下，各种后现代主义艺术风格开始流行，先前的现代主义艺术风格也开始朝荒诞、虚无、无意义的方向发展，于是就有了前文中西方学者对卡拉扬的2000年秋冬系列的后现代主义解读与思考。

## 二、后现代主义时尚

众所周知，后现代主义文化思潮以解构主义理论的出现为其诞生的主要标志。解构主义理论认为，符号的能指和所指之间的关系是任意的，不存在一对一的、稳定的意指关系，符号实际上是所指和一个无休止的能指链的组合，就是说符号的能指是自由的、无限延伸的，这也决定了符号意义具有不确定性和无限延伸的特征。正是建基于这样的理论基础之上，后现代主义者认为现代社会中事物的能指和所指之间稳定、可靠、可预测的表征链条在后现代社会中逐渐失去了稳定性，变得不牢靠、无法预测，能指和所指之间稳定的表征结构发生解体，随之而来的就是表征危机。❷ 时尚中的表征危机意味着时尚符码的能指和所指之间不再具有稳定的意指关系，取而代之的是一条浮动的能指链，没有固定的所指，失去了意义和深度，时尚不过是各种时尚元素的游戏之所或者肆意嬉戏的乐园。经常被人们提起的解构主义时尚首先体现在对传统时装进行破坏性改造，改变其固有的结构及组合方式，最后把凌乱的"零件"重新拼凑在一起，没有规范，没有束缚，打破服装一贯的对称美和精致美，如比利时"安特卫普六君子"之一——马丁·马吉拉的一些时尚设计就是典型的解构主义风格。其次是用无结构的服装来代替有结构的服装，主要体现在日本时尚设计师如三宅一生、川久保玲等人的设计理念和作品中。

除了解构以外，混搭也是后现代主义时尚的重要表现形式。混搭兴起于

---

❶ Crane，Diana. *Fashion and Its Social Agendas:Class:Gender and Identity in Clothing*[M]. Chicago and London：The University of Chicago Press，2000：209.

❷ Barnard，Malcolm. *Fashion Theory:An Introduction*[M]. Routledge. 2014：152.

21世纪初，2001年日本时尚杂志 *ZIPPER* 上的一篇文章认为新世纪的全球时尚似乎产生了迷茫，于是混搭作为一种无师自通的时装潮流应运而生，同时也作为一种时尚设计方法和搭配理念流行开来，而且表现形式和应用范围迅速超出了时尚领域中服饰风格（如古典与现代、嘻哈与庄重、奢靡与质朴、繁复与简洁）、面料（如皮革与针织、牛仔与丝绸）、服饰单品（如西服搭配运动鞋、男正装搭配雪纺衬衫、呢子外套搭配百褶纱裙）以及服饰设计元素之间的混搭，延伸至艺术设计、家居设计、产品设计、城市景观设计以及一些包括表演艺术在内的文化艺术形式之中，其中最令人瞠目的比如说京剧跨界混搭歌剧。更有甚者将两种完全不同的文化艺术形式混搭在一起，如模特选美比赛中用京剧服饰混搭比基尼，组织者宣称其目的是用性感的身材展示国粹。

　　面对诸种混杂纷繁的混搭现象，有学者将其归结为现代技术的发展，是人们为了解决技术与艺术之间的冲突而做出的选择，同时也是后现代主义设计风格（如拼贴、混杂、反讽等）和文化精神的具体表现，如追求人性的更大的自由，倡导大众文化，秉持反叛的精神，追求个性化发展等。❶也有学者认为无所不在的混搭现象不只是一个风格学问题，整体性的文化混搭乃是文化的价值核心解体和消融的产物，意味着美学大厦的分崩离析。❷总之，时尚中的各种混搭现象一方面有利于设计理念突破传统价值规范和艺术范畴的疆界，将后现代主义风格所一贯标榜的破碎、荒诞、无意义、空虚无聊、无秩序等虚无主义精神表现得淋漓尽致，同时也游移于现代主义和后现代主义风格之间，两者彼此交叉、含混不清，这和现代主义和后现代主义之间的相互包含、错综复杂的关系是一致的。利奥塔指出："在现代中已包含有了后现代性，因为现代性就是现代的时间性，它自身就包含着自我超越以及改变自己的冲动力。"❸另一位西方学者胡伊森则指出，后现代文化是现代文化自身的一种新类型的危机。很明显，在这些西方学者看来，后现代文化是在现代文化的母体中孕育出来的，后现代文化具有的明显的游戏性、不确定性和破碎性等特征也渗透着现代文化的自由创造精神，只不过表现形式有些极端而已。

　　学术界对于现代与后现代之间的历史分期及概念内涵历来没有统一的说法，甚至存在很大争议，有人将其作为一种历史范畴去讨论，将后现代纳入

❶ 王蕾,郁波,孙岚."混搭"在设计发展史上的历史景深之浅析[J].艺术与设计(理论),2008(2):23-25.

❷ 张闳.文化"混搭"与文化主体性[J].上海采风,2012(5)：88-89.

❸ 高宣扬.后现代：思想与艺术的悖论[M].北京：北京大学出版社,2013：49.

历史时间的结构中去，认为后现代和现代之间的复杂关系超出了传统历史观的原则之外，表现为"先后持续""断裂性的间距"及"相互重叠和相互交错"的三重关系结构。这种结构，也表示现代同后现代之间在时间界限方面存在着某种既确定、又不确定的关系。不过，也有学者认为，与其将后现代这个概念作为一种历史范畴，毋宁将其看作是一种象征性的假设或预设，它只是为探讨自20世纪60年代迄今的西方社会性质、结构及其转变的假设性概念，其内容、含义，甚至正当性，仍有待讨论和进一步确认。❶鉴于现代与后现代、现代文化与后现代文化等概念本身的模糊性和不确定性，时尚风格中存在诸种类似的争议也就不足为奇了。

除此之外，鲍德里亚的消费社会理论对于理解两者之间的复杂关系也有所启示。鲍德里亚认为，后现代消费社会中的时尚是一种缺乏深度和本质的、表面化的肤浅存在，它将不同的风格抽取、重组、拼贴，形成变化多端但丧失了意义深度的时尚模式。时尚物品不过是一种符号编码，一种没有深度的符号象征：消费中的时尚是丧失能指意义的符号，拟真中的时尚是虚幻的代码仙境，诱惑中的时尚是缺失意义的表面游戏。但是，时尚以无法阻挡的态势渗透到现代生活的各个层面，成为当下社会生活具有标志性意义的象征符号和模式拟真最贴切的表现形式之一，而人类被时尚所诱惑，进入到时尚的再循环逻辑中，任由时尚摆布调戏。❷

鲍德里亚对于西方社会中时尚问题的研究，在某种程度上是将其作为一种理解西方后现代消费社会的一种思路或逻辑，甚或是一面镜子，希望从中透视人类社会尤其是后现代消费社会的本质，从而给予当代人更多的警醒。然而，几十年过去了，当代社会并没有像后现代主义者所预想的那样糟糕地发展下去，在信息和人员都高速流通的当代社会中，时尚已经走入了许多人的日常生活，成为一种生活方式，成为个体日常生活中的重要组成部分。它并非完全没有意义，也没有被彻底消解，反而越发重要、不容忽视，同时各种反时尚现象也是层出不穷，其中一种尤其引人注目的反时尚行为就是反对时尚生活方式，一些人通过各种风格方式，如旧衣改造、拒绝追风、回归田园等方式选择简朴的生活，不再追求高消费，反对过度消耗资源，主张环保节制的生活方式，崇尚自然与心灵的对话。因此，个体没有完全受制于时尚

❶ 高宣扬. 后现代：思想与艺术的悖论 [M]. 北京：北京大学出版社，2013：56-61.
❷ 朱沙. 鲍德里亚的时尚理论研究 [D]. 湘潭：湘潭大学，2016：11.

的摆布，世界也没有成为时尚代码恣意游戏的场所，人们依旧在通过时尚或反时尚努力建设生活的世界、寻找生活的意义。显然，鲍德里亚的时尚理论不能完全解释当下的时尚现象，也无法解答人们对于时尚所有的困惑，时代的变迁呼唤新的时尚观，正是在这样的语境下，超现代理论应运而生。

## 三、超现代理论与超现代时尚

超现代理论是法国当代哲学家和社会学家吉尔·利波维茨基在《超现代时代》一书中提出来的。利波维茨基认为超现代是现代性在历经后现代这一短暂间歇期后进入的又一更高级社会阶段，换言之，后现代之后的西方社会已经进入了超现代社会，超现代社会以"超消费、超现代和超自恋"为主要特征。他认为超消费（Hyperconsumption）对生活中越来越多的东西进行了吸收整合，其功能与布迪厄所钟爱的象征性对抗模式愈发不同，以一种满足个人目的与标准、依照情感和享乐主义逻辑，让每个人首先为了自我愉悦而非与他人竞争的方式进行安排。作为社会区隔基本要素的奢侈本身已经进入了超消费范畴，因为它是出于满足自身需求的目的而消费——而不是为了能够获得社会地位进行炫耀。❶这意味着超现代社会中个体的时尚消费更加理性，炫耀性消费不再是时尚消费的重要心理动机，反过来，愉悦自身、建构自我主体性成为影响时尚选择的重要因素。

在利波维茨基来看，科技的进步带来了物质的极大丰富和生活工作的轻松便捷，社会个体逐渐从后现代社会延续而来的各种严格的社会规范和传统体制中脱身，面对宽松和多元的社会形态，有着充分的选择权、自主性和开放性，但是选择过多同样会引发焦虑，所以超现代个体既是享乐主义的，也是充满焦虑的，但绝不是虚无主义的，这是超现代社会与后现代社会最大的区别所在。与此同时，与后现代社会对宏大集体叙事的祛魅相反，超现代社会开启了一种新形式的复魅（Re-enchantment），这种复魅主要表现在当下主义（Presentism）的流行、个体生活目标的改变和以及对于幸福生活的理解等几个方面。当下主义指人们对于当下的崇拜，意味着人们不再对未来以及来世抱有更多的寄托和向往，而是更多关注自己和家人是否健康、生活是否幸

---

❶ Lipovetsky, Gills. *Hypermodern Times*[M]. Polity Press, 2005: 11.

福以及这种健康和幸福感能够维持多久。

对于后现代社会中自恋的个体来说，时尚是最能彰显自身存在感的形式之一，时尚的内容已经不再重要，重要的是形式一定要新奇、与众不同、能吸引眼球。因此，任何对于固定时尚结构的突破和各种时尚元素无意义的混搭都是达到这一目的的手段。在时尚穿着者关注时尚形式而非意义的时代，时尚设计者打造出天马行空的设计也就顺理成章了。然而，在超现代社会，超自恋的个体是成熟、有责任感、有效率、灵活多变的，这意味着超自恋的个体对于时尚不是不加选择的随意跟风。在时尚选择空前宽泛的当下，超自恋的个体为了更好地处理感性和理性之间的纠葛，完成时尚与个体之间的交互构造，只选择适合自身气质、身份地位以及消费能力的时尚，而这也是目前时尚日益朝着小众化、多元化方向发展的重要原因之一。

不过，与后现代社会相同的是，超现代社会中时尚逻辑同样从时尚领域灌注到社会的各个层面，以至于吉尔·利波维茨基认为超现代社会是"一个时尚社会，完全由瞬时、新异和永久诱惑技术重构的'时尚社会'取代了固化的规训社会。从工业产品到休闲日用、从运动到游戏、从广告到信息、从保健到教育、从美容到食谱，我们处处皆可发现兜售的产品、模式及各种诱惑机制都在迅速过时……无处不在的时尚已传播到更广泛的集体生活层面，把当下之轴确立为社会流行的时间模式。" ❶

超现代社会中的时尚逻辑显然不同于后现代社会中的时尚逻辑及其运作模式，如果说后现代社会中的时尚更像是一场众多无意义符号的狂欢和嬉戏，而在超现代社会中，人们已经掌握了这场游戏的规则，并试图按照自己的方式和理解赋予其意义。这主要是由于超现代社会中的大众对于时尚的运作模式已经有了较为客观和清晰的认识，知道大众传媒打造的充满诱惑的时尚世界不过是时尚体系运作模式的一部分而已。随着个体自主性的日益提高和选择权的日益增加，人们也已经对时尚的诱惑有了充足的准备和一定的抵抗能力。大众可以根据自身需求选择追求时尚，也可以选择放弃时尚；可以选择生态时尚为环保做贡献，当然也可以选择高端奢侈时尚让自己光彩照人。因此，超现代社会中的时尚不是无意义的、虚空的时尚，而是和时尚主体结合得更加紧密、更加关注当下社会、人生和世界发展动态的时尚，这种时尚对

---

❶ Lipovetsky, Gills. *Hypermodern Times*[M]. Polity Press, 2005: 36-37.

于社会人生有着更加深入的思考，且具有建构意义。从另一个角度来说，当下许多时尚虽然运用了后现代主义风格的艺术手段，但其本质和诉求已经悄然发生了变化，可以称之为超现代时尚。超现代时尚和现代主义文化思潮影响下的现代主义时尚在思想意义和精神主旨方面似乎有某种相似性，只是在表现手法方面有些不同。至于时尚评论中对现代主义时尚和后现代主义时尚之间的种种混淆与争执，很多时候是由于阐释者所站的立场不同，观点自然也有所差异。

## 四、结论

总之现代主义时尚采取反传统的态度和设计方法强调功能性和结构性，是出于进步的要求，其内在精神是积极向上的，相信精英社会和总体性原则，对社会流动及未来发展持乐观态度。后现代主义时尚主要利用解构主义的设计方法，舍弃了现代主义时尚设计所追求和坚持的总体性原则和精英主义立场，出现了历史和传统的缺失，不注重或者较少注重意义的表达，更多追求和看重造型、色彩等方面的视觉效果。与前两者不同的是，超现代社会中的时尚不是无意义的、虚空的时尚，而是积极参与时尚主体身份建构，利用多元化形式表达时尚设计者和穿着者对于当下社会、人生以及未来世界的认知、想象和思考。不过目前来看，后现代之后的超现代社会中已经很难在短期内形成一种大规模的、能够对时尚潮流产生决定性影响的超现代主义时尚风格，超自恋、超流动、超消费的超现代社会中影响更大的是时尚的逻辑，而非时尚风格的变迁。

# 第十三章　时尚与文化

## 服装中的文化记忆、文化想象与身份建构

### 一、记忆和想象

记忆和想象是心理学中两个重要的概念，对于二者各自的特征和二者之间的关系，英国18世纪著名启蒙主义哲学家大卫·休谟在《人性论》一书中进行了论述。休谟知识论的核心是知觉（Perception），知觉被分为两类——印象（Impression）和观念（Idea）。印象是当下感觉或由感觉复合而成，观念是对印象的记忆或由这些记忆组合或推导出来的。休谟认为，人脑的记忆能力产生记忆观念，而想象能力产生想象观念。记忆观念比想象观念更加具体，具有持久性、活泼性和强力性，相对而言，想象观念则模糊不定，始终处于不断变化之中。其次，记忆观念和想象观念的区别在于，记忆观念作为先在和最初的印象具有同一的形式和次序。想象观念则不必与任何先在复合印象保持相同的形式和次序。想象观念不被最初的印象所束缚，不具有相同的次序和形式。相反，记忆观念受到严格的束缚，不具任何变化的力量。此外，无论是准确的记忆还是不准确的记忆，正确的还是错误的，我们认定为记忆的观念都处于高度活跃的状态。最后，记忆有一个重要功能，就是"产生并

发现个体身份或称人格（Personal Identity）。❶近代关于人格的经典定义是由洛克给出的，"所谓人格就是一个思想的、智慧的存在（Being），它具有理性，能够反省，并且能在不同的时间和地点，将自身认作自身，认作同一个思想着的东西。"❷休谟在《人性论》一书中对人格的同一性问题提出了怀疑，认为自然人在不同时间、不同状态下的人格并不一致，这个问题也就是当代学术领域中人们不断探讨的身份建构问题。社会心理学家强调社会因素对个体人格或身份建构的影响，文化心理学家强调文化因素的影响。

将身份建构与记忆放在一起进行研究的是德国学者扬·阿斯曼。1997年，他出版了《文化记忆》一书，书中首次提出了"文化记忆"的概念，并将"记忆"引入到文化学研究领域内，试图运用文化记忆这一理论概念解析人类个体和集体身份。在随后的几十年里，"文化"和"记忆"这两个术语在学术界高度流行，文化记忆已经成为科学、哲学、社会和文化研究的热门话题。国内外学者们就文化记忆的概念、属性、功能、存在方式、文化记忆与个体身份建构等问题的关系进行了广泛探讨，那么个体身份建构与服装设计、服饰潮流、个体着装选择等问题之间存在哪些关联呢？我们又该如何解释和认识凝聚于服装中的文化记忆、文化想象及其与身份建构之间的关联、作用与意义呢？

## 二、服装中的文化记忆

文化记忆是一个具有多重含义的概念，涵盖了各种媒体、实践行为以及文化形式等方面的内容，如神话、纪念碑、历史学、仪式、口头记忆和文化知识等。基于对文化记忆的广泛理解，西方学者给文化记忆提出了一个临时性定义："各种社会文化语境中现在与过去之间的相互作用（The Interplay of Present and Past in Social-Cultural Contexts）。"这个定义的优点在于尽可能多地涵盖了文化记忆研究领域内的各种社会文化活动、现象及文本，从社会情境中的个人记忆行为到集体记忆行为（如家庭、朋友），从单一民族记忆到跨越国界的民族记忆等。同时这也是一个始终保持开放姿态的研究领域，随时欢

❶ Traiger, Saul. "Hume on Memory and Imagination." *A Companion to Hume*[M]. Elizabeth S. Radcliffe, ed. Hoboken, NJ, USA: Wiley-Blackwell, 2008: 62-70.

❷ [英]约翰·洛克. 人类理解论[M]. 关天运，译. 北京：商务印书馆，1983: 309.

迎没有任何企图和暗示性，或者不具内在叙事性（如各种视觉或者身体的记忆形式）的文化记忆形式或活动参与进来。❶因此，在这样一个始终保持开放的记忆空间里，我们对服装文化记忆的研究不仅具有可行性，而且也是一件很有意义的事情。

"记忆"是一个心理学范畴，指人脑对经验过的事物的识记、保持、再现或再认，是人们进行思维、想象等高级心理活动的基础。服装中的文化记忆可以理解为人类文明史上各种与服装相关的文化及其表现形式在人脑中的识记、保持、再现或再次确认。服装，既是人类文明的产物，也是人类文明的载体。服装文化的内涵相当广泛，是人类文明史上任何与服装相关的物质和精神文明的总和，既可以指具体的织物、服装、服装形制、服装风格、服装礼仪、服装变迁以及各种织造服装的技艺，也可指代各种与之相关的思想或价值理念，如《道德经》第七十章中提到"圣人被褐怀玉"，这句话表达了道家强调自然、重视内美的服饰观，因而也是服装文化的一部分。

根据扬·阿斯曼的文化记忆理论，文化学对记忆的研究不是从生理学角度出发的，而是把记忆同民族、历史、文化相联系。从传统文化学的角度来看，文化记忆就是民族传统文化在历史上的痕迹。❷既然服装承载着人类文明的记忆，那么服装文化记忆就是一个民族的成长历程、文化精神、价值观念等以有形的物质或无形的符号留存于服装中或人类文明史上的印迹，对服装文化记忆的讨论和梳理就是对一个民族的成长史、文化史和文明史的研究与探索。由于记忆具有双重性，既是个体的，也是社会的或者集体的，所以对服装文化记忆的研究也应该从个体记忆和集体记忆两个方面出发，以此为基础思考服装文化记忆在多大程度上影响到个体和集体的身份认同与身份建构。

文化记忆的传承及演变方式一直是文化记忆研究中一个重要的不容回避的问题，这个问题涉及文化记忆研究的理论意义。阿斯曼的文化记忆理论为研究文化的内部传承与交流方式提供了一个基本的理论构架，他把文化记忆的媒介分为文字类和仪式类两部分，其中节日和仪式是文化记忆最重要的传承和演示方式。每个文化体系中都存在着一种"凝聚性结构"，包含两个层面：首先是时间层面，它把过去和现在连接在一起，其方式是把过去的重要

---

❶ Erll, Astrid. "Cultural Memory Studies：An Introduction." *A Companion to Cultural Memory Studies*[M]. Astrid Erll, Ansgar Nünning(Eds.)Sara B. Young(Contributor).Berlin/New York：De Gruyter. 2010：1-2.

❷ 王霄冰. 文字、仪式与文化记忆[J]. 江西社会科学, 2007(2)：237.

事件和对它们的回忆以某一形式固定和保存下来，并不断使其重现，从而获得现实意义；其次是社会层面，它包含了共同的价值体系和行为准则，而这些对所有成员都有约束力的东西又是从对共同的过去的记忆和回忆中剥离出来的。这种凝聚性结构是某一文化体系的基本性结构之一，它的产生和维护，便是"文化记忆"的职责所在。❶

扬·阿斯曼在《集体记忆和文化认同》一书中将文化记忆定义为"每个社会和每个时代独有的重复使用的文本、图像和礼仪，通过对它们的'维护'，每个社会和时代巩固和传达出关于自身的图景。"❷根据这一定义，我们可以在不同时代反复出现或被重复使用的服装款式、形制、图案、色彩、面料、搭配及穿着礼仪等内容中来找寻服装文化记忆的建构方式。这些内容合在一起构成和表征了服装的内在意义和文化价值，形成了不同时代、不同历史条件下人们对服装内在意义和文化价值的理解，同时也记录和承载了不同时代的文化记忆。目前国内服饰设计界积极倡导传统服饰文化的传承，事实上就是对这种凝聚于服装服饰中的文化记忆的重温、再现和维护，通过这种"维护"，一方面传达和巩固自身的图景，另一方面也是对个体（或集体、民族）身份的建构、自我价值的体认与彰显。

以2014年在北京召开的亚太经合组织（APEC）会议上各国领导人及其夫人的服饰为例。男领导人服装为"立领、对开襟、连肩袖、海水江崖纹、提花万字纹宋锦面料"上衣；女领导人服装为"立领、对襟、连肩袖、海水江崖纹、双宫缎面料"外套；女性配偶服装为"开襟、连肩袖外套，内搭立领旗袍裙"。这些服装在设计中在款式（立领、开襟、连肩袖等）、色彩（孔雀蓝、深紫红、故宫红、靛蓝、金棕、黑棕等）、面料（宋锦、双宫缎、漳缎）等各方面运用了大量中国传统文化元素，一方面凝聚、传承、演示着中国传统服饰文化，另一方面也通过中国传统文化元素的运用把过去（如立领源于周朝深衣中的深交领）和现在联系到一起，将过去的文化记忆通过款式、色彩、图案等元素固定和保存在服装中，从而有机会将其展示给当代人及后代来者。同时，这一过程也是人们运用服装建构和巩固以中国文化为核心的主体身份的过程，表达了对凝聚于服装系统中的中国传统和当代价值规范的认

❶ 黄晓晨. 文化记忆[J]. 国外理论动态, 2006(6): 62.

❷ Assmann, Jan. Collective Memory and Cultural Identity[J].Trans. John Czaplicka. New German Critique 1995: 125-133.

同与强化。

　　文化记忆理论认为，过去不是确定的，而是处于不断重构和表征的过程之中。我们对于过去的个体和集体记忆可能会发生很大的变化。这种变化不仅指记忆的内容（事实、数据等），而且包括记忆的方式，即过去所呈现出来的品质和意义。当然，对于过去发生的同一事件也会有不同的记忆方式。神话、宗教记忆、政治史、创伤、家庭记忆或者民族记忆等都是指向过去的不同的记忆方式。❶服装文化中所承载的人类文化记忆也是如此，服装的设计制作、流行的服装款式以及服饰潮流的发展方向在不同历史条件下都是不一样的，并始终处于不断重构和表征的过程中，这个过程就是传承中的创新与发展。

## 三、服装中的文化想象

　　笔者认为，文化的创新与发展至少需要具备三个基本要素。首先，传统文化记忆是其基础，不可或缺，没有传统文化的滋养，所谓的创新就是无源之水、无本之木；其次，对当代文化的体验与认知，这是每一个传统文化创新者的必备素质和继续创新发展的前提。因为无论是对传统文化的传承还是创新，其根本目的都是让传统文化知识服务于当代社会的经济文化发展，服务于人民对未来美好生活的向往和期待。没有对时代精神和文化发展趋势的真切体认和感知，创新就无的放矢。第三点是对于人类过去、未来或异域生活图景的文化想象。想象力是所有创意和创新设计的必备条件，是设计过程中至关重要的环节，也是设计工作者的基本素质和不可或缺的能力。具体到传统服饰文化的创新与发展问题，笔者认为，上述三个基本要素都很重要。尤其是第三点，可以说历史上留存下来的每一件服装都承载了那个时代人们的文化记忆，也同样包含了人们对于过去、未来或者异域他者的文化想象。从另一个角度说，无论是服装的设计者还是穿着者，都会把服装与自我、主体、社会、历史及文化关系的理解和认知融入到自己设计或者选择穿着的服装之中，这其中除了储存于记忆中的对于服装、自我和社会的认知外，很多时候还来自文化想象，既有关于自我主体的想象，也有关于异域他者的想象。

---

❶ Erll, Astrid.Cultural Memory Studies：An Introduction[C].*A Companion to Cultural Memory Studies*. Astrid Erll, Ansgar Nünning (Eds.)Sara B. Young (Contributor).Berlin/New York：De Gruyter. 2010：7.

在人类服装发展史上，有关服饰文化想象的例子很多，经常被人们引用的莫过于17、18世纪流行于欧洲的"中国风"（Chinoiserie）。"Chinoiserie"是法语单词，意为"中国的"。该词在18世纪中期被吸纳到英语中，用来指当时流行于欧洲各国的一种装饰艺术风格，其中包括艺术、建筑、园林、家居装饰和服装等领域中对各种真实及想象中的中国元素的模仿与运用，形式上讲究对称、比例上追求夸张。从17世纪起充满异国情调的中国装饰艺术风格得到了欧洲艺术家们的大力推崇。可以说那时欧洲人对中国风商品的痴迷程度，绝不亚于现今中国人对欧美名牌的追捧。整个18世纪是"中国风"的黄金时代。从本质上来讲，欧洲的"中国风"不是真正的中国风格，而是使用了中国元素、具有某种中国情调的欧洲艺术风格。这种风格中充满了欧洲人对中国艺术和风土人情的想象，甚至是幻想，又掺杂了西方传统的审美情趣。❶所以有媒体说，西方的"中国风"是一个梦境，它从来不是真实的"中国"，而是一个被欧洲人通过想象塑造出来的国度，里面充满了神秘、浪漫与奇遇。

20世纪初，这股从西方世界吹起来的"中国风"继续前行，保罗·波列被称为全世界第一个中国风时装设计师。他从未到过中国，却对包括中国艺术在内的东方艺术十分感兴趣，在服装设计中大胆使用各种东方文化元素，设计出"孔子大衣"、日本和服样式的午茶便装、阿拉伯风格的女子束腰外衣、穆斯林式样的头巾和阿拉伯风格的面纱等，将东方服饰元素融入西方服饰文化之中。当然，他充满东方风情的服装设计中很多都是建基于对东方文化的想象，是以文化想象为基础对另一种艺术风格的挪用和再创造。

在波列之后，出现了一大批对中国风感兴趣的现当代西方艺术家、服装设计师，约翰·加利亚诺就是其中一位，他曾多次推出以中国文化元素为主题的时装系列。他为"迪奥"推出的1997~1998年秋冬高级女装系列以上海老月份牌上的旗袍美女为灵感来源，将人们的目光带回到20世纪30年代夜夜笙歌的上海滩。作为法国当代服装设计师，他对20世纪30年代的上海滩应该是没有什么记忆可言的，其设计与创作很大程度上有赖于对那个时代中国社会和文化的想象。然而，没有亲身体验也或许是天才设计们发挥其强大想象力优势的绝佳时刻。不过，这些西方设计师运用东方文化元素进行设计、改造可能是出于他们对中国艺术和文化的喜爱，但并不意味着他们对东方文化

---

❶ 伍曦.中国风在现代西方服装设计中的应用与启示[J].山东纺织经济(总第165期),2010(11):74.

思想和文化精神有多么深刻的理解或认同、对异域文化、异域风情有多么向往。很多时候，也可能只是出于设计的需要或为了满足西方人的猎奇心理。相应地，他们用这种服装建构出来的主体身份也不隶属于某个东方民族，而是一种具有开放和多元品质的身份表征。

最近几年，秀场中流行的3D打印服装、高科技时尚、概念时尚以及一些暗黑和怪诞风格的时尚充满了对人类未来生活图景以及未知世界的浪漫奇想，通过时尚寻找未来感、塑造异域风格已经成为当下许多优秀服装设计师的成功经验之一。亚里士多德曾经说过，"记忆和想象属于心灵的同一部分。一切可以想象的东西本质上都是记忆里的东西。"他意在强调文艺创作中的想象活动要以记忆的经验资源为基础，对于服装设计活动也有一定道理。对许多服装设计师来说，他们设计的服饰中既有对昔日风格的挪用，也包含建立在过去文化记忆基础之上的对昔日文化的想象，以及对于未知世界、异域文化或未来人类生活图景的想象。总之，不同时代有不同的文化想象，随着时间的推移这些文化想象会通过服装这种形式转化为后继时代的文化记忆。服装史上每一款经典服装的诞生一方面凝聚了那个时代的文化特色、时代精神，同时也一定与那个时代人们的文化记忆、文化想象有着密不可分的关系。

## 四、服装中的文化记忆与身份建构

### 1. 服装设计与身份建构

记忆具有双重性，既是个体的，也是社会的。记忆的社会性主要指个人记忆常常受到社会文化情境或者框架的触发及影响，这是哈布瓦赫对于文化记忆理论最重要的贡献之一。集体记忆是各种价值观的存储器和生产者，这些价值观能够超越人们短暂的一生，同时创造身份。储存于中国传统服饰文化中的集体记忆也是如此，还以2014年参加北京APEC会议领导所穿着服装为例。这些服装中大量运用立领，立领是典型的中式设计，这一简单设计背后是深厚的中国传统文化和价值观，也包括对中华民族身份的建构与认同。立领的前身源于周朝深衣中的深交领，其型构和深衣这种宽袍大袖的古代服装及这种服装所独具的大气飘逸之美联系在一起。在明代逐渐成形，清代被满族旗袍所接纳，"民国"时期逐渐流行开来。深衣是一种包裹形服饰，《五经正义》中说："此深衣衣裳相连，被体深邃。"意思是说深衣具体形制的每一部分都有深意，而"深意"的谐音即为"深衣"。在制作中，先将上衣下裳分裁，然后在腰部缝合，成为整长衣，以示尊祖承古。深衣的下裳以十二幅度裁片缝合，以应一年中的十二个月，这是古人崇敬天时意识的反映；采用圆袖方领，以示规矩，意为行事要合乎准则；垂直的背线以示做人要正直；水平的下摆线以示处事要公平。这些深衣形制及其寓意的记载是中国传统服饰文化记忆中的重要组成部分。现在，深衣这一古老的服装早已退出了人们的生活，但是这种服装款式所传达的中国传统人文价值观和民族精神，如"规矩、正直、公平"作为中华民族集体记忆的一部分依然存在，并不断以新的方式出现于当代服装设计及其服饰潮流之中，进而参与塑造穿着者的民族身份和民族认同，反映当代社会的价值观。参与此次服装设计的设计师罗峥说，"中国元素是内敛的，我在设计中主要以中国元素与国际设计理念的结合，廓型用连肩袖，曲线设计，连裁袖的流线型线条和领口的直线条形成对比，利用天圆地方，阴阳平衡，以求服装与人之间的和谐自然之美。"

对于国内的服饰设计者来说，如何在设计中将这些凝聚于传统服饰文化中的文化记忆、集体记忆保存下去，维护其整体性，确保不被遗忘或篡改是其重要使命。他们需要对这种依靠实物、文字、仪式等一代代传承并内化于个体思维和心理过程之中的集体记忆加以整理、再现和再创造。其次，他们不仅要把中国传统服饰文化元素运用到当代服装设计中，还要有所创新，在符合时代精神和社会发展的同时，将凝聚于传统服饰文化记忆中的价值观和文化思想理念传达出来，在帮助人们建构个体身份和集体身份的同时，也帮助人们建构属于这个时代的个人记忆和集体记忆。所有这些都要求设计师必须立足当下、观照过去，同时还要面向未来。

在西方服装文化史和设计史中，也有一些例子有助于我们认识服装设计中的文化记忆和文化想象对于确立新的文化身份的作用与影响。众所周知，有英国"朋克教母"之称的维维安·韦斯特伍德的设计非常前卫，不过她也非常擅长从英国传统文化中获取灵感，在她离经叛道的众多设计中并不缺少传统文化记忆的痕迹，过时的束胸、厚底高跟鞋、经典的苏格兰格纹都是她从英国传统服饰文化中提炼出来的，她对这些元素进行改造和重新设计，使其再度成为崭新的时髦单品，成为英国文化的象征和民族身份的表征。

## 2. 复古风与身份建构

虽然哈布瓦赫在其著作中一再强调记忆的集体性和社会性，但是记忆作为一种大脑的运作过程，和个体必然有着无可否认的关系，同时也和个体的身份密切相关。当人们选择购买或者穿着某件衣服的时候，其实就是在有意或无意为自己选择或者建构一种身份。以当代西方社会中的"复古风"（或称"古着热"）为例。前些年西方一些年轻人热衷于穿着或收藏20世纪60年代风格的服装，并尽可能地搭配那个时代流行的配饰、发型和妆容，使自己的整个生活方式都接近于那个时代。他们不仅在一些特殊场合这样穿着，如60年代风格的聚会上，而且在日常生活中也是如此。这些"古着热"爱好者们从十六岁到三十几岁不等，他们的服装有些是从旧衣店里淘来的，有些是按照旧服的版型自己缝制或找人定做的。他们的服装和身体表演旨在重新建构一种"真实"的60年代风格。❶通过对60年代服装时尚的收藏、重复利用和再创造，这些年轻人不仅重构了那个年代的外观，也凭着留存于服装中的那个年代的记忆重构了自己的身份。另一方面，20世纪60年代的服装饰品之所以如此备受青睐，还有一个原因就是人们不再大规模的生产这些产品，也不再穿着这种风格的服饰。对于当下而言，它们首先代表着过去，其次也是当下情境中人们想象过去、缅怀历史的工具。这些保留至今的服装及其风格都是那个时代真实文化历史的见证者和记忆存储器。

总之，这些热衷复古风的穿着者通过重新拥有20世纪60年代的服装或与之风格相同的现代仿品，展示了自己与众不同、标新立异的做派，再次体验、重温当时的历史文化，并最终找到并建构起一种新的文化身份。詹妮弗·克雷克认为，"得体地穿着某种制式的服装——理解并遵守这种服装在实践中的规则……比这种服装及其与之搭配的饰品本身更为重要。"❷约翰·洛克坚持认为，不存在某种本质身份，身份是记忆行为进行建构和重新建构的结果，通过过去的自我，并在过去的自我和现在的自我之间建立某种关联。❸因此，可以说人们选择某种风格的服饰，也选择了凝聚于该种服饰中的文化记忆，并

---

❶ Heike Jenß. Dressed in History: Retro Styles and the Construction of Authenticity in Youth Culture[J]. Fashion Theory.Volume 8, Issue 4: 387–404.

❷ Craik, Jennifer. The Cultural Politics of the Uniform[J]. Fashion Theory 7(2): 2003: 128

❸ Erll, Astrid. Cultural Memory Studies: An Introduction[C]. *A Companion to Cultural Memory Studies*. Astrid Erll, Ansgar Nünning (Eds.)Sara B. Young (Contributor).Berlin/New York: De Gruyter. 2010: 6

以此为桥梁和工具建构新的自我主体，拥有一种新的身份和主体性。

除了身份建构问题，当代西方尤其是美国的复古热潮还有一个不容忽视的方面，即热爱追逐这一潮流的人们的情感问题。我们通常把人们对于往昔生活的怀念和追求称为怀旧。一位名叫保罗·格兰杰的学者认为"怀旧不仅是一种社会情感，也是社会转型期，出于对持续性的渴望而产生的一种与众不同的审美形态。"❶弗雷德里克·詹姆逊将"怀旧模式"的出现与某种文化健忘症和历史主义危机联系起来，但是他的理论并不总是能够考虑到通过对昔日风格的重复利用以及随意杂交组合产生的文化记忆的特殊叙事。保罗·格兰杰在对媒体中各种怀旧模式进行研究之后，提出某种文化中发展起来的怀旧模式既非受到某种渴望的不良影响，也不是某种遗忘，而是通过某些具体的新方法对过去进行传递、储存、找回、重塑和唤起。怀旧是一种情绪，表达的是某种体验。从理论上来讲，怀旧可以理解为人们对于各种形式的非持续性的社会文化反应，一种对于概念中的"黄金时代"的稳定性和真实性的想象。❷

对服饰消费者来说，复古风的流行与怀旧心理密不可分。旧的服装款式、色彩、图案以及布料承载的不仅是过去时代的鲜活的记忆，还是一种值得怀念的生活方式、人生态度和社会价值观。复古风格的服饰一方面给人们提供了一个重温昔日美好生活的机会，另一方面也表达了对美好生活的渴望与想象，不是渴望回到过去，而是渴望一个真正的"黄金时代"的到来，这是一种对于想象中的美好时代的渴望。然而，现实总有诸多令人不满之处，人与人之间的疏离感不断增加甚至会让人感到与社会群体格格不入，碎片化、多元化、缺乏稳定性和真实性的后现代社会让生活在当下的人们对未来不是满怀希望，而是充满焦虑。在这样的社会文化语境中，复古风格的服饰像一根廉价但可以救命的稻草，装饰了人们的日常生活，给人们带去一段温暖的记忆和对于昔日美好生活的想象。与此同时，人们也获得了一种身份体验，成为有着鲜明特征的历史记忆的一部分。通过服装这种媒介，穿着者成功介入了历史，与过去发生互动，催生和建构出一个新的自我身份。这个自我是立体的、鲜活的，是整个过去、现在、未来这一立体交叉时空中的一部分。

---

❶ Grainge, Paul. Nostalgia and Style in Retro America: Moods, Modes, and Media Recycling[J]. Journal of American & Comparative Cultures. Spring2000, Vol. 23 Issue 1: 27.

❷ Grainge, Paul. "Nostalgia and Style in Retro America: Moods, Modes, and Media Recycling." Journal of American & Comparative Cultures. Spring2000, Vol. 23 Issue 1: 28.

## 五、结论

服装以一种实实在在的形式承载着人类文明的记忆，表征着一个民族的文化精神、价值观念以及成长发展的历程，服装史上的每一款经典服装都留存着那个时代人们的文化记忆和文化想象。对服装文化记忆的研究和梳理就是对一个民族的成长史、文化史和文明史的追索和透视。对许多服装设计师来说，他们对昔日服饰风格的挪用，既留存着昔日的文化记忆和文化影像，也有对于昔日的、未来的或异域的文化想象。充分发挥想象力，塑造与众不同的风格，是许多优秀服装设计师的成功经验之一。对于服饰穿着者而言，他们在选择某种服饰风格的时候，也是在选择凝聚于该种服饰中的文化记忆和文化想象，以此为基础建构新的主体，拥有新的身份，成功介入历史，使过去和未来发生互动，成为历史和当下立体交叉时空中的一部分。

# 衣柜空间和服饰博物馆空间中的文化记忆

过去，中性的空间似乎符合每个人的想象与理解，这种情况直到20世纪70年代之后法国思想家列斐伏尔出版了《空间的生产》《空间与政治》等学术著作才得以改变，这两部著作的问世也标志着人文社科学术研究中"空间转向"的开始。从此，多年来人们心目中一向淡然的中性空间概念和以同质性、从属性为特征的传统空间概念受到了严重挑战，而且几乎不复存在，取而代之的是人们对根据种族、民族、国别、性别等各种因素划分和区隔的异质性空间的研讨与论述。此外，对于文化记忆的研究与空间转向几乎同时成为学术研究的热点。文化记忆的概念及相关理论是德国学者扬·阿斯曼在20世纪70年代提出来的，该理论以哈布瓦赫的集体记忆理论为基础，探讨不同时间维度、空间维度及时空交叉条件下文化记忆的形成、功能、活动机制及其与各种记忆载体（如文字、仪式、视听等）的关联，尤其是记忆、身份认同、文化的连续性（或称传统的形成）三者之间的内在联系。该理论认为，信息无法直接传播，必须经过信息外化为存储物、存储过程和存储物重新转化为信息等环节，我们的记忆与回忆实际上就是这种信息的存储和异时空的重现。随着空间理论更多地为理论学界熟识和认可，时尚研究领域的学者们也开始将时尚与空间问题联系起来思考，美国时尚文化研究学者苏珊凯瑟在《时尚与文化研究》一书中专辟一章论述了时间和空间的交叉作用下"风格—时尚—装扮"对于时尚主体性和主体地位的塑造与建构作用。❶受到这些理论及其实践应用的启发，本文将运用比较和对照的研究方法探讨衣柜空间和服饰博物馆空间中的文化记忆问题，揭示这两种不同空间对于个体和群体身份认同、传统文化的延续传承所具有的重要意义与价值。

## 一、衣柜的空间属性与个体记忆

扬·阿斯曼在《文化记忆》一书中将记忆的外部维度分为四个部分：模仿性记忆、对物的记忆、交往记忆和文化记忆。其中对物的记忆表明了人与物的密切关系。人总是被日常或具有更多私人意义的物所包围：从床和椅子、餐具和盥洗用具、衣服和工具，再到房子、村庄、城市、街道、车船❷。在所有这些与人密切相关的物体中，由于衣服与人体的紧密接触而格外受到重视，也承载着更多的记忆，能够最快地将人从所生活的当下迅速指向过去的某个时刻。文化记忆是对意义的传承，个体人生中一些重大时刻和重要阶段所穿过的衣服，如学生时代的校服、服兵役时的军装、婚礼上的礼服或婚纱、孩子满月时的衣服、成年礼上的礼服等，对个体而言都超越了单一物的记忆范畴，具有某种象征性或者明显的身份认同价值。甚至有时候这些服饰已经超出自身的实用功能，拥有了等同于圣物（如纪念碑、墓碑、神像等）所代表的文化意义，扮演了新的角色，成为一种具有某种时代印迹和文化意义的符号，如博物馆中收藏的各种服饰。

不过，尽管服饰在人的一生中扮演了如此重要的角色，作为人们日常生活空间一部分的衣柜（或衣橱），却极少进入学术研究的视野。幸运的是，有关空间和文化记忆理论的出现为人们打开这一私人空间并深入思索该空间的存在意义提供了一个很好的研究视角。

从功能性方面来看，衣柜空间是一个储物空间，里面可能悬挂、摆放、

❶ Susan B. Kaiser. *Fashion and Cultural Studies*[M]. Berg Publishers, 2012: 172.

❷ [德]扬·阿斯曼. 文化记忆：早期高级文化中的文字、回忆和政治身份[M]. 金寿福，黄晓晨，译. 北京：北京大学出版社，2015：11.

堆叠着主人家男女老幼一年四季的衣物，或是某个家庭成员从小到大再到老的衣物。其次，从归属关系来看，衣柜空间作为人们日常生活空间尤其是家庭空间的一部分，与个人生活息息相关，具有私密性及局部性。相对于服装生产车间、库房、百货商场、精品店、专营店或垃圾处理场所等各种存储、展示及销毁空间，个体衣柜空间是整个服装生产、营销和消费链条中的一个并不十分起眼的环节。在服装的一系列空间转换过程中，衣柜空间只是服装的一个临时居所。但是，一旦衣服不再频繁被个体穿着，就会成为衣柜空间中的"永久居民"，这时的衣柜便具有了新的意义和功能——个体记忆的空间，这时的衣柜空间包含了时间、浓缩了时间，也节约了时间，是一种工具性的空间，自我封闭，成为个体储存记忆、自我确认的空间所在。个体衣柜空间中大量没有任何实用功能的衣物，其存在价值与意义在于保存个体的人生记忆、缅怀过去的时光，或许还储藏着对逝去岁月的难以割舍之情以及再也回不到从前的感喟。这个空间中的某些衣物对个体来说是不同人生阶段、诸种人生体验和境遇的见证者和亲历者，其纪念意义、象征意义远远大于其实用价值，同时也每每让这些衣物的拥有者从这个空间联想到"我曾经是谁，我现在是谁"这样的问题，进而唤起和强化个体的身份意识、自我认同与确证。因此，作为一个社会空间向私人空间的延伸，衣柜空间的社会性主要表现在这一空间不仅是储物空间，也是一个储存着各种记忆、具有抽象性和精神性的记忆空间。

不过，这个空间并非完全自足、封闭、与外界隔绝。列斐伏尔在《空间与政治》一书中提出，"每一个'物品'（建筑的、动产的和不动产的），都应该放入其总体中，都应该在空间中来理解，在空间中理解其周边的事物，理解其各个方面。"❶意思是说，要把握理解空间中物体的重要性，需要随时把握空间的总体性特征。衣柜空间狭小私密、总是放置于私人居室之内，但作为一个实实在在的空间，作为家庭空间的一部分，与各种社会实践联系十分紧密，尤其从实用性方面满足了人们存放服饰之物的客观需求，从而成为一个更大的社会空间的组成部分，一个空间和时间的统一体，甚至是一个建立在意识形态、经济水平和社会地位等基础上的构成性空间。在这种意义上，有必要将其放到整个社会空间中去理解和把握，将其视为社会空间的一部分，

---

❶ [法]亨利·列斐伏尔. 空间与政治[M]. 上海：上海人民出版社，2015：94.

只有这样，对衣柜空间的存在状态和价值意义的理解才能更加全面深刻。而这也关系到我们要讨论的衣柜空间的第二种状态：随着时尚个体年龄、身份、生活境遇等各种方面情况发生改变，衣柜空间中储存的部分衣服会被淘汰，没有使用价值，对个体也没有纪念意义可言。随着新购衣服的增加，衣柜空间终将变得狭小局促，那些失去使用价值或缺少纪念价值的衣物注定要被清理出去。但是由于材料的特殊性，有些面料很难降解，废旧衣服回归自然之路注定不会顺利，也不会十分美好。这也是那些曾经惊艳于T台、流行于街头的众多美好之物的尴尬现状。回归自然吧？自然环境的破坏和污染、城市规划建设、土地利用等问题都意味着自然中给这些旧衣物留下的空间并不多。时尚，这一在社会空间中被重新生产的和被改造了的自然，被纳入了一个时尚生产过程之中，这一过程，从本质上来说，是以打破甚至破坏自然的平衡为起点和终点的。因此，衣柜空间既是时尚整装待发的大本营，也是时尚在社会上高歌猛进、风光无限之后寂寥落寞的见证者和临时避难所。不过，为了更好保存个体衣柜空间中一些极具留存和纪念意义、承载着一定文化记忆的服饰，人们为之准备了另一个具有一定规模的收纳空间——服饰博物馆。

## 二、服饰博物馆的空间属性与群体文化记忆

服饰博物馆的出现意味着一些极为珍贵、有着特殊文化意义和价值的服饰通过各种渠道（如个体捐赠、购买等形式）进入博物馆，以另一种空间记忆形式留存下来，并逐渐成为集体记忆的一部分，这一过程可以看作个体记忆的空间转移和汇聚，这时服饰所承载的私人的个体记忆已经不再重要。服饰博物馆为服饰提供了一个新的居所，也为文化记忆的保存和传承提供了一种新的存在方式。在国内，人们熟知的服饰博物馆有位于东华大学的上海纺织服饰博物馆、南京的江宁织造博物馆、杭州的中国丝绸博物馆以及北京服装学院的民族服饰博物馆等，国外知名的有英国巴斯时装博物馆、美国的纽约时装学院博物馆、希腊服饰史博物馆、意大利服饰博物馆等。

与衣柜空间不同，服饰博物馆不再是家庭式私密空间，它宽敞、高大、规模宏大，具有开放性和公共性，藏有不同时代、不同风格的服饰饰品，是开放的、公共的社会空间的一部分。从功能性方面来看，与衣柜空间不同的

是，服饰博物馆空间的服饰展品已经完全失去了实用功能。当然，和其他形式的博物馆一样，服饰博物馆是征集、典藏、陈列、修复和研究人类服饰文化遗产的实物的场所，同时也承担着重要的展览、教育和宣传的功能。

博物馆空间超越了空间的具体性，除了具有一定体积、分隔组合性及可视性之外，还具有超空间的特点，成为一个超视距、多维度的记忆空间。这和博物馆的另一个重要使命——保护和保存人类的文化记忆是一致的，服饰博物馆保护、保存的是人类在不同历史发展阶段由服饰所承载的文化记忆。对于文化记忆的承载和保存是服饰博物馆空间的重要属性之一。例如，英国的巴斯时装博物馆是世界上最大的服饰藏品博物馆之一，通过众多主题展览的超165个盛装模特，展示从16世纪80年代直至现代的近十万件各式服装和首饰。北京服装学院的民族服饰博物馆藏有中国各民族的服装、饰品、织物、蜡染、刺绣等一万余件，还收藏有近千幅20世纪二三十年代拍摄的极为珍贵的彝族、藏族、羌族的民族生活服饰的图片。

这些服饰图片、实物都是真实历史的留存，也是人类文化记忆的真实见证者。所以，服饰博物空间中陈列保存的不单是不同时代、不同地域、不同民族的服饰，而且是一段段鲜活的民族记忆、时代记忆和文化记忆。这一空间中的服装、饰品、织物，满满承载着指向昔日和过去的文化记忆，成为过去的指涉，富含传统文化因子以及传统文明的符码，与过去有着千丝万缕的情感关联。

但是，与衣柜空间中的个体记忆不同，服饰博物馆空间的文化记忆已经完全从私人记忆的范畴转变为集体记忆，从个别物的记忆转变为一个民族、一个时代的文化记忆。这个转换过程是一个记忆转型和升级的过程，也是一个记忆凝聚的过程。在这个过程中"传统"以鲜明的形式呈现出来——一系列具有相同或相似性的服饰符码呈现出相同或相似的文化意义，指向同一个过去或者同一个时代，表达出同一种政治认同和想象。因此，服饰博物馆一方面通过不同民族、不同时代的服装、饰品、织物等将回忆空间化，另一方面也将传统、历史和自我定义结合在一起，成为一个特定的空间，在这个空间中，服饰将个体记忆、文化记忆固化、物质化、形象化，凝聚成为人们心目中传统文化的象征或代表性符号。然而，记忆也好，回忆也罢，其主体仍然是人。无论是记忆还是回忆，都是一种自我形象的建构和想象，或者说是在想象中建构自我，回忆的过程也是自我想象的过程，我现在是谁，我曾经是谁，我想要成为谁？如哈布瓦赫所言，"每个人物、每个历史事实在进入这个记忆时就已然被转变成了道理、概念、象征；它由此获得意义，成为社会思想体系的一部分。"❶

当然，服饰博物馆在保护展品的同时，也为群体成员间的交流提供场所，是群体成员身份和认同的象征，是他们回忆的线索。群体与空间之间的关系是无形的，不会因为离开这个空间而失去意义，两者之间已经形成了一个有机共同体，确保他们在任何情境下都会在象征意义的层面上达成一致和认同。在某种程度上服饰博物馆和群体成员间的互动往来确保了记忆的鲜活和传统的延续。在这一互动过程中，服饰博物馆实际上也成为一个重构记忆的空间。哈布瓦赫认为，"记忆不断经历着重构。过去在记忆中不能保留其本来面目，持续向前的当下生产出不断变化的参照框架，过去在此框架中被不断重新组织。即使是新的东西，也只能以被重构的过去的形式出现。传统只能被传统、过去只能被过去替换。"❷众所周知，和其他类型的博物馆一样，服饰博物馆中的服饰展品也经常会按照一定的主题更新展品、重新布展。其实，每一个布展主题都是对现有展品的一次重新组合，是对已有材料依据现实情境进行的选择性征用、分配和整理，使其转化为与当下构建的主体身份（如民族身份、种族身份、国家身份）相关联、有意义的内容。换言之，是对这些服饰展品所储存的文化记忆进行重构，而每一次重构对参观者而言则是一次记忆的刷新、再认知，也是自我身份的再度确认。正如国内一名学者所说，"从记忆客体的角度来说，记忆就是一系列被选择、被征用、被赋予意义的符号；从记忆主体的角度而言，记忆的二次诞生本质上就是一个语言符号的建构和叙事过程。"❸因此，对于服饰博物馆空间中的参观者来说，按照不同组合形式（每种组合代表一种叙事方法）展出的展品首先让观众感受到的是对自我所隶属的集体、民族、国家、文化集体的确认和再次认同，其次是对他者民族、文化、集体等身份的否定和排除。记忆在这一过程中不断经历着重构。服饰博物馆空间的文化记忆也会随着展览主题的变换、展品的添加、更换或撤销对空间所承载的文化记忆进行重构，而参观者对于过去和历史的认知、新的记

---

❶ [德]扬·阿斯曼.文化记忆：早期高级文化中的文字、回忆和政治身份[M].金寿福，黄晓晨，译.北京：北京大学出版社，2015：30.

❷ [德]扬·阿斯曼.文化记忆：早期高级文化中的文字、回忆和政治身份[M].金寿福，黄晓晨，译.北京：北京大学出版社，2015：33.

❸ 赵静蓉.文化记忆与身份认同[M].生活·读书·新知三联书店，2015：43.

忆建构和身份认同也会相应地发生变化，这种变化或许微小，不过人类漫长的历史记忆也正是由这样无数微小的瞬间累积延续而成的。

## 三、结论

综上所述，衣柜空间为作为文化附着物的服饰建构个体记忆提供了空间和媒介，有助于个体身份的自我认同和确证；服饰博物馆空间为服饰文化记忆的保存和集体记忆的建构提供了空间和媒介，有助于群体身份的认同和自我确证，是整个民族文化记忆共同体的一部分。两者是巩固个体和集体身份认同的文化记忆的重要组成部分。个体借助储存于博物馆空间中的记忆来建立对集体的认同感和归属感，增进信任，树立合法性和权威性。正如扬·阿斯曼所言，"回忆着的群体通过忆起过去，巩固了其认同。通过对自身历史的回忆、对起着巩固根基作用的回忆形象的现实化，群体确认自己的身份认同。"❶

作为个体记忆的一部分，衣柜空间的文化记忆与个人身份的建构及想象密切相关，而作为集体记忆形式存在的服饰博物馆，由于其承载的是一个民族的文化记忆，使这种空间记忆关乎于一个民族的身份建构和文化想象。同时，相对于衣柜空间中个人记忆的零散性、不稳定性和随意性，服饰博物馆空间中的记忆基本定型，与民族记忆、文化记忆、历史记忆、时代记忆息息相关，很多时候是严肃的，充满历史的凝重感和沧桑感。服饰从衣柜空间到服饰博物馆空间的位置转换，也意味着个体记忆的重新编码、再度刷新和改写，是个体记忆在群体记忆中的永生。

从历史纵深的角度来看，服装具有承载记忆的功能，和博物馆中的其他藏品一样都是历史的见证者、记忆的储存器。换言之，从家庭衣柜空间中的私人衣物到博物馆中的服装藏品都可以脱离时间和空间的阈限，独立成为一段历史、一种人生、一个故事、一段记忆的符号、载体或叙事者。

---

❶ [德]扬·阿斯曼. 文化记忆：早期高级文化中的文字、回忆和政治身份[M]. 金寿福，黄晓晨，译. 北京：北京大学出版社，2015：47.

# 亚文化时尚比较研究

## 一、亚文化概述

亚文化这一术语最早由20世纪40年代中期美国芝加哥学派使用，指一个与主流文化相比规模较小的文化，尤其是在特定时期和特定社会环境里出现的两极化和分裂的美国社会差异。不过，当时美国很多城市社会学家很少有人用亚文化命名自己的研究，尽管他们的研究涉及亚文化团体的生活。所以，早期人们使用亚文化这一概念的时候，总是代表着少数对抗多数。"亚文化"理论的出现与英国的伯明翰学派有关，这个学派由一群来自伯明翰大学"当代文化研究中心"（1964年成立）的学者组成，关注边缘和少数族群，并将之作为亚文化社区和群体进行阐释，从而给这类学术研究赋予了合法性。随着时代的变迁，人们对亚文化的理解日渐宽泛，在百度百科中，亚文化被定义为与主文化相对应的那些非主流的、局部的文化现象，又称集体文化或副文化；也指主文化或综合文化的背景下，属于某一区域或某个集体所特有的观念和生活方式，一种亚文化不仅包含着与主文化相通的价值与观念，也有属于自己的独特的价值与观念。由此可见，亚文化是一种以边缘性、小众化和个性化为主要特征的次文化。《时尚学：时尚研究概论》一书的作者川村由仁夜认为，亚文化可以围绕任何信仰、态度、兴趣或者行为进行建构。每一种亚文化都有各自的价值观和规范，这些价值观与规范为参与者所共有，并赋予他们一种共同的团体身份。[1]事实上，亚文化群体身份的建构不仅有赖于群体独特的信仰、态度、兴趣或行为，时尚也是亚文化群体、尤其是青年亚文化群体身份和形象建构过程中不可或缺的一部分。为此，本文将亚文化时尚定义为流行于青年亚文化群体之中的、有助于亚文化个体和群体形象建构和身份认同、并对主流时尚文化产生一定影响的时尚风格及其流行趋势。作为青年亚文化研究的重要组成部分，亚文化时尚的研究内容主要涉及亚文化时尚的样态分布、风格特征、意义表征、运作模式、商业价值、与主流时尚之间的关系等方面。从历史上来看，青年亚文化时尚的发展可以分为两个主要

---

[1] Yuniya Kawamura. *Fashion-ology:An Introduction to Fashion Studies*[M]. 2nd Edition. Bloomsbury, 2018：104.

阶段，一是20世纪六七十年代流行于英美等西方国家、以嬉皮风和朋克风为主的青年亚文化时尚；二是当代亚文化时尚，主要指从20世纪80年代以来出现在欧美以及其他国家和地区的青年亚文化时尚。本文将就这两个阶段的青年亚文化时尚在样态分布、风格特征、意义表征、运作模式等方面的差异进行比较研究，并由此揭示造成各种变化的深层社会、经济和文化原因。

## 二、20世纪六七十年代的青年亚文化时尚

在社会发展的任何时期，青少年文化的发展总是引人注目。20世纪六七十年代的青年亚文化时尚与那个时代流行于英美等西方国家的青年亚文化运动有着密切关系，垮掉派、泰迪男孩、光头族、嬉皮士、朋克都是这场青年亚文化运动中的先锋。这些青少年群体没有很强的组织性和明确的斗争纲领，但他们用鲜明的时尚风格和摇滚乐等形式表达出对社会的不满、抗拒和抵制，成为后来出现的各种青少年流行时尚的楷模。由于这场青年亚文化运动持续时间较长，且有较为明显的政治色彩，在西方学术史上被称为"反文化运动"。在这场运动中，时尚以其风格性、颠覆性、仪式性抵抗和政治色彩成为青年亚文化群体表达抗议的重要符号和媒介。正如亚文化理论的积极倡导者迪克·赫伯迪格所言："亚文化代表的对霸权的挑战不是由这些人直接发出的，而是通过风格间接表达出来的。用外观这种最浅显的层面：从符号层来表达反抗、展示冲突。"❶嬉皮风和朋克风为我们深入了解这一时期的青年亚文化时尚提供了两个典型案例。

### 1. 嬉皮风

嬉皮士出现于20世纪60年代的美国，主要由出身中产阶级的白人青少年构成，前身是第二次世界大战后出现在西方的"垮掉的一代"，他们反对越战，呼吁"爱与和平"，同时不满现实、反叛传统、追求自由、我行我素，过着放荡不羁的生活。虽然嬉皮士和垮掉的一代是从同一类基本神话中演变而来的，可是两种风格并不能混为一谈。美国嬉皮士的服装算不上时髦，甚至有些稀奇古怪、粗制滥造、肮脏破旧，但表达出这一群体希望回归本真的生

❶ Hebdige, Dick. Subculture: The Meaning of Style[M]. London: Methuen. 1979: 17.

活方式和人生态度。总结一下,这一时期的嬉皮士时尚风格与嬉皮士的身份僭越息息相关,并在如下三个方面表现最为突出:

第一,回归贫穷。与主流时尚背道而驰的"贫穷感"服饰在嬉皮士群体中形成了一种奇怪的"圈内时尚",并逐渐扩散到圈外,受到当时青少年群体的喜爱。这种风格的着装包括粗陋的上衣、牛仔裤、脏兮兮的被单和破旧的凉鞋。嬉皮士们有时赤脚行走,部分嬉皮士还会自己在家里拼凑修补衣服,比如百衲衣和扎染服装。他们企图用这些服饰符码达到一种服饰上的僭越,以此表达对穷人情感上的认同,从而得到"正派社会"给违背社会准则和期望的越轨者所贴的标签。这种标签带来的身份与他们过去循规蹈矩的中产阶级身份截然不同,这也是嬉皮士价值观最为看重的东西。阶级内部的紧张和压力正是嬉皮士与穷人走到在一起的原因,身份僭越给他们带来了同舟共济的感觉,他们有着相同的命运,需要面对同样的问题。这种感觉有助于产生群体性的亚文化,有助于大家一起思考关于如何理解世界、面对世界的问题,同时也使群体中的亚文化成员具有了相同的僭越身份。不过也有学者认为这种穿着的本质是代表着富有的中产阶级嬉皮士群体伪装地"回归"到贫穷的假象。❶

第二,对印第安人的模仿。嬉皮士"印第安"风格时尚符码的核心符号包括毛织布、响铃、念珠、头巾、麂皮靴等。他们之所以穿上印第安人的服装,是想表达对印第安人文化和精神的认同,尤其是印第安人作为"局外人"所代表的一种更加特立独行、更加强有力的身份。印第安文化和嬉皮士亚文化群体之间的联系非常复杂,与美国大陆上的富裕生活和高科技相比,印第安人的存在如同一个原始符号,代表着被外来白人剥削侵略的美洲大陆原住民的生活方式。印第安人令人唏嘘的历史和边缘化的社会地位让嬉皮士找到了极大的认同感。这种认同感反映了他们与主流中产阶级文化之间的疏离。不过,这种以脱离社会为基础的风格又太过消极,缺乏用行动改造社会的积极意义。

第三,性别模糊。嬉皮士文化中的男性与女性一样穿着质地柔软、颇有颓废感的服饰,这种风格打破了自19世纪以来,西方传统男性在服饰形象上以"阳刚英武"为主的风格,出现了"中性服装",颠覆了由来已久的"以服

---

❶ 陶东风,胡疆锋. 亚文化读本 [C]. 北京:北京大学出版社,2011:110.

饰来区分性别模式"的传统。❶嬉皮士的核心服饰符号，如凉鞋、牛仔裤、马甲、头巾、被单等都没有两性区别，在花色和纹样上也非常自由，男女都可穿着大胆绚丽的印染服装。其次，在嬉皮士群体中，不仅衣服穿得男女不分，很多男性也留长发，很难凭借外观分辨性别。这一点与社会主流性别认知完全不同，20世纪50年代，随着第二次世界大战结束，大批军人退伍回家，重新回到就业大军中来，政府呼吁战时走出家门工作的女性"回家"，家庭是女性最适合的角色，传统的女性观在美国社会得以复活，时尚中也再次强调女性气质。但是在嬉皮士的时尚风格中，不存在这样明显的性别差异，换言之，让女性回家的倡导没有影响到嬉皮士文化，中性服饰模糊了性别区分，嬉皮士们在流浪和逃离中消极抵抗、找寻并定义自我。

2. 朋克风

"朋克"一词的英文原意是"流氓、胆小鬼、窝囊废、无赖"。不过英国青年亚文化群体中的"朋克"指以朋克摇滚为核心的来自社会下层的青年人，其中有些是失业或辍学的学生，这些人是战后英国青年亚文化的集大成者。追根溯源，1957年现身伦敦的SS乐队就已经为朋克的出现铺平了道路。不过，直到1976年性手枪乐队成立，朋克才以一种清晰可辨的风格亮相。所以朋克这种时尚风格最初是依附于音乐的。其次，不同于嬉皮士希望用服饰表达回归本真的生活方式，朋克以极具现代感的服饰表达他们对社会的不满。他们的整套行头是由安全别针拼接起来的，衣着面料也与嬉皮士奉行的自然之道不同，他们随意搭配各种人造材料，呈现出颓废、破裂、反审美、充满现代性和冲突感的后现代美学精神，在表征方式、修辞手段、意义符码等方面具有如下特征：

第一，朋克风格的表征方式：切割重组与拼贴混搭。切割重组指对不同时期的服饰符号进行切割和拼接。朋克服装切割重组的工具主要有：安全别针、塑料衣、金属钉、金属链子、皮带及线绳。其次是拼贴混搭。这两种方法常常结合在一起使用。看起来乱糟糟的一团衣服和配饰在朋克这里"不合时宜"地"各就各位"，既矛盾又和谐地混搭、拼贴在一起。比如皮夹克搭配小羊皮软底男鞋或尖头皮鞋、橡胶底帆布鞋搭配帕卡雨衣、紧身瘦腿裤搭配

❶ 冯泽民,刘海清. 中西服装发展史[M]. 北京：中国纺织出版社,2008：329.

色彩鲜艳的袜子、紧身短款夹克搭配笨重的街头钉靴。这里我们借助人类学中的"拼贴"（Bricolage）概念解释朋克时尚中切割重组的着装方式。从金属链到舌钉、从渔网袜到马丁靴、从别针到夹克，朋克时尚用拼贴手法改写和延伸了一些重要时尚符码的使用方式，将它们并置在一个看似不合理的范围内，像是在进行一场符号游击战，凭借各种服饰符号的扰乱和变形来打断和重组意义。

第二，朋克风格的修辞手段：夸张和隐喻。朋克音乐与华丽摇滚有着一定的渊源，朋克时尚经常借用华丽摇滚中一些夸张的修辞制造出令人惊悚的外观，如高耸的莫西干发型或者异常蓬松凌乱的卷发，密密麻麻镶满铆钉的紧身夹克，布满衣服的链条和安全别针，以及衣服前后硕大的英文口号。朋克美学中的邋遢粗俗与华丽摇滚超级巨星的傲慢、优雅、赘冗形成鲜明对比，成为一种揭露华丽摇滚内在矛盾的尝试。同时，他们擅长运用隐喻的时尚符号来表达工人阶级的特性：铁链、凹陷的双颊、肮脏的服装以及满口的污言秽语；或者用隐晦滑稽的时尚符号，如撞钉皮带、铁链、紧身夹克、僵硬的姿态来表达自己所受到的束缚和奴役。不过，尽管朋克服饰符码具有强烈的夸张、讽刺和隐喻特征，却又不免带有仪式性和象征意味。

第三，朋克风格的意义符码：颠覆、对抗与反讽。以性手枪乐队为代表的朋克一族拒绝权威，提倡消除阶级，崇尚"性和颠覆"。这些不仅影响到传统意义上的音乐，更是一种对时尚和时髦的抗拒和反叛。将这种反叛和抗拒精神推到顶峰的是有"朋克教母"之称的维维安·韦斯特伍德。韦斯特伍德曾经和性手枪乐队经纪人麦克莱伦有过一段婚姻，并在后者的影响下，踏上了一条时尚叛逆之路。她将传统的设计手法与不加掩饰的现代反讽结合在一起，设计出一种"对抗性穿着"，刀片、大头针、塑料衣夹、链条这些朋克元素被大胆地运用到高级时装的设计中，安全别针脱离了在家庭中的实用语境，穿过耳朵、嘴巴或脸颊，成为让人惊悚的装饰品，廉价的塑胶材料和粗俗的豹纹款式在朋克身上找到了自己的后现代性定位。模特的脸成为抽象画，配合着五颜六色的发色，呈现出独特的朋克形象。在服饰方面，车缝线、涂鸦、污渍甚至连血迹都毫无顾忌地显露出来。为了达到叛逆效果，性癖相关的违禁物品也被看中，比如橡胶材质的紧身衣、网眼长袜、尖细高跟等都被带到公众视野之中，毫无遮掩地摆放在朋克青年最喜欢的街道上。最终，朋克风从一种青年亚文化群体内部、充满野性甚至粗俗的着装风格成功走上了高级时装的舞台，颠覆了人们惯有的对于高级时装的理解。

不过，当以嬉皮士、朋克为代表的青年亚文化时尚走上 T 台开始被主流时尚文化所接受的时候，是其颠覆性和仪式性抵抗发展到高峰的时刻，也是走向被主流文化收编失去其颠覆和抵抗意义的开始。对于青年亚文化运动的种种表现，菲尔·科恩将其诠释为对父辈文化中悬而未决的矛盾冲突的象征性解决。所以英国伯明翰学派始终从阶级视域出发，将青年亚文化视为工人阶级、黑人、女性等边缘和弱势群体对统治阶级霸权的一种抵抗方式，以及一种社会结构中诸种矛盾的"象征性解决"方案，这一时期的青年亚文化时尚基本上遵循了类似风格表征、抵抗和被收编的过程。在这种意义上，作为青年亚文化运动重要组成部分的亚文化时尚是处于社会和阶级边缘的青少年弱势群体借以表达自身理想和政治诉求、谋求社会地位升迁、改变自身命运的象征性符码和仪式性抵抗方式，这一点与后文中要分析的当代青年亚文化时尚有着很大不同。

## 三、当代青年亚文化时尚

### 1. 后亚文化概述

20 世纪 80 年代以后，西方青年亚文化开始呈现出新的流行样态和发展趋势，一些亚文化研究者用"后亚文化"来定义新出现的青年亚文化现象，并提出了一系列新的语汇和范畴，如"新部族（或译为新部落，Neo-tribe）""场景（Scene）""生活方式""亚文化资本"等来描述这个时期亚文化的特征。这些研究为我们观察和讨论同时期的亚文化时尚提供了新的思路。

"新部族"一词由米歇尔·马菲索里提出，指"个体通过独特的仪式及消费习惯来表达集体认同的方式"，即它们的形成"不是依据阶级、性别、宗教等'传统的'结构性因素，而是依据各种各样的、变动的、转瞬即逝的消费方式"❶。马格尔顿吸收了马菲索里的新部族思想，指出后亚文化是"不再与周围的阶层结构、性别、种族铰链"的个人选择式狂欢，是多样的、流动的、通过消费建构的。班尼特将这一概念引入后亚文化研究当中，指出"新部族"比"亚文化"能够更好地捕捉到"年轻人的音乐和风格偏好不断变换的性质，

---

❶ 陶东风, 胡疆锋. 亚文化读本 [C]. 北京：北京大学出版社, 2011：341.

以及青年文化群体的本质流动性。"❶同时，根据新的亚文化群体中风格、音乐品位和身份之间的关系，班尼特认为，这些群体中的个体在挪用某种音乐或时尚风格的时候更加有弹性，风格、音乐品位和身份之间的关系越来越松散，结合起来也越来越流畅。这是因为亚文化正在变得越发微妙，亚文化与主流文化之间的对立已经不复存在，以前的那种划分过于简单了。正如马格尔顿等人所阐释的，当代青年亚文化的特征是出现了比"单一主流文化"与"抵抗的亚文化"简单对立关系更加复杂的层级划分❷。所以，在后亚文化理论持有者看来，当代亚文化群体不再具有颠覆性和边缘性的社会意义，伯明翰学派的分析无法反映变化了的21世纪的政治、文化和经济现实❸。伯明翰学派所探讨的那些因弱势身份聚集在一起的亚文化群体，在消费文化时代，已经失去了其依附的社会现实基础，也失去了进行"仪式抵抗"的"英雄精神"。亚文化社群活跃于各种亦真亦幻的俱乐部亚文化或亚文化场景当中，已经演变为混杂性、短暂性、碎片化的"无关政治"的"流动身份"❹。

对于后亚文化论者来说，20世纪八九十年代以后的亚文化具有流行性、非抵抗性、松散性（或称碎片化）、消费性等主要特征。亚文化不再是抵制资本主义的政治运动，而仅仅是一种带有自我身份确认的消费选择过程；媒体也不再只是对青年亚文化进行围剿、收编的帮凶，而是充当了亚文化风格建构的资源库和亚文化风格传播的搬运工，促进了文化的融合，塑造了身份的完整性，巩固了亚文化的地盘，并为亚文化组织的包容性、政治性提供了更大可能。❺

后亚文化理论对于20世纪80年代以来各种亚文化现象的理论阐释，为我们分析理解这一时期的亚文化时尚提供了理论基础。当然，鉴于后亚文化理论的提出是基于理论家们对20世纪80年代以后亚文化现象的观察和理解，我们对于这一时期亚文化时尚的分析，事实上也是对这一理论进行验证、补充

---

❶ [英]安迪·班尼特，基思·哈恩-哈里斯. 亚文化之后：对于当代青年文化的批判研究[M]. 北京：中国青年出版社，2012：169.

❷ Muggleton, David and Weinzierl Rupert. *The Post-subcultures Reader*[M].Oxford &New York：Berg Publishers，2003：7.

❸ Muggleton, David and Weinzierl Rupert. *The Post-subcultures Reader*[M].Oxford &New York：Berg Publishers，2003：4.

❹ Muggleton, David and Weinzierl Rupert. *The Post-subcultures Reader*[M].Oxford &New York：Berg Publishers，2003：52.

❺ 马中红. 从亚文化到后亚文化——西方青年亚文化研究理论范式的流变[N]. 中国社会科学报，2010(11)：13.

和发展的过程。

2. 当代青年亚文化时尚的主要特征

（1）分布样态：多元性与流动性。

20世纪80年代以来，不仅欧美各国不断涌现出新的青年亚文化部落，日本、韩国、中国等国家的青少年也纷纷加入亚文化群体中来，逐渐形成了世界范围内的亚文化时尚风潮，这种风潮不仅突破了六七十年代亚文化时尚主要流行于英美等少数几个西方国家的单调局面，而且其内部成员的构成也发生了很大变化，不像英美青年亚文化群体中有很多人来自无产阶级工人家庭的无业青年或者辍学的学生。当代青年亚文化群体来自社会各个阶层，可能是在校学生、上班族、白领中产或家庭主妇，他们出于相同的兴趣和爱好聚集在一起，形成各种部落，相互交流、彼此欣赏。时尚风格始终都是这些亚文化族群引人注目的一部分，洛丽塔风、嘻哈风、雅痞、杀马特、摇滚、机车朋克、辣妹风、角色扮演（Cosplay）、汉服热等纷至沓来，各领风骚，呈现出明显的多元、松散和碎片化特征。这种分布样态的形成有赖于近几十年来的经济全球化、现代化通讯技术及各种新媒体的兴起和发展，尤其是各种现代化传媒手段有助于亚文化时尚风格轻松跨越语言、国家和民族界限，迅速传播到世界各地，呈现出明显的流动性，往往刚在一个小范围内流行的亚文化时尚风格很快就在大范围内得到关注和效仿，融入当地的时尚文化潮流之中。所以，多元化和流动性成为当代亚文化时尚空间分布和存在样态方面的主要特征。

以近年来风靡世界各地的洛丽塔时尚为例。对于洛丽塔时尚的起源，一直众说纷纭，可以肯定的是，最初这是一种以欧洲维多利亚时期服装为灵感设计出来、兼具优雅和可爱、极度女性化的时尚风格。1976年日本出现世界上第一家专门经营洛丽塔服饰的服装店。不过，最早作为一种时尚风格受到关注是在20世纪八九十年代的日本，当时人们把那些已经成为大人，却童心未泯或是抱着永远年轻、保持少女心态的爱好者群体称为"洛丽塔"。这种时尚风格追求以粉红、雪白为主的甜美系。这和"洛丽塔"一词的原创者——小说家纳博科夫解释的洛丽塔概念是完全不同的，这一群体以获得内心"精神愉悦"为诉求，或是为了逃避社会现实构建个人心理防线，也或仅仅为了符号。❶短短几十年的发展，现在洛丽塔时尚已经超越了种族、性别、年龄和国家界限传播到世界各地。洛丽塔风格爱好者既热衷于追寻当代主流的甜美风、哥特风、古典风等洛丽塔时尚风格，也根据各自对洛丽塔文化的理解和本国的文化传统进行改良，形成具有当地特色的洛丽塔时尚风格，如和风洛丽塔、朋克洛丽塔、海盗风洛丽塔、中华风洛丽塔（也称旗洛丽塔）、学院风洛丽塔等。

（2）风格特征：先锋性和趣味性。

先锋性是青年亚文化时尚一贯秉持的风格，传达出年轻人敢于打破、创新、坚持自我的勇气和精神。也正是由于他们所表现出的这种个性和做事风格，青年亚文化时尚才能在主流时尚大潮的撞击和裹挟下始终保持着极高的社会关注度和存在感。这种先锋性首先表现在亚文化时尚爱好者的时尚态度。例如，洛丽塔时尚追随者这样定义自己："更多时候我们追求的是一种崭新的时尚态度，和寻求有别于一般的生活方式；我们需要外界关注的目光，那种强度就犹如舞台上的聚光灯，不需要认可，只需要惊叹号！"❷有了这样的时尚态度，亚文化时尚才勇于打破所有时尚惯例，性别、种族、国家这些主流时尚文化中非常在意的问题在青年亚文化时尚中都可以被忽视，美、艺术性、个性，尤其是内在情感、精神的呼应成为关注和表征的核心内容。这里以洛丽塔时尚在突破性别界限方面的先锋性为例。流行之初这是一种纯粹的女性服饰，穿着洛丽塔风格服饰的女孩子被人们称为"lo娘"，现在"lo汉"——即男性洛丽塔时尚爱好者也出现在大城市的街头。"lo汉"们喜欢穿戴一种帅气可爱、装饰华丽、极富有女性气质的服装，国外通常称为"王子装"。有研究者认为，"lo汉"在穿着洛丽塔服饰时混淆了自身的性别，他们的性别身份无法按照通常的生理性别与社会性别来区分界定，唯有身体表演出的性别身份才是明确的，也就是说，作为男性的他们在穿着洛丽塔服装后表演的是女性性别身份。❸

其次，当代青少年亚文化时尚的先锋性还体现在这种时尚风格对于亚文化群体的意义——不在于与众不同，而在于为我所爱。他们旨在用时尚打造

❶ 刘茉然. 文化变异下的洛丽塔风格演变初探[D]. 中国美术学院，2013：5-6.

❷ 赵晶晶，刘坤."洛丽塔"后时尚时代来临的表征[J]. 重庆与世界，2006（3）：35.

❸ 孙舒玮. 洛丽塔(lolita)服饰的亚文化研究——结合"媒介的物化"和"物的媒介化"[D]. 深圳：深圳大学，2018：61.

一种另类生活，一种似乎不是很真实的、充满梦幻色彩的理想主义生活。与众不同的时尚风格或者对于时尚之物的追逐和拥有，不是为了吸引观众、哗众取宠、盈利赚钱或者进行仪式性抵抗，而是要过一种自己想要的生活，打造一种自己喜欢的生活方式。还以洛丽塔时尚为例，这种时尚风格充满浪漫气质，使用各种繁复的装饰和优雅的细节弱化女性性感的一面，为的是满足爱好者对于美好生活的幻想，表现她们内在的纯真，充满梦幻、浪漫的少女情怀，以至于"可爱主义"一度成为流行的爆发点。

球型关节人偶（BJD）时尚、汉服时尚在这方面也有突出表现。以前者为例，球型关节人偶泛指各种拥有球型关节的可动人形（或人偶）。BJD人偶的流行既得益于造型自身的精致美丽，如甜美可爱型、成熟优雅型、忧郁怪诞型等，也和各种BJD人偶服饰（俗称"娃衣"）有关。一套完美的BJD服装须由精湛的手工艺、考究的版型，辅以昂贵的面料、珍贵的法国蕾丝、真丝缎带等共同打造完成。不同造型的人偶及其时尚服饰是BJD人偶受到人们喜爱并广泛流行的核心要素。球型关节人偶的兴起是人们对美和艺术的回应。玩家们是一群内心细腻丰富、热爱美和艺术的人，以收藏或者亲手制作自己喜欢的BJD时尚玩偶为乐，不同时尚风格、造型和装扮的玩偶在玩家心目中的意义远远超出了普通玩具的范畴，很多时候更像是亲人、朋友、玩伴或者偶像，是他们内心的情感寄托，也是缓解精神压力、寻找内心安宁、满足童年未达成的愿望的一种独特方式。这些玩偶为玩家营造出一种类似"乌托邦"的生活，仿佛世界上存在着另一个"自己"。他们把购买人型玩偶称之为"接娃"，自称为"娃爸""娃妈"，生活中像"呵护"着自己的"孩子"一样对待这些玩偶，不仅小心打理还会为人偶购买小床和玩具。这些爱好者还经常在自己喜欢的社交网络中交流"养娃"心得，这种交流圈被称为"娃圈"；圈内人士会不定期的进行线上或线下的聚会，分享"养娃"经验，圈内称之为"娃聚"，除此之外，玩家们还会每年定期或不定期参加"娃展"（即BJD玩偶展）。共同的兴趣爱好和流行于圈内的语言和行为方式共同构成了BJD玩家这种另类的生活方式，在当代亚文化群体中格外引人注目。这种另类的、充满梦幻色彩、以自我认同为主的时尚生活方式同样存在于角色扮演（Cosplay）、洛丽塔等其他亚文化时尚圈。

趣味性是指当代亚文化时尚往往从青少年亚文化群体的兴趣、爱好出发，并与之紧密结合在一起。例如，科幻电影、二次元、动漫、漫画、手游等这些当代青少年生活中的兴趣爱好都可以用时尚进行表达，得到时尚的助力。以角色扮演为例，指借助一定的服饰、道具、装饰品、化妆等形式对商业或者是文化产品中的角色进行扮演。当下角色扮演中扮演的往往都是ACG❶中的角色，其中包括科幻电影和动漫小说中的人物、动物或怪物。在这种时尚装扮的助力下，青少年群体不仅能够在动漫或游戏的虚拟世界里扮演这些他们崇拜或喜爱的角色，在现实生活中也能够通过穿着与游戏或动漫中各种角色造型一样的服饰，搭配相似或相同风格的道具，最后在现代化妆术的帮助下，切实体验一把仙侠、神怪、英雄或者超人的感觉，满足现实生活中无法实现的梦想，从而获得极大的满足感、愉悦感和存在感。同样，前面提到的各种风格不同、趣味相异的BJD人偶时尚和洛丽塔时尚，也是亚文化群体从各自的趣味和内在精神需求出发通过对某种时尚之物或者时尚风格的选择，来满足和实现他们在现实生活中无法满足和实现的梦想。

　　有了这样的先锋性与趣味性，青年亚文化时尚与主流时尚文化相映成趣，成为主流时尚文化的灵感来源和有益补充，同时也在塑造青年亚文化个体和群体形象、建构个体和群体主体性及其身份认同中发挥着重要作用。

　　这里要补充一点，当代亚文化时尚表现出来的先锋性和趣味性之所以不同于20世纪六七十年代青年亚文化时尚的颠覆性和仪式性抵抗，主要是由于当代青少年群体生活的社会文化环境和经济状况发生了变化，"Z世代"（指在1995~2009年出生的人）和"千禧一代"年轻人在相对富裕、自由和平、网络发达、多元包容的社会文化环境中长大，受到各种极具科技性和趣味性的影视文化、网络文化、二次元文化、动漫手游的影响，这些都直接或间接促导致了他们对与之相关或相像的时尚风格的喜爱和追逐。

　　（3）意义表征：强调身份认同与建构。

　　对于个体和群体身份的认同与建构，是当代青年亚文化时尚在意义表征方面的突出特点。前文中已经提到，朋克是20世纪70年代中后期一群没有工作的少年和贫穷的学生，他们用与众不同的外观来表达对英国主流社会的不满和反抗，目的是让社会各界感到震惊，而不是创造时尚。与这个阶段青年亚文化群体所具有的明显的阶级性、颠覆性、僭越性和仪式性抵抗不同，20世纪八九十年代以后的青年亚文化群体更多是出于共同的兴趣、爱好聚集在

---

❶ ACG：Animation(动画)、Comic(漫画)和Game(游戏)三个英文单词首字母的缩写。

一起，以获得精神上的满足为主要目标，这种精神满足可能来自找到志同道合、相互理解、能够倾诉情感的朋友，过一种与众不同的生活，发现自己内心的真实自我，让自我变得更加接近理想中的样子，甚或是为了某种高尚的社会目标，如一些汉服社的成员就是以弘扬中国传统服饰文化为己任，并引以为豪。这些群体性的时尚活动可以给群体成员带来精神上而非物质上的满足和愉悦。换言之，青年亚文化时尚之所以受到青年群体的喜爱和追逐，更多是由于这种时尚满足了他们对美好和独立人格的向往和对理想自我的追寻，能够帮助他们找到归属感，满足自我实现、自我认同以及群体认同的需要，而不是为了谋求社会地位的改变或者升迁。洛丽塔时尚亚文化群体的成员曾经表示，"他们不觉得自己所处的亚文化群体，存在任何正式或传统的反主导文化群体的概念。他们只是单纯地在享受这种时尚风格所带来的穿着乐趣，享受只有自己和群体成员之间才能领会的满足感。他们喜欢和同伴一同出游，组织活动和茶会。以讨论彼此的装扮和互相拍照为乐。"❶因此，对于当代亚文化时尚的意义，正如国外学者所言，"服饰和时尚的选择，是个体的内在自我和集体关系的反映和表现。"❷

在当代形形色色的亚文化时尚部落中，亚文化时尚符码的意义和作用与前一个阶段相比，已经发生了很大变化。先前的亚文化时尚符码所具有的抵抗、颠覆、僭越、反讽等意义已经大大弱化，取而代之的是青年人对自我和群体身份的认同与建构。不过，仍然有学者对此持反对意见。例如，有学者将"Cosplay文化"解读为一种青少年抵抗主流社会的文化样式，认为青少年作为主流社会要予以教化与规训的对象群体，在自我成长过程中被剥夺话语权的经历，促使他们寻找与父辈、主流社会有差异的认同体系，以此诉说自我理想、表达自我声音、主导自我行动；并在一定程度上将Cosplay社团的组成视为青少年文化对主流文化的群体性对抗。❸对此，笔者更认同下面的观点，即每一种青年亚文化的出现，都是青少年关于自我身份的表达，是与主流社会和父辈文化抵抗、协商、博弈、互渗的结果❹。对于当代亚文化时尚来说，

❶ 李婷玉. 洛丽塔时尚在中国市场的发展研究[D]. 武汉纺织大学，2016：8.

❷ Kawamura Yuniya. *Fashioning Japanese Subcultures*[M]. Berg Editorial offices. New York：Bloomsbury Publishing Plc. 2012：72.

❸ 周赟，刘泽源. 认同机制构建视角下青年亚文化现象解读——以Cosplay亚文化为例[J]. 青年文化研究，2018(2)：5-8.

❹ 马中红. Cosplay 戏剧化的青春[M]. 苏州：苏州大学出版社，2012：100.

获取身份和群体认同已经成为时尚意义表征的核心，对主流社会和父辈文化的约束和规约进行颠覆、仪式性或者风格性抵抗在一定层面上仍然会存在，但已非时尚意义表征的重点。

正是因为有了这样的精神诉求，亚文化时尚与主流时尚之间的关系也发生了变化，首先一点，和20世纪六七十年代的亚文化时尚成为高级时尚的灵感来源、被主流时尚搬上高级时装的舞台并从此进入主流时尚文化界一样，一些当代亚文化时尚风格也常常成为主流时尚的灵感源头。2018年，意大利著名奢侈品牌芬迪一改品牌主打的高奢风格，推出了带有"FF"品牌标识、年轻且嘻哈味十足的单品，并频频在社交网络中出现，这些单品很快就成为各大明星网红、时尚博主出镜时的首选搭配。对于有些亚文化群体来说，他们乐于见到自己的风格被主流时尚吸收，成为主流时尚的灵感源头，比如一些角色扮演社团积极参加各种漫展，与主流时尚文化相映成趣。

不过，也有一些亚文化时尚群体始终保持积极探索的姿态，努力坚守自己在时尚中的先锋地位，他们并不急于融入主流时尚文化，成为时尚商业大潮的一部分，而是要在坚持独立小众和融入主流大众之间保持平衡。例如，有些角色扮演玩家和社团坚持Cosplay是一种自娱自乐的小众爱好，从不参加各种比赛、动漫展等活动。所以如果继续用"收编"二字形容当代亚文化时尚与主流时尚之间的关系已经明显不妥了，两者之间的关系更像是各取所需的合作关系，用"良好互动"几个字概括两者之间的关系似乎更加恰切。从这一点来看，经过几十年的发展，青年亚文化群体已经从幼稚走向成熟。

（4）运作模式：商业化与消费主义倾向

与20世纪六七十年代的亚文化时尚相比，当代青年亚文化时尚的运作模式具有明显的商业化和消费主义倾向。20世纪六七十年代的英美青年亚文化时尚多数是青少年亚文化群体内部的一种风格发明，大家自己动手通过改变外观形象来表达内心对社会或政府的不满，而不是为了推出商品赚钱。只是到了后来嬉皮风、朋克风等一些青年亚文化时尚风格被主流时尚接纳以后才逐渐商业化，成了消费社会的一部分，但是商业化的亚文化时尚也因此被"收编"——就此失去其原有的仪式性抵抗和颠覆作用，转而成为一种审美和趣味的表征。与之不同的是，当代青年亚文化时尚似乎从未离开市场，甚至有些亚文化时尚从一开始就呈现出明显的商业化与消费主义倾向。还以洛丽塔时尚为例。有观点认为，洛丽塔风格服装源于日本东京原宿的街头文化，其出现是对20世纪七八十年代时尚审美越来越趋于暴露的反对。相较于主流审美的简洁化、性感化，洛丽塔风格服装强调了爱好者作为女性可爱优雅的一面。逐渐地，这些街头时尚文化爱好者发展出了属于自己那一派独特的行为举止规范，原宿的亚文化群体由草根中慢慢成形。然而，洛丽塔时尚在出现之初就与商业有着密切关系，在1987年日本杂志《流行通信》（9月号第20、21页）中曾经刊登一篇名为《批评洛丽塔时尚风格》的文章，文章中将洛丽塔打扮的女性与穿着"埃斯普利特"的女性对比，用较为温和的语气批评了一些女性尽管已经成长到了较为成熟的年龄，仍以小女孩的装扮示人的行为。20世纪80年代后半期，原宿时尚品牌"MILK"的设计师离开原本的公司，自立门户成立了"Jane Marple"，设计师的审美使这两个品牌的服饰均带有洛丽塔审美元素。当时这些服装大受欢迎，不过并没有出现"洛丽塔时尚"这种称谓，而是称作"Olieve少女装"——因喜欢阅读潮流尖端女性时尚杂志Olieve的女性群体而得名。洛丽塔风格亚文化时尚的发展，与服饰品牌的发展流行也密不可分。1988年，日本"Baby, The Stars Shine Bright"品牌的创建将洛丽塔风格服装带入了商业化流水线生产贩售的新阶段。1993年，"Metamorphose Temps de Fille"创立，随后"Innocent World""Mary Magdalene""Victorian Maiden"这些如今在洛丽塔亚文化群体中耳熟能详的品牌进入了流行服饰的市场，也正是这时，洛丽塔服饰作为一种时尚风格渐渐成型，并开始小范围地流行起来❶，洛丽塔亚文化时尚群体也是从这一时期开始在日本及世界各地得到广泛关注。

当代还有很多青年亚文化时尚在初期流行于亚文化群体内部，具有手作、自我欣赏、自我探索、自娱自乐等特征，但在以社交网络为代表的各种现代化传媒手段的帮助下，亚文化时尚的流动性使得这种小众文化很快发展起来，商业化趋势越来越明显，一些亚文化群体内部的时尚爱好者在群体内部出于爱好制作并出售时尚产品，也有一些专门的时装公司聘请专业设计师设计制作产品，通过线上平台和线下实体经营的方式努力打造亚文化时尚品牌，紧紧抓住利基市场，当下各种亚文化小众时尚品牌比比皆是。如网上有各种专门售卖BJD玩偶服饰及其配件的人形社以及专门售卖各种风格Cosplay服饰的网店。

---

❶ 黄薰.媒介使用角度下的"洛丽塔"亚文化群体身份认同建构研究[D].上海外国语大学，2012：17-18.

　　与此同时，一些奢侈品时尚大牌也会特意推出青年亚文化时尚系列，来吸引青年亚文化群体购买消费。例如，青年亚文化味十足的Nyden是2018年4月由H&M集团专门为千禧一代打造和推出的轻奢服饰品牌；2018年9月快时尚品牌"FOREVER 21"联合前影像科技巨头柯达推出了一系列吸引小众青年群体的胶片怀旧系青年时装。❶此外，主流时尚大牌与小众的亚文化时尚品牌进行合作或者联名也是目前小众时尚走向大众化的重要方式。2009年，安踏以3.32亿元的价格收购了意大利百年运动品牌FILA在中国地区的商标使用权和经营权。为了吸引中国超过4.4亿年轻一代的消费者，2018年6月安踏推出了与FILA Fusion跨界合作系列，为FILA品牌中注入青年亚文化时尚元素。所以，目前亚文化时尚不仅继续作为主流时尚文化的灵感来源，也开始成为与主流时尚品牌进行市场竞争的对手与合作者。

　　亚文化时尚表现出来的消费主义倾向体现在虽然很多亚文化时尚产品价格不菲，玩家们依然慷慨解囊。尽管有些玩家会DIY一些时尚作品，这些作品的原材料或零部件还是要从网上或市场中购买，依旧离不开商业化运作，而且价钱并不便宜，也不像早期亚文化时尚很多东西都来自自家的旧物或者从二手市场上淘来。例如，球形关节人偶及其零部件、人偶服饰动辄上千元或者几千元一套，一套专门定做的洛丽塔服饰也远远高于市场上的普通裙装，但这些都不能阻止爱好者们争相购买。

　　亚文化时尚的商业化和消费主义还体现在针对亚文化群体或者由亚文化群体自己生产的时尚产品和衍生品方面。这样一来，亚文化时尚就脱离了其精神和文化层面的追求（塑造青年亚文化个体和群体时尚形象、身份认同与建构等），重新回到了物质领域，具有了商业价值。当然，让人欣慰的是，前文中已经提到当代还有很多青年亚文化时尚拒绝与市场合作，坚持小众化和先锋性，并试图在小众化和大众化之间保持平衡。与朋克等亚文化时尚在流行过程中失去其原有意义不同，当代亚文化时尚在流动过程中，运作模式可能发生改变，其表征的亚文化趣味、审美和文化意义却很少发生改变，从而坚守了其社会和文化价值。这一点也是有别于20世纪六七十年代英美亚文化时尚的地方。

---

❶ 刘晓彤.中国当代青年亚文化时尚的形态体现及价值研究[D].北京服装学院,2018:29-30.

# 秀场中的文化景观

## 一、概述

20世纪文艺理论研究经历了两个重要转向，一个是语言的转向，一个是文化的转向，而在文化的转向中最重要的就是当代视觉文化的转向。人们惊诧于读图时代已经到来的同时，也开始反思海德格尔所说的"世界被把握为图像"。从20世纪80年代开始，视觉文化研究开始被学术界关注，到现在已成为热门话题。这主要是由于当代生活或文化的高度视觉化，人们生活空间中开始充斥着各种视觉图像，从各种城市景观、街头广告、店面招牌、影视银屏到网络空间都充满了视觉性和视觉效果的普遍诉求。图像成为人们表征、制造和传播意义的重要手段，高度视觉化的当代文化凸显视觉快感，从根本上摧毁了很多传统文化的法则。由此，文化的视觉化成为当代各种流行文化无法回避的发展趋势及其重要特征之一。文化学者们纷纷将研究目光投向这一新的、充满活力和不确定性的研究领域。"景观社会"是法国"境遇国际"社会批判理论思想家居伊·德波在《景观社会》一书中提出的理论概念。该理论为我们研究了解秀场中的文化景观提供了理论基础。

要理解秀场文化景观，首先要搞清楚什么是服装表演。其英文是"fashion show"，汉语中常译作"服装展示""时装秀"或"服装表演"，指让模特按照设计师的设计理念、穿戴好所设计的服装成品及配饰，在特定的场所（如服装发布会现场）向观众，尤其是向时尚媒体、时尚买手、商家等专业观众进行展示的一种演出形式。也可以定义为一种用真人模特向客户展示服饰的促销手段，通过服装的展示表演向消费者传达服装的最新信息、表现服装的流行趋势、体现服装设计师的完美构思和巧妙设计，是一种重要的营销手段。❶其次，服装表演也是一种展示服装的艺术。模特作为T台上的演员，通过化妆、造型及肢体动作等进行表演，在赋予静态的时装以动态之美的同时，将设计师在设计服装时注入的情感和意蕴演绎出来。综合以上概念，我们可以将秀场文化景观定义为服装表演中展现的文化景观，由服装模特展示的时尚文化景观和整个

---

❶ 肖彬，张舰. 服装表演概论[M]. 北京：中国纺织出版社，2010：16-17.

秀场舞美灯光设计构建的文化景观两部分组成，其中包括科技含量很高的声、光、电、拟像技术，甚至无人机等辅助设施及先进技术的使用与配置。这些辅助设施对模特的动态表演能够起到烘托、强化、突出等作用，有利于更好地完成服装作品的二次创作，打造良好的视觉效果。

当代视觉文化景观中，时尚秀场和影视、动漫等流行视觉文化景观一样，时尚设计者用直观、立体、炫目的视觉力量表达自身情感，用独特的服饰造型、色彩和面料来传达特定的文化意义，创造时尚文化之美的同时，也用秀场这种独特空间展现出人类生存的状况，探寻人类生存的终极意义。在这种探寻过程中，时尚设计者将商业与艺术、文化与自然、过去与未来、想象与图像、设计与科技等各种相关或不相关的内容巧妙地融为一体，制造出一个又一个精彩绝伦，甚至让人惊心动魄的时尚秀场文化景观。这是一个复杂多元、重叠交叉或矛盾对立的过程，从景观社会理论的视角观照秀场景观有助于我们更深切地感受秀场文化的独特性，也有助于我们进一步了解认识当代社会景观，促进景观理论的发展与完善。

## 二、秀场文化景观特征之一：独裁性和对话性

德波认为，在景观社会中，视觉具有优先性和至上性，它压倒了其他感官。所谓景观就是突出了眼睛在消费中的重要机能。同时，景观避开了人的活动而转向景观的观看，从根本上说景观就是一种暴力和独裁。在时尚秀场中，T台这一狭小的舞台空间完全让位于服装表演，各种风格、款式、色彩的服装在炫目的灯光、动感的音乐、模特轻快的步伐以及摇曳身姿的烘托下，给人一种强烈的视觉感官刺激，这种刺激使人们忽视了其他感官的重要性。服装以一种极为强势的姿态出现在观众面前，随着音乐的结束、聚光灯的熄灭所有景观戛然而止，所有的霓裳魅影如梦幻一般出现，又梦幻一般地消失。整个过程中，"服装"一言未发，但在场的每一观众都能深切感受到服装的力量。服装在通过T台这个特定场所展示自身，用一种非语言的视觉暴力让每一位观众去感知、接受和思考，唤醒他们的记忆或是引发自由的遐想。服装秀场景观的话语独裁与德波所定义的景观特征是完全吻合的，这种景观是非政治性的，不具暴力性的政治意识形态，也不是商场中常见的推销叫卖。秀场景观以其强大的视觉冲击力征服观众，达到其隐性的奴役、支配或者推销

的目的。

德波认为，景观就是独裁和暴力，它不允许对话。景观是一种更深层的无形控制，它消解了主体的反抗和批判否定性，在景观的迷入之中，人只能单向度的服从，如是成为景观意识形态的本质。[1]时尚秀场上的服装文化景观也是如此，这种服装话语的独裁对象是秀场中的观众，一种单向度的存在。在这一场域中，以服饰为中心的秀场景观拥有得天独厚的视觉霸权，否定任何对话的可能性，观众完全是景观的被动接受者。

但是，秀场景观与观众之间存在的单向度存在关系并不妨碍T台景观的多样性和交叉性。实际上，T台之上的文化景观，既可以是一个独裁的、单一的景观呈现，也可以是多元景观的共时再现，或者说是对话的场所，充满狂欢和对话精神。不同的文化元素、文化精神可以在秀场中共存。它们相遇、碰撞、商讨、融合，彼此借鉴，相得益彰。这两个方面都不难理解，先来看第一方面，通常情况下，设计师发布一场服装秀，都会有一个统一的主题，秀场上展演给观众的服装会在款式、色彩、图案、面料及主题风格、文化内涵等方面具有一致性，从而给观众留下深刻的视觉印象。但是，随着时尚文化在世界范围内的普及，在强手如云的国际秀场中，单一的文化元素很难应对日益激烈的竞争，许多大牌设计师不得不在秀场中融合多元化的时尚元素。有的设计试图从昔日的时尚元素中获取灵感，主打复古风；有的则把视野投向国外，在异域文化中找寻灵感。于是能在国际秀场中独占鳌头的秀场景观或是融合了不同时代的文化元素或是汲取了不同民族或地域的文化元素，从单一型的秀场文化景观转为复合型、多元型。2016年11月在法国巴黎举行的维秘大秀推出了六大主题：前路奇缘、秘密天使、山地罗曼史、粉红国度、黑暗天使、炫彩夜空。其中"前路奇缘"是以"中国风"为主的异域风情；"秘密天使"主题的灵感来自旧时期的黑白电影；"山地罗曼史"充满了罗曼蒂克的浪漫；"粉色国度"充满了浓浓的少女情怀，展现出青春的活力；"黑暗天使"充满神秘和略带野性的性感；"炫彩夜空"用各种珍珠配饰打造了一个如梦似幻的场景。不同主题的内衣秀演绎着不同的文化主题——异域、浪漫、神秘、青春、暗黑或梦幻。

秀场文化景观的对话性不仅存在于同一秀场内部，不同设计师作品中之间

---

[1] [法]居伊·德波. 景观社会[M]. 王昭凤, 译. 南京：南京大学出版社, 2007：15.

和不同文化元素之间也能形成对话。在巴黎2013秋冬时装周上，随处可见中国文化元素。俄罗斯设计师瓦伦丁·尤达什金的冰雪女神系列（图13-1），服装镶满了雪花图案，浪漫唯美，尤其是模特头上的毛绒头饰，酷似中国戏曲中的头饰。英国设计师约翰·加利亚诺采用了中国风的水墨元素（图13-2）。模特英气剑眉、飒爽身姿，体现了东方"文人"洒脱的气质，富有设计感的水墨印花裙装，为整个秀场增添了不少诗情画意。在"华伦天奴"的秀场（图13-3）中，设计师将中国的青花瓷元素与近几年颇为流行的小翻领设计混搭，创造出一种俏皮玩趣的时装艺术，体现了古典与现代的结合。

图13-1　尤达什金的冰雪女神系列　　图13-2　加利亚诺的"中国风"设计　　图13-3　"华伦天奴"的秀场

　　这些西方设计师在时尚设计中运用了中国文化元素，但是这些服饰的廓型、结构、剪裁及制作工艺等给人的整体视觉效果仍然是西方的，传递的还是西方文化。不同的是，中国文化元素的运用使秀场成为一个非独裁的场所，成为一个中西文化交流对话的场所。国内知名时尚设计师郭培近年来经常活跃于西方时尚秀场，她的很多作品使用完全西化的立体裁剪，将各种中国传统文化元素融入欧美设计理念，作品既洋溢着浓郁的中国文化气息，同时也散发出浓浓的东西交融的精神和气质，一时成为时尚舞台上的新宠。

　　同一个设计师的作品之间也可以形成对话。例如，伦敦时装周2014春夏系列中，JW Anderson的时尚总监乔纳森·安德森就致力于服装与服装之间的对话，每一季的思路都不尽相同，但却相互关联。他说："一直创新是很难的，我们需要提取一些东西到下一个对话中，这样它才能称为一个故事。"他的2014春夏季男装系列像是女装系列的衍生物，像太妃糖一样拉扯成另一种状态。这一季整个男装系列的缩影就是一条超大的裤子搭配束腰上衣，脖颈处的线条让人感觉烦躁而且棘手，呈现出宽大的平板款型，但却没有袖子；或者长而瘦，带着冷酷的优雅，却又夹杂着卡通感。这之前的几个女装系列中他还频繁使用包裹式的袖子设计。他常在不同系列之间、男装女装之间交叉运用这些设计元素，从而使系列之间、男装女装之间构成一种对话，也使得创新不再艰难，T台更加绚丽。

此外，两个或多个同时展演的秀场之间也具有对话性特征。最简单的例子，每年两次的巴黎时装周期间，每次都要举行数十场服装表演，每一场表演都不仅仅是一种服装品牌和设计师之间的交流和较量，也是一种文化之间的碰撞、交流和对话，秀场就像一场狂欢，一个对话交流的场所，不同风格、不同时代、不同肤色、不同级别的时装秀可以同台竞技。总之，秀场文化景观具有双重特质，既有社会文化景观的独裁性，也存在包容性和对话性。尽管独裁性常常处于优势地位，但对话性始终存在，其力量也不容小觑。

## 三、秀场文化景观特征之二：创新性与复制性

秀场文化景观的创新性主要包含两方面的内容，一方面指秀场中时装的创新，另一方面指秀场空间设计和时装呈现方式的创新。秀场中时装的创新主要是设计的创新。求新、求异是时尚的本质，是每一位时尚设计师工作的基本出发点。秀场空间设计和呈现方式的创新同样和设计有关。1855年在巴黎世博会期间，英国服装设计师查尔斯·沃斯为了推销自己设计的一款披肩，让年轻的妻子玛丽·弗内作为模特在展会上走来走去。从那时起，秀场就被认知为一种用于服装展示的特定场所。最普通的秀场就是T台，不过设计师们早已突破了这种概念，各种空间都可以成为秀场，如商场、街头、长城、沙滩等；服装可以用各种方式呈现，如用无人机搭载衣服飞过秀场；马丁·马吉拉曾经让模特手持挂有衣服的衣架走秀；2007年过年知名时装设计师马可携"无用之土地"来到巴黎。在黑暗的展览空间里，她安排用"泥土"化妆的27位模特站在灯箱展台上做静态表演，观众可以走进展示场地，在表演者之间观看。然而，秀场文化景观的创新很多时候都离不开对传统的继承和基因的复制，无论秀场空间如何变化，对服装的展示与推介都是一如既往，不能改变的，变的只是形式。

德波认为，景象的表征是自律的也是自足的，它不断扩大自身，复制自身。景观具有同义反复的特征。"景象的目的就在于它自身。"秀场文化景观的复制性可分为两种，一种是横向复制，一种是纵向复制。横向复制主要是指对于空间的横向跨越，其景观内容不变，如巴黎时装周中的某台时尚秀可以搬到世界任何一个国家的T台上表演。这种复制只是改变了景观的出现地点，很容易理解，其作用是产品的宣传推广，而非艺术的创新。2006年是世界顶级品牌的丰收年，巴黎高级定制时装展得到了亚洲的瞩目。在巴黎取得空前成功后，当年三月，夏奈尔就将其在巴黎推出的春夏高级定制时装业务展原封不动地搬到了中国香港，用原汁原味的巴黎时尚盛筵为其香港太子店的开店庆典压轴。❶

纵向复制是对于时间的纵向跨越，是一种创新型的复制。首先，时尚设计师可以在自己以往时装风格的基础上，复制其文化基因，再加入新的设计元素重新设计一场秀。这种复制几乎在时装周的每个秀场上演，迪奥、夏奈尔、纪梵希等大牌都不例外。这种复制可以理解为基因的传承和重组，或者是品牌文化精神的传递与继承。每一个时尚大牌在设计推广自己产品的时候，都必须铭记这些基因，并适时地在新一季产品中不断复制重组这些基因。但是时尚品牌要想具有持久的魅力和生命力，还必须创新，否则必定落伍，这也是众多国际时装大牌的生存密码。

法国著名时尚品牌夏奈尔为我们提供了品牌文化基因与创新紧密结合的良好范例。卡尔·拉格菲尔德在2004年巴黎时装周夏奈尔春夏时装发布会上声明："重现夏奈尔的精神，但却不是百分百的仿制。"发布会上，拉格菲尔德在传统的伸展台上陈列了栏杆式的舞台，粉嫩色彩的粗花呢招牌套装、手钩的网状蕾丝裙、手绘的玫瑰印花彰显出夏奈尔品牌重视工艺的态度。同时，卡尔·拉格菲尔德再次将夏奈尔的经典元素转化为时髦的服装，金属腰链、珍珠项链等装饰也有别于当年秋冬的重金属风格，纷纷换上粉彩气息，这一切让夏奈尔兼具传统与创新的精神。

除了夏奈尔之外，很多秀场文化景观的复制都是一种创新型复制，以品牌文化基因为基础，复制与创新紧密结合在一起。不过，在竞争日益激烈的时尚秀场中，复制也会演化为抄袭和仿造，复古变为仿古，将创新性完全排

---

❶ 华梅. 二十一世纪国际顶级时尚品牌：女装 [C]. 北京：中国时代经济出版社，2007：5.

斥在外。而且，这种抄袭和仿制之风不仅仅停留在服装买手的层面，一些国际大牌服装公司也参与其中，使秀场文化的创新性无从谈起。其结果是一些新锐设计师很难脱颖而出，新的创意、新的设计得不到广泛认可和传播，也使得秀场文化景观的创新性大打折扣。

## 四、秀场文化景观特征之三：区隔性与大众性

德波认为，"分离是景观的全部" ❶，"景观，像现代社会自身一样，是即刻分裂（divise）和统一的。每次统一都以剧烈的分裂为基础。但当这一矛盾显现在景观中时，通过其意义的倒转，它自身也是矛盾的：展现分裂的是统一，同时，展现统一的是分裂。"❷因此，在德波看来，景观是一种虚假的语言，隔离了人与真实世界，同时也造成了人与人之间的分离。而景观统治的现代社会，是一个分裂的社会。

秀场文化景观的区隔性表现为时尚精英与普通时尚消费者之间的区隔。众所周知，高级成衣展是国际时装最早设立也是最高级别的联合发布会，每年两季在世界时装中心巴黎、米兰、纽约、伦敦、东京等知名时尚都市举行，为期一周，所以也称时装周。时装周是著名服装品牌和时装设计师展示其最新作品、交流设计艺术与技术的舞台。高级成衣展的观众都是凭着各个时装公司寄出的请柬入场。来自世界各地的新闻媒体的主编、摄影师、记者、时尚评论家和当红的社会名流、明星、名模聚集在一起。可以毫不夸张地说，在一个月的时间里，全球最时髦的人士全都集中在了这几个城市。❸所以，秀场不仅是时装、设计师以及时尚模特的舞台，同时也是到场嘉宾和观众争奇斗艳的场所。明星、精英人士代表着时尚、前卫、天才、怪咖、权威、话语权和神秘感。社会一般人士很难得到请柬，只能通过电视、网络等媒体观看录像或转播。时装周的情况是如此，一些国家或地区的小规模服装展演也是如此，只有少数业内人士能够得到邀请，普通大众亲临现场欣赏时装表演的机会是很少的。

然而，秀场景观的区隔性并不妨碍普通时尚消费者的参与，而且呈现显

❶ [法]居伊·德波.景观社会[M].王昭凤，译.南京：南京大学出版社，2007：8.
❷ [法]居伊·德波.景观社会[M].王昭凤，译.南京：南京大学出版社，2007：21.
❸ 孙玲.霓裳羽衣——国际服饰新视界[C].上海：上海文化出版社，2008：134.

而易见的大众性特征。现代化传媒技术的发展，电视和网络的传播，在一定程度上使大众分享了这种少数人才能拥有的特权，他们可以通过不同渠道领略秀场风光，效仿追逐，甚至抄袭仿制。此外，秀场并不是时尚品牌和设计师的专利，一些服装店为了招揽人气或者促销产品，会在自家店门前举办一场时装秀；与时尚品牌毫无关联的厂家或商家，为了扩大知名度，也常常以冠名、联名等形式将服装表演、模特和自身产品结合在一起，梅赛德斯—奔驰国际时装周就是例子。目前，国内外一些大型车展都会聘请职业或业余模特担任车模，一些体育赛事为了提高知名度，也会聘请模特担任司仪或者在开幕式上加一段服装表演。为了丰富职工的业余生活，有些公司会在年会上组织职工上演一场时装秀；还有一些与服装无关的公司或品牌为了提升知名度可能会在街头或其他公众场所上演时装秀；甚至几个家庭主妇为了丰富业余生活，会聚在一起在家庭中上演一场时装秀。相对其他类型的演出而言，时装秀场好像更容易操作，对场地和演员都没有太大要求，老年人、身材肥胖者都可以别出心裁登台献技。每年世界各地都会举办各种胖模时装秀、中老年人时装秀、儿童时装秀等。

　　所以时尚秀场隔开人群拉大了人群之间的距离，但现代化通讯和传媒工具、高科技以及大规模的工业化生产又在时刻化解消弭这一距离，威胁着高级时尚秀场的话语霸权和神秘性。时装秀场的区隔性与大众性之间是一种动态交往的关系。上层精英为了维持其神秘性、权威性和话语权，就必须设计制作更多新颖时尚的服装作品引领时尚风潮，打造更多气场十足、别具一格的秀场景观；而普通时尚消费者为了拉近自己与上流社会精英人群的距离，也会追随模仿，有意去制造属于自己的时尚景观。

## 五、秀场文化景观特征之四：商业性与艺术性

　　居伊·德波认为，世界转化为形象，就是把人的主动的创造性活动转化为被动的消费行为。景观呈现为漂亮的外观，外在的包装、形象、直观印象比商品功能和质地更为重要。时尚秀场中动态的服饰比商场中静态的服装更具吸引力，原因正是秀场这一独特的文化景观使静态的服饰成为一种充满艺术性、立体可感、魅惑十足的视觉存在。时尚秀场以狭小的T台为中心，呈辐射状，配合强光、动感的音乐、独特的舞美设计，没有一句广告词，仅仅

用光、影、造型等为观者带来的视觉震撼来打动消费者，引发他们的购买欲望，征服消费者，从而达到商业目的。

有些人认为秀场文化景观的商业性与艺术性是不相容的，商业性会妨碍或有损其艺术性的发挥。笔者认为两者并不冲突，而且彼此支撑。时尚秀场为商业性和艺术性这一对看似矛盾的两极提供了一个完美结合的契机和场所。时尚秀场的商业性表现在秀场的商业化运作和最终要达到的推销品牌及产品的目的，艺术性主要体现在艺术化的服装设计和秀场舞美灯光等景观的打造。良好的商业运作可以使秀场中的时尚艺术得到更广泛的宣传、扩大影响力，使更多人认识到时尚之美，受到时尚之美的熏陶感染，从而加入到追求时尚之美的队伍中来。此外，时尚秀场所展示的艺术之美在引领时尚、培养人们的穿衣美感和生活情趣的同时，还可以引领消费，而这不正是秀场作为一种商业性展演所要达到的主要目的之一吗？因此，商业性和艺术性，这一对矛盾体，在时尚秀场中得到了统一，不会相互排斥，反而彼此支撑，互为补充。

以英国时尚设计师约翰·加利亚诺为例。他是一位公认的的浪漫主义大师，时装设计中充满了艺术性追求，标新立异，不规则，多元素，极度视觉化。纵观他的历年作品，从早期融合了英式古板和世纪末浪漫歌剧特点的设计，到溢满怀旧情愫的斜裁剪裁技术；从野性十足的重金属及皮件中充斥的朋克霸气，到断裂褴褛式黑色装束中肆意宣泄的后现代激情，人们总能真切感受到穿着这些衣装的躯体不再是单纯的衣架，而是有血有肉的生命在彰显灵魂的悸动。他在时装中所表达的艺术追求完全是独立于商业利益之外的，但是其舞台效果却恰恰是商业利益所要达到的。

对此，有些人从传统艺术观出发认为时尚不是艺术，因为时尚带有太多的功利性。但是，时装之美和其他艺术品一样不仅可以被观赏，而且具有文化内涵，有助于提高人的精神气质和文化素养。同时，对时装艺术的欣赏也是人与时装作品之间的交流，可以从中体验到欣赏者、创作者及表演者之间的情感交流和感情共鸣。这种情感和共鸣表面上具有超功利性，这并不是对功利性的否定，而是对功利性一种更为广泛和深刻的肯定，反过来证明了其价值所在。

从表演的角度来看，时尚秀场和其他舞台艺术一样，是一种以舞台为载体的文化传播方式，唯一不同的地方是，这是一种以服装为主体、模特为道具的动态艺术表演。通俗的、高雅的、现代的、后现代的、未来主义的等各种时装艺术风格在秀场中自由呈现，无拘无束。时尚秀场中的艺术性与商业性共荣共存、缺一不可。不过，在现实中，两者之间有时很难真正达到完美和谐的理想状态。时尚的商业性常常处于优势地位，这主要受到经济利益的驱使，也和服装设计的功能性、时尚潮流的嬗变性有关。很多时候，时装艺术的光环会不断沦为销售的筹码和利器，命运稍好一些的作品被博物馆收藏，成为一个文化符号，却又失去了其实用价值和穿着功能。

## 六、结论

虽然秀场文化景观所具有的对话性能够在一定程度上对抗其独裁性话语特权，设计师们暂时可以天马行空让绚丽的服饰在T台上恣意舞动，但是时尚把关人的选择使得服装设计师的话语权到此终止了。其次，无论搭建T台是一件多么简单易行的事情，国际四大时装周的光环始终未能散去，光环背后掩盖的等级和阶级的划分使秀场文化景观的区隔性始终存在，大众秀场的狂欢何时才能撼动那里的璀璨和壮观景象呢？再次，秀场文化景观的创新性和复制性的关系也非常复杂，甚至是微妙的。创新很多时候离不开基因的复制和对传统的继承；复制有时会沦为剽窃和抄袭，甚至一些国际知名品牌也不能免于此类丑闻。而有些所谓创新不过是将两种或多种完全不搭、没有任何内在联系的文化元素或设计元素生拼硬凑在一起，美之名曰"混搭"或"撞色"。可见，秀场是一个动态、多元、充满各种可能性的场域，秀场文化景观具有视觉文化景观的独裁性、区隔性、复制性和商业性，也具有与之相对立的对话性、大众性、创新性及艺术性。这些特征之间是一种非平衡的动态交往关系，前者始终处于强势地位，对后者形成一种压迫。后者为了谋求自身地位则始终保持警醒，以一种先锋的姿态、新奇的创意和艺术的光环来争取话语权，在动态交往中尽量不使自己处于一种更大的失衡状态。

最后，必须指出，秀场文化景观研究不能完全套用与德波的景观社会理论。景观社会中的文化具有独裁、复制、分裂等特征。在秀场文化景观中，这些特征出现了明显的调和，具有对话性、创新性、大众性和艺术性等特征，彼此之间关系错综复杂、多重嬗变，要求我们必须客观审视服装秀场中的文化景观。只有在经过大量实证研究的基础上审慎地思考问题、分析问题，才能对秀场文化景观做出更多精准的判断与认知。

# 第十四章 时尚与政治

## 时尚政治场域中的资本构成、转化及策略研究

### 一、时尚与政治

在当下的时尚政治场域中，人们对于时尚与政治的研究主要集中于时尚在国际、国内政治关系中对政治家个人形象和国家形象的建构作用以及时尚在提高国家软实力方面的积极意义。在这方面，20世纪80年代阿玛尼设计的"权力套装"及其拥趸撒切尔夫人常常被当作典型案例加以讨论。不过在2016年美国大选中，美国时尚界出现了一系列与政治相关的活动，两者紧密互动，似乎时尚之于政治不再是塑造权威形象那么简单的事情了，以至于美国一份报纸发文惊呼"时尚圈更政治化了吗？"文章称，一些政客或者与之关系密切的人不仅为选民提供了各自的选举纲领，而且提供了各种可以追随模仿的时尚风格，于是选民们开始根据自己的政治好恶，去支持或者抵制政客及其他人等所推崇的时尚品牌及其风格。[1]例如，特朗普参加美国大选的过程中，一部分具有强烈品牌意识、支持多元化社会、关注全球气候和贫穷问题的时尚设计师或者时装公司公开反对特朗普的政策。伊万卡·特朗普的时尚品牌也直接遭到了部分选民的抵制。当然支持特朗普及其团队的时尚界人士也很多，如美国本土

---

[1] Amanda Hoover Staff. *Is the fashion world becoming more political?*[N].Christian science monitor, 2016：11-23.

老牌"拉尔夫·劳伦"就是特朗普的支持者，新任美国第一夫人梅拉尼娅·特朗普身着该品牌时装出席了特朗普的就职宣誓仪式。

面对汹涌而来的时尚与政治紧密互动的大潮，2016年12月18日《纽约时报》一篇题为《时尚的政治转向正在到来》的文章开篇说道："过去的一年，政治占领了我们的衣橱，服装已经超越商品界限转而成为一种政治立场。"●时尚仅仅变成了一种政治立场的表达吗？时尚界与政治界之间的紧密互动难道只是为了表达支持哪个政党吗？美国前第一夫人米歇尔·奥巴马对时尚品牌的影响力告诉了我们事情的另一面。据统计，自担任美国第一夫人以来，米歇尔钟爱的19间服装公司的平均市值上升了2.3%，远远超过明星带来的0.5%升幅。在一次电视采访中，米歇尔提及她穿的一条裙子是在平价品牌"J.Crew"店里购买的。随后J.Crew集团的股价一周之内上涨了25%。到节目播出后的14个月，这个平价品牌的股价累计上涨了175%以上，在资本市场获得了18亿美元的收益。《哈佛商业评论》发表的一篇名为《米歇尔效应》的文章认为，她在纽约时尚界创造的经济价值超30亿美元。

以上数据似乎在告诉我们，在商业化、信息化、网络化及全球化的当下，时尚不仅是政治场域中政治精英塑造权威形象、表达政治立场的手段或者工具，而且更多地表现为时尚与权力的相互利用、互为手段。这是一种深度合作，两者以资本转化的形式紧密结合在一起。或者说，当下时尚政治场域中时尚与政治之间的紧密互动是一个以增值为目的，时尚资本转化为权力资本、经济资本以及符号资本的过程，最终达到时尚与政治的共赢。

布尔迪厄是法国当代著名社会学家，他集中研究了经济资本（货币与财产）、文化资本（包括教育文凭在内的文化商品与服务）、社会资本（熟人与关系网络）和符号资本（合法性）之间的区分、相互作用及转化过程。西方有学者认为："布尔迪厄超越马克思的一个关键性贡献就是发现了范围更广的构成权力资源的劳动类型（社会的、文化的、政治的、宗教的、家庭的等，这里我们只能提及有限的几种），它们在一定条件下通过一定的比率可以相互转化。实际上，正是对个体和群体在什么条件下、以什么方式利用资本积累策略、投资策略以及各种形式的资本转化策略，以便维护或强化他们在社会

---

● Vanessa Friedman. *When fashion took a political turn*[N].New York Times，Late Edition（East Coast），2016-12-18.

秩序中的位置的研究，构成了布尔迪厄社会学研究的焦点。"❶受此观点的启发，笔者认为布尔迪厄对于各种资本类型及其转化形式的研究，为我们分析时尚政治场域中的资本类型、转化策略等问题提供了理论基础和研究思路。

在对资本的研究过程中，布尔迪厄把资本概念扩展到所有的权力形式——不管它们是物质的、文化的、社会的还是符号的。个体与群体凭借各种文化的、社会的、符号的资源维持或改进其在社会秩序中的地位。当这些资源作为"社会权力关系"发挥作用的时候，也就是说，当它们作为有价值的资源变成争夺对象的时候，布尔迪厄就把它们理论化为资本。❷按照资本的这一定义，时尚作为一种具有普遍意义的社会现象首先是物质的、有形的。其次，由于与人类发展史中各民族、种族的生活习性、文明程度、教育水平、经济发展等问题密切相关，时尚也是一种文化的、社会的及符号性存在。同时，无论在过去还是现在，时尚都具有区分个体身份地位、社会阶层、文化程度、经济水平的作用，是时尚个体及群体维持或改善自身品位、身份地位、社会阶层的重要内容之一，并作为一种有效的、可供利用的社会和个体资源引起人们争相追逐、竞相拥有。为此，我们不妨把时尚作为一种资本纳入资本研究的范畴。

在对文化资本的分析中，布尔迪厄认为，文化资本以三种不同的状态存在。首先，它指一种培育而成的倾向，这种倾向被个体通过社会加以内化，构成了欣赏与理解的框架。其次，文化资本是以一种涉及客体的客观化形式存在的，比如书籍、艺术品、科学仪器，它们对我们提出了专门化的文化能力的要求。第三，文化资本是以机构化的形式存在的。❸就时尚而言，首先时尚个体的时尚品位和时尚认知是不断受到来自家庭、学校及社会影响和熏陶的结果，是在后天成长过程中逐步形成的，没有人天生就是时尚达人。如孩童在幼儿时期，就会在穿衣方面得到来自家长的暗示。其次，时尚作为一种资本是可以通过社会教育机构获得的，各种时尚机构、服装院校在这方面发挥了重要作用。考虑到上述因素以及当下社会中时尚个体和群体的品位、受

❶ [法]戴维·斯沃茨. 文化与权力：布尔迪厄的社会学[M]. 陶东风,译. 上海：上海译文出版社, 2006：87.

❷ Pierre Bourdieu. *La noblesse d'etat:grands corps et grandes écoles*[M]. Paris：Editions de Minuit, 1989：375.

❸ Pierre Bourdieu. *The Forms of Capital*[C].J. G. Richardson, ed. *Handbook of Theory and Research for the Sociology of Education*. New York：Greenwood Press, 1986：241-258.

教育程度、文化背景等因素都与文化有着更为紧密的关联，我们可以将其归入文化资本的范畴，视其为一种文化资本。在当下时尚研究界，学者们也常常将时尚视为一种审美资本进行研究，本文认为审美资本只是时尚资本的一部分，时尚政治场域中与时尚有关的文化、知识、审美、技艺、管理及营销能力等内容共同构成了时尚资本。

## 二、时尚政治场域中资本的构成与时尚资本的转化

### （一）资本构成

时尚政治场域中拥有强大政治和权力资本的一方无疑是政府、国家及其代理人，其中包括政治家、政客以及与这些人关系密切且同样具有一定政治影响力的群体，我们暂且称之为政治精英。这些人通常作为国家或者政府的代理人出现，他们的政治地位决定了他们的一举一动都备受瞩目，拥有普通人没有的社会号召力和政治领导力。但他们也是时尚的穿着者、消费者，甚或也是从业者，这就意味着他们可能拥有一定的经济资本和时尚资本。因此，政治精英拥有大量的权力资本和部分时尚资本与经济资本。

时尚精英是时尚政治场域中的第二个重要群体，与时尚有关的文化、知识、审美、技艺和管理能力构成了他们手中的时尚资本。这个群体包括与时尚设计、生产、营销相关的人群，他们有的拥有重要的时尚资本，如设计师及其所属的时装公司；有的拥有强大的经济资本，如大型时尚集团的老板。另一部分是与时尚管理、教育和传播相关的精英人群，如时装协会、时装院校、时尚媒体等。这部分人群的工作内容和工作性质决定了他们拥有雄厚的与时尚相关的文化资本及其数量不等的经济资本。因此，与政治精英相比，时尚精英阶层拥有大量的时尚资本和经济资本。

在时尚政治的角逐场上，社会上普通的时尚追逐者和消费者也是不甘寂寞的，尽管在时尚产业链条上他们站在最末端，在权力和政治的阶梯上他们站在最下方。这部分人群充分利用时尚表达个人品位、提升自身社会经济地位，同时也会在必要的时候通过时尚表达政治见解和立场。如在一些维权或抗议活动中，人们会自发定制、穿着统一的"标语T恤"（也称"口号衫"或"文化衫"），使时尚成为他们手中的权力资本。不过，普通时尚消费者拥有的时尚资本、经济资本和权力资本与前两个阶层相比是最少的。

## （二）时尚资本的转化

### 1. 政治精英

在时尚政治场域中，政治精英的社会地位最高，他们拥有雄厚的权力资本，处于场域的核心位置，占据主导地位。对这个群体来说，时尚不仅是一种巩固其政治权威、辅助其权力顺利运作和实施的手段或工具，也是一种可以投放出去获取经济效益和更大权力的资本。过去，政治精英主要是通过时尚外观的塑造，如穿戴某种风格或某种品牌的服饰来塑造个人外在形象，通过增强自身外观的权威性来提升个体影响力或者个人魅力。以英国前首相撒切尔夫人为代表的一些女性政治精英非常喜欢在公开场合穿"权力套装"。近年来，在将时尚资本转化为权力资本的过程中，这些政界精英不再拘泥于运用某种时尚风格来塑造权威形象，而是走出一种新的时尚路线，即利用时尚塑造具有个性和人格魅力的外观，凸显政治精英个体的时尚品位，从而获得选民或者普通民众的追随、拥戴和支持。这方面的代表人物有德国总理默多克、英国前首相特蕾莎·梅、已故的黛安娜王妃等人。这一过程不仅是她们将手中的时尚资本转化为可以在政治角逐中为己所用的权力资本，还可能存在经济资本的转化。伊万卡·特朗普经常在一些政治场合穿戴自家品牌的珠宝和服装，通过名人效应带动产品销售，是利用权力资本将时尚资本转化为经济资本的最好例证。

对于政界精英来说，时尚资本向经济资本和权力资本的转化最重要的还是通过与时尚精英的互动来完成，即政治精英充分利用其权力资本（即政治影响力）帮助时尚政治场域中的另一方——时尚精英，将他们手中的时尚资本转化为经济资本。在这一个过程中，时尚精英会得到更多的经济资本，政治精英则会从对方那里获得对自身政治立场或政治理念的认可，巩固、增强其手中的权力资本。文章开头中提到的"米歇尔效应"就是最好的证明。这种资本的转化具有重要意义，政治精英和时尚精英各取所需，形成良性互动。前者赢得了时尚精英对他们所代表的政府及政见的支持，后者获得了直接的经济利益，最终时尚和政治达成了双赢的局面。

### 2. 时尚精英

前文已经提到，时尚精英主要包括时尚设计、生产、营销、教育、管理及传播等工作的业界精英。时尚精英的共同特征是他们都从事着与时尚相关的工作，与时尚有关的文化、知识、审美、技艺和管理能力构成了他们手中的时尚资本，使得他们有资格在时尚政治场域中寻找资本转化和增值的途径与可能性。对时尚精英来说，时尚资本转化的途径基本上有两种：一是依附于政治，支持当政者的政治立场，认同他们的政见。在 2016 年美国大选中，很多时尚品牌因为反对特朗普的政见而明确表示不给第一夫人定制设计服装，而美国本土品牌"拉尔夫·劳伦"则选择与当政者站在一起，紧密依附于政治，愿意提供相关服务，这样他们就可以充分利用政客的影响力，顺利将手中的时尚资本转化为经济资本，赚取利润。奥巴马当政时也是如此，在巴黎 2009 年春夏时装周上，让·夏尔·德·卡斯泰尔巴雅克服装设计师及同名品牌）与索尼亚·里基尔（法国服装设计师及同名品牌）都推出了向奥巴马致敬的时装，他们还不约而同地将奥巴马的经典语录"I have a dream"印在服装上。在某购物网站上，印有奥巴马头像的 T 恤价格曾被炒到了单价 1000 美金。

以抗议、抵制、嘲讽、揶揄、丑化等方式公然反对某些政治精英及其政治理念、立场，则是时尚精英在时尚政治场域中实现时尚资本转化的另一路径。在这一过程中，他们可能无法得到来自当权政治精英的青睐和权力的庇护，但可以得到那些不认同当权政治精英代表的主流政见的群体及个人的拥护和支持，在这一人群中扩大时尚影响力，提高销售额。特朗普竞选期间，公开反对特朗普施政纲领的时尚设计师中就有古琦曾经的功臣、美国设计师汤姆·福特："很多年前就有人要我为梅拉尼娅·特朗普设计服装，但我拒绝了，她的形象不符合我的品牌。"此外，该品牌在特朗普大选期间推出了一款酷似特朗普发型的拖鞋，这款标价 1000 多欧元的长毛拖鞋很快就在各个网站一卖而光。

时尚精英在将时尚资本转化为经济资本的同时，也将其转化为权力资本，甚至后者的功用胜过前者。在这种资本积累和转化过程中，时尚精英运用的策略主要有：积极参与一些敏感政治话题、重大社会事件的讨论，如为贫困人口、弱势人群（妇女、儿童等）争取权利。约翰·加利亚诺 2000 年为迪奥高定推出了"无家可归"系列，其设计灵感来自身裹报纸无家可归的流浪儿，最终通过这种占据道德高地的形式帮助迪奥品牌重振声誉。2015 年，来自非洲与临近中东的难民成为国际社会颇具争议的话题，摄影师诺伯特·巴克萨在社交媒体"照片墙"上贴出一张照片——一个身穿奢华品牌的模特站在匈牙利难民营前面，以此形式呼吁人们关注难民的生存状况，尽快结束战争。其次，模特穿着印有各种"时尚宣言"的文化衫走台、拍摄特写已经是时尚界最经常使用的表达政见、参与社会政治活动的方式。例如，为女性争取权利的标语T恤出现在高级秀场或者时尚杂志上早已不是新闻。2017年巴黎春夏时装周秀场上，迪奥把女权主义的标语"We Should All Be Feminists"印在了T恤上。此外，大力提倡、推动道德时尚、生态时尚等一些与当下公众生活联系日益紧密、与社会主流价值观相一致的时尚主题，借此推动和增加时尚对整个社会生活的影响力，同时提高时尚品牌、时尚公司、时尚产品在社会公众中的知名度和影响力，为时尚品牌及其产品树立积极正面的公众形象，在将其转化为经济资本的同时也为时尚争夺话语权，积累权力资本。

大众传媒是时尚精英推广产品、完成资本积累和资本转化的重要依托和必要条件。时尚教育机构、管理机构、设计师、时尚品牌、时尚杂志等都会充分利用传媒手段进行包装宣传，从各种时尚赛事、时装周到电视和网络上的各类时尚综艺、时尚报道、时尚广告，且从来都不失时机、不遗余力。因为在这一过程中，他们不仅在为自己积累时尚资本，也为实现时尚资本向经济资本和权力资本的转化积极准备条件。这方面的例子不胜枚举。

3. 普通时尚消费者

对于普通时尚消费者来说，在时尚政治场域中他们能够做的就是利用时尚的高度视觉性和具身性特征对政治和各种社会问题表态——支持或抗议、反对。通常情况下，穿着某种具有政治意义的服饰是他们实现政治参与、表达政治态度的主要途径。在这一过程中，他们将自己的时尚资本转化为权力资本，并在可能的情况下，继续将这种权力资本转化为经济资本。同时，时尚传达的政治意义（无论是支持还是抗议、反对）非常明显，具有很强的仪式性和符号性特征，使普通时尚消费者的时尚资本首先成为一种可资利用的符号资本，符号资本是否能够合法化决定了这种时尚资本是否能够顺利转化为权力资本和经济资本。换言之，合法化的符号资本才有可能转化为权力资本和经济资本，否则就没有任何成效。20世纪六七十年代的英美亚文化时尚为我们提供了时尚资本在转化为符号资本后再转化为权力资本和经济资本的案例。

众所周知，这些年来一直深受年轻人喜爱的"嬉皮风"和"朋克风"都来自20世纪六七十年代的英美青年亚文化运动，这是一场特色鲜明的青年反体制文化运动。不过，随着时代的变化，朋克的奇装异服和前卫大胆的外观逐渐为社会大众所接受，成为街头时尚的一部分，随后又被维维安·韦斯特伍德搬上了T台，在更大范围的社会层面上流行开来。

从实际效果上看，朋克一族与众不同的时尚外观一方面成为那个时代街头的一道奇异景观，成功吸引了社会大众的关注，有效传达了这些青年人与主流社会格格不入的政治立场。另一方面，这些与众不同的时尚外观后来成为他们手中重要的时尚资本，被主流时尚和街头大众接纳的过程就是他们将时尚资本转化为符号资本并逐渐合法化的过程，从而成为某一特定时尚消费群体在时尚政治场域中成功将自己的时尚资本转化为符号资本后又转化为经济资本的经典案例。当然，这个案例也显示出政治精英主导的政府权力部门如何利用手中的权力资本将异己的时尚资本转化为能为己所用、管控及赢利的经济资本。

## 三、时尚资本转化的主要特征及策略分析

### （一）主要特征

时尚政治场域中时尚资本转化的特征主要体现在两个方面。首先是场域中各方的斗争关系始终存在，支持或反对某种政治立场和政治理念是激活和推动时尚政治场域运作的驱动力。"场域"这个概念本身强调的就是内部的力量关系及其冲突和变化，用布尔迪厄的话来说："场域是力量关系——不仅仅是意义关系——和旨在改变场域的斗争关系的地方，因此是无休止的变革的地方。"❶这一点在时尚政治场域中有着突出表现，时尚精英、时尚消费者以认同或反对来自官方的某些政治理念为中心展开一系列斗争，表现为时尚精英、时尚消费者与政治精英之间的各种矛盾冲突，参与各方的力量关系不断变化、调整，因而各种力量变化调整的过程就是时尚资本转化的过程。换言之，在以政治精英占据重要地位的时尚政治场域中，不同方向的资本主要围绕文化和政治理念这一核心要素展开，支持或反对某种政见成为驱动时尚政治场域运作的力量。其中，支持和认同某种社会、文化、政治理念的表达方式较为

---

❶ 皮埃尔·布尔迪厄,华康德.实践与反思:反思社会学导引[M].李猛,李康,译.北京:中央编译出版社,1998:142.

单一，主要是时尚精英积极参与各种与政治相关的活动，主动配合或者攀附。在这种情形下，时尚和政治相互利用，各取所需，双方各自实现资本的增值，实现共赢。反对者则通过各种方式——抗议、抵制、嘲讽、揶揄、丑化、篡改等——与政治精英及其代表的占主导地位的政治理念、观点进行斗争。在斗争过程中，会有更多持相同政见的群体或者个人加入进来，通过购买其产品表达认同，从而实现时尚资本向经济资本的转化。当然还有一部分时尚从业者在政治方面尽量保持中立，甚至远离政治，这部分群体就不在时尚政治场域的考察范围之内了。

在时尚政治场域中，时尚资本的转化呈现出明显的景观化和娱乐化特征，而且与时尚的商业化过程密不可分，这主要是因为各种时尚活动背后基本上都有直接或间接的商业目的，换言之，是商业运作的结果。时尚资本的转化正是时尚商业化过程的重要环节之一。需要强调的是，近年来传媒产业的兴起，也促使景观化和娱乐化成为商业化之外时尚的重要存在方式，而且两者已经和商业化一样成为促进时尚资本转化的重要因素。所以接下来我们要思考在时尚与政治的角逐中，时尚资本如何成功借助其景观化和娱乐化特征，一方面有效地颠覆政治的严肃性，一方面成功地提高时尚的话题性和影响力，而这也是时尚商业化过程中，时尚资本成功转化为权力资本、符号资本及经济资本的主要策略。

**（二）策略分析**

1. 景观化的时尚

通常情况下，社会上的时尚景观可以分为动态景观和静态景观两部分。动态景观主要指存在于社会生活空间和立体媒体（如电视、电影、网络视频等）之中的大量时尚信息，这些信息通过视觉、听觉等渠道进行传递和转换，给受众带来较强的视觉冲击力。除了日常穿着外，时装表演、时尚节目、网络视频等都在随时随地为人们制造着视觉幻象。静态景观主要指大量存在于社会生活空间和平面媒体（如时尚杂志、报纸等）上由时尚图片、文字报道或平面广告等组成的时尚信息。与时尚中的动态景观相比，静态的时尚景观对受众的视觉冲击力似乎小些，但这并不意味着其存在缺乏意义和价值。平面媒体中的时尚以静态方式相对延长了其存在的时长，同时也提供给受众更多理解和反思的空间。很多时候，两者能够实现优势互补，如动态景观中的某些镜头会被挑选出来作为图片成为静态景观的一部分，或者被人们用文字记录下来成为有据可查的资料。

时尚的景观化存在是现代景观社会的一个缩影。在现代化信息社会，时尚生产过程中自动化程度的日益提高直接导致了生产力的提高，这让原本在机械化大生产时代已经发展起来的时尚产业更上一层楼。不过，这也是后现代消费社会带来的必然结果，是景观社会的重要组成部分。随着人们生活及消费水平的提高，各种时尚产品充斥着狭小的生活空间，时尚俨然成为大众日常生活中不容忽视的一道靓丽景观。

2. 娱乐化的时尚

自现代时尚诞生以来，时尚与娱乐业的关系就非常密切，现在更是如影随形。毫不夸张地说，任何形式的娱乐都离不开时尚，时尚已经深入到影视、动漫、音乐、旅游、休闲、家居等各个领域。或许时尚不是其中的关键因素，但绝对不可或缺，是其获得成功的必要条件。具体来说，时尚的娱乐化主要体现在时尚人物明星化、时尚活动国际化、时尚节目娱乐化等几个方面。当下的娱乐界，除了明星之外，一些时尚人物，如设计师、模特、时尚杂志主编也已经成为众人追逐热捧的明星，频繁出镜或现身报端，拥有大量粉丝。每年定期举办的四大国际时装周、Met Gala 等时尚活动早已成为世人瞩目、娱乐媒体争相报道的话题，甚至一些国际电影节也已经成为重要的时尚舞台。国内有每年举办的以时装发布为主要目的的中国国际时装周（北京）、上海时装周等时尚活动，以时装推广和贸易交流为主要目的的中国国际服装服饰博览会、香港国际时装节等。网络、电视等媒体则充斥着各种时尚类娱乐节目，其中广为人所知的有美国电视及网络真人秀节目《天桥风云》和《全美超模大赛》以及中国央视财经频道推出大型时尚类节目《时尚大师》。这些节目的嘉宾、评委及主持人都是时尚界的名流和专业人士，从超模、著名设计师、时装杂志主编、时尚评论家到文化学者不一而足。此外，许多时装模特成名后有的加盟演艺业；有的则成为娱乐节目的主持人。这样的双重身份使他们自带话题，在时尚业和娱乐业之间来去自如。

此外，时尚的娱乐化绝不仅仅关涉到时尚在娱乐圈和娱乐产业的参与度，重要的还有时尚自身的娱乐化倾向，时尚早已不能用"一段时间内流行的服装款式"这样浅显的话语定义。时尚一方面运用各种设计方法（解构、混搭、复古等）和表现手段（如花样翻新、极具戏剧化的T台展示）不遗余力地颠覆和挑战人们对于时尚的理解，在获取大众关注的同时成为人们津津乐道的话题。在一定程度上，除了时尚自身的发展，时尚人物、时尚活动、时尚类节目的广泛存在，使得时尚不再高高在上，并最终走下神坛，成为人们日常生活工作、娱乐休闲的一部分。

然而，在当下时尚政治场域中，时尚的景观化、娱乐化并不是时尚资本进入政治场域的决定性因素，时尚资本通过景观化、娱乐化等策略转化为经济资本、权力资本或者符号资本之前还需要政治的配合，没有政治自身的景观化和娱乐化趋势，没有政治与各种社会景观及娱乐业的联姻，时尚资本打入政治场域绝非易事，甚至不可能。

### 3. 景观化、娱乐化的时尚与政治的联姻

#### （1）政治景观化

"政治景观"一词是由法国思想家居伊·德波提出的景观社会理论引申而来的，主要指生活中各种服务于政治诉求的社会景观。当下社会中的政治景观可以简单分为四种：首先是官方或政府组织的各种大型政治活动，如国庆阅兵、大型军演、各国元首政要到访时的欢迎仪式及系列活动，也包括官方出面组织的各种正式和非正式的大型国内和国际会议，如每年一次的APEC领导人非正式会议和世界卫生大会。其次是建筑中的政治景观，如各种具有政治教育意义的纪念碑、纪念堂、纪念广场、人物雕像。一些大型文体设施（如鸟巢、国家大剧院等）、展览中心（如上海世博园）也成为"政治景观"的完美象征物。再次是各种印有政治口号的"文化衫"、大幅宣传标语、公益广告等。这些景观可能是官方行为，也可能是民间行为。其中，民众组织的抗议或维权活动极具景观化特征。人们在进行游行、静坐等活动时常常会统一穿着相同颜色和款式的服装，在衣服上印着各种标语口号。如果没有统一着装，也会佩戴统一的袖标或者手举标语横幅，晚上还会拿上点燃的蜡烛或者荧光棒。这些形式在视觉上都极具景观性，引人注目的同时也利于电视和网络媒体的传播。

德波在《景观社会》一书中用"景观"指代各种以符号、象征物以及视觉为载体的物或事件，这些物或事件被用来与政权的形象和实力相连接，以

起到使公众信服和归附的效用。景观的本质是强制性的独白和拒斥对话，在购买景观和对景观生活方式的无意识顺从中，人们直接肯定着现存体制。然而，从前面列举的几种显著的政治景观表现形式来看，似乎问题要复杂得多，政治景观化对占据统治地位的政治主体来说，更多的是一种维持和巩固其政治统治的策略，而对于普通民众来说则是一种可资利用的抗争方式，尤其是与时尚景观结合在一起运用的时候。所以，从这种意义上来看，当下社会中的时尚景观有着比表面上看来更深刻的社会意义，不仅是包围着我们的物，也可以是被不同利益群体加以利用的资本，只是不同的运作方式决定了时尚资本以何种方式影响人们的行为方式、价值取向和世界观。对此有着深刻体察的政治精英，也正是认识到时尚景观在当下社会中的合法性存在而与其密切合作、积极互动，最终实现权力资本的转化与增值。

（2）政治娱乐化

正如政治的景观化趋势给时尚的景观化策略提供了与之联姻的契机一样，近年来政治与娱乐之间的密切互动同样说明，政治的娱乐化为当下高度娱乐化的时尚资本顺利进入政治场域打开了方便之门，两者找到了契合点，而且很快打成一片。美国前总统里根就曾经说过："政治就像娱乐业一样。"[1]尼尔·波兹曼在《娱乐至死》一书细致分析了电视时代的娱乐业如何将政治与娱乐融为一体，并得出了"所有的政治话语都采用了娱乐的形式，审查制度已经失去了存在的必要性"[2]这样似乎有些过激的结论。然而，在当下以网络和移动媒体为代表的新媒体时代，他的观点似乎正在变成现实。这方面的案例也很多，大致可以从两个层面来分析。一是以政治精英为代表的政客将政治舞台作为展示国家实力、个人权威和魅力的秀场。奥巴马执政时每年发表国情咨文时的场景都像走红毯；每次总统出访，第一夫人的时尚装扮被媒体大肆报道，其热度甚至超过了总统出访这一外交事件本身。以美国为代表的西方国家总统大选每次都像是一场全民嘉年华，近年来甚至成了"全球嘉年华"。几乎每个候选人都有自己的形象设计团队，甚至有自己的专属服装设计师。候选人之间公开利用各种媒体相互抨击，每一次公开露面都是一次精彩表演，从讲话内容到形象设计，每个环节都有专门的负责团队。

其次是出现在电视节目、网络论坛、自媒体、报刊上的民众对政治表演

---

[1] [美]尼尔·波兹曼.娱乐至死[M].章艳，译.北京：中信出版社，2015：150.
[2] [美]尼尔·波兹曼.娱乐至死[M].章艳，译.北京：中信出版社，2015：169.

和政治事件的娱乐式调侃与吐槽。在美国，无论政治精英们的表演如何精彩或拙劣，都会在媒体上引发各种评论，或是调侃、讥讽、分析、预判，或是爆料、阴谋论。就这样，政治和时尚在娱乐界一拍即合：前者使得后者具有了更多的话题性，得到了更多的话语权，而政治自身也在这一过程中得到更多的关注和讨论，无论正面还是负面的内容都实实在在地进入到民众生活之中，拉近了和普通民众之间的距离，成为了大众生活中一道不可或缺、不容忽视的娱乐景观，且在民众生活中成为常态化的存在，被大众习以为常，默默认可和接受。这种情况下，时尚进一步消解了政治的严肃性，实现了时尚资本向经济资本或权力资本的转化和增值。时尚政治场域中的这一景观也再次印证了德波的景观社会理论——景观是一种更深层的无形控制，它消解了主体的反抗和批判否定性，在景观的迷雾之中，人只能单向度地默从。景观的存在和统治性的布展恰恰证明了今日资本主义体制的合法性，人们对景观的顺从无意识地肯定着现实的统治。[1] 总之，景观化和娱乐化的时尚与政治在运作策略方面不谋而合，你来我往，频繁互动，各取所需，使得时尚政治场域中的各种景观成为资本主义合法性的"永久在场"。

## 四、结论

通过上述对时尚政治场域中时尚资本的转化及其策略分析，不难看出这一场域不仅是由生产和消费所组成的功能系统，还是一个建立在斗争关系上的动态的资本转化系统。时尚资本利用自身的景观化和娱乐化特征，与政治的景观化和娱乐化运作策略及发展趋势结合在一起，向时尚生产和传播机制发起挑战，拉伸、冲破和扩张了既有制度的边界，形成一种充满张力的时尚生产方式、特有的力量关系及生产逻辑。当然，最重要的是这种结合为时尚参与政治活动，表达政治观点，提高时尚的社会知名度、自身影响力和领导力奠定了基础，成为时尚资本转化过程中的重要策略之一。时尚政治场域中相互角逐的各方在实现资本转化的同时，也使得时尚再生产成为可能。当然，从另一角度看，这种景观化和娱乐化也为政治控制时尚资本、赢取权力资本和经济资本提供了契机和保障。国内有学者认为："时尚不仅仅是流行文化现

---

[1] [法]居伊·德波.景观社会[M].王昭凤，译.南京：南京大学出版社，2007：15-22.

象，也不仅仅是个人审美的产物，而是一种由场域的力量关系所决定的社会产品。"❶因此，我们研究时尚资本的转化，实际上也是在研究时尚政治场域中参与各方力量关系的转化以及由此驱动的时尚再生产。

最后还要指出，时尚政治场域中时尚与政治之间的相互利用、斗争和转化只是时尚这一复杂的社会现象的部分存在方式，并不是所有人在任何时候都会把信仰穿在身上，时尚还是重要的心理学、社会学现象，是全人类共有的追新逐异本能的具体显现，这一点使得时尚可以脱离政治场域而存在，呈现出各种各样的存在方式，成为新的意义来源。

# 旗袍的变迁与中国服装民主化进程

## 一、服装民主化进程的定义

"民主化（Democratization）"的英文字源来自"Democracy"一词，通常指政权由独裁体制转变成民主体制的过程。很多人将民主化视为一种长期而连续的历史进程，这一进程可以发生在不同的社会领域中，如经济民主化、家庭民主化等。社会主义的民主理论由政治民主、经济民主、社会民主和国际民主四个部分组成。政治民主指争取人民的政治自由和民主权力，所有公民在法律面前地位平等；经济民主指组织者要对生产的决策和过程民主化，让生产者参与到生产的民主化制定过程中，让消费者参与到销售和分配的过程中。社会民主是要给人民群众生活和工作的基本权利，要让人民群众充分享受工作、生活和娱乐的权利，强调个性、自由和公正的原则。国际民主是指在处理国家之间的关系时要做到和平相处、民主平等，保持一种和平的国际环境。❷据此，我们不妨将服装民主化定义为社会中所有公民日常生活中的着装不受任何权力部门的干预和限制，不作为阶级划分的标志，人们充分享有自主选择的权利，获得这一权利的过程就是服装的民主化进程。

---

❶ 姜图图. 时尚设计场域研究[D]. 杭州：中国美术学院，2012：1.

❷ 赵东斌，等. 当代西方民主理论综述[J]. 邓小平理论学习学习与研究，2001（3）：61.

## 二、旗袍的变迁与中国服装民主化进程

与西方政治、经济、社会及其他方面的民主化进程相比，我国在这些领域的民主化进程受到历史、文化、经济等因素以及特殊国情的制约，具有一定的特殊性，而这一特殊性也直接投射到以旗袍等中国传统服饰为代表的服装民主化进程之中。因此，了解"民国"时期、新中国成立至改革开放前期以及1978年改革开放至今旗袍的变迁，将有助于我们理解和透视20世纪以来中国服装民主化的发展历程。

### （一）"民国"时期（1912—1949）：旗袍的盛世

几乎和中国历代封建王朝建立之初一样，成立伊始，"中华民国"政府就开始了"改元易服"的步伐，但是与先前历代封建王朝不同的是，辛亥革命后，西方民主思想在知识分子以及民众中的传播、新文化运动的发展以及妇女解放运动的兴起，都使这一时期的服饰有了明显的民主色彩和气息，呈现出多元化、时尚化、个性化、自由化等特点。

首先，男装方面出现了在服装制式上充分体现民主自由思想的中山装，在女装方面则表现为旗袍的流行。旗袍本是满族妇女的民族服装，俗称"长袍"，也叫"旗装"。据记载，在民国初年汉族妇女穿旗袍的还不多，到20世纪20年代中期才流行起来，之后逐渐成为一种普遍的样式；到了40年代，中国大城市中不论年龄大小的女性都改穿旗袍，取代了上衣下裙的形式。❶张爱玲在一篇题为《中国人的生活及时装》的英语文章中用数张手绘图（图14-1）展示了旗袍从清末到"民国"时期的发展脉络：

图14-1　张爱玲手绘的民国时期旗袍发展图

---

❶ 周锡保. 中国古代服饰史 [M]. 中国戏剧出版社，1984：534-535.

从图14-1可以看出，20世纪20年代初期的旗袍仍保留有初始特征：宽肥、平直且无开衩，后期出现了开衩的旗袍；30年代旗袍越来越长，直至脚踝；40年代则又开始变短。这些变化和20年代上海时尚圈轻松的氛围难以分开，女性乐于接受新鲜事物，旗袍样式的改革才更大胆。辛亥革命后，随着西方民主思想在中国知识界的传播，以"五四"运动为标志的新文化运动在中国蓬勃发展起来，民主观念逐渐被人们接受。新文化运动中，一些进步的知识分子，如北京大学的留法博士张竞生积极提倡将服饰改革与妇女解放联系起来，他著书立说为女性服饰改革提供了强有力的思想支持。他在北京大学上课的讲义《美的人生观》被印制成书而且十分畅销，书中对虚伪的道学和封建意识的弊端进行了大力抨击。随着新道德观念的传播，女性的民主意识逐渐增强，广大女性开始对自己的身体、生活、婚姻以及服饰有了新的理解，再加上疾风暴雨般的革命浪潮，以民国初年的"天足""天乳"运动为标志，中国女性终于结束了几千年来缠足束胸的历史。解放了的身体需要美的服饰来装饰，旗袍的出现恰好满足了新时期女性对美的追求。20世纪30年代流行于上海一带的海派旗袍，在剪裁过程中吸收了西式服装立体剪裁的工艺，作省收腰、装袖，修身合体，充分展现出女性身体的曲线美。另外，女子选择旗袍也与女权意识有关，有学者认为，"民国"女性之所以选择旗袍更多的是为了追求与男子平等。❶既然男子可以穿袍服，女子为什么不可以呢？旗袍似乎作为一种符号被赋予了与男子平起平坐的意义。

20世纪30年代，旗袍成为中国都市女性的重要服装，从社会名媛、明星到女学生和工厂女工几乎都接受了旗袍并将其作为日常服装穿着，除了民主思想的传播和影响外，这一变化在一定程度上也得益于"国民政府"的推动，尤其与1929年南京"国民政府"制定的《服制条例》有着直接关系。该条例明确规定女子礼服分袄裙和旗袍，条例中没有出现旗袍字样，而是用一张旗袍图并配以其形制的说明文字来表示："甲种，衣：式如第四图，齐领，前襟右掩，长至膝与踝之中点，与裤下端齐，袖长过肘与手脉之中点，质用丝麻棉毛织品，色蓝，纽扣六"（见《服制条例》第二条"女子礼服"）。旗袍终于被确立为现代中国女性的"国服"。

在中国传统服饰文化的坐标中，服装历来有着强烈的政治色彩和意识形

---

❶ 袁仄，胡月．百年衣裳：20世纪中国服装流变[M]．北京：生活·读书·新知三联书店，2010：123．

态特性。在清朝时期，服饰是统治阶级严内外、别亲疏、昭名分、辨贵贱的意识形态工具，新的服装制度则体现了现代民主思想意识，改变了《大清会典》中那些繁缛的封建规章。1934年的冬天，宋美龄、宋蔼龄、宋庆龄三姐妹在重庆办了一场特殊的街头时装秀，三姐妹穿着一样的深色旗袍，头戴大帽，脚穿黑色皮鞋，认真地在大街上走着台步，据说这样做是为了配合蒋介石倡导的所谓"新生活运动"。无论这场街头时装秀效果如何，民国政府对于服饰改革运动的支持可见一斑。就这样，在民主思想和妇女解放运动的影响下，旗袍成为20世纪三四十年代都市女性的日常穿着，那个年代也成为旗袍的黄金时代。据此，国内有学者把旗袍视为民国期间女性最重要的时装，是中国时装史上一道独特的时尚风景线，也是20世纪中国服装民主化进程中具有里程碑性质的一件大事。❶

然而，之所以把这一阶段作为中国服装民主化进程的开端，不仅是由于旗袍这种服装的流行所表达的民主与进步的含义，更重要的还在于"民国"时期的女装，并非只有旗袍一枝独秀，与旗袍一起深受女性欢迎的服饰还有袄裙及一些西式服装，如西式大衣、婚纱和西式礼服等。一些开风气之先的中国都市，如上海、天津等沿海城市中，受西方服饰文化的影响较大，曾一度流行纯粹从外国引进的西式服装，促使中式服装向西式服装过渡，从而呈现出多元化的特点。在男装方面，也逐步实现了从长袍马褂向中山装和西装的过渡。因此，就"民国"时期服装的整个发展脉络而言，这一时期的民众在政治上基本实现了衣着的平等权，清朝期繁琐的封建礼仪和等级观念被彻底抛弃，服装的变革不仅是穿着形式的改变，也是一次人性的解放，对长期以来深受封建思想桎梏的中国女性尤其如此。

马克思主义民主理论的代表、匈牙利哲学家格奥尔格·卢卡奇认为，经济与民主是结合在一起的。"自由平等受到社会经济条件的限制，他们并非理想化的构造。"❷卢卡奇的这一论述，对于旗袍的发展变迁也有一定现实意义。20世纪40年代，中国的抗日战争进入白热化阶段，受经济条件的制约，虽然旗袍依旧是都市女性的主要穿着，但在面料选择上多是国产棉布或普通毛蓝布，整体风格方面趋于简洁，去除了华丽的装饰，衣身宽松适度，便于活动，也更为经济。在款型方面，下摆不再及地，袖子越来越短，无袖的斜襟和双

---

❶ 袁仄，胡月. 百年衣裳：20世纪中国服装流变[M]. 北京：生活·读书·新知三联书店，2010：124.

❷ [匈牙利]乔治·卢卡奇. 民主的进程[M]. 寇鸿顺，译. 广州：广东人民出版社，2013：107.

开襟旗袍悄然流行。这主要是因为抗战期间，物资匮乏、经济萧条，国民也无心打扮，政府号召人民大众厉行节约救国于危难。抗战胜利后，旗袍再度复兴，30年代定型的现代改良旗袍样式得到了延续。1946年后的旗袍下摆停留在小腿中部，裁剪合体，展现出东方女性的曲线美。

在"民国"时期，虽然我国民族纺织业一度具有良好的发展势头，如从1916年到1922年六年间，天津就陆续建立了六个机械化程度较高的纺织厂：华新、裕元、恒源、北洋和宝成，资本总额达到189万元。但由于中国服装制造业起步较晚，"民国"时期服装的成衣化还很低，根本谈不上机械化服装加工和大生产，所以旗袍主要在城市中流行，以手工作坊和裁缝铺的形式生产制作的服装注定无法满足全社会的需要，这在一定程度上制约了旗袍向更下层的民众，如在广大农民阶层中推广和流行，从而也使以旗袍为标志的中国服装民主化进程仅仅局限于城市之中，在偏远落后的广大农村地区，女性服装还是以清末汉族女性常见的袄裤为主。

## （二）新中国成立至改革开放前期（1949—1976）：旗袍的凋零

1949年新中国成立以后同样开始"改元易服"，与"中华民国"初期用《服制条例》这样的法律条文进行服饰改革不同的是，新中国对民众的服饰没有任何成文规定，但是却成功利用意识形态（集体主义、社会主义、共产主义等）的力量终止了原来的服饰进程，开启了一个新的着装时代。正如有学者所言，"中华人民共和国没有制定新的服饰制度，但却成功地推行了新的服饰和审美标准——并未依靠政府法令，而是依靠意识形态的力量，并非指令性而是引导性地同样完成了改元易服的历史使命。"❶

熟悉服装发展史的人都知道，模仿从众和标新立异是影响服装发展的两条重要动因。前者指个体希望通过着装表达自身与某社会团体、社会主流价值观或者主流意识形态的认同或同一性；后者意味着个体旨在通过服饰外观来展现自身、标榜自身、确立自我身份。如果说模仿从众的着装方式是为了表达归属、认可和服从，那么标新立异的着装方式就是为了与众不同、凸显自我。在新中国成立至改革开放前期这段时间，对革命领袖的无限敬仰和崇拜、对社会主义大家庭中集体主义精神的颂扬，从潜意识中规范了人们的着装行为。中国

❶ 袁仄,胡月.百年衣裳:20世纪中国服装流变[M].北京:生活·读书·新知三联书店.2010:254.

图14-2　列宁装

图14-3　干部装

大陆广大民众的着装动因基本上可以用"模仿从众"四字概括。列宁装（图14-2）、中山装、干部装（图14-3）等成为普通民众的着装样板和模仿追逐的目标。"事实上，在整个五六十年代，领导中国服装'新潮流'的是国家领导人，他们的形象替代了服装模特的功能。"❶这一时期，旗袍则和西装一起作为旧的审美意识、生活方式、思想意识符号和小资产阶级的产物列入了被禁的行列（中国香港、澳门、台湾地区除外）。可以毫不夸张地说，除了在新中国成立初期，旗袍、西装等"民国"时期流行的服饰曾有过一段短暂的繁荣，这一时期的大部分时间里，中国大陆民众的着装所具有的政治意义空前绝后，以集体主义为核心的思想意识形态占据了绝对优势，服饰中所有标新立异、与众不同的因素都成了个人主义的代名词。服装俨然成为了物化的意识形态以及人们确认政治立场是否正确的标志，是关系个人命运前途的头等大事。

除了以集体主义为核心价值观和主流意识形态所宣讲的政治性对民众服饰的引导之外，这一时期旗袍在大陆的凋零与主流意识形态宣扬的审美观也有关系。换句话说，旗袍这种极富女人味儿的穿着不符合新社会、新时代的审美，革命战争时期形成的简朴的服饰审美意识进入新时期的服饰审美之中。在"文化大革命"期间，穿补丁衣服成为一种时尚，甚至有人将新衣服也打上补丁以示革命之彻底，这种严重的"左"倾倾向将朴素、简陋的服饰审美推向极致，也使服装的政治隐喻达到了无以复加的程度，完全忽视甚至舍弃了服装本身所蕴含的对人体的装饰和美化功能。对于这一时期的女性来说，服饰的泛政治化和意识形态意义主宰了女性服饰，"不爱红装爱武装"成为"文化大革命"时期女性服饰的标准，劳

---

❶ 张中秋，黄凯锋.超越美貌神话——女性审美透视[M].上海：学林出版社，1999：75.

动阶级的粗犷美、朴素美取代了女性美成为社会的主流审美且备受推崇。新中国广大妇女在"妇女能顶半边天"口号的感召下，不仅从事以往只有男性才干的工作，如开车、采矿等，而且从服饰上摒弃了一切女性化要素，从言行举止到衣着打扮都向男性看齐，仿佛只有这样才能实现"男女平等"。与此相应，女性服饰出现了明显的男装化倾向，日常生活中的女性也照样穿着列宁装、人民装，色彩也以蓝色、绿色、灰色为主。实际上，这是一种无视性别差异的无原则性别平等，甚至是对女性权利的一种忽视和践踏。

除了上述原因之外，这一时期使中国大陆纺织服装业的生产技术严重滞后，例如，纺织工业企业户数在1978年只有0.46万户，全行业就业人数有311.21万；同年我国棉花产量为204万吨，化纤产量则只有28.5万吨，这样的产量远远无法满足10亿人口的穿衣需求，普通粗布成了需要"布票"才能买到的奢侈品。再加之社会主义计划经济使服装纺织业的生产、销售和消费变得整齐划一，所有这些都极大限制了民众服饰朝装饰性方向发展。

旗袍的凋零也与这种服装本身的特点不无关系，改良旗袍紧身合体，不适合在生产劳作中穿着，自然也无法适应百废待兴、工农业都需要大发展这样一种社会实际情况，所以其消失也有着一定的必然性。

因此，从整体上说，这一时期中国大陆左倾教条主义禁锢了人们的思想，凡事以政治正确为出发点、"政治挂帅"的集权思想以及高度统一的计划经济严重阻碍了服装民主化进程。新的政治历史环境和匮乏的经济条件必然催生新的审美标准，种种问题从服装中折射出来便是旗袍的凋零，以蓝、灰、绿色调为主的中山装、干部装、军装成了人们生活中的日常服装，当然也是那个时代的流行服饰，所有这一切使中国服装民主化进程出现了严重倒退。

### （三）改革开放至今：旗袍的有限回归

1978年第十一届三中全会使改革开放的春风传遍神州大地，发展社会主义民主政治成为建设中国特色社会主义的重要目标和内容，社会主义民主制度再次在中国大陆平稳健康地发展起来。科学决策、民主决策、依法决策水平不断提高，人民利益和愿望得到更好体现和保障。在经济方面，逐步在全国范围内推行以国有制为主体的社会主义市场经济，并取得了举世瞩目的成就。通过积极吸纳西方先进的科学技术知识、市场管理的经验以及各方面的人文理论，中国最终步入了社会主义民主化的进程。与政治民主化和经济改革同步推进的是服装民主化，且有着突出表现。

首先，摆脱了"政治挂帅"的中国人的穿衣标准有了很大变化，美、时髦、国际范儿、标新立异之类的准则，深埋在中国人心灵深处的爱美之心得到了释放。冲在这一时尚变革最前面的是西装。1983年，时任中央书记处书记的郝建秀同志致信当时的轻工业部部长，提出要"提倡穿西装、两用衫、裙子、旗袍"。当时，"西装热"一时席卷中国各阶层，人们迫不及待地换上了西装，包括下地种田的农民也是如此。

如果说20世纪80年代的西装流行的深层原因在于人们对政治改革的渴求的话，那么那个时代喇叭裤、蝙蝠衫的流行则属于一种个性的释放、爱美之心的回归。随着改革开放的春风一起吹来的还有国际流行服饰，从喇叭裤、蝙蝠衫、健美裤到牛仔裤、T恤衫等一波波的服装潮流席卷而来，很快受到了国内年轻人的喜爱，成为大众流行服饰，旗袍也再次回到了人们生活之中。不过，在民众中的流行程度却再也不能和"民国"时期相提并论，旗袍不过是诸种服饰中的一种选择而已。事实上，日常生活中穿着旗袍的人并不很多，除了演艺界和一些国家出访人员穿着之外，更多成为餐厅服务员和礼仪小姐的工作制服，这使得旗袍的地位略显尴尬。总结起来，旗袍的有限回归可从如下几个方面找到原因：

第一，整体政治氛围相对宽松，人们在穿衣打扮方面不再受制于各种政治禁忌，除了需要穿制服的单位部门（如医院、军队、体育界等）外，人们可以随意选择自己喜欢的服饰。同时，改革开放后人们对外部世界的渴望和倾慕之情促使人们更青睐外来的服饰，而非本民族的东西，可以说这一时期求新求异的着装动因成为多数人着装的首要准则。

第二，在卢卡奇看来，经济与民主是社会主义事业的一体两翼，缺少了任何一个方面，都会使另一方面孤掌难鸣，独木难支。没有经济基础的支撑，社会主义民主就算建立起来，也必然会脱离实践，成为无根之木、无源之水。❶改革开放后中国服装民主化进程的飞速发展，除摆脱了政治束缚这一原因外，还在于这一时期中国大陆服装纺织工业的发展。最有说服力的莫过于1983年国家宣布取消全国人民使用了30年的布票，各种纺织品向大陆所有民众敞开供应，人们可以自由购买面料和服装，国内市场需求十分旺盛。

---

❶ [匈牙利]乔治·卢卡奇.民主的进程[M].寇鸿顺，译.广州：广东人民出版社，2013：14.

第三，从整体上来讲，随着服装经济的发展，市场为广大女性提供的服装种类逐渐增多，品类繁多的服饰选择挤压了旗袍的发展空间。如20世纪80年代流行的喇叭裤、蝙蝠衫、牛仔衣、牛仔裤、健美裤等，裙装则有连衣裙、直身裙、衬衫裙、春秋裙、背心裙等；还有各类长短大衣、西式套装、毛线衣等。当时流行的一部电影《街上流行红裙子》就是那个年代女性流行时尚的生动展示。20世纪90年代的服装市场为女性提供了更多选择，除了各类时髦的休闲装之外，露脐装、无袖装、吊带裙、A字裙等性感装束也成为女性最爱，走在许多城市的商业街上，女性用各种服饰或张扬、或含蓄地上演着各自的服装秀。20世纪90年代以来，韩国、日本、欧美等国的时尚潮流纷纷涌入中国，"哈日族""哈韩族"们任性地打扮着自己。与此同时，中国的布波族、嘻哈族、新人类、新新人类也在用休闲时尚、另类时尚引领着中国的时尚潮流。同时，以中国文化元素为主的中国风时尚也逐渐兴起，给人们的着装增添了更多选择。

1978年，法国设计师皮尔·卡丹访问中国，把现代服装的概念和时装表演带入了中国。20世纪90年代一大批国际顶尖服装时尚品牌纷纷进入中国市场，在北京、上海等地开设分店或者专柜。比如，1990年卡地亚以中国奢侈品消费市场拓荒者的身份进入中国；1991年杰尼亚在王府精品廊开设了中国大陆第一家直营店；紧随其后入驻中国的还有路易威登、博柏利、夏奈尔、古琦、迪奥、阿玛尼等国际一流时尚品牌。国际时尚潮流的涌入使时尚对于国人来说不再是高不可攀的梦想，而是唾手可得的日用之物。当然，所有这一切都在无形中挤压了旗袍的发展空间和市场份额。

第四，依托现代化的科学技术、交通、通讯及传媒产业的发展，今日的中国时尚已经完全达到了与国际同步，多元文化、个性选择、民主浪潮成为了发展趋势且势不可挡。国内服装文化、服装设计界的志士仁人也一直在苦苦探索复兴民族服饰之路，为旗袍、汉服等其他具有民族风格的中国传统服饰寻找新的发展空间，各式中国风服装时尚也是层出不穷，立领、盘扣、斜门襟等中式服装设计元素以及各种与中国传统文化有关的艺术题材（如中国传统书法、绘画等）、象征符号（如龙、凤、花、鸟等）等成为设计师的最爱。但是，面对不断来袭的国际时尚大潮，如何将独特的中国传统服饰文化发扬光大，并与国际时尚潮流接轨、得到国际时尚界的认可依然是个令人困扰的问题。

## 三、时尚与民主的悖论

20世纪以来，因政治环境及经济状况的不同，旗袍经历着从盛世到凋零再到有限回归这样一个坎坷跌宕的命运，在一定程度上成为中国社会民主政治发展的缩影。与新时期旗袍的有限回归相得益彰的是中国普通民众着装的自由度和民主程度已经远远超过了以往任何一个年代，服装民主化已经昂然走在了整个中国社会民主化进程的最前列。

然而，在未来的服装发展变迁过程中，服装民主化进程会和整个社会的民主化进程同步前进吗？挪威新锐哲学家拉斯·史文德森认为，时尚不仅仅是一种服装问题，而是一种总体性的社会机制问题。时尚的变迁和社会机制的变迁密切相关。时尚从一种意识形态动机中解脱出来又落入了另一种意识形态的圈套中来。❶在西方服装史上，服装民主化问题并不是一个新的话题。有学者认为西方的服装民主化进程开始于19世纪，因为"普通人"（工人阶级）直到19世纪才进入时尚的领地。这主要是由于工业革命的兴起和发展导致了"大生产的迅速扩张，尤其是缝纫机和编织机的使用，使得生产大批相对形状复杂的衣服成为可能，而这些形状复杂的衣服以前只能是手工缝制。"❷据此，哲学家赫伯特·斯宾塞曾预期，从长远来看，随着社会的日渐民主化，时尚将最终消亡。然而，史文德森认为，"民主平衡"的结果是打破了社会等级制度，这就使社会个体为了强调自己的地位更需要借助时尚的力量。❸

事实上，到目前为止，时尚的民主化并不意味着阶级差别的消失，因为在席卷社会的时尚运动中，人们开始以不同的时尚消费形式来彰显地位的差异——"炫耀性消费"成了一种新的时尚。时装成为大众成员得以提升自身地位、超越他人的重要资源。例如，20世纪80年代末，一些国际大财团嗅到了时尚业及奢侈品行业背后的经济利益，开始买下或侵吞一些家庭式小作坊，最典型的例子便是原先靠经营酒发财，后来买下路易威登、迪奥、芬迪、古琦等十几个奢侈品牌的LVMH公司。这些财团放大品牌身份，通过各种宣传和营销手段造就新消费阶层，把小型的奢侈品工业变成了现如今年销售额高达数千亿美元的庞然大物，并美其名曰奢侈品的"民主化"。"民主化"被这

❶ [挪威]拉斯·史文德森.时尚的哲学[M].李漫，译.北京：北京大学出版社，2010：4.
❷ [挪威]拉斯·史文德森.时尚的哲学[M].李漫，译.北京：北京大学出版社，2010：34-35.
❸ [挪威]拉斯·史文德森.时尚的哲学[M].李漫，译.北京：北京大学出版社，2010：36.

些大型资本财团解释为让人人都有享受奢侈品的权利和可能。这听起来确实是个好主意，但为了实现这个平等，他们还要借用这些品牌不平等的传统，以其昔日品质当招牌卖点，使这些奢侈品的天价变得合情合理。那么，社会的民主化浪潮与时尚的变迁到底将以怎样的趋势继续前行呢？或许只能拭目以待。

# 时尚领导力研究

## 一、领导力问题概述

国内对"领导力"的研究是近几十年的事情。首先，领导力作为一个管理界的热门词汇，并没有一个统一的定义，一些管理界重量级人物对领导力这一概念的具体含义也莫衷一是。例如，世界著名领导力专家拉尔夫·海菲兹认为"领导力就是能激发社会或组织的人们去解决难题，适应社会并促进社会发展的能力。"从而将领导力定义为行动、应变与发展。约翰·麦克斯威尔认为"领导者是知道方向、指明方向，并沿着这个方向前进的人"。杰克·韦尔奇说："当你不是个领导者，成功是让自我成长；当你成为一个领导者，成功是帮助他人成长。"❶说法虽然不同，他们对领导力本质的认识却是一致的，那就是领导力从本质上看是一种影响力、一种魅力。尽管如此，人们还是按照领导力与权力的关系，将其分为两类，一类是与权力（或岗位）相关的个体领导力和组织、团体领导力，可称为权力领导力；另一类是与权力（或岗位）无关、基于事物本身的魅力产生的影响力，西方学界将其称为"非权力领导力"❷。

目前，学界对第一类领导力的研究非常广泛深入且硕果累累，早期的研究成果主要围绕领导特质、领导模式、领导行为、领导权变、领导风格等方面展开，并逐步形成了领导特质理论、魅力型领导理论、权变理论及分权式

---

❶ 唐荣明. 正本清源：什么是领导力 [OL]. http://www.ceconline.com/leadership/ma/8800066874/01/ 参考日期：2015-9-20.

❷ Northouse，Peter Guy. *Leadership:Theory and Practice*[M]. SAGE Publications，Inc. 2013：1-13.

领导理论等几个主要研究流派。其侧重点从领导者个人的特质研究逐步转移到领导者所在组织的特质研究，关注点从对个体能力转移到组织整体层面上的集体能力。后期则致力于领导力效果的开发与提升，近几年非常流行的《领导力：如何在组织中成就卓越》一书，已经先后出版了五个版本，对提升组织领导力提出了许多切实可行的策略与方法。

国内学术界将领导力分成两部分进行研究，首先是对"领导"这个概念的研究与定义，其次才是"领导力"。有学者以国外相关研究为基础，提出领导力是领导者在特定的情境中吸引和影响被领导者与利益相关者，并持续实现群体或组织目标的能力。同时，基于国外相关理论，提出了"领导力五力模型"，认为领导者必须具备如下领导能力：一是前瞻力，对应于群体或组织目标的目标和战略制定能力；二是感召力，对应于或来源于被领导者的能力（包括吸引被领导者的能力）及影响被领导者和情境的能力；三是影响力，对应于群体或组织目标实现过程的能力，主要包括正确而果断决策的能力；四、五分别是决断力和控制目标实现过程的能力。❶

另一类是与权力（或岗位）无关、基于事物本身的魅力产生的影响力研究，也就是对非权力领导力的研究。事实上，领导力的本质就是一种影响力、一种魅力，非权力领导力是领导者自身的人格魅力、事物的自身属性产生的影响力，它来自事物自身的属性、修炼和成长，来自社会群体大众对其发自内心的尊敬和信服。这种领导力是柔性的，是与岗位无关的。正因为如此，非权力领导力是一种具有弹性的领导能力或影响力，可以推而广之，应用到其他行业或者学术领域中去。例如，国内管理界盛行的儒学领导力就是非权力领导力研究的最好诠释和体现，而本文研究的时尚领导力正属于此类范畴。

## 二、时尚领导力的定义

众所周知，时尚最本质的特征是引领和改变，不断突破自身、超越当下，永远朝向新的方向迈进，在这一点上时尚的本质和领导力的本质是不谋而合的。英文中"领导力"（leadership）一词的词根"leith"是"向前（to go

---

❶ 中国科学院科技领导力研究课题组. 领导力五力模型研究[J]. 领导科学, 2006(9): 20-23.

forth）""突破瓶颈（to cross a threshold）"或"蜕变"的意思。因此该词的本义是"勇于向前、突破瓶颈、创造蜕变"。在此基础上并结合国内外学者对领导力的定义，我们不妨将时尚领导力定义为：时尚对社会和人生所具有的激发、引领、改变和超越现状的能力及影响力。

在当下的政治、经济及管理领域，领导力问题并不是一个新鲜的话题，中外学者们已经做出了非常详尽的研究与论述，但是目前学术界对时尚领导力的定义、构成、表现方式、开发与提升等各种问题还未给予足够的重视，因此时尚领导力的研究具有一定的理论意义。随着时尚在国际交往、经济发展、文化产业以及人们日常生活中的重要性日益凸显，时尚领导力的开发与提升对于增强我国文化软实力、促进整体文化战略等方面具有一定的现实意义。

## 三、时尚领导力的构成要素

西方有学者将领导力定义为一个过程，即为了实现共同目标个体对群体所发生影响的过程。❶在某种程度上，时尚领导力的产生也是一个过程，而且是一个复杂的系统性工程。鉴于此，我们不妨根据时尚的运作和流动方向从纵向和横向两个方面来思考这一问题。首先，从纵向或者说以时间为线索大致可以将时尚领导力分为三个阶段：首先是时尚、艺术及文化知识的教育和培养阶段，在这一阶段时尚领导力主要渗透和体现在艺术和时尚类院校的时尚教学和科研活动之中；其次是时尚的研发设计和生产制作阶段，这一阶段中时尚领导力对社会政治、经济、文化等各方面的影响逐步增强；第三个阶段是时尚的营销、传播和消费阶段，这一阶段中时尚领导力开始成为个体社会活动和日常生活的重要组成部分，成为个体的生活方式和生命存在的一种样态，影响力最为深入和广泛。总体来说，这是一个系统性工程，从纵向来看，从艺术院校的时尚教学开始要经过一个较为漫长的时期，时尚领导力的影响逐步增强，并渗透散布于每个环节之中。从横向来看，时尚领导力同步存在于上面每个阶段的各个环节之中，根据时尚自身的特点并结合国内学者对领导力问题的研究，笔者将其归纳为如下五个基本要素：生命力、前瞻力、感召力、影响力和凝聚力。

---

❶ Northouse，Peter Guy. *Leadership:Theory and Practice*[M]. SAGE Publications，Inc. 2013：1-13.

### 1. 生命力

时尚的生命力体现于一个又一个时尚流行周期的循环往复、潮来潮往，在不停的变化中延续着自身的生命，永远充满生命的活力。充满活力和生命力的时尚能够赋予平淡庸常的社会人生以变化、新奇和前进的动力。时尚的心理动机就是求新、求异，与众不同，时尚能够引导人们认识、体验和尝试新奇事物，并从中获得新鲜的感觉。人们在追求时尚、寻找新奇的过程中缓解生活的单调乏味和生命的必将衰老所带来的焦虑，在变化中找寻生活的希望和生命的趣味。基辛格博士说："领导就是要让他的人们，从他们现在的地方，带领他们去还没有去过的地方。"这一点是时尚领导力的基础，也是时尚生生不息的基本条件。

### 2. 前瞻力

前瞻力就是时尚预测未来、引领未来、规划未来的能力，既是时尚的品质和属性，也是时尚的功能之一。时尚的前瞻力与时尚体系中的各个环节都有关系，时尚的教育培养、研发设计、生产营销、传播消费等各个环节中都渗透着人们对于未来的思考和预测，其中时尚设计师、流行色预测机构、时尚把关人、意见领袖、行业精英对于未来时尚潮流的把握、预测和引领功不可没。这些人凭借对当代文化、时代精神、世界或地方范围内经济及产业格局的理解、对未来世界的感知力、想象力与预见力赋予时尚预测未来的能力，影响时尚的发展。

### 3. 感召力

感召力是时尚的根本属性，是一种神圣的、鼓舞人心的力量，也是任何一种流行事物都不可或缺的基本属性。时尚领导力具有独特的运作机制，其中重要一点就是时尚领袖的引领与号召。时尚领袖对时尚有着敏锐的感觉，能够率先发现并勇于尝试新的时尚风格，并具有让众人追随的领导力和说服力。西美尔在《时尚哲学》一书中认为，"时尚是既定模式的模仿，它满足了社会调适的需要；它把个人引向每个人都在行进的道路，它提供一种把个人行为变成样板的普遍性规则。但同时它又满足了对差异性、变化、个性化的要求。"❶由此不难看出，时尚是一种社会形式，起源于人类内心（通过模仿）"从众"和（经由时尚）"出众"的矛盾心理。这一点也是时尚领导力的心理基础。通常情况下，很多时尚潮流的兴起都离不开时尚领袖的引领和大众的追随。

4. 影响力

时尚的影响力主要体现在三个方面，首先，对时尚个体来说，时尚用自身的魅力、新奇的样式和大胆的突破来影响人们对世界和自我的认知，有利于个体彰显和培养敢于自我突破、勇于进取的精神。如埃莉诺·罗斯福说："对时尚的感知是一种自我认知。"在某种程度上可以说，一个敢于接受时尚来改变自己外观的人，一定是一个具有勇气敢于突破现状和常规的人。时尚对社会人生的引领和影响在这方面表现得尤为清楚。时尚设计师堪称这方面的代表，许多时尚设计师都把时装设计视为一种自我突破和自我认知的途径。日本著名时装设计师川久保玲就经常在她的作品中运用各种元素传达出强烈的"突破感"。她为自己的同名品牌CdG（Comme des Garcons）2014春夏系列23套服装都配上了各自专属的背景音乐。她设计的时装打破了传统服饰裁剪和制衣的束缚，以黑色裙装礼服出场，夸张的胸衣轮廓与体积巨大的乔其纱裙摆搭配在一起，呈现出波浪形态，通过弧度、曲线、圆圈和漩涡呈现3D立体构成视觉，用与众不同的外观风貌让穿着者重新认识自我。"我只是在创作新的东西，并不是以制作衣服为意图。"

其次，这种影响力也体现在时尚对设计者和消费者的形象塑造、身份建构、生活方式、社会地位等方面的影响。举例说明，21世纪初以来，以安娜·苏、王薇薇、王大仁、吴季刚、林达克等人为主的亚裔时装设计师陆续成为美国时尚舞台上活跃而又闪亮的一个群体，他们在时装设计和商业营销等方面都取得了骄人业绩，不仅为塑造出社会成功人士的形象，而且为亚裔美国人赢得了美国少数族裔群体以及主流社会的认可与尊重，有效提升了亚裔美国人的社会地位。❷

最后，时尚的影响力体现在时尚作为一种软实力所发挥的作用与影响。

❶ [德]西美尔. 时尚的哲学[M]. 费勇，等译. 北京：文化艺术出版社，2001：72.

❷ Fashion. Shi Yajuan, Yan Wenfan. *Asian American Leadership:A Concise Reference Guide*[C].Ed. Don Nakanishi. Mission Bell Media.2015：119-120.

软实力这个概念是美国哈佛大学的约瑟夫·奈教授提出来的。在1990年出版的《注定领导世界：美国权力性质的变迁》一书及同年发表在《对外政策》杂志上题为《软实力》的文章中，他明确提出并阐述了"软实力"概念。随后约瑟夫·奈教授又在2004年出版的《软实力：世界政治中的成功之道》一书中，对"软实力"概念进行了补充。在他看来，"软实力"主要包括文化吸引力、政治价值观吸引力及塑造国际规则和决定政治议题的能力，其核心理论是："软实力"发挥作用，靠的是自身的吸引力，而不是强迫别人做不想做的事情。[1]随后，软实力这一概念被广泛地应用于政治、经济及文化领域。流行文化和大众传媒通常都被视为软实力的来源[2]。简单地说，文化软实力是一种能够激发其他国家民族的人们对本民族文化的渴望，并促使他们适应、接受本民族文化的能力。文化软实力的增强有助于国家减少硬实力方面的投入，从而减轻国民负担。约瑟夫·奈认为，"一个国家在国际政治舞台上有所成就，原因可能是其他国家钦慕其价值观、以之为楷模、希望达到同等繁荣和开放而心甘情愿紧随其后。"[3]从此种意义来看说、软实力就是一种吸引力和领导力。因此提高文化吸引力也是增强国家软实力的重要组成部分。

国外有学者认为领导力的作用在于激发他人追求你为之设立的愿景，并使之成为一种共同的努力、愿景和成功。[4]以中国风时尚领导力为例，就是让具有中国风格的时尚充分发挥其影响力，在传播中国服饰文化的同时，增强中华文化的世界影响力和认可度，进一步改善国家形象、提升国家软实力。我们应该充分利用时尚这一全世界的通用语言，加强不同文化、民族、种族之间的沟通、理解、信任和认同。

### 5. 凝聚力

凝聚力是时尚通过其生命力、感召力、前瞻力和影响力将追随者、普通大众聚集在一起的能力。时尚的凝聚力是时尚的从众性带来的必然结果，同时也是时尚领导力其他几个基本要素共同作用的结果。时尚在加强和巩固团体凝聚力方面的作用是有目共睹的。通过整洁一致的外观，团体成员可以表

---

[1] Nye, Joseph. *Soft Power:The Means to Success in World Politics*[M]. New York：Public Affairs.2004.

[2] Karllson, Markus. Economic warfare on the silver screen[N]. FRANCE 24. 28 June, 2011.

[3] Nye, Joseph.*Soft Power:The Means to Success in World Politics*[M]. New York：Public Affairs.2004.

[4] Zeitchik, S.10 Ways to Define Leadership[N]. Business News Daily, 2012.

达关心彼此的认同、共同的信仰以及集体的品位，为团体内部的团结一致提供了视觉基础，有助于形成团体共识，提升团体凝聚力。制服时尚就是这种凝聚力的最好体现，因为除了具有标识身份、与工作环境相适合等特点之外，制服还可以增强集体荣誉感、传递权力关系，有助于组织或团体凝聚人心、统一行动。尽管很多时候制服因款型、色彩、样式等方面的统一性和缺乏变化性等特点，常常被排除在时尚之外，但是从长期发展的角度来看，工装、军装等制服的款型、色彩、面料等内容同样在发生着变化，只是速度缓慢一些，而且制服设计的每次变化都离不开同时代的流行时尚，各国航空公司空姐的制服尤其如此。此外，制服同样可以成为流行或者时尚的灵感来源，这一点已被中西服装发展史上的各种军旅风、军装热所证明。

此外，美国人类学家阿尔弗雷德·弗鲁格一篇题为《时尚作为社会秩序的更迭》的论文中认为，时尚既不是"表达"也不是"象征"，而是社会深层的秩序，风格是一种文化自治的体现。美国社会学家布鲁默也认为时尚是一种能够为变化不定的社会带来秩序的社会现象，认为在潜在无政府主义的和随时变动的时代，时尚带来了秩序。某种既定社会秩序的形成当然离不开凝聚力，时尚恰恰从最基本的社会层面为人们提供了这样一种力量。

## 四、时尚领导力的开发与提升

时尚领导力的开发与提升不是一朝一夕的事情，要理清思路，顺应时代发展，任何提升时尚领导力的方法、手段、途径都要符合时尚自身的特点，避免定型化。首先，提升时尚生命力和前瞻力，重要的是与时俱进，且能够放眼未来，新的时代精神和新的科学技术是时尚保持旺盛生命力的源头，时尚界要时刻谨记从这两个方面获取灵感和支持。目前，纳米材料、3D打印技术、模拟成像技术、人工智能等先进科学技术不断为时尚提供新的拓展空间和发展机遇；地球环境的恶化则让人们对环境保护和生态环境的可持续发展充满了期待，也为生态时尚的发展注入了生命力。同时，保持时尚的生命力，决不能故步自封，要有勇于超越自我和打破疆界的魄力和信心。以中国风时尚为例，中国风时尚领导力的提升，一方面要从中国传统文化中获取给养，继承中国传统服饰文化中的宝贵遗产，同时也必须在继承中发扬光大、不断创新，只有这样，才能实现文化的可持续发展；另一方面，要敢于打破种族、民族、国别等人为设置的疆界，虚心向世界各国人民创造的优秀服饰文化学习，兼收并蓄，借鉴包容，这样才能时刻保持时尚鲜活的生命力。

其次，提升时尚领导力，要从时尚教育这一源头抓起。时尚的教育与培养要和文化、艺术、科学的教育与培养齐头并进，艺术和科学是时尚腾飞的翅膀。作为当前社会文化中一道靓丽的人文景观，时尚文化教育要推广普及积极健康的审美趣味和人文精神导向，努力降低弥漫于网络和社会之中的奢靡之风、炫耀之风和及时行乐的消费观所造成的影响，帮助人们培养和树立正确的时尚观和价值观，更好地提升时尚的感召力和凝聚力。

第三，提升时尚领导力，有必要充分发挥"时尚领袖"的作用，鼓励时尚领袖（如政治人物、社会名流、各类明星、网红等）利用自己的公众影响力在各种私人、公开或商业场合，通过正式或非正式渠道宣传、推广具有中国人文特色和价值理念的时尚文化，努力营造积极向上的时尚文化氛围。

第四，增强时尚领导力，有必要加强时尚领域内各种时尚教育机构、行业、传媒以及时尚研究团体之间的交流互鉴、融合创新，全方位提升时尚领导力。事实上，目前国内时尚界已经意识到了联合共创的重要性，定期或不定期以时装发布会、展览、会议研讨、人才交流培训等形式进行资源整合，优势互补，学习互鉴。同时，提升时尚领导力，尤其要重视传统媒体和新媒体的资源整合。让传统的平面媒体、影视传媒和以博客、微博、微信、抖音等为代表的新媒体在传播时尚文化、促进时尚产业发展的过程中发挥各自的长处，最大限度地展现当代中国的社会和文化风貌，特别是具有中国特色、又不失国际水准、符合国际流行趋势的时尚文化，从而增强时尚在塑造个体形象、团体形象、国家以及民族形象方面的影响力。

最后要指出的是，时尚领导力的开发与提升是一个系统性工程，必须经过时间的淘洗逐步进行，前面提到的几点只是这一工程的一小部分，篇幅所限，还有很多重要途径、方法和手段尚未涉及，留待以后探讨。

# 第十五章 "中国风"时尚专题研究

## 中西方"中国风"时尚概述

### 一、"中国风"时尚的定义

在中西方两种不同文化语境中,"中国风"一词有着不同的含义。首先,在西方文化语境中,"中国风"一词的英文表达是"Chinoiserie",该词来自法语,是一种追求中国情调的西方装饰风格,始于17世纪末,18世纪达到顶峰,19世纪逐渐式微。目前学界对"中国风"一词的定义并不统一,《不列颠百科全书》这样定义"中国风":"指17~18世纪流行于室内、家具、陶瓷、纺织品和园林设计领域的一种西方风格,是欧洲对中国风格的想象性诠释。在17世纪最初的一二十年里,英国、意大利及其他国家的工匠们开始自由仿效从中国进口的橱柜、瓷器与刺绣品上的装饰式样。最早出现中国风格的是1670~1671年路易·勒弗为路易十四在凡尔赛宫的特里亚农宫的室内设计。这股风潮迅速蔓延,特别是在德国,几乎没有哪个王宫府邸在建成时没有一个中国房间(如符腾堡的路德维希堡宫)。中国风格大多与巴洛克或洛可可风格融合在一起,其特征是大面积的贴金与髹漆,大量运用蓝白两色(如代尔夫特陶器),不对称的形式,不用传统的焦点透视,采用东方的纹样和主题。这种轻盈、不对称以及题材变化多样的特征也在同时期的纯艺术中体现出来,如在法国画家安东尼·华托以及弗朗西斯·布歇的绘画中。对这种风尚的向往导致了大型不规则园林的诞生。宝塔与凉亭在18世纪的欧洲园林中随处可见……19世纪中国风格逐渐消失……20世纪30年代,在室内设计领域曾再度流行。"❶

---

❶ 转引自:袁宣萍. 十七至十八世纪欧洲的中国风设计 [M]. 北京:文物出版社,2006:4.

　　《中国风：遗失在西方800年的中国元素》一书的序言中有学者认为"中国风是一种欧洲风格，而不是一些汉学家常常认为的那样，是对中国艺术的拙劣模仿。它所表明的是一种思想方法，同催生出18世纪哥特复兴的思想方法相仿。"❶卞向阳教授认为，所谓"中国风"，起源于中西方贸易的不断发展和猎奇的旅行者的冒险游历，涉及绘画、瓷器、园林艺术、室内装潢以及家具样式纺织品和服装等诸多艺术领域，东方的器皿、建筑图案、生活饰品、宗教塑像等成为艺术创作的源泉和素材。在18世纪，"中国风"是一种风格的指称，从属于巴洛克和罗可可艺术的分支，它掺杂着西方传统的审美情趣，反映了欧洲人对中国艺术和中国风土人情的理解和想象。其后，"中国风"泛指一种追求中国情调的艺术风格，较常见于绘画和装饰等方面。❷由上面的定义可以看出，西方语境中的中国风主要指流行于17~18世纪，受到中国外销商品的影响，欧洲人在绘画、园林、建筑、室内装饰、服饰等领域对中国传统器物及文化元素的运用、模仿与阐释。根据上述西方中国风的诸种定义和描述，我们不妨将20世纪以来的西方的"中国风时尚"（Chinoiserie）定义为西方时尚界在服饰设计领域对中国文化元素的借鉴、挪用或模仿及由此产生的时尚风格及作品。

　　在中国文化语境中，"中国风"（Chinese style）指20世纪80年代中国社会全面改革开放以来，频繁出现在音乐、建筑、室内装饰、电影、服饰、广告等文化、艺术、商业领域中的具有明显中国文化特色的设计或流行风格，有时也表现为一种生活方式。中国本土的"中国风时尚"（Chinese-style fashion）主要指服装、服饰、家居设计等方面以中国文化元素为主、突显中国传统美学特色的设计风格及其作品，这种时尚设计同样吸收了西方现代和后现代设计方法及设计理念，具有在国际范围内流行的可能性。目前国内时尚界对于此种风格的叫法并不统一，常见的称谓还有国潮风中式风格、现代中式、新中式、新造型主义、新东方主义等。与西方中国风时尚相比，本土中国风虽然起步较晚，但作为由中国时尚设计界发起的一场风格运动，已经蓬勃发展起来，呈现出鲜明的个性和强大的生命力。

❶ [英]休·昂纳.中国风:遗失在西方800年的中国元素[M].刘爱英,秦红,译.北京:北京大学出版社,2017:1.
❷ 卞向阳.服装艺术判断[M].上海:东华大学出版社,2016:189-190.

## 二、西方中国风时尚发展概述

### 1. 20世纪上半期

19世纪后半期西方列强用坚船利炮迫使闭关锁国的清政府打开了中国大门，中西文化交流再度活跃起来，西方中国风设计也随之翻开了新的一页。中国风与时尚的结合在巴洛克时尚风格与洛可可时尚风格中都有所体现，不过那时借鉴的多是一些简单的中式纹样。20世纪初法国时尚设计师保罗·波列开始从廓型上借鉴中国文化元素，"孔子大衣"就是他设计的一件具有中国袍服风格的服装。此外，他也从日本、印度、土耳其等国家服饰文化传统获取灵感，设计了不少具有东方服饰风格的服装。珍妮·朗万也是20世纪早期对中国服饰文化感兴趣的设计师之一，她非常喜欢收藏古老的东方织品。那个时代初出茅庐的夏奈尔在1930年左右设计裁改了一套具有中国风特色的中式晚礼服夹克，蓝色真丝绉上用金线和金属线绣有龙、仙鹤、祥云等中国传统服饰纹样，还保留了中式马蹄袖。20世纪二三十年代"中国风"时尚风格出现在美国好莱坞电影服饰中，尤其是为华裔演员黄柳霜设计的一系列具有中国风格特色的服饰（如1931年发行的电影《龙的女儿》中的戏服，如图15-1、图15-2所示）成为那个时代西方中国风时尚风格的代表作。同时期涉猎中国风的西方设计师还有卡洛姊妹、爱德华·莫林诺克斯、玛德琳·维奥内特等人。这一时期，夏奈尔、巴伦夏加、迪奥等人也尝试过中国风时尚设计。

图15-1 电影《龙的女儿》中的戏服　图15-2　电影《龙的女儿》剧照
（1931年）

### 2. 20世纪50年代至今

20世纪中后期以来，"中国风"再度在西方文化界流行开来，除了电影、动漫、广告之外，时尚中的中国风更是首当其冲，涌现出一大批中国风时尚设计作品，夏奈尔、纪梵希、卡尔·拉格菲尔德、伊夫·圣洛朗、皮尔·卡丹、乔治·阿玛尼、汤姆·福特、约翰·加利亚诺、亚历山大·麦昆、拉尔夫·劳伦等很多西方时尚设计师都参与进来，他们在设计中频繁到中国传统和当代文化中寻找灵感，将经过改造的中国传统文化元素（如龙、水墨、书法、祥云、花卉、青花瓷、玉器、丝绸、刺绣等）或中国传统服饰款式（如旗袍、清代官服、披肩等）运用到时装设计中，再结合精湛的工艺将当代西方中国风时尚设计推向一个新的高潮。

这个时期西方中国风时尚有很多经典案例。克里斯汀·迪奥在1951年设计了一套丝缎鸡尾酒裙（图15-3），直接用中国唐代大书法家张旭草书拓本作印花，成为西方中国风时尚中的经典之作。伊夫·圣洛朗在1977年推出了著名的"鸦片"香水，瓶子采用中国鼻烟壶设计，给西方主导的时尚圈层带去异域东方的味道，1977—1978秋冬高定系列又推出了以中国清代兵勇的服饰造型为灵感的设计。1993年，瓦伦蒂诺首次来到北京，被华美的中国传统手工艺所吸引。在2013年上海系列中，华伦天奴推出了一系列中国风时装作品，其中一件红色晚礼服将品牌标志性的红色与充满中国文化特色的红结合在一起，以人造纺布为主要面料、配以红黑两色真丝、雪纺贴花等装饰，成为一套极具西方时尚趣味又充满中国意境的服饰（图15-4）。意大利知名奢侈品牌阿玛尼在2015年春夏巴黎高定时装周上推出了以"竹"为主题和主要设计元素的高级定制秀（图15-5），大走中国风路线。借助西方时装屋高级手工坊的传统工艺，设计师将作为士大夫身份名片的竹元素、汉唐式的襦裙、苏绣与珐琅掐丝等中国文化元素融入时装设计之中，简洁飘逸、清新雅致、韵味悠长。模特行走于T台之上，翠竹水墨，侠客悠然，以至于有网媒用"风华绝代"一词赞誉这场时装表演。2015年5月7日~9月7日，美国纽约大都会博物馆举办了题为"中国：镜花水月"的中国风时尚展，展出了150多套时装作品，其中大部分为西方时尚设计师的作品，吸引了破纪录的67万人参观，占了16个展厅，成为大都会艺术博物馆参观人数最多的展览之一。在某种意义上，这个展览是一百多年来西方中国风时尚设计的一个总结，当然也可被视为其发展到一定程度和规模的标志。不过似乎也预示着新一波西方中国风的强势来袭。

图15-3　迪奥设计的鸡尾酒裙　　　　　图15-4　华伦天奴作品

图15-5　阿玛尼作品

　　2015年以后，西方各大品牌掀起了新一轮的中国风热潮，意大利时装奢侈品牌古琦现任设计总监亚力山卓·米开理从不隐藏自己对东方文化的热爱，2018度假系列中将中式蟠龙图案演绎得格外时髦；2017秋冬系列中用大量使用中国风格的花卉图案和刺绣，还融入了立领和盘扣，设计大胆而巧妙。普拉达2017春夏秀场上也出现了许多立领、盘云扣的细节，"中国风"气息扑面而来，充满中国韵味。不少欧美明星如蕾哈娜、碧昂斯等人也是中国风的忠实粉丝，不仅在红毯上上演中国风，在私下搭配中也常常选择有中国元素的造型。

2016年西方时尚秀场中的中国风异彩纷呈。11月30日晚维秘大秀在华丽的大皇宫落下帷幕，推出六大主题，开场的"前路奇缘"主题就上演了味道十足的中国风造型，如艾尔莎·霍斯卡的舞龙翅膀造型、肯达尔·詹娜的凤凰飞天造型、刘雯等人的中国结造型，还有利马脚踩的龙靴。更热闹的中国风则在配饰界。十二生肖作为中华民族特有的传统文化得到了各大品牌的钟爱，纷纷推出生肖限量版来取悦庞大的中国消费市场。2016年新年之际，迪奥推出了猴子造型的项链和手链、限量版猴子钥匙圈；LV推出了幸运三件套——缀有猴子造型的项圈、项链和手链；卡瑞拉推出了对视猴头戒指。腕表界也不甘示弱，斯沃琪推出了猴年剪纸画版手表；伯爵推出了"猴子献桃"系列腕表；江诗丹顿特别呈现中国十二生肖传奇系列猴年腕表；肖邦请来了日本皇室御用漆器制造商山田平安堂推出了猴年腕表特别系列。耐克推出了Nike AirForce 1年画系列。此外还有众多国外奢侈品品牌推出了中国风彩妆系列。虽然这一波中国风在国内引发了很多吐槽，"不是山寨、胜似山寨""怎样一个'丑'字了得"之类的评语不绝于耳，然而依然难挡西方中国风的热潮。2017年11月，维秘大秀选在上海举行，设计了典雅婉约的青瓷佳丽主题，成为与中国关系最为紧密的一届。

3. 20世纪以来西方中国风时尚的风格特征

与17、18世纪的西方中国风相比，20世纪以后西方中国风时尚呈现出不同的风格特征。首先，有些作品继续沿用17世纪以来西方中国风的设计方法，对中国文化元素进行简单生硬的堆砌和极端表面化的处理，乱用甚至误用中国元素，在中国人眼里显得艳俗、浮华、可笑、古怪，甚或丑陋。前文中已经提到，各近年来很多西方时尚品牌都看好中国市场，为了吸引更多中国买家，有些品牌会在农历年末推出以中国生肖为主题的限量版产品，可是这些产品常常让国人大跌眼镜，大呼看不懂。2016年1月中旬耐克推出了一款Air Force 1白色运动鞋——莲花鞋舌、锦鲤绣标、鞋垫上还有个年画版胖娃娃，看上去俗不可耐。

当然，并非所有的西方品牌都是如此，从近年来的发展趋势来看，一些西方设计师致力于将中国文化元素与西方传统或现代时尚造型有机协调地结合在一起，再加上精湛的手工艺，打造出独具异域风情的西方中国风时尚风格。无论是从造型还是从韵味来看，当代一些西方中国风时尚已经从先前那种离奇古怪、浪漫臆想的风格变得现实起来，对于中国文化元素的把握和运用渐趋成熟，对于中国文化的理解也日益深入，已经或正在得到了中国和国际时尚界的认可，成为独树一帜的流行时尚风格。例如，美国知名内衣品牌"维多利亚的秘密"在2017年的品牌大秀上，推出了典雅婉约的青瓷佳丽主题。和2016年维秘大秀上推出的"前路奇缘"相比，在中国风的造型和韵味上都有了很大改观，得到了一致好评。

从灵感来源来看，这一时期的西方中国风时尚设计与17、18世纪西方中国风比起来，发挥主导作用的不再是中国的外销商品或单纯的外交往来，对中国文化的直观体验已经成为设计师灵感的重要组成部分。这种体验来自现代社会中西文化交流的深入，其中不仅有各种官方和民间的文化交流活动，还有很多国人到国外工作学习生活，西方很多大都市中都有中国城，这些给西方人带去了最直观的中国文化，除了陶瓷、玉器、青花瓷、国画、书法等中国传统文化元素外，中国文化中各种具有象征意义的动物、植物及各种民间艺术、少数民族艺术也开始受到西方人的喜爱和关注，成为其时尚设计的灵感来源。西方的中国风设计者为了更好的诠释中国风，也会到中国旅行，亲身体验中国文化，成为中国艺术和文化的爱好者和收藏者，如夏奈尔、圣洛朗、瓦伦蒂诺等西方知名设计师都非常迷恋中国文化和艺术品。夏奈尔在巴黎的公寓里有来自18世纪的中国乌木漆面屏风，多达32面直接贴在墙上，赭红底色上金色凤凰花鸟呼之欲出，夏奈尔的东方绮梦在这里交汇绽放。圣洛朗的故居位于巴黎7区巴比伦大街，是一座现代风格的三层小楼，房子里除了精美的文艺复兴饰物和艺术大师的稀世作品外，还有一间"中国风"风格的房间，房间中墨绿色的花鸟壁纸和棕色的木质家具相映成趣，犹如一个缤纷的梦幻；角落和桌子上的瓷器彰显着不凡的艺术品位，繁复而不杂乱。

此外，中国电影也成为西方社会和时尚界认识中国、汲取灵感和创作素材的重要来源。《末代皇帝》《霸王别姬》《红高粱》《大红灯笼高高挂》《花样年华》《卧虎藏龙》等具有强烈中国民族特色的电影在国外上映，让西方设计师对于中国传统文化有了新的认识，也继续丰富和拓展了他们对于中国的文化想象及其心目中原有的中国形象。

这一时期的西方中国风时尚与17、18世纪的中国风设计比较起来，建立在对中国文化、历史地理人文等各方面都有了一定了解和认知的基础上，在整体设计的天马行空之外又有了些许理性主义精神和现实意义。在保留了历史与现实的关联的基础上，西方中国风已经开始对中国文化进行深度思考，有意塑造一种超越文化差异的时尚风格。不过，也应该认识到，由于缺乏对中国传统文化及美学思想的深刻感悟，目前有些西方中国风设计在一定程度上走向了一种表面美学，尽管他们已经认识到，昔日的"东方主义"风格定会遭到嘲讽，相互尊重、彼此交流与借鉴才是人类文化持续发展、共同繁荣的主流方向。

西方中国风时尚发生的这些变化，首先得益于20世纪70、80年代以来中国的改革开放政策；其次与新世纪以来中国与世界各国广泛的政治、经济、文化交流以及中国在政治、经济、文化、科技等方面取得的发展进步有着不可分割的关系。随着中西方文化交流的日益深入，西方人看到了一个不一样的中国，有了接近中国、认识中国的渴望。其次，近现代以来西方民主文化的包容性和敢于颠覆性决定了其时尚设计中文化视野的广度和深度，在无形中拓宽了他们的设计思维，催生出一系列富含中西两种文化特质的时尚作品，并有助于塑造西方民族的主体性，为他们争取更多的国际认同和声誉。

## 三、当代本土中国风时尚的发展与现状

相对于西方时尚设计中的"中国风"，本土中国风时尚设计发展时间较短，这主要是由于中国时尚体制从20世纪80年代才开始起步，90年代以后逐步发展，21世纪这十几年才初具形态，逐渐成熟，形成了由时装产业、协会、传媒、大赛、展会、时装周、时装院校、国际交流等多方面参与的合作与竞争机制，共同为建设美好生活而努力，也为打造能代表中国文化、中国时尚走向世界的中国时尚品牌而努力。中国风时尚设计师中，首先要提到的是吴海燕。1993年，她凭借一件以敦煌飞天服饰为灵感的作品——"鼎盛时代"（图15-6）获得首届"兄弟杯"国际青年服装设计大赛唯一金奖。也是在20世纪90年代，梁子和黄志华创建了"天意"，马可和毛继鸿一起创建了"例外"，成为国内早期的中国风时尚品牌。与此同时，中国服装企业在对外服装贸易中逐渐认识到服装品牌对于企业的重要性，开始高薪聘请时装设计师，设计师与企业之间密切合作，王新元、张肇达、刘洋、吴海燕等新锐设计师纷纷加盟杉杉、雅戈尔、中国服装集团等国内一些大型服装企业，他们

也和谢峰、梁子、马可等人一起成为20世纪90年代中国风时尚的开拓者、领路人和时尚先锋。

图15-6　吴海燕的"鼎盛时代"系列

21世纪以来的这段时间是本土中国风突飞猛进的时期。2001年吴海燕在杭州西湖边举办了主题为"东方丝国"（图15-7）的时装发布会，并获得中国国际时装周中国服装设计师唯一"金顶奖"。2004年她来到巴黎，继续以中国传统文化为灵感举办了"东方印象"时装发布会。2007年，王新元为

图15-7　吴海燕的"东方丝国"系列

CCTV 做了一场以"中国风"为主题的时装发布会，展示了他以书法为主题的时装作品。新世纪伊始，"中国风"不仅在 T 台越发走俏，而且出现在大型国际会议上。2001 年，在上海举行的 APEC 会议上，二十位中外领导人身着由马褂结合西式剪裁改良而来的新唐装亮相，很快唐装风就吹遍了中国各地。2008 年北京奥运会上"青花瓷"旗袍出现在奥运会颁奖台上，让人们充分认识到中国风时尚的魅力和发展潜力，从此中国风时尚以良好的势头发展起来。2015 年 10 月，国际高端女性时装杂志《嘉人》(*Marie Claire*) 主办的 2015 "嘉人中国风·独具异格创造唯一"国际顶尖时装设计大赛在北京紫禁城太庙华美上演，21 个全球顶级时装品牌以电影为主题带来精美绝伦、堪称"唯一"的经典作品。

2000 年以来，各种中国风时尚开始在民间和街头流行起来，唐装风、旗袍风、汉服风、新中装等从不同角度演绎和诠释着本土中国风时尚的本质内涵与精神风貌。20 世纪八九十年代崭露头脚的设计师如张肇达、郭培、马可、梁子、谢峰人在设计风格、设计方法等方面也渐趋成熟，在新世纪伊始的这段时间里成长为一代时尚大师，其中郭培成为第一位被法国高级定制时装联合会邀请在巴黎高定时装周展示个人作品的中国设计师。与此同时，一批新的优秀的中国风时尚设计师也逐渐成长起来，如赵卉洲、吉承、熊英等人。2008 年，梁子在深圳创立高端品牌"天意"(TANGY Collection)，开启了莨绸的新时代。梁子立志对莨绸进行活化传承，多方寻访精通这门传统手工艺的师傅，亲身投入研究，最终研发出的莨绸面料既沿袭了传统工艺工序、达到精品莨绸的质量标准，又符合现代生活的时尚需要，赋予其丰富的时尚蕴涵。她设计出的莨绸时装将中国传统文化精髓和国际时尚潮流完美融合在一起，独具中国和东方气质，登上了世界时尚的舞台。天意莨绸也成为国内生态时尚的业内标杆。2006 年，马可在广东珠海创建工作室"无用"，她的作品将简素、古朴、自然的时尚风格发挥到了极致。中国当代知名中国风时尚品牌"盖娅传说"的发展堪称传奇，该品牌在 2013 年由时尚设计师熊英创建，2017 年开始在她的带领下频频亮相巴黎时装周，一场场精美绝伦的中国风时尚发布会，引来了国际时尚界的高度关注，具有了国际知名度。如图 15-8 所示为该品牌以敦煌壁画为灵感来源的 2019 春夏系列。2016 年梅赛德斯—奔驰中国国际时装周上，张肇达推出了 M13 新中式系列，摒弃了传统中式设计语言，放弃单纯地从中国传统文化元素中寻求切入点，抛开纯粹的传统元素堆砌，拒绝刻意地描述某种具象的场景或物，以现代人的审美角度，进行不断的演化和抽象，做非记忆中的东方形式却又能处处流露出东方感的设计。总体来说，这一时期的中国风时尚设计与20世纪90年代相比，在中国文化元素的使用上渐趋成熟，呈现出多元化、抽象化和符号化等特点，在打造强烈视觉观感的同时致力于意蕴的表达，更符合中国传统美学对于意象美和意境美的追求。

图15-8　盖娅传说品牌作品

这一时期，与中国风时尚设计师的成长同步发展的是中国风时尚品牌，其中一些知名的有上海滩、江南布衣、天意、歌莉娅、秋水伊人、裂帛、茵曼等。中国香港、中国台湾也有一些很出色的中国风时尚品牌和设计师，如台湾的王陈彩霞及其品牌"夏姿陈"、香港的"源Blanc de Chine"等。2018年年初中国李宁登上了纽约时装周，成为国潮品牌进军国际时尚界的开始，接下来波司登、七匹狼、太平鸟陆续登上了各大时装周。2019年，李宁已经成为国内服饰上市公司最大赢家，市值首次突破五百亿，创近九年来新高。江南布衣集团连续三年获得双位数的业绩增长。短短几十年的时间，本土中国风时尚已经从国内走向国际、从T台走向街头，众多国潮品牌和具有明显中国风格特色的服饰成为大众日常装扮的重要组成部分。

## 四、当代本土中国风时尚与西方中国风时尚的差异

从相似的角度来看，中西方中国风时尚都着眼于中国传统文化元素的挖掘和运用，但是在具体运用过程中，在设计风格、理念、方法、题材、美学追求和旨趣等方面却有很大的不同。

从设计风格和设计理念来看，早期的本土中国风时尚中存在生搬硬套中国传统文化元素和符号的问题，忽视了意境和韵味的表达，无法将传统文化与现代风格有机地结合在一起，但是近年来已经有了很大改观，开始注重对中国传统文化元素进行抽象化处理，在造型方面加以拓展，传统与现代在服饰中得到了有机融合，强调对称、协调、和谐统一、节奏感以及中国式韵味和意境的表达，力求将中国民族服饰文化特色与国际时尚风格进行有机融合。与此相对，当代西方中国风时尚更多的是把中国文化元素作为一种装饰和点缀，主要是图案的提取和应用，把"中国风"作为一种异域风格进行设计和处理。换言之，就是把中国的服饰符号等同于中国概念，对于这些符号背后的中国意蕴、品位和文化内涵并不在意。清华大学李当岐教授曾说："中国元素容易被人理解成中国古代服饰中的某个细节，比如盘扣、立领或者某个吉祥纹样，即把中国文化符号化了。"❶这一点和西方17、18世纪以来的中国风传统是一致的。国内有学者指出，西方中国风设计多为一种表面装饰，一般不涉及内部结构，如果说装饰纹样只是表层的符号系统，而结构则是深层的技术系统，表层符号可以随流行改变，技术结构则有着深厚的传统积累，不能轻易改变。❷所以，当代西方中国风时尚设计中的设计理念、工艺和结构依然是西方的，是按照西方审美原则对中国文化元素的借鉴与挪用，为其西式造型和风格的表达与再现服务，与任何中国美学、哲学、人文思想都没有关系。

从研发设计中国风时尚的文化基础和动力来源来看，中西方中国风时尚也有所不同。除了舒适性、现代感、商业及拓展海外市场的资本需求之外，本土中国风时尚设计基于设计者对中国传统文化的热爱和深刻的领悟，以中国文化元素为表现形式，致力于对中国传统服饰文化及艺术的传承与创新，以呈现中国文化和传达时代精神为己任。西方中国风设计师则可能是出于对中国文化感兴趣、喜爱或着迷，大多对中国文化没有特别深入的了解。其次，西方时尚在飞速发展了一百多年后，在很多方面已经发展得非常成熟，使得他们从本民族文化中汲取灵感继续创新变得有些困难，为西方时尚注入新的生命力成为西方设计界面临的共同问题。在这种情况下，包括中国文化在内

❶ 瑞雪.把中国文化传播到外国人的衣柜里——清华大学美术学院李当岐教授专访[J].中国服饰，2010(2)：29.
❷ 袁宣萍.十七至十八世纪欧洲的中国风设计[M].北京：文物出版社，2006：244.

的东方文化再次成为他们关注的焦点和灵感的源头。当然，他们这样做也是为了在国际时尚界掌握时尚话语权，彰显其时尚领导力。

在设计方法、题材运用和美学追求方面，本土中国风时尚一方面在设计过程中吸收借鉴西方服饰立体剪裁的技法及其造型方面的特长，另一方面注重图案、纹样、廓型、色彩背后的意义和韵味的表达，福禄、长寿、吉祥、彩头、好运、团圆、喜庆、高洁、美好等寓意频繁与服饰中的各种元素（如龙、凤、汉字、云纹、金鱼、葫芦、荷花、如意、花瓶等）结合在一起加以表达，同时很多中国少数民族服饰文化元素也正在受到高度重视，在中国风时尚设计中焕发出新的生机。在美学方面，本土中国风时尚注重中国传统美学意象的生发与再造，在追求天人合一的同时，力求中西合璧、古为今用、形神兼备、中和内敛、生态环保。总之，在本土中国风时尚设计中，服饰成为意义和意象的载体，致力于道、象、器三位一体的有机结合，以此为基础追求一种更深层次的、与中国传统美学一致的意象和意境之美，也有人称之为一种新东方主义美学。

当代西方中国风时尚设计中，大量运用解构、折中、拼贴、重组等后现代解构主义设计方法，其作品中充满了西方化的中国意象，给人以立体、奢华之感，却忽略了中国文化元素所承载的意义、意象、意境及品位，只是将中国传统文化元素进行符号化图形处理，有时候会生搬硬套或者进行怪异化、趣味化处理。然而，在略去中国风背后真实的中国传统美学特质、去除了权力和身份的标签之后，西方中国风时尚尝试把"东方主义"作为一个不受拘束的创造力的中心点，用一种政治意味更弱、实证意义更强的方式对其进行考察，从而从西方中心主义视角下的"东方主义"走向一种"跨东方主义"，展现出一种不被文化语境所制约的本质，走向一种表面美学❶。进一步讲，当代西方中国风时尚突出后现代美学的断裂性和发散性，设计中追求的不是完美复制或精准临摹，而是通过一种看上去矛盾的后现代建构方式来对之进行重塑和解读，强调中国风时尚的"异质性""想象性"和"可塑性"，讲求意义的悬置，只取其表面的象，是一种去除了道的，器与象的集合体。

在材质使用方面，除了当代比较流行的一些高科技面料外，本土中国风时尚注重中国传统服饰材质与技艺的开发运用，天意莨绸、缂丝、宋锦等传

---

❶ [美]安德鲁·博尔顿. 走向表面美学[C]. 镜花水月：西方时尚里的中国风. 胡杨，译. 长沙：湖南美术出版社，2017：19.

统面料得到了重新研发织造和利用；而西方中国风基本上还是沿用真丝缎、薄绸、锦缎、欧根纱、塔夫绸、化纤混纺等常见面料织物。

通过以上中西方中国风时尚在设计风格、理念、动机、方法、审美等方面的比较，可以看出两者各有优势和不足之处。对于本土中国风时尚来说，其优势在于更有中国味儿，更能准确传达并让人深刻领悟中国传统文化的意蕴和精神气质，但也仍然存在设计思维方式不够灵活多变等不足之处。中国有礼仪之大，故称"夏"；有服章之美，谓之"华"，五千年之久的中国传统文化既是本土中国风时尚不竭的灵感源泉，也是沉重的负担，继承容易做到，突破和超越却非易事。本土中国风时尚与西方中国风时尚比起来，在视觉冲击力、想象力、趣味性、表现力和构思之奇伟等方面还有差距，要在这些方面向西方中国风学习。如何以建设性的视角剔除中国风生成和发展中存在的流弊、用生态设计的启示观照自然与他者、为中国风时尚建构全新的文化范式和设计模式，或许是需要国内时尚界深入思考的问题。

## 五、结论

过去一段时间，在当代东西方时尚文化的持续碰撞与交融中，作为东西文化碰撞交融的结果，中国文化为西方时尚设计带去了灵感，西方时尚界以其中国风时尚的具体文化实践表达了他们对中国文化的渴望与理解。中国时尚文化正在从西方时尚文化中的"他者"和"幻象"位置转变为一种值得思考、借鉴并有可能建构新的时尚主体的灵感之源。

在国内，中国风时尚已经不仅是一种时尚设计或者流行文化现象，也是一个可供研究和思考的学术话题。从世界范围内来看，中国风时尚方兴未艾，而本土中国风时尚正展示出强大的生命力，正如彭锋教授所言："21世纪特别是2015年以来的中国风，体现为中国文化主动走出去影响世界，是一场真正从东方刮起的中国风。"[1] 所以，建构发展本土"中国风"时尚，既有助于中国传统文化和民族文化的传承与创新，也有助于在国际上树立让世界人民都能理解和认可的时尚文化形象和民族形象，同时提升民族自信心，增强国家文化软实力。当下，以传承和弘扬中国传统民族文化、体现中国审美意象、时

---

[1] 彭锋. 从东方刮起的艺术"中国风" [J]. 中国文艺评论, 2017(5): 84.

代精神、塑造新时期国人时尚形象和时尚主体为主旨的中国风时尚正在以崭新的面貌出现在中国及世界舞台之上，中国风时尚也已经在一定范围内得到了中外文化界的认可，接下来的任务或许就是如何摒弃权力及意识形态的影响，共同建构一种突显人类共同关怀主题的时尚视觉空间和身体空间，最终建构无国别差异、无身份等级差异的时尚主体。

# 时尚中的后殖民主义视觉修辞
## ——以"中国：镜花水月"展为例

## 一、概述

2015年5月7日~9月7日，美国纽约大都会博物馆举办了题为"中国：镜花水月"的展览，该展览吸引了破纪录的67万人参观，占了16个展厅，成为大都会艺术博物馆参观人数最多的展览之一。不过，这个展览也是一个饱受争议的展览，在主题、格调、寓意等方面屡遭诟病。美国艺术评论家霍兰德·科特在给《纽约时报》的评论文章中写道："从某种程度上说，这不过是又一个司空见惯的时尚行销，一个操着浮夸语言的文化产品。"❶对于中国观众来说，令人印象深刻的除了对中国元素的粗糙挪用和生搬硬套外，张泠认为策展人博尔顿企图通过展览为理论家萨义德批判的"东方主义"和之后的"后殖民主义"批评翻案，来证明"东方主义"并非欧美殖民帝国利用东方和压迫东方的产物，而是通过所谓价值中立的"相遇"彼此激发活力和创造灵感。❷也有学者直言后殖民主义从未远离，这个展览不过是东方主义思想在展览业中的刻板应用与再现，从主题到内容依旧在为西方文化霸权主义站台，将东方视作异国情调的装饰品。展览从主题"镜花水月"到展品所延续的中国风脉络及其展出的时装背后依然明确地透露出后殖民的属性。❸

❶ [美]霍兰德·科特."中国：镜花水月"展览，东方文化遭遇西方时尚 [N]. 纽约时报，2015-05-07.

❷ 张泠. 幽暗哈哈镜里的花月良宵 [N]. 艺术论坛，2015-06-05.

❸ 李贝壳. 再议纽约大都会艺术博物馆展览"中国：镜花水月" [J]. 美术观察，2018(10)：40.

那么，这种"东方主义"思维惯性和西方中心论霸权思想是如何通过时装展这种独特的视觉文本进行呈现的呢？带着这样的疑问，笔者尝试以视觉修辞学和图像学的相关理论为基础对该展览中的后殖民主义遏制性视觉修辞进行分析和梳理。凯文·巴恩哈特等国外学者在《传播学刊》上撰文，提出了传播学领域视觉议题研究的三种学术范式，其中之一就是视觉修辞学。作为一个新兴的跨学科研究领域，视觉修辞学强调以视觉文本为修辞对象的修辞实践与方法，认为视觉修辞的关注对象已经从最初的媒介图像拓展到一切具有视觉语言基础的事件文本和空间文本。❶《新闻大学》杂志在2018年第4期专门开设"视觉修辞研究专题"，刊载了刘涛等人撰写的四篇关于视觉修辞研究的文章。2018年10月，刘涛又在《南京社会科学》发表题为"转喻论：图像指代和视觉修辞分析"的文章，指出视觉转喻的本质是图像指代，其功能是"看到原本难以呈现的事物"和"理解原本难以表达的意义"。文章通过分析图像再现维度的时空"语言"和图像表意维度的关联"语法"，提出了一个可供参考的视觉转喻理论模型。❷刘丹凌在"观看之道：'像化'国家形象的视觉识别框架"一文中，立足于"像化"国家形象这一特定的视觉"形式"，认为国家形象的认知形成和意义提取，取决于视觉修辞意义上的视觉识别框架。文章从属性识别框架、暗指识别框架、情感识别框架三个维度揭示了国家形象认知的框架维度和认识层次。❸

作为一种经常在公共演讲、社会抗议、政治交往等方面使用的修辞概念，"遏制"一词常常指一种散漫的策略，即通过对他者的限制来保护权力在维持现状方面进行的投资。❹过去遏制性修辞往往被用在语篇修辞研究之中，按照克里斯坦·波洛的说法，"就是把对霸权文化或现状规范形成潜在威胁的事物进行驯化。"❺2013年《言语季刊》上发表了一篇题为"新殖民主义遏制性视觉修辞：时尚、黄色面孔和卡尔·拉格菲尔德的'中国概念'"的文章。文章中，作者以2009年"巴黎—上海：向可可·夏奈尔致敬的梦幻之旅"为主题

❶ 刘涛. 主持人语 [J]. 新闻大学, 2018(4): 1.

❷ 刘涛. 转喻论：图像指代和视觉修辞分析 [J]. 南京社会科学, 2018(10): 112.

❸ 刘丹凌. 观看之道："像化"国家形象的视觉识别框架" [J]. 南京社会科学, 2018(10): 121-128.

❹ Anjali Vats and Lei Lani Nishime. "Containment as Neocolonial Visual Rhetoric: Fashion, Yellowface, and Karl Lagerfeld's "Idea of China"" [J]. *Quarterly Journal of Speech* Vol. 99, No. 4, November 2013: 423–447.

❺ Kristan Poirot, "Domesticating the Liberated Woman: Containment Rhetorics of Second Wave Radical/ lesbian Feminism," *Women's Studies in Communication* 32. 2009: 265.

的时尚电影作为视觉文本，对其中的遏制性视觉修辞进行了细致阐释，认为他们辨认出的每一种视觉修辞元素都是在为白人和西方文化解脱责任和赋权，同时遏制亚洲他者的主体性，其最终目的在于削弱种族他者的主体性、巩固白人主体地位。❶

上述视觉修辞学、图像学等方面的研究成果及其应用为我们分析解读"中国：镜花水月"展中的后殖民主义话语和当代西方文化中心论思想提供了新的研究视角，以此为基础，可以透视并批判潜藏于西方某些策展人、设计师思想意识中的后殖民主义意识形态和思维方式，同时探究方兴未艾的西方中国风时尚设计能够给中国时尚界带来哪些启发、警示和思考。

## 二、"中国：镜花水月"展中的后殖民主义遏制性视觉修辞

根据呈现方式和媒介的不同，笔者将时尚类视觉文本分为三类：时尚图像（以图书、杂志、网络等各种文化传媒上的时尚类图片为主）、时尚影像（主要指电影、电视、综艺节目、宣传片、纪录片、教学片、广告等各类时尚视频）和时尚物像（主要指展览、秀场及生活工作中穿着或者陈列的时尚服装）。鉴于"中国：镜花水月"展对时尚影像和时尚物像的呈现最为集中，因而也成为本文对该展览中的视觉文本进行视觉修辞分析的重点。

### 1. 隐喻

隐喻是文学作品中常见的一种修辞方法，主要是用一种事物暗喻另一种事物，在彼类事物的暗示之下感知、体验、想象、理解、谈论与此类事物相似的心理、语言及文化行为。"传统语义学认为，隐喻的基础是相似性，具体体现为"跨域映射"，即隐喻发生的源域和目标域处于不同的认知域，我们一般在两者的相似性基础上实现从源域（喻体）到目标（本体）的联想认知。"❷据此我们可以从如下三个方面分析"中国：镜花水月"展中用隐喻手法表达的遏制性视觉修辞。

❶ Anjali Vats and Lei Lani Nishime. "Containment as Neocolonial Visual Rhetoric: Fashion, Yellowface, and Karl Lagerfeld's "Idea of China"" [J]. *Quarterly Journal of Speech* Vol. 99, No. 4, November 2013: 423–447.

❷ 刘涛. 转喻论：图像指代和视觉修辞分析 [J]. 南京社会科学, 2018(10): 114.

首先，某些时尚展品中对于中国元素的运用与其表现的意象之间存在明显的、基于意义关系的隐喻特征，并以进行遏制性视觉修辞为目的。以展览中一组以中国龙元素为灵感设计的服装为例。在中国文化中，龙是人们想象出来的一种代表祥瑞的动物，龙的出现往往寓意着吉祥，有好事将要发生。神话作品中龙的面目威严但不狰狞，出现时常见金光环绕或者伴有五彩祥云。可是展览中出现在西方时尚设计师作品中的龙，有的面目可憎、有的傻里傻气，还有些看上去滑稽可笑，有些不仅没有五彩祥云或者金光环绕，还常以暗黑风格进行呈现，如图15-9所示纪梵希的黑色盘龙流苏、无袖束腰高级定制礼服。黑色反光真丝塔夫绸面料上一条银色的龙张牙舞爪，口中血红色的舌头清晰可见，几条红色刺绣代表的云彩在亮黑底色的衬托下显得非常诡异。其实，如果没有裙摆上绣的这条龙，这就是一件普通的黑色无袖礼服裙，然而这条"龙"的出现完全改变了整条裙子的视觉呈现效果，龙成了整个裙装的视觉中心，完全抓住了观众的视线，当然也完全打破了中国传统文化中对龙的认知。在展览中，这种暗黑风格的"中国风"不止一件，值得关注的还有大都会博物馆收藏的另一件黑色绸缎绣金龙晚礼服长裙（15-10）。这是1934年一位美国设计师为纽约华裔女演员黄柳霜扮演的电影人物设计的。这些盘绕在现代时装上面貌各异、甚至有些惊悚、诡异的龙的造型，与17世纪后期兴起、18世纪中期达到顶峰的西方"中国风"从视觉上有着明显的一脉相承的关系，即对来自中国的器物、景观、织物等进行挪用

图15-9　纪梵希礼服　　图15-10　黄柳霜的戏服

和改造，呈现出一种神秘、怪诞、陌生、混乱且极具异域风情的中国意象。其本质就是用想象中的中国代替现实中的中国，将遥远的中国与他们想象中的东方混为一谈。因此，此处龙的造型隐喻着"东方主义"视角下的中国，是西方传统中刻板的中国形象在当代西方时尚中的重新表达和再现。

其次，时尚展品和中国文物并置在一起，形成一种空间上的隐喻关系。该展览刻意将各种"中国风"时尚作品与中国文物并列摆放，让两者之间形成一种空间性的对话和隐喻。如汤姆·福特2004年为时尚品牌YSL设计的黄色真丝缎紧身奢华版龙袍（晚礼服）被放置在中国18世纪乾隆皇帝的龙纹吉服袍前面（图15-11），乾隆的龙袍是大都会博物馆1935年购入的藏品。一件中国15世纪的青花瓷龙纹罐和一件以青花瓷为灵感设计的龙纹长款礼服并排摆放（图15-12）。一件中国8世纪的唐代银镜被摆放在一条1924年简奴·朗万设计的黑色丝裙旁边，理由是裙子上有个银线和珍珠构成的图案类似于圆镜形状。对此，布展方强调这些中国古董是时装的灵感来源，着重展现现代视角是如何不同于那些古老源头的，认为这是一种东方与西方之间的对话。❶然而，展览中，真正受到观众瞩目、欣赏和赞叹的不是中国文物，而是西方设计师设计的各种"中国风"时装。这些拥有百年、千年历史的中国文物与时装摆放在一起，表面看来是在说明这些时装设计的灵感来源，然而，这种中国文物与西方中国风时装以空间并置给人带来的视觉冲击和意象感受远远超出了灵感源头这样简单的思维范畴，两者之间形成了明显的空间性隐喻关系：主要与次要、时尚与古老、创新与守旧等。其次，这些文物在视觉上成为时装展品的背景和陪衬，如中国元代壁画《药师礼佛图》就是一众时装展品的背景墙。这种空间上的并置关系还意味着，这些中国文物在用古老、尊贵、充满历史沧桑感的视觉形象来烘托时装展品的时尚感、现代性以及所谓的发展创新，并无形中用自身宝贵的文物价值提高了这些时装所代表的品牌的市场价值。除此之外，这种强烈的空间性视觉对比和隐喻的视觉修辞也暴露出某些西方时尚设计师在随意挪用中国元素时表现出来的优越感、肆无忌惮甚至是傲慢态度，以及他们对自身把握、运用中国文化元素能力的夸示和炫耀，从而给正在发展中的中国本土中国风时尚设计带来压力，遏制其发展。

❶ [美]安德鲁·博尔顿. 镜花水月：西方时尚里的中国风. 胡杨，译. 长沙：湖南美术出版社. 2017：13.

图15-11　龙袍晚礼服　　　　　　　　　图15-12　龙纹长款礼服

　　第三，时装展品与电影影像并置构成另一层新的隐喻。对于许多西方时尚设计师来说，在互联网兴起之前，以中国社会和文化为主题的电影及其剧中人物形象和服饰是他们认识中国、理解中国的重要渠道，也激发了他们无限的想象力，成为时装设计过程中重要的灵感来源之一。所以与"中国风"时装同时展出的还有一些电影影像及戏剧布景，如"Opera"（京剧戏曲）、"Anna May Wong（黄柳霜）"这样的主题展区，《末代皇帝》《霸王别姬》《卧虎藏龙》《一代宗师》等影片的片段经剪辑后被投射在展厅各处。其中值得关注的有中央屏幕上播放着由贝纳尔多·贝托鲁奇拍摄的《末代皇帝》的片段，屏幕上循环播放着身穿云纹海浪明黄色龙袍的幼年时代的溥仪；还有20世纪三四十年代美籍华裔美国演员黄柳霜的电影、剧照及其电影中穿戴的服饰，其中最令人瞩目的是影片中特拉维斯·班通为她设计的黑色长裙，上面绣着一条张牙舞爪的金龙（图15-10）。

　　作为一种流动的视觉艺术形式，这些电影片段呈现出不同时代的中国意象：日渐没落的清王朝、华丽而又有些颓废的民国时期乃至极度脱离现实的武侠世界，却唯独缺少当代中国的影像。难道大量反映中国当代社会生活、人文景观的电影和纪录片都没有给西方时尚设计师带去灵感吗？还是他们在刻意选取某些电影片段以满足其意识深处对于古老中国和东方的认知，即异域、混乱、无理性、充满想象和虚构的浪漫主义？其实，对此最好的解释就是策展方想通过时装呈现出来的想象中的异域中国形象与电影所虚构出的、不同时代的中国形象之间形成一种隐喻关系。一方面，通过逼真、鲜活的电影影像来强化时装外观设计的合理性；另一方面，又让静态的时装和动态的电影之间遥相呼应，通过延伸的视域引导观展者观察、思考和想象，并最终接受他们从这个展览中辨识的"中国"或者强化已有的"中国概念"。不过这里需要指出，展览中放映的电影本身并没有问题，他们在不同时代由中外导演精心制作的电影作品，但关键是无论电影的主题多么深刻，在时装展这一特定展览场景中，观众不可能完整地欣赏电影，也没有太多的时间和心思去关注电影中的主题寓意、台词隐喻以及情节设置。观众看到的是布展人、电影剪辑者想要他们看到的影像——来自一个非真实却又被冠以"中国"之名的人物服饰妆容、异域风情及其他种种视觉奇观，这些已经足够满足他们想要达到的效果——从视觉上遏制出现新的中国形象的可能性，从而继续维持其单向度的殖民权力关系，巩固自身优越感。

### 2. 反讽

通常情况下，讽刺是一种直接的嘲笑，直接揭露对象的矛盾之处或缺点。反讽则不同，口是心非，说出的话和内心相反，偏又能让人理解弦外之音，这是文学写作中一种常见的修辞方法或写作技巧，单纯从字面上并不能了解其真正要表达的事物，通常需要从上下文及语境中来了解其用意。这种修辞方法在各种视觉文本中同样发挥着重要作用。在"中国：镜花水月"展中，展方将中国设计师郭培2007年设计的"大金"晚礼服放在展厅中央，周围摆放着一圈佛像（图15-13）。这些佛像和这件高级定制晚礼服之间在视觉上的唯一相似性是，其裙摆由一排长长的叶状裙线与褶边构成，似乎呼应佛祖的莲花宝座。除此之外，整件礼服似乎找不出更多与佛教艺术的关系。不过，从大小和造型等外部特征来看，两者之间形成了明显的视觉差异，因为在前者的比照下，这些佛像显得矮小、单薄，似乎是在向前者行朝拜之礼。这件晚礼服和佛像的空间关系带有明显的反讽意味，形成一种视觉上的反讽修辞，表面上似乎是寓意两者在造型上具有某些相似性，但真实意图则是嘲讽他们心中认知和理解的中国。在他们看来，当代中国社会就是一个流行拜金的社会，唯金钱马首是瞻，连一向超脱世外、不理凡俗的佛祖也拜倒在这件金光灿烂的晚礼服所代表的光鲜亮丽的物质世界面前。显然，这种对于中国的认知不仅是片面的，且带有明显的嘲讽和辱没的意味。

在大都会博物馆举办的这个"中国：镜花水月"展中，集中展出了150多套时装作品。这个展览名义上是为了促进中西方文化的交流，"让东方遇见西方"，但其中多数作品是一百多年来西方时尚设计师设计的"中国风"时尚作品，中国设计师的作品屈指可数，除了前面提到的"大金"晚礼服外，还有一件极具反讽意义的中国当代艺术作品入选——李晓峰的《千年的重量》（图15-14）。作者自己解释说，这件作品将元朝首都汗八里比作为"已经冬眠了千年之久的蓝色之蛇"，青花瓷的碎片代表了"曾经破碎过的繁荣，以及流淌着忧伤的幻象。"这里且不说这个青花瓷造型能否真切实在地表现出这些意象。青花瓷本是东方文化中素雅之美的象征，而这个缀满瓷片的青花瓷时尚造型不仅完全失去了青花瓷艺术的美感，而且裙摆下部排列的几个青花瓷盘和两侧扣放的青花瓷碗从视觉上看很像一个被放大无数倍的生物病毒模型。西方策展人选择这件青花瓷作品入展有何用意呢？借用中国人自己的作品讽刺中国就是他们所理解和想象中的国度——异域、零散、无序、怪诞、甚至让人感到恐怖吗？在这里，通过借用中国人自己设计的中国风时尚作品来表达策展人想说的话，反讽的视觉修辞所具有的遏制作用似乎比前面提到的隐喻视觉修辞所发挥的遏制作用更为突出，也更加让人无法接受。

图15-13 "大金"晚礼服

图15-14 李晓峰作品

3. 双关

"双关"同样是语言学中一种常见的修辞手法。在一定的语言环境中利用词的多义性和同音不同义等条件，有意使语句具有双重意义，这是一种典型的言在此而意在彼的修辞方式。在"中国：镜花水月"展中，"镜花水月"中的"镜"就带有明显的双关意义。首先，"镜花水月"这一主题称谓突显了该展览的"镜像"特征；其次，该展览在展厅中布置了很多面镜子，而一块块悬挂于展厅或者走廊等处、循环放映着中国影片片段的电子屏幕更像是数面流动着光影的大镜子。对此，策展方借此次展览的艺术总监王家卫之口给出了非常具有诗意的解释。"就像唐代诗人裴休在公元9世纪写的那样，'水月镜像，无心去来'。这一诗句正好巧妙地暗示了那细微的，却又足以区分不同文化的微妙差别——就好像东方之明月投射到西方水面上的倒影，呈现出来的不一定是现实，也可能会带来不一样的审美体验。"❶ 显然，在西方策展人看来，这个展览就是一面镜子，是中国文化、中国形象在西方文化这面镜子上面折射出的虚幻的影像，这些影像真实与否并不重要，重要的是很美、很好看，就足够了。

人们通常照镜子是为了看自己，是为了通过凝视镜中的影像获得一种连贯且强大的自我感知，经由镜中反射回来的、身体的视觉再现辨认出真实的自我。观众在辨认镜中之物的时候，会照见自身，不过，由于观众在种族肤色、国别民族、文化背景等方面都存在差异，面对同样的镜中之像当然会照见不同的自我，所以这个展览的视觉符码所给出的意义是双重的。对于多数对中国文化充满好奇心而又不甚了解的西方白人观众而言，身处极具代入感、充满中国符号的物像、影像及图像的包围之中，更多情况下他们从这些神秘、陌生、混乱、无理性的异域符号中得到的是某种心理上的满足和慰藉，至于这些中国符号的真实性和虚幻性多数人是不在乎、也无暇深思的。因为对这些外国的旁观者来说，这个展览有助于将他们所认为的分裂、破碎的自我投射到对中国形象的认知中，反射回来的则是对自身文化优越性的进一步认同和强化，从而慰藉和缓解全球化时代中国在世界范围内不断提升的影响力给他们带去的焦虑和不安。

但是，作为一个双关语，西方策展人似乎也在提醒中国人自己也照一照这面"镜子"，那么从这面"镜子"中，中国人会看到什么呢？或许是一段段令人痛心疾首的历史吧。该展览以时间为线索分为三个序列："封建帝制"中国、"民国"时期（1912—1949）的中国和中华人民共和国。其中最后这个部分的时装展品多取材于"文革"时期，主要包括维维安·韦斯特伍德、卡尔·拉格菲尔德、约翰·加利亚诺等人以文革时期的工装、红卫装和中山装为灵感设计的时装。这些中国符号对于当代中国人来说是并非都是快乐的回忆。看到这些中国符号设计出的"镜中之像"，中国观众会做何感想呢？其实这便是"镜花水月"这个双关修辞的另一层意指：通过给中国人揭"丑"让他们感到自卑、痛苦，从而弱化其主体性，固化中国的"他者"地位。当然这样做的目的还在

---

❶ 安德鲁·博尔顿. 镜花水月：西方时尚里的中国风[M]. 胡杨，译. 长沙：湖南美术出版社，2017：10.

于运用遏制性视觉修辞方法让西方优越论更加顺理成章，在主体和客体之间重新划分边界。归根结底，这是一种典型的后殖民主义思维方式。

## 三、虚构的在场与"像化"的国家

对于西方中国风时尚作品中对中国元素的大胆挪用、改造及其种种视觉奇观的呈现，作为策展人之一的大都会博物馆亚洲部负责人何慕文是这样解释的，"传统艺术、电影影像以及时尚设计的并列展出，让我们看到艺术创作过程本身的变革能力，这个过程大胆地将"中国"一个多维度、蕴含复杂含义的词汇，简化至一个个图形符号——不是照搬原件的复制品，而是对原型的隐喻。"❶那么这个隐喻的目标域是什么呢？是历史和现实中真实的中国还是18世纪以来西方盛行的东方学中虚构出来的中国呢？对此，策展人博尔顿的回答似乎更加明确："在我们眼前展开的中国是一个"镜花水月"般的中国，一个在文化和历史上脱离了语境的中国。"❷设计师们"把这个国家的艺术和文化传统看作他们自身传统的一种异域化的延伸。他们的中国是一个他们自己制造出来的中国，一个神话般的、虚构的、空想的中国。"❸策展人的话明白无误地告诉我们，在这个时装展中，真实的中国根本没有出场，所有的一切都是如"镜花水月"般虚幻的存在。那么在场的又是什么呢？当然是一个脱离现实的"像化"的中国。

西方"中国风"时尚设计者和策展人作为时装展的编码者，他们要传达的信息是一致的，那就是虚构的、镜像化的、刻板的、符合西方传统认知的"中国形象"。我们从前文中三种遏制性视觉修辞的分析中可以明确看出，在这个展览中，中国的"国家形象"并不模糊，也不虚幻，只不过它所呈现的形象意义不是直观、外在、裸露的，而是隐匿、内涵、包裹的，有待观审者去发现其中的潜在意义。这个意义就是18世纪以来西方文化传统中所认知的中国——神秘、异域、非理性、混乱。当然，这也并非是一个脱离了历史和

---

❶ [美]何慕文. 东方与西方的对话[C]. 镜花水月：西方时尚里的中国风. 安德鲁·博尔顿编著. 胡杨，译. 长沙：湖南美术出版社，2017:14.

❷ [美]安德鲁·博尔顿. 走向表面美学[C]. 镜花水月：西方时尚里的中国风. 安德鲁·博尔顿，编著. 胡杨，译. 长沙：湖南美术出版社，2017:18.

❸ [美]安德鲁·博尔顿. 走向表面美学[C]. 镜花水月：西方时尚里的中国风. 安德鲁·博尔顿，编著. 胡杨，译. 长沙：湖南美术出版社，2017:20

语境的中国，这种"中国概念"、中国形象的历史就是近现代以来西方国家疯狂殖民的历史、西方剥夺东方的历史，其语境就是全球化时代西方中心论及其霸权主义思维方式的延续、再现和顽固不化。

随着学术界在视觉文化、图像学方面研究的日益广泛与深入，视觉已经成为一种重要的理解和把握世界的方式，也是一种重要的意义生产和意义争夺的场所，在国家形象的生产和辨识领域也是如此。刘丹凌教授认为，这种在场与缺场的关系确立了暗指识别框架，为观审者想象和联系图像之外的国家形象面貌及其意涵提供了重要方式。观审者的认知识别过程不仅是在图像的"在场"中获取"明见"的国家形象图景，更是在图像的"缺场"中领悟"隐见"的国家形象意指。❶对于那些对中国历史、中国文化充满好奇又一知半解、甚至一无所知的西方观众或者是解码者来说，时装展中各种关于中国的物像、图像、影像扑面而来，强烈的视觉冲击和视觉信息的短暂性，决定了他们只能通过直观感受对各种物像、图像、影像中的中国符码及其信息进行解码，从图像的在场中获取"明见"的国家形象，并将其等同于当下的中国。殊不知他们认识的中国是一个处于现实边缘的、虚幻的、充满了种族偏见的"像化"的中国，而这些偏见的形成和再现在很大程度上依赖于当下各种文化传媒对这种编码结构的重复表征和宣传。另一方面，对于那些对西方中心论和霸权主义思想有着深刻体察的西方学者和中国观众而言，他们更多从图像的"缺场"中领悟"隐见"的国家形象意指，从暗指识别框架中识别和提取另一个"像化"的中国，即片面、轻狂、自以为是、不符合实际，一个从视觉上和情感上很难被接受的中国。

如此看来，这个展览在政治和意识形态方面的作用显然已经超出了其表面上所说的东西方对话交流的范畴，甚至可以说这个高级时装展与西方文化帝国主义之间形成了一种共谋关系，表面上虽然充满了温情的话语——"西方的设计师们完全没有对中国的民族和服装有任何轻视或者不尊重，恰恰相反，他们一直都对中国怀有敬意，并对她的艺术和文化传统进行学习。"❷但是，在分析了该展览中各种遏制性视觉修辞及其图像的暗指识别框架之后，我们不难窥见这温情面纱之后，其支持、表现和意图巩固后殖民主义文化实践的本质。

---

❶ 刘丹凌. 观看之道："像化"国家形象的视觉识别框架" [J]. 南京社会科学, 2018(10): 121-128.
❷ [美]安德鲁·博尔顿. 镜花水月：西方时尚里的中国风[M]. 胡杨, 译. 长沙：湖南美术出版社, 2017: 17.

## 四、博尔顿的"表面美学"及其本质

面对各种质疑之声，策展人安德鲁·博尔顿提出了"表面美学"进行辩护，他表示"设计师们用他们的服装，就像18世纪和19世纪'东方主义'油画中描绘的那样，通过自我换位的方式塑造了一个第二重身份。后殖民话语认为这样带有"东方主义"色彩的装扮暗示了一种权力的不平衡，但是设计师们的意图通常不在这种理性认知范畴之中。他们更多地被时尚的而不是政治的逻辑所驱使，去追求一种表面的美学，而不是被文化语境所制约的某种本质。"❶ 很明显，他提出的表面美学的核心是设计师可以随意抽取和运用各种文化符号，并在脱离其文化背景的情况下使用。在笔者看来，博尔顿提出的"表面美学"既无法脱离当代消费主义文化的语境，也无法摆脱该展览为众多西方时尚品牌进行炒作和宣传的嫌疑。在很多观众看来，展览中的许多作品不过是西方传统中的"东方主义"概念在当代商业社会中的衍生品。换言之，艺术展览的背后是商业化的运作和品牌的营销。对此，《纽约时报》艺术评论家霍兰德·科特不禁反问，"西方剥削东方的历史深嵌入这类促销伎俩，我们至今仍深受其害。时尚与时装秀们怎么可能避开此语境呢？"❷

此外，这种"表面美学"也忽视了"中国风"时尚符码无法脱离中国文化语境这一事实。这一点从展览的主题"中国：镜花水月"及其三个重要组成部分——"封建帝制中国"、"民国"时期的中国、中华人民共和国——就能看出来。西方设计师不过是将中国文化符号转换到时尚的西方世界中去。在这一过程中，他们首先排除了中国主体通过时尚表达自身的可能性，观众只能认识或感知经过设计师个人感性过滤、修改过的中国文化元素及其符码意义。因此，这个过程不过是一种语境的交叉与混合，而非去除。其次，真正脱离文化语境的符码是不存在的，这一点和语言学中的符号是一样的，解构主义语言学试图以能指的无限延伸来解构符号中能指和所指的二元对立，然而，无论是漂浮的能指，还是能指链的无限延长都可以让所指破碎，却无法消除其存在的印迹。社会学中对符码的解构，除了会最终导致多元文化主义的无限扩张和历史虚无主义之外，人类几千年的文明史、苦难史、斗争史又怎能泯灭于破碎的符码之中呢？

---

❶ [美]安德鲁·博尔顿. 镜花水月：西方时尚里的中国风[M]. 胡杨，译. 长沙：湖南美术出版社，2017：19.
❷ [美]霍兰德·科特. "中国：镜花水月"展览，东方文化遭遇西方时尚[N]. 纽约时报，2015.5.7.

　　在提出"表面美学"的同时，博尔顿还对"跨东方主义"表示赞同，认为如果以此为出发点，"艺术品背后的意义可以被无限的讨论和再讨论。仿佛被施了魔法一般，东方与西方之间的心理距离，即那些常常被认为是截然相反的两种世界观之间的距离，在艺术中被拉近了。同样被减弱的，还有那种被加于东方与自然的、真实的，西方与文化的、表象的之间的联系。随着这些二元对立观点的逐渐削弱和瓦解，'东方主义'的概念从它旧有的西方统治和歧视之内涵中脱离了出来，它的目的不再是另一方缄默，而是成就双方积极、动态的交流，成为促进跨文化交流和展示的解放力量。"❶博尔顿提出让艺术或者说时尚成为"东西方文化之间积极、动态的交流，成为促进跨文化交流和展示的解放力量"是"跨东方主义"的美好愿景。笔者并不以为谬，但是既然"表面美学"所追求的是"不被文化语境所制约的某种本质"，那么真就存在"不受文化语境制约"的艺术品吗？即便存在的话，那么能够被无限讨论和再讨论的"艺术品背后的意义"又从何而来呢？谁来赋予失去了文化语境的作品以意义呢？从博尔顿仓促描绘出的美好愿景来看，他并没有深入思考这些问题。对此，笔者认为，如果想赋予包括时尚作品在内的艺术品以新的意义，从而跨越东西方千百年间形成的文化差异和文化误读，东西文化双方都要努力深入了解对方的文化及其意义内涵，而不是止步于"镜花水月"一般虚幻世界的想象和再造。只有在相互理解和尊重的基础上，接受、认同彼此的世界观、价值观，才能超越彼此之间的差异，最终实现东西方文化的友好交流、彼此融合和共同发展。

　　这里有必要补充的是，博尔顿所谓的"表面美学"事实上也在一定程度上揭示了西方文化霸权的结构。萨义德认为，"东方主义"外在于作为存在事实的东方，这种外在性的主要产品当然是各种视觉文本的再现。❷因此，在一定程度上可以说，"中国：镜花水月"时装展中的遏制性视觉修辞就是东方主义思想在当代西方时尚设计与展览领域中的形象再现。

## 五、结论

　　"中国：镜花水月"展中的后殖民主义遏制性视觉修辞及其表面美学让

❶ [美]安德鲁·博尔顿. 走向表面美学[C]. 镜花水月：西方时尚里的中国风. 安德鲁·博尔顿，编著. 胡杨，译. 长沙：湖南美术出版社，2017:18.
❷ 刘海静. 抵抗与批判：萨义德后殖民文化理论研究[M]. 北京：中央编译出版社，2013：109.

我们清楚认识到，刻板的中国印象和东方主义思想意识依然顽固留存于某些西方人的意识深处，但这还不是该展览带给我们全部意义和启示。在笔者看来，这个展览的另一个重大意义在于让国内时尚从业者及时反思、认识到自己的任务与责任。客观地讲，近年来西方时尚界对于中国风的演绎，虽然充满了异域的想象和虚构，延续了其历史上一贯的对于中国文化元素的生硬挪用和随意改造，甚至流露出明显的后殖民主义思想。不过，为了更好地演绎中国风，西方时尚设计师也一直在努力搞懂中国文化。为了完成2003年的迪奥春夏高级定制系列，约翰·加利亚诺专门在中国待了三个星期，四处游历认识和感悟中国文化。意大利时尚品牌阿玛尼推出的2015年春夏高级定制系列，竹韵悠然，水墨流转，中国神韵已然呼之欲出，以至于网上有人惊呼西方人终于找到打开中国风的正确模式了。不过，当西方设计师在时尚秀场上把中国风演绎的出神入化之时，不仅是西方时尚界再次彰显其全球时尚话语权的时刻，也是再次验证西方文化优越论。中国优秀传统文化是世界文化宝库的重要组成部分，中国设计师这样想，西方设计师当然也是这样想的，在获取和利用这些人类文化遗产面前，没有东西方和中国外国之分，人人平等，这将注定是一场激烈的竞争。新世纪以来，中国在科学技术、经济贸易、全球政治等各方面都取得了有目共睹的成就，在国际社会上的影响与日俱增。这些让一向处于领先地位的西方世界认为其霸权地位受到了挑战和威胁，深感焦虑和不安，以文化殖民为主的后殖民主义、新殖民主义也一直蠢蠢欲动。西方文化中心论、霸权思想时刻提醒着每一位中国时尚从业者，要想在国际时尚舞台上取得更多的话语权，就必须将我们的优秀传统文化发扬光大，传承创新，尽快推出既具有当代美学风格、又能够精准传达中国传统文化底蕴的中国风时尚，而不只是让中国文化充当西方设计师天马行空、幻想虚构的灵感来源，并将之作为他们维持自身优越感、贬低异域他者的镜像存在。也只有这样，才能让国外时尚界刮目相看，赢得认同、理解和尊重。所以，用时尚这种最普通、最常见的视觉文本对优秀的中国传统文化进行宣传展示、传承创新，是摆在国内时尚设计界的一项重大课题和艰巨任务，当然也是机遇和挑战。这件事做好了，就可以充分发挥时尚领导力，既有助于满族人民日益增长的对美好生活的需要与期待，也有助于在国际上改善、提升和塑造充满文化魅力的民族形象和国家形象，为增强国家文化软实力、早日实现"中国梦"做出贡献。

# 致　谢

　　本书写作的缘起是2018年立项的北京服装学院高水平教师队伍建设项目"时尚理论与实践研究"，在此对项目主管部门北京服装学院人事处表示由衷的感谢！为了高质量完成此项目，本人到北京大学艺术学院做了为期一年的访学，其间得到了导师彭锋教授的诸多教诲，受益良多，在此深表谢意！在成书过程中，还要感谢北京服装学院的刘卫老师，他多次邀请我到北京国际时装周的走秀现场，体验秀场氛围，为时尚理论研究获得了更多感性认知。书稿完成后，北京服装学院语言文化学院研究生唐璇祺、孙月、李晟辰同学帮忙进行了校对工作，非常感谢！本书出版期间，得到了中国纺织出版社宗静编辑的大力协助，她为本书的付梓付出了大量时间和精力，非常感谢！本书写作过程中，也得到了家人及诸多朋友的支持与鼓励，在此一并谢过！

史亚娟

2020 年 7 月于北京